Manuel des probababités
ou
Mathématiques de l'incertain

5-7, rue de l'École-Polytechnique ; 75005 Paris

www.harmattan.fr
diffusion.harmattan@wanadoo.fr
harmattan1@wanadoo.fr

ISBN : 978-2-343-04627-3
EAN : 9782343046273

Jean-Claude Laloire

Manuel des probabibités ou Mathématiques de l'incertain

*

Statistique descriptive / Calcul des probabilités

Préface de Michel Delecroix
Directeur de l'I.S.U.P.-U.P.M.C.

L'Harmattan

Ouvrages du même auteur

Mathématiques

Méthodes du traitement des chroniques. Collection CIRO (Centre Interarmées de Recherche Opérationnelle). 194 p. DUNOD. 1972.

Dictionnaires

Dictionnaire médical des opérations humanitaires et de soutien de la paix français/anglais – anglais/français. 216 p. LA MAISON DU DICTIONNAIRE. 2007.

Dictionnaire des Télécommunications et de l'Informatique appliquées à la Défense français/anglais – anglais/français. Tome 1 : français/anglais 460 p ; Tome 2 : anglais/français 460 p. L'HARMATTAN 2008.

Dictionnaire du Génie. Tome 1 : français/anglais/allemand 410 p ; Tome 2 : anglais/français/allemand 410 p ; Tome 3 : allemand/français/anglais 410 p. L'HARMATTAN 2011.

Dictionnaire de Logistique civile et militaire. Tome 1 : français/anglais 514 p ; Tome 2 : anglais/français 518 p. L'HARMATTAN 2012.

Dictionnaire des menaces contemporaines, de leur prévention et de leur traitement français/anglais – anglais/français. Tome 1 : français/anglais 806 p ; Tome 2 : anglais/français 806 p. L'HARMATTAN 2014.

Histoire militaire

Historique de l'Artillerie de Marine et de la colonisation française. 92 p. L'HARMATTAN 2012.

À mon épouse, Laure-Évelyne

PRÉFACE du « MANUEL DES PROBABILITÉS »

Mr Jean-Claude Laloire fait partie de la promotion 1968 de l'I.S.U.P.. En tant que directeur de cette école, à lire son curriculum vitae actuel, je ne puis que me réjouir du fait que son séjour s'y soit clairement, au vu de sa carrière, révélé plus que fructueux !

J-C. Laloire a en effet su magnifier les connaissances acquises pendant son séjour à l'I.S.U.P., puisqu'il les a largement transmises dans deux des domaines de la formation qu'il avait reçue, la statistique descriptive, fondement de tout traitement de données, et le calcul des probabilités, base des « modélisations aléatoires », qui ont connu un développement explosif ces dernières années : il a assumé pendant vingt ans le rôle de professeur au C.N.E.D. pour les élèves des classes préparatoires aux grandes écoles de commerce, classes qu'il connaissait d'autant mieux qu'il avait lui-même suivi les cours de l'E.S.S.E.C.. Ce rôle d'enseignant ne l'a au demeurant nullement empêché de mener par ailleurs de nombreuses fonctions de direction financière en entreprise, et, fait plus rare, de traducteur auprès des forces armées, toutes tâches qui l'ont par la suite éloigné de ses cours.

Les cours d'initiation à la statistique et aux probabilités ne manquent pas. Beaucoup sont hélas, selon moi, ou trop « mathématisés », noyant les idées essentielles à l'intérieur d'une lourde machinerie formelle, ou, suivant certaines tendances du jour, « intuitifs » jusqu'à craindre de proposer définitions exactes et démonstrations. Le cours qu'avait mis au point J.C. Laloire pour ses élèves du C.N.E.D. apparaît par contre être un cours de base complet, pratique, synthétique, et lisible, sur lequel peuvent toujours s'appuyer les étudiants désireux d'utiliser statistiques et probabilité au démarrage de leurs études d'économie, commerce, ou finance. Il est bâti en séquences successives qui s'enchaînent logiquement, par difficultés d'ordre croissant : séries statistiques, espaces probabilisés, variables aléatoires réelles, vecteurs aléatoires. En bref, il procure l'essentiel.

Il m'apparaît donc très légitime que ce cours, autrefois réservé aux élèves inscrits au C.N.E.D. soit finalement édité, selon le souhait de J-C. Laloire, pour être ainsi proposé à un public étudiant beaucoup plus large. Je ne puis que m'en féliciter, heureux de voir qu'un ancien élève de l'école que je dirige actuellement ait si bien profité des enseignements qui lui furent prodigués par mes prédécesseurs. Gageons que le nouveau manuel ainsi proposé trouvera sur le marché la place qu'il mérite !

Michel Delecroix

Directeur de l'I.S.U.P.-U.P.M.C.

CONSEILS GÉNÉRAUX

I. Objet du cours

Ce cours se place dans l'ensemble des cours de mathématiques, à côté de l'algèbre, de l'algèbre linéaire et de l'analyse.

Ce manuel de mathématiques présente deux grandes originalités, dans sa présentation d'outils d'analyse et de prévision :

- D'une part, une approche concrète et pragmatique se rapportant à l'analyse;
- D'autre part une approche intuitive, puis théorique se rapportant à la prévision.

Ainsi chacune de ces approches peut être envisagée séparément, selon les besoins et les désirs de chaque lecteur.

Ainsi, tout lecteur qui recherche un outil pour l'appliquer dans son travail professionnel dans le domaine de l'analyse et de la prévision, pourra commencer par une approche pragmatique, acquérir les outils indispensables, et s'il le souhaite, aborder ensuite une approche intuitive, puis une approche théorique, ce qui lui permettra de relier tous ces outils entre eux de manière cohérente dans son esprit.

L'ensemble de ces notions est présenté en 2 parties :

- d'une part, la statistique descriptive :
  - son objet est l'étude de distributions empiriques se rapportant à un phénomène déterminé : il s'agit de recueillir des données, le plus souvent nombreuses, d'organiser leur présentation, puis de les résumer à l'aide d'un certain nombre de paramètres caractéristiques.
  - Les séries statistiques à un caractère et les séries statistiques à deux caractères qui constituent la statistique descriptive permettent de résumer des phénomènes observés par des grandeurs objectives, caractérisant la valeur « moyenne » des données recueillies, la plus ou moins grande importance de leur « dispersion » autour de cette valeur moyenne, leur « concentration » également répartie ou non, etc...
  - Ces paramètres permettront également de pouvoir comparer plusieurs séries de données entre elles ;

- d'autre part les probabilités, dont l'objet est l'étude des phénomènes faisant intervenir le hasard.
    - Ici encore, en ce qui concerne l'approche théorique des phénomènes ci-dessus, la difficulté sera graduée, en commençant par une approche « intuitive » des probabilités, qui constituera un lien essentiel vers une approche « axiomatique » des probabilités. Là aussi ces approches pourront être abordées d'une manière indépendante l'une de l'autre.
    - Cette étude vise à appréhender des distributions théoriques, permettant de dégager des lois qui donneront ensuite la possibilité de les utiliser pour aller plus loin dans l'analyse des phénomènes étudiés en statistique descriptive.
    - Après avoir étudié ces concepts, on passera tout naturellement à l'étude des lois de probabilité les plus usuelles, permettant de faire une « prévision optimisée » des phénomènes observés.
    - On avancera progressivement dans l'étude de ces lois, en se plaçant d'abord dans un univers <u>discret</u> à 2 dimensions (puis, par généralisation à n dimensions) et en abordant ensuite les lois de probabilité <u>continues</u>.
    - enfin, on terminera sur les notions de convergence dans le cas de variables aléatoires réelles.

II. Programme du cours

Le contenu du cours tel qu'il figure dans les programmes officiels est présenté dans les conseils généraux de l'ensemble du cours de mathématiques.

Le contenu de ce cours concerne, en particulier, les classes préparatoires aux grandes écoles de commerce. Mais il contient aussi des éléments qui vont au-delà des programmes officiels (moments factoriels, par exemple).

Par ailleurs un plan détaillé de chaque chapitre figure en tête de celles-ci.

III. Organisation du cours

1) Cours

Ce cours est organisé en 7 chapitres qui s'articulent comme suit:

a) Statistique descriptive

- Chapitre 1 : Séries statistiques à une variable
- Chapitre 2 : Séries statistiques à deux variables.

b) Probabilités

- Chapitre 3 : Espaces probabilisés
- Chapitre 4 : Variables aléatoires discrètes
- Chapitre 5 : Vecteurs aléatoires discrets
- Chapitre 6 : Variables aléatoires à densité
- Chapitre 7 : Convergence des suites de variables aléatoires réelles.

2) Exercices autocorrectifs

Un autre aspect fondamental doit aussi être mentionné : à la fin de chaque chapitre, vous est proposé un certain nombre d'exercices d'application autocorrectifs, accompagnés de leurs corrigés, outre les exemples avec corrigés figurant à l'intérieur de chaque chapitre (ces exercices sont destinés à permettre d'approfondir ce cours, sans aide extérieure et aussi sans devoir se reporter à d'autres manuels).

III. Conseils pédagogiques complémentaires

Au début de chaque chapitre, nous vous apporterons quelques conseils pédagogiques supplémentaires, se rapportant plus spécialement à celui-ci, afin de vous faciliter son étude.

IV. Utilisation de moyens de calcul

Dans l'ensemble du cours, nous avons systématiquement privilégié une approche totalement pédagogique, en particulier en présentant tous les calculs à effectuer dans des tableaux, afin de suivre le processus pas-à-pas.

À partir du moment où ces processus sont compris, nous vous recommandons l'utilisation de moyens de calcul scientifiques : logiciels ou calculatrices possédant les fonctions statistiques et les lois de probabilité et en particulier :

- écart-type, moyenne, moyenne pondérée, médiane ;
- méthodes d'ajustement des courbes (Lin, Log, Exponentiel, Puissance)
- prévisions, coefficient de corrélation ;

- total, Σx, Σx^2, Σy^2, Σxy ;
- diagrammes statistiques (traçage de courbes) ;
- probabilités ;
- tests statistiques.

Première partie :

STATISTIQUE DESCRIPTIVE

Chapitre 1: SÉRIES STATISTIQUES A UN CARACTÈRE

INTRODUCTION

I. CONSEILS PÉDAGOGIQUES

Ce chapitre est le premier de deux chapitres consacrés à l'étude de la statistique descriptive.

Dans ce chapitre vous sont présentées les séries statistiques à un caractère, c'est-à-dire l'étude de phénomènes décrits à l'aide d'une variable.

Ce chapitre ne présente aucune difficulté d'ordre théorique, et ne fait appel à aucune notion mathématique particulière.

Les qualités qu'il faut posséder pour traiter ce sujet sont simplement de l'ordre et de la méthode. À cela il faudra ajouter du bon sens, car on ne peut, en statistique, faire abstraction du phénomène observé que l'on s'efforce de décrire. Cette remarque est importante, car on a trop souvent tendance à faire des calculs... pour les calculs, sans se poser la question de savoir si les résultats en sont vraisemblables.

Veillez aussi à l'homogénéité de la précision de vos résultats: si vous calculez plusieurs paramètres se rapportant à une même variable, exprimez-les tous avec la même précision, par exemple 10^{-2}. Aussi évitez d'en présenter un à 10^{-1} près et l'autre à 10^{-5} près, car cela n'a, concrètement, aucun sens.

II. PLAN DU CHAPITRE

Partie A:
DESCRIPTION STATISTIQUE D'UNE POPULATION

I. L'utilité et les buts de la statistique descriptive

1) Définition de la statistique descriptive

2) Compléments. Quelques éléments de vocabulaire

3) Série statistique et série chronologique

4) Caractères quantitatifs et caractères qualitatifs

5) Le recensement des faits

Partie A :

DESCRIPTION STATISTIQUE D'UNE POPULATION-DOCUMENTS STATISTIQUES - REPRÉSENTATIONS GRAPHIQUES

I. L'utilité et les buts de la statistique descriptive

1) Définition de la statistique descriptive

La statistique descriptive est une technique, qui a pour but essentiel de fournir des informations utilisables pour l'action, à partir de renseignements chiffrés généralement nombreux, lesquels résultent de la mesure des faits.

2) Compléments. Quelques éléments de vocabulaire

a) Précisons tout de suite un point de vocabulaire: dans le langage courant, le mot statistique possède deux significations distinctes:

- il s'agit d'abord de la liste des données recueillies.

Par exemple, si l'on veut examiner la taille d'un groupe de personnes, l'ensemble des mesures recueillies constitue une "statistique". Dans ce sens, on préfère maintenant l'emploi de l'expression "série d'observations" :

- d'autre part, le mot statistique signifie: l'ensemble des techniques utilisées pour traiter les données recueillies. C'est ce sens que nous allons donner au mot statistique dans les développements qui vont suivre.

b) La méthode statistique ne s'intéresse qu'aux données nombreuses. En effet, un nombre isolé ne présente aucune signification en statistique. Malgré tout, on peut traiter des données peu nombreuses ; mais il faut alors être très prudent dans l'interprétation des résultats.

c) Lorsque l'on s'intéresse à un phénomène déterminé (le nombre d'avions qui arrivent chaque jour à un aéroport, par exemple), on doit d'abord définir avec précision l'ensemble sur lequel on va travailler. Dans l'exemple ci-dessus, on se limitera, par exemple, aux avions des lignes régulières, en éliminant les petits avions de tourisme.

On appelle cet ensemble "Population". Ce mot provient du fait qu'à l'origine, la statistique consistait essentiellement à faire des recensements de population.

d) Quelquefois, on ne travaillera que sur une partie de la population. Pour reprendre l'exemple ci-dessus, on pourra se limiter à la détermination du nombre d'avions qui arrivent entre 8 heures et 12 heures. On dira alors que l'on travaille sur une fraction de la population ou "échantillon".

e) Un élément de la population est appelé "individu".

3) Série statistique et série chronologique

On peut maintenant étudier ce problème de l'arrivée des avions de deux façons distinctes:

- soit étudier le nombre d'avions qui sont arrivés pendant un jour donné (par exemple le 4 octobre 2009). La série d'observations recueillies s'appelle alors de façon plus précise: série statistique, car il s'agit d'une photographie, à un moment précis du temps (la journée du 4 octobre 2009);
- soit étudier le nombre d'arrivées quotidiennes d'avions sur une période d'un mois. Dans ce cas, il s'agit, non plus d'une photographie, d'un instantané, mais d'un film qui retrace, dans le temps, le déroulement d'un évènement. La série d'observations est alors baptisée: série chronologique.

4) Caractères quantitatifs et caractères qualitatifs

a) La population de référence une fois définie, il faut encore préciser les caractéristiques de cette population que l'on va plus particulièrement étudier. Dans le jargon statistique, celles-ci sont désignées par le terme de "caractères".

Par exemple, si la population de référence est constituée par un groupe de personnes, on pourra étudier différents traits physiques tels que : taille, âge, poids, couleur des yeux, sexe. Chacun de ces traits est un caractère de la population.

b) Les caractères d'une population se rangent en deux grandes catégories :

- ils peuvent être quantitatifs, c'est-à-dire qu'ils se rapportent à une grandeur susceptible d'être mesurée (taille, âge, poids), lesquels se répartissent en:
  - caractères métriques, lorsqu'il existe un zéro naturel

(ex. : chiffre d'affaires). Dans ce cas tous les calculs statistiques sont possibles;

- caractères scalés, lorsqu'il n'existe pas de zéro naturel (ex. : températures). Alors, seuls certains calculs statistiques sont possibles;

– ils peuvent être qualitatifs, ce qui signifie qu'on peut simplement définir des états (sexe, couleur des yeux, profession), lesquels se répartissent en:

- caractères ordinaux, lorsque leurs modalités peuvent être ordonnées. On peut alors effectuer tous les calculs basés sur la relation d'ordre (ex.: jamais, un peu, beaucoup, très souvent);
- caractères nominaux, lorsque leurs modalités ne peuvent être ordonnées. Il s'agit alors d'une classification, où l'on ne peut effectuer que certains calculs, basés sur une relation d'équivalence (ex. : classification des entreprises faite par l'INSEE).

Les caractères quantitatifs sont ceux qui nous intéressent le plus en statistique, puisqu'ils peuvent faire aisément l'objet d'une interprétation chiffrée.

c) Une distinction supplémentaire doit cependant être faite, en ce qui concerne les caractères quantitatifs:

– le caractère mesuré peut ne prendre que des valeurs entières (on dira aussi valeurs discrètes) : c'est le cas du nombre d'ouvriers employés dans une usine;

– il peut, par contre, varier d'une quantité aussi petite que l'on veut, entre deux valeurs données. Il s'agit dans ce cas d'une grandeur continue. C'est le cas de l'indice d'acidité des huiles, qui peut prendre toute valeur comprise entre deux valeurs entières.

d) On s'intéresse donc essentiellement aux caractères quantitatifs. Cependant, pour effectuer une mesure, il faut définir, au préalable, une unité de mesure :

– si l'on étudie la taille d'un groupe de personnes, l'unité choisie pourra être le mètre ou le centimètre;

– si l'on étudie la quantité d'huile traitée chaque jour dans une huilerie, l'unité retenue sera la tonne.

5) Le recensement des faits

En dépit de la simplicité apparente, le recensement des faits fait apparaître le plus souvent de réelles difficultés.

Généralement il est impossible de mesurer le caractère à étudier sur tous les individus de la population; on limite à une mesure sur un ou plusieurs échantillons.

Les techniques utilisées pour choisir les échantillons (dont les caractères doivent être représentatifs de ceux de la population d'où ils sont extraits) font d'ailleurs l'objet d'une branche particulière de la statistique : la théorie des sondages.

II. Documents statistiques

1) Introduction

Les documents statistiques proviennent de très nombreuses sources. Mais, pour l'entreprise, il est possible d'opérer une classification de ces documents, selon qu'ils sont élaborés, par elle-même, ou proviennent de sources extérieures.

2) Documents statistiques élaborés par l'entreprise

Chaque service d'une entreprise produit des données chiffrées (par exemple service de ventes, comptabilité), qui malheureusement ne sont pas toujours exploitées sur un plan statistique.

Le plus souvent d'ailleurs, il existe un service statistique, chargé de recueillir ces données et de les exploiter. En même temps, il veille à ce que le relevé des informations soit effectué correctement, car l'exploitation de données incorrectes conduit forcément à des conclusions erronées. Une déformation attachée à une donnée de façon systématique porte le nom de "biais".

3) Documents statistiques élaborés à l'extérieur de l'entreprise

Les documents statistiques élaborés à l'extérieur de l'entreprise, peuvent l'être, soit par des organismes publics, soit par des organismes privés.

a) Organismes publics

Le principal organisme public de recherche en matière statistique est l'Institut National de la Statistique et des Études Économiques (INSEE), - outre les services spécialisés de chaque ministère - il publie à intervalles réguliers, un certain nombre d'annuaires et de revues statistiques.

b) Organismes privés

Les organismes privés sont soit à vocation économique générale, soit à vocation économique spécialisée selon les diverses branches professionnelles, de l'agriculture, de l'industrie et des services.

III. La présentation des données en tableaux. Effectifs. Fréquences

1) Introduction

Les données une fois recueillies, ne fournissent par elles-mêmes aucune information particulière sur le phénomène étudié, tant qu'elles restent dans le désordre.

Aussi la préoccupation du statisticien va-t-elle consister d'abord à les classer puis à les résumer.

La présentation des données en tableaux est, nous allons le voir, un premier mode de classement possible.

2) Tableau de présentation

Supposons que l'on s'intéresse aux voitures qui passent sur une route.

La population étudiée est constituée par les voitures qui passent sur la route. Le caractère étudié est le nombre de voitures à l'heure: il ne peut donc varier que par valeurs entières.

La mesure de ce caractère faite sur un échantillon de 130 individus va donc nous fournir une série d'observations comprenant 130 valeurs:

39	52	53	51	45	42	55	36	44	37	48	52	48
58	39	51	49	57	46	50	43	42	41	53	50	43
45	54	47	44	48	41	54	43	46	49	44	54	56
49	41	46	57	42	51	45	49	40	53	49	56	55
42	50	55	43	55	50	54	43	54	60	42	44	47
56	44	49	52	48	42	53	58	40	46	54	51	48
49	42	53	56	40	54	49	45	54	43	52	57	43
43	53	41	55	52	44	47	42	50	53	49	41	55
54	50	47	43	55	46	40	55	51	59	55	53	54
45	42	49	42	51	56	42	54	48	44	50	57	56

Données recueillies

Dans ce tableau on voit une quantité de nombres qui ne permettent pas d'avoir une idée précise de la circulation.

Une première mise en ordre de ces données consiste à ranger le nombre de voitures par valeurs croissantes du caractère (l'ordre inverse, par valeurs décroissantes peut être également choisi, mais il est moins usuel), puis à regarder le nombre de fois que chaque valeur du caractère est rencontrée, ce qui représentera l'effectif de cette valeur. La recherche des effectifs constitue le dénombrement.

On va alors adopter la disposition suivante pour présenter les données classées et dénombrées:

Nombre de voitures à l'heure	Effectif		Nombre de voitures à l'heure	Effectif		Nombre de voitures à l'heure	Effectif	
35		0	44	⧅ └	7	53	⧅ □	8
36	|	1	45	⧅	5	54	⧅ ⧅ |	11
37	|	1	46	⧅	5	55	⧅ □	9
38		0	47	□	4	56	⧅ |	6
39	└	2	48	⧅ |	6	57	□	4
40	□	4	49	⧅ ⧅	10	58	└	2
41	⧅	5	50	⧅ └	7	59	|	1
42	⧅ ⧅ |	11	51	⧅ |	6	60	|	1
43	⧅ □	9	52	⧅	5	61		0

Données classées selon la valeur croissante du caractère.

Maintenant, on perçoit déjà certains renseignements: par exemple, on voit que l'on a une "pointe" pour les valeurs 42, 49 et 54.

3) Regroupement des données par classes

a) Cependant, ce tableau reste encore très lourd à manier, compte tenu du grand nombre de valeurs prises par le caractère.

Afin d'alléger ce maniement de chiffres, on va effectuer des regroupements par classes.

On va choisir des classes regroupant trois valeurs, donc d'intervalles égaux. (On verra plus loin ce qui se passe, quand on regroupe les données dans des classes d'intervalles inégaux.)

On va alors caractériser chaque classe par la valeur du caractère qui se trouve au centre de cette classe. Par exemple, on caractérisera la classe:

$$\begin{cases} 38 \\ 39 \text{ par la valeur } 39 \\ 40 \end{cases}$$

Par convention, la limite gauche de la classe est comprise dans la classe, tandis que la limite droite ne l'est pas, d'où la formulation:

<u>38 à moins de 41</u>

pour désigner la classe comprenant les valeurs 38, 39 et 40.

<u>b)</u> Le tableau précédent va alors devenir:

Classes	Effectifs
35 à moins de 38	2
38 à moins de 41	6
41 à moins de 44	25
44 à moins de 47	17
47 à moins de 50	20
50 à moins de 53	18
53 à moins de 56	28
56 à moins de 59	12
59 à moins de 62	2
Total	130

<u>c) Notion de fréquence</u>

Une autre façon de caractériser l'importance de chaque classe, consiste à prendre la fréquence au lieu de l'effectif, définie par:

$$\text{Fréquence de la classe} = \frac{\text{Effectif de la classe}}{\text{Effectif global}}$$

Le tableau des fréquences est alors :

Classes	Fréquences
35 à moins de 38	$2/130 = 0,015$
38 à moins de 41	$6/130 = 0,046$
41 à moins de 44	$25/130 = 0,192$
44 à moins de 47	$17/130 = 0,131$
47 à moins de 50	$20/130 = 0,154$
50 à moins de 53	$18/130 = 0,139$
53 à moins de 56	$28/130 = 0,216$
56 à moins de 59	$12/130 = 0,092$
59 à moins de 62	$2/130 = 0,015$
Total	$1,000$

Pour plus de commodité, on multiplie souvent les fréquences par 100, ce qui donne les fréquences exprimées en pourcentages, évitant ainsi d'avoir un grand nombre de chiffres après la virgule.

Classes	Fréquences
35 à moins de 38	1,5 %
38 à moins de 41	4,6 %
41 à moins de 44	19,2 %
44 à moins de 47	13,1 %
47 à moins de 50	15,4 %
50 à moins de 53	13,9 %
53 à moins de 56	21,6 %
56 à moins de 59	9,2 %
59 à moins de 62	1,5 %
Total	100,0 %

d) Conclusion

Cette présentation en tableaux permet de :

– repérer les points de concentration (classes 41-44, 47-50 et 53-56)
– déterminer l'importance relative de chaque classe.

Pour que l'on puisse utiliser un tableau, il faut que le nombre de classes soit de l'ordre d'une dizaine à une douzaine. En effet:

– si le nombre de classes est trop petit, on ne peut plus dire grand-chose...
– et s'il est trop grand, on se retrouve avec une importante quantité de nombres à manipuler, c'est-à-dire que le groupement en classes perd tout son intérêt.

IV. La présentation des données sous forme de graphiques

1) Introduction

La présentation des données en tableaux apporte de la clarté, dans la mesure où elle met de l'ordre, puisque les données sont rassemblées de façon déterminée.

Toutefois, elle ne permet pas de "visualiser" le phénomène étudié, c'est-à-dire de voir son allure, tandis qu'un dessin le suggère mieux.

À cet effet, nous allons passer en revue un certain nombre de types de représentations graphiques, d'abord pour les séries statistiques, puis pour les séries chronologiques.

2) Représentation graphique des séries statistiques à valeurs discontinues

a) Représentation d'un point dans un plan

Nous allons présenter ici le principe d'un mode de représentation graphique, qui va nous servir dans ce qui va suivre:

On trace d'abord deux axes rectangulaires:

- un axe horizontal dénommé axe des abscisses
- et un axe vertical appelé axe des ordonnées

Sur l'axe des abscisses, on porte les valeurs prises par le caractère observé ; sur l'axe des ordonnées on porte l'effectif correspondant à chaque valeur du caractère.

En menant des parallèles aux axes, à partir de ces points, on détermine un point "A" dans le plan, qui donne une représentation géométrique de l'effectif correspondant à la valeur d'un caractère.

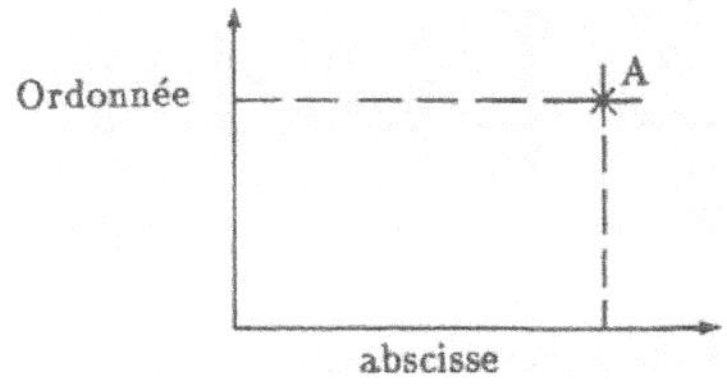

L'abscisse et l'ordonnée d'un point constituent ses coordonnées.

b) Diagramme en bâton

Cette représentation est utilisée dans le cas où le caractère ne peut prendre que des valeurs entières.

Supposons que l'on étudie le nombre d'enfants dans un groupe de familles. On trouvera, soit aucun enfant, soit un, soit deux, etc...

On obtient la distribution suivante:

Nombre d'enfants	Effectif	Nombre d'enfants	Effectif
0	5	4	10
1	18	5	6
2	32	6	4
3	25	7	2

On représente ces données sur un graphique, en portant en abscisse le nombre d'enfants par famille (l'espace compris entre deux valeurs est égal à l'unité choisie).

Pour chacune des valeurs portées en abscisse, on repère le point qui lui correspond sur l'axe des ordonnées, ce qui permet de déterminer un point dans le plan. On trace alors un bâton, mené de ce point, perpendiculairement à l'axe des abscisses.

On obtient alors le graphique suivant:

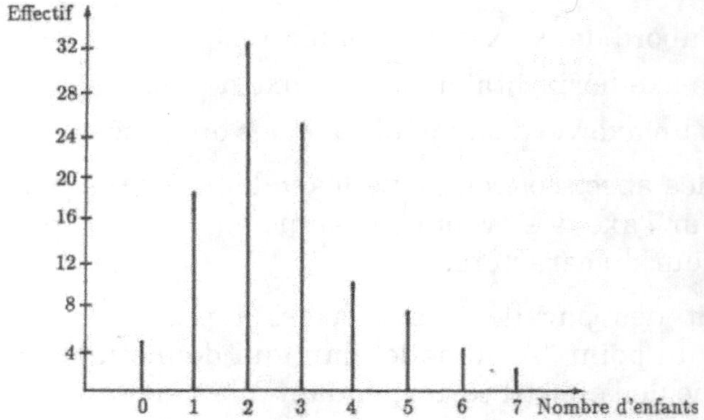

3) <u>Représentation graphique des séries statistiques à valeurs continues : histogramme</u>

<u>a)</u> On va examiner maintenant un nouveau mode de représentation graphique dans le cas où les valeurs crises par le caractère étudié varient de façon continue.

Les données sont groupées en classes. On trace l'axe des abscisses (caractère) et l'axe des ordonnées (effectif). La représentation est faite par une surface, c'est-à-dire que l'on va représenter l'effectif correspondant à une classe par un rectangle, dont la surface est proportionnelle à l'effectif... L'ensemble de ces rectangles constitue l'histogramme de la série.

<u>b)</u> Soit une série statistique provenant de l'observation de la taille de 90 individus. Nous présentons ces données, classées et dénombrées.

Classes	Effectif	Fréquence	Classes	Effectif	Fréquence
155 à moins de 158	1	1,1 %	173 à moins de 176	16	17,8 %
158 à moins de 161	3	3,3 %	176 à moins de 179	10	11,1 %
161 à moins de 164	5	5,6 %	179 à moins de 182	7	7,8 %
164 à moins de 167	9	10,0 %	182 à moins de 185	5	5,6 %
167 à moins de 170	12	13,3 %	185 à moins de 188	3	3,3 %
170 à moins de 173	18	20,0 %	188 à moins de 191	1	1,1 %
			Total	90	100 %

L'histogramme des effectifs correspondant à ce tableau est le suivant :

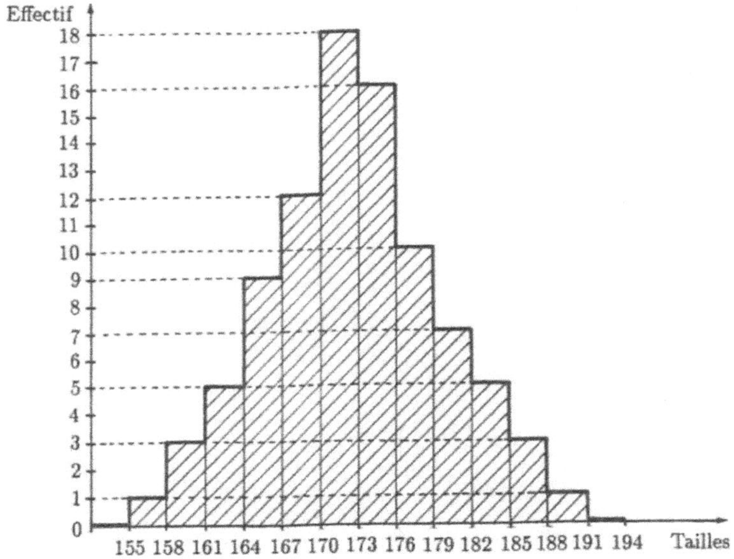

Histogramme des effectifs

L'histogramme proprement dit est constitué par la ligne en traits forts dessinée par les contours supérieurs des rectangles.

c) Cas particuliers

α) Intervalles de classes inégaux

Reprenons l'exemple précédent, en groupant aux extrémités certaines classes (là où les effectifs sont les plus faibles). On obtiendra de ce fait des intervalles de classes inégaux.

Classes	Intervalle de classes	Effectif
155 à moins de 164	9	9
164 à moins de 170	6	21
170 à moins de 173	3	18
173 à moins de 176	3	16
176 à moins de 182	6	17
182 à moins de 191	9	9
Total		90

Étant donné qu'il s'agit d'une représentation en surface on va être amené à rectifier les effectifs, de telle façon que la surface représentative reste constante: si l'intervalle de classe est multiplié par deux, on divisera l'effectif de cette nouvelle classe par deux, etc.

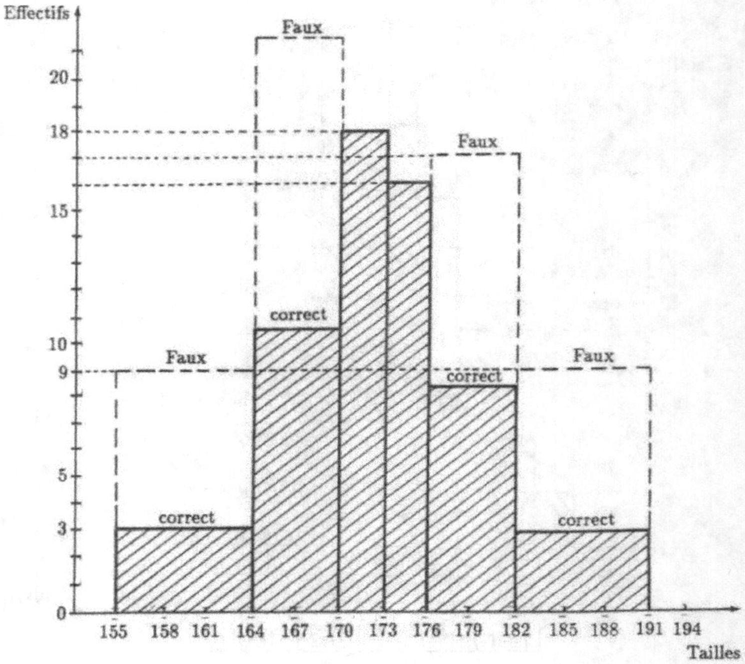

Histogramme des effectifs rectifiés

β) Limite de classe inférieure de la première classe (et/ou limite supérieure de la dernière classe) non précisée

Supposons, qu'au lieu d'indiquer pour la dernière classe "188 à moins de 191", on ait :

$$> 188$$

Le statisticien doit alors fixer lui-même une limite supérieure pour cette dernière classe, faute de quoi, elle ne pourrait :

- ni être représentée graphiquement;
- ni être prise en compte ultérieurement dans les calculs.

d) Histogramme des fréquences

On peut représenter les fréquences de classes, à la place des effectifs. Il suffit pour cela, de changer l'échelle sur l'axe des ordonnées:

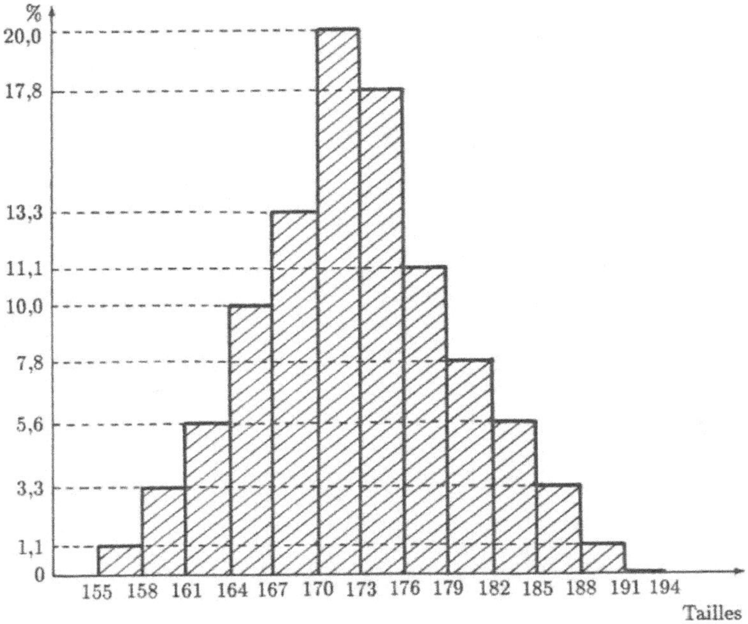

Histogramme des fréquences

e) Polygone des effectifs

Reprenons l'histogramme des effectifs établi précédemment.

Nous allons joindre les milieux de chacune des parties supérieures des rectangles par des segments de droite.

Nous nous apercevons que cette ligne continue coupe en partie les rectangles de l'histogramme. Cependant, si l'on considère les deux triangles hachurés, dont l'un est situé au-dessus de la courbe, et l'autre en dessous, on remarque qu'ils sont égaux.

Comme la représentation par histogramme est une représentation en surface, il est alors équivalent de considérer la surface de tous les rectangles, ou la surface située entre la courbe que l'on vient de tracer et l'axe des abscisses, si l'on prend soin d'ajouter à chaque extrémité une classe dont l'effectif est nul.

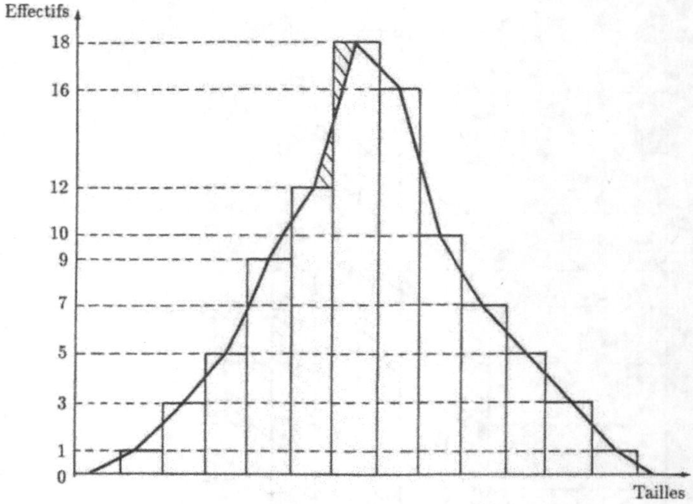

Polygone des effectifs

Remarque : Lorsque l'intervalle de classe tend vers zéro le polygone des effectifs tend vers la courbe des effectifs qui est une ligne continue et non plus brisée.

f) Histogramme des effectifs cumulés

Il est parfois nécessaire de connaître l'effectif inférieur à une valeur donnée du caractère, ou l'effectif supérieur à une certaine valeur.

On utilise à cet effet le tableau des effectifs cumulés (selon les valeurs croissantes ou décroissantes du caractère).

Reprenons l'exemple précédent:

Classes	Effectif	Effectif cumulé selon les valeurs croissantes du caractère	Effectif cumulé selon les valeurs décroissantes du caractère
155 à moins de 158	1	1	90
158 à moins de 161	3	4	89
161 à moins de 164	5	9	86
164 à moins de 167	9	18	81
167 à moins de 170	12	30	72
170 à moins de 173	18	48	60
173 à moins de 176	16	64	42
176 à moins de 179	10	74	26
179 à moins de 182	7	81	16
182 à moins de 185	5	86	9
185 à moins de 188	3	89	4
188 à moins de 191	1	90	1

L'effectif cumulé selon les valeurs croissantes du caractère s'obtient en prenant pour la première ligne la valeur de l'effectif, pour la seconde la somme de cette valeur et celle située à la deuxième ligne, et ainsi de suite: l'effectif cumulé selon les valeurs croissantes du caractère d'une ligne quelconque est égal à l'effectif cumulé de la ligne précédente auquel on ajoute l'effectif de cette ligne.

L'effectif cumulé selon les valeurs décroissantes du caractère s'obtient selon le même principe, mais en commençant par le bas.

L'histogramme correspondant à l'effectif cumulé selon les valeurs croissantes du caractère à l'allure suivante :

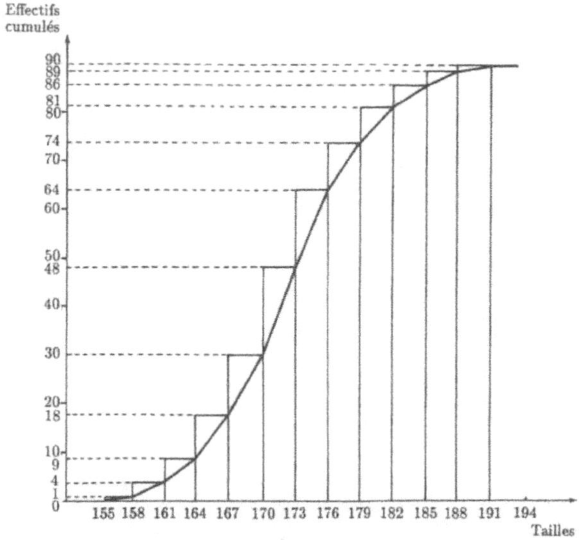

Selon le principe établi, on trace le polygone des effectifs cumulés selon les valeurs croissantes du caractère à partir de l'histogramme, en joignant les limites supérieures des classes.

Par lecture directe sur le graphique, on va déterminer aisément l'effectif inférieur à une valeur donnée: par exemple, il y a 30 individus qui mesurent moins de 1,70 m.

Quant à l'histogramme correspondant à l'effectif cumulé selon les valeurs décroissantes du caractère, il est obtenu en joignant les limites inférieures des classes :

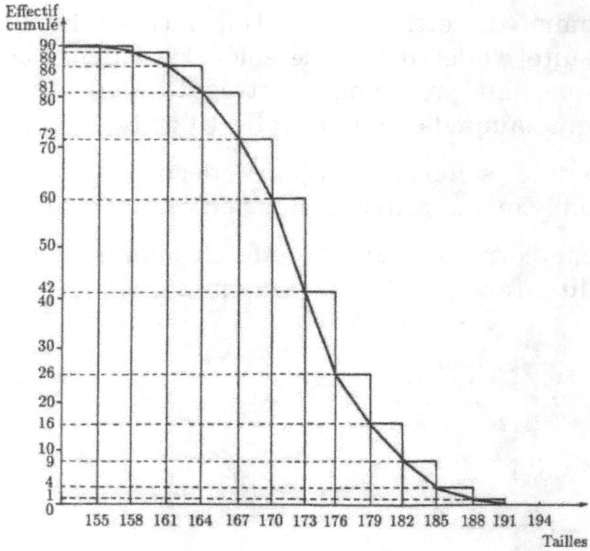

Cette fois-ci, on va pouvoir déterminer aisément sur le graphique l'effectif supérieur à une valeur donnée: par exemple 42 personnes mesurent plus de 1,73 m.

Remarque : Lorsque l'on trace l'histogramme des effectifs cumulés (par valeurs croissantes ou par valeurs décroissantes du caractère), on ne rectifie jamais les effectifs, dans le cas où les intervalles de classes sont inégaux entre eux.

4) Représentations graphiques des séries statistiques à caractère qualitatif

Les modes de représentation graphique utilisés dans ce cas sont essentiellement visuels et ne permettent pas de déterminer des valeurs caractéristiques pour la série.

a) Graphique triangulaire

α) Méthode des parallèles

Ce mode de représentation, utilisant un triangle équilatéral, est basé sur la propriété selon laquelle, si l'on mène par un point M, intérieur à celui-ci, les parallèles à ses côtés, les longueurs des segments découpés sont proportionnelles aux quantités représentées et le total de leurs longueurs est égal à la longueur d'un côté du triangle équilatéral.

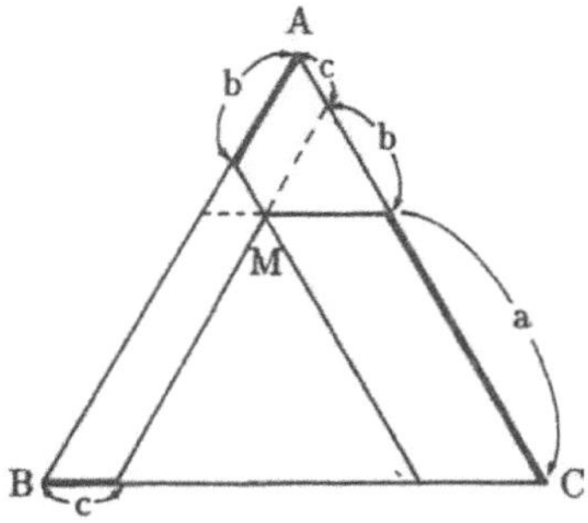

Le graphique triangulaire permet alors de représenter une quantité constante fractionnée en trois éléments variables.

Exemple : Soit à représenter la répartition d'une masse salariale: (100 %) entre cadres (10 %), employés (30 %) et ouvriers (60 %), pour une entreprise donnée:

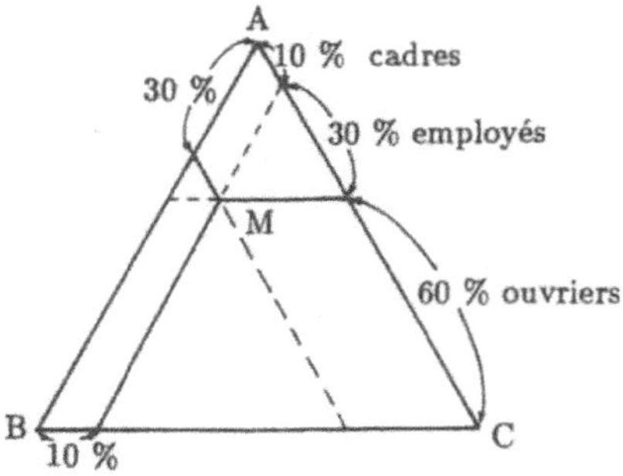

β) Méthode des hauteurs

On utilise ici la propriété du triangle équilatéral, selon laquelle la somme des distances d'un point N quelconque - intérieur au triangle - aux trois côtés est constante, et est égale à la hauteur de ce triangle.

Reprenons l'exemple précédent:

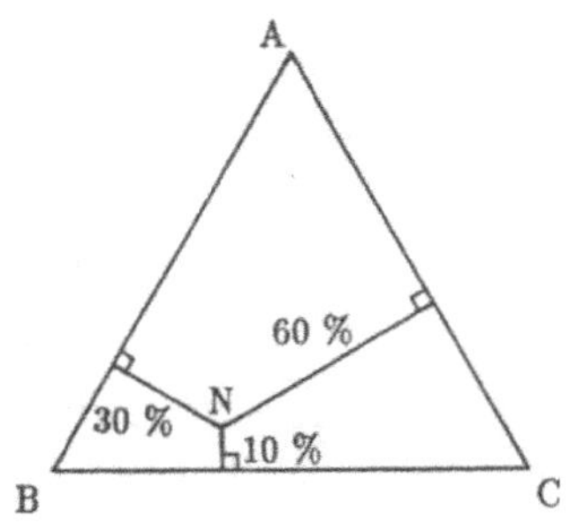

Remarque : Les longueurs des segments découpés sur les hauteurs sont dans le rapport $\cos 30° = \frac{\sqrt{3}}{2}$ avec celles découpées sur les côtés.

b) Graphique en carré

Le graphique en carré permet de représenter deux quantités constantes (100 %), chacune étant fractionnée en deux éléments variables.

Exemple : Soit à représenter la structure du bilan de plusieurs entreprises. Pour chaque entreprise, on va utiliser un graphique en carré, où l'actif total sera réparti entre actif immobilisé et actif circulant et où le passif total sera réparti entre capitaux propres et capitaux empruntés.

Dans notre exemple:

$$\text{passif total (100 \%)} \begin{cases} \text{capitaux propres (40 \%)} \\ \text{capitaux empruntés (60 \%)} \end{cases}$$

$$\text{actif total (100 \%)} \begin{cases} \text{actif immobilisés (40 \%)} \\ \text{actif circulant (60 \%)} \end{cases}$$

soit :

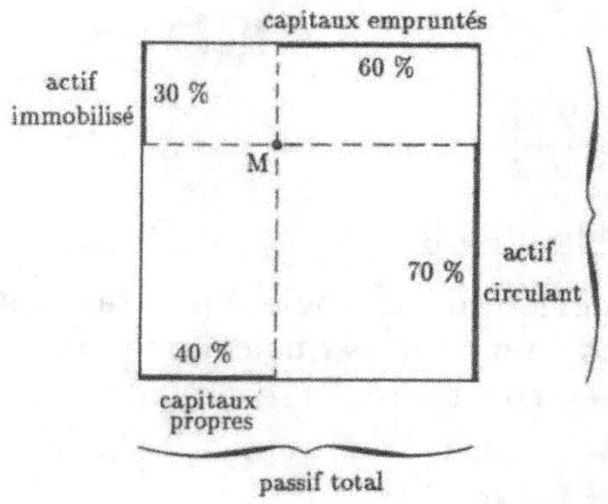

c) Diagramme à secteurs

Il sert à représenter des fréquences, le plus souvent, sous forme de pourcentages.

Le principe est de figurer chaque pourcentage par une portion de cercle, le cercle tout entier représentant par définition 100 %.

Considérons par exemple, le pourcentage de la production de chaque céréale, par rapport à la production totale de céréales :

Blé	40 %
Orge	30 %
Maïs	15 %
Avoine	12 %
Sarrazin et riz	3 %

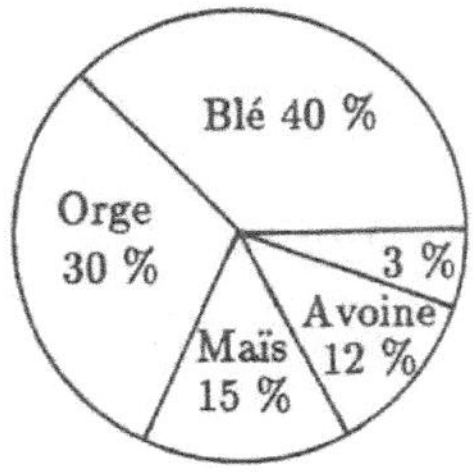

d) Diagramme en tuyaux d'orgue

Il s'agit du même principe de représentation que le précédent, mais on prend un rectangle au lieu d'un cercle.

Représentons les éléments constitutifs du prix de revient d'un acier:

Main-d'œuvre	60 %
Fourniture	25 %
Amortissements	10 %
Frais généraux	5 %

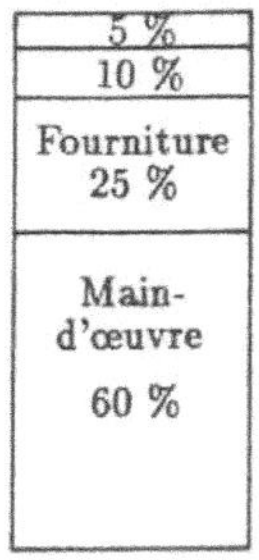

e) Figurines

On rencontre parfois des figurines, pour traduire graphiquement certains résultats statistiques. Par exemple:

pour figurer les navires entrant dans un port.

On ne devra jamais représenter des effectifs différents par des figurines de surfaces différentes, ce qui est trompeur.

En effet, si un carré a pour surface l'unité:

un carré dont la surface est double s'obtiendra avec un carré dont chaque côté a pour longueur $\sqrt{2}$.

 $\sqrt{2}$

On devra simplement considérer qu'une figurine représente l'unité (ou un multiple de celle-ci); on représentera alors l'effectif par un nombre de figurines égal à l'effectif (ou proportionnel à celui-ci).

Par exemple, si l'on veut représenter la population de divers pays:

France	50 millions d'habitants
U.S.A.	200 millions d'habitants
CHINE	600 millions d'habitants

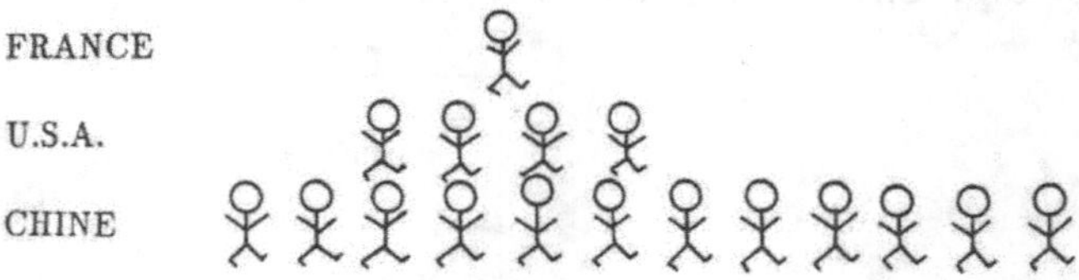

on prendra comme unité 50 millions d'habitants, représentée par :

On obtiendra alors:

5) Représentation graphique des séries chronologiques

a) Diagramme en coordonnées rectangulaires

On va représenter l'évolution dans le temps de la valeur d'un certain caractère.

Dans le diagramme en coordonnées rectangulaires, la représentation va être réalisée en portant le temps en abscisse et l'effectif en ordonnée.

Supposons que l'on veuille représenter le nombre de camions qui rentrent dans une usine pendant une journée. On va choisir l'heure comme unité de temps.

Pour tracer le graphique, on considérera que chaque effectif se rapporte au "centre" de sa classe correspondante (ex. : 20 se rapporte à 6 h 30, "centre" de la classe 6 h - 7 h).

Temps	Effectif
6 h – 7 h	20
7 h – 8 h	15
8 h – 9 h	10
9 h – 10 h	8
10 h – 11 h	7
11 h – 12 h	9
12 h – 13 h	3
13 h – 14 h	4
14 h – 15 h	12
15 h – 16 h	6
16 h – 17 h	2

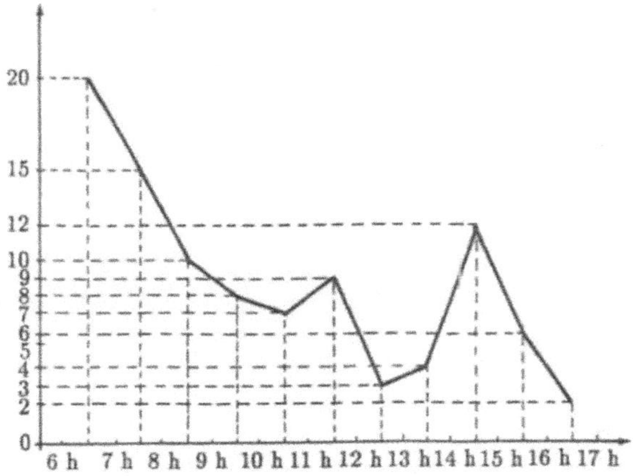

a) Graphique en échelle arithmétique

Ce diagramme permet de voir que le nombre de camions qui entrent dans l'usine décroît de 6 h 30 à 10 h 30, puis présente une pointe à 11 h 30 et une pointe à 14 h 30.

β) Diagramme en toile d'araignée

Il s'agit d'une représentation polaire, où θ = 30°.

Ce diagramme est obtenu en traçant 12 branches figurant les 12 mois de l'année, selon une toile d'araignée. On porte les effectifs sur chaque branche, après avoir choisi une unité.

Représentons par exemple le tonnage de margarine produit chaque mois sur une ligne de fabrication :

Janvier	:	1 100	tonnes
Février	:	1 080	–
Mars	:	1 050	–
Avril	:	1 060	–
Mai	:	1 020	–
Juin	:	1 000	–
Juillet	:	950	–
Août	:	920	–
Septembre	:	980	–
Octobre	:	1 010	–
Novembre	:	1 040	–
Décembre	:	1 080	–

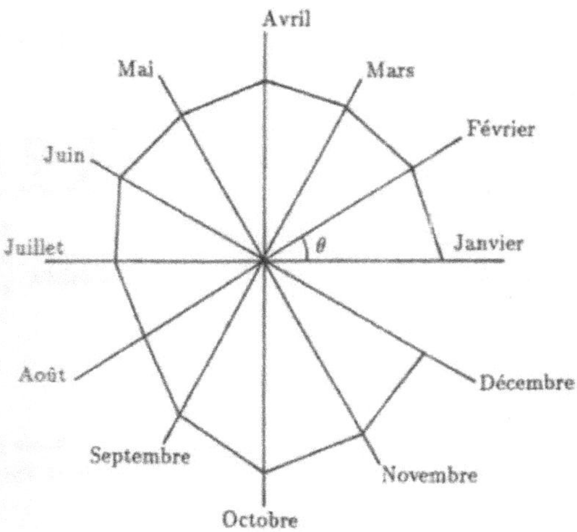

Ce diagramme permet, en continuant le tracé, de faire figurer les données se rapportant à deux années successives. Il est alors aisé de faire des comparaisons pour les mois de même nom.

Si l'on trouve une spirale qui se développe, on est en augmentation ; au contraire, si la spirale se referme sur elle-même on est en diminution.

b) Graphique en échelle semi-logarithmique

α) Sur un graphique en échelle arithmétique, des différences égales sont représentées sur des intervalles égaux.

Par exemple:

$$10 - 7 = 3$$

$$102 - 99 = 3$$

seront représentés par des intervalles de longueur égale.

β) On peut cependant être amené à représenter des caractères dont l'effectif varie d'une façon très importante, par exemple de 10 à 10 000. Dans ce cas, il est impossible d'utiliser la représentation en échelle arithmétique, à moins d'utiliser des kilomètres de papier !

On va alors tracer un graphique en échelle semi-logarithmique, pour lequel des rapports égaux sont représentés par des intervalles égaux. L'abscisse est en échelle arithmétique et l'ordonnée est en échelle logarithmique.

Par exemple :

$$\frac{4}{2} = 2 \qquad \frac{100}{50} = 2 \qquad \frac{8000}{4000} = 2$$

seront représentés par des intervalles de longueur égale.

En d'autres termes, des accroissements égaux, en pourcentage, sont représentés par des intervalles de même longueur, en échelle semi-logarithmique.

γ) Soit à représenter la production de gaz naturel d'un certain gisement :

Année	Production	Année	Production
2000	300 m^3	2005	6 000 m^3
2001	500 m^3	2006	7 000 m^3
2002	1 100 m^3	2007	8 200 m^3
2003	2 600 m3	2008	10 000 m^3
2004	4 400 m^3	2009	12 500 m^3

Le graphique en échelle semi-logarithmique est le suivant :

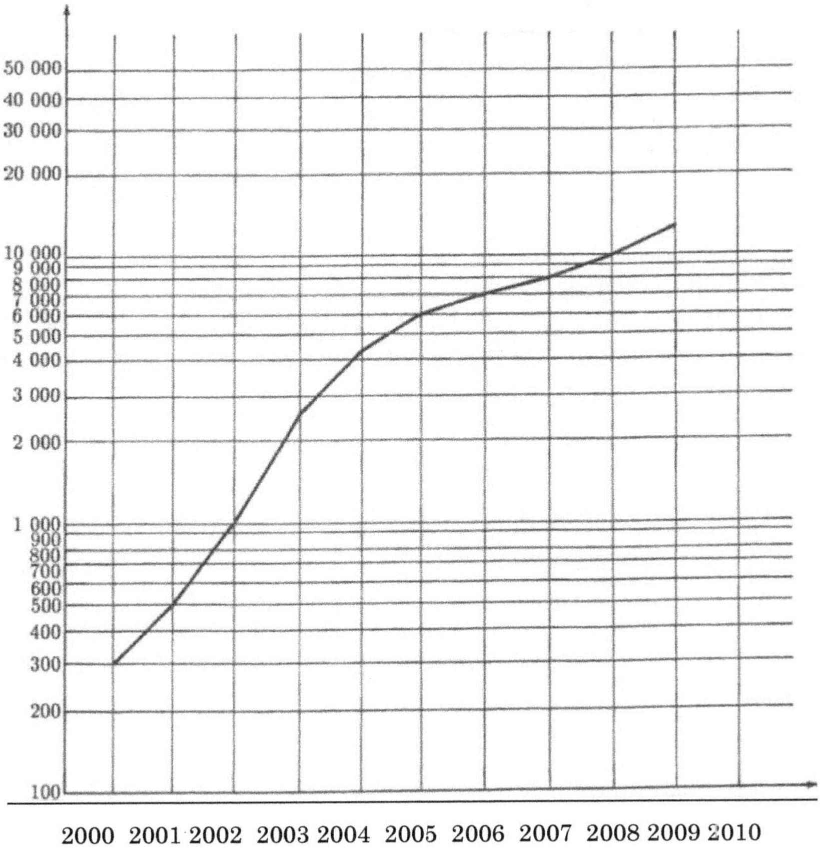

Le graphique en échelle semi-logarithmique permet de représenter par une droite un accroissement exponentiel, c'est-à-dire de la forme générale $y = a^x$.

5) Autres papiers fonctionnels

a) Graphique en échelle logarithmique

Dans ce cas abscisse et ordonnée sont en échelle logarithmique.

Ce sont alors les fonctions puissance, c'est-à-dire de la forme générale $y = Cx^a$ qui sont représentées par des droites.

Le graphique logarithmique met en relief le rapport des variations relatives de 2 variables x et y :

$$\delta = \frac{\frac{y_1 - y_0}{y_0}}{\frac{x_1 - x_0}{x_0}}$$

Ce rapport mesure l'élasticité de y par rapport à x.

Dans le cas particulier, où la courbe est une droite, l'élasticité est constante.

b) Graphique en échelle gausso-arithmétique

Nous mentionnons ici l'existence de papiers fonctionnels où :

- l'échelle des abscisses est arithmétique;
- l'échelle des ordonnées est gaussienne.

Une échelle gaussienne est une échelle graduée selon la loi de Gauss. (Nous développerons ce point dans la partie "Probabilités".)

Partie B :

CARACTÉRISTIQUES DE POSITION D'UNE SÉRIE STATISTIQUE A UN CARACTÈRE : MODE - MÉDIANE - QUANTILES - MOYENNE ARITHMÉTIQUE

I. Introduction

1) Généralités

Toute la mise en ordre que nous avons effectuée jusqu'à présent n'est pas encore suffisante. En effet, elle nous permet de voir plus clair, de situer une évolution dans un certain sens, mais non pas de travailler sur les valeurs numériques proprement dites.

Nous nous proposons maintenant de résumer une série statistique par deux caractéristiques numériques:

- une caractéristique qui nous précisera la valeur centrale de la série, c'est-à-dire celle qui se trouve au milieu;
- une caractéristique d'écart, qui nous indiquera la dispersion des données autour de cette valeur moyenne.

2) Conditions de Yule

Ces caractéristiques devront répondre au mieux aux 6 conditions énoncées par le statisticien Yule :

- être définies de manière objective;
- être simples à calculer ;
- dépendre de toutes les observations;
- se prêter aisément au calcul algébrique ;
- être peu sensibles aux fluctuations d'échantillonnage ;
- avoir une signification concrète.

II. Le mode

1) Définition

Le mode est la caractéristique de valeur centrale qui correspond à l'effectif le plus nombreux.

On distingue cependant deux cas, selon que la variable est une grandeur discrète ou une grandeur continue.

2) Cas d'une grandeur discrète

Dans ce cas, le mode est défini comme étant la valeur de la variable pour laquelle l'effectif est le plus nombreux.

Exemple : Soit une série de copies d'examen notées comme suit :

Note	Nombre de copies	Note	Nombres de copies
2	1	10	13
3	1	11	9
4	3	12	6
5	4	13	10
6	2	14	9
7	1	15	5
8	6	16	2
9	7	17	0

Nous en donnons une représentation graphique, en bâtons :

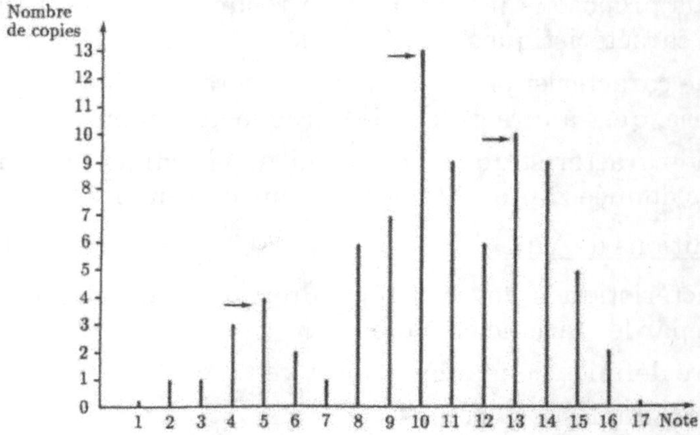

Cette série possède 3 modes: un pour la valeur 5, un autre pour la valeur 10 et un autre pour la valeur 13.

Remarque : L'existence de plusieurs modes indique que la population étudiée est hétérogène, et se compose en fait de plusieurs sous-populations. Dans ce cas, on aura souvent intérêt à étudier chaque sous-population séparément.

3) Cas d'une grandeur continue

a) Dans le cas d'une grandeur continue, les données sont rangées en classes. On parle alors de classe modale, car le mode est défini dans ce cas par la valeur du caractère (limites de classe) qui correspond à la classe renfermant le plus grand nombre de termes. On peut aussi parler de mode en retenant le centre de la classe modale.

Exemple : Soit la répartition suivante d'un groupe de salariés suivant leur salaire mensuel :

Salaire mensuel	Effectif	Salaire mensuel	Effectif
6050 € à moins de 6150 €	55	6350 € à moins de 6450 €	150
6150 € à moins de 6250 €	120	6450 € à moins de 6550 €	85
6250 € à moins de 6350 €	160	6550 € à moins de 6650 €	30

La classe modale est la classe 6 250 – 6 350, ce qui se vérifie sur l'histogramme. Ici le mode est donc 6 300, par définition.

Représentons l'histogramme de cette série :

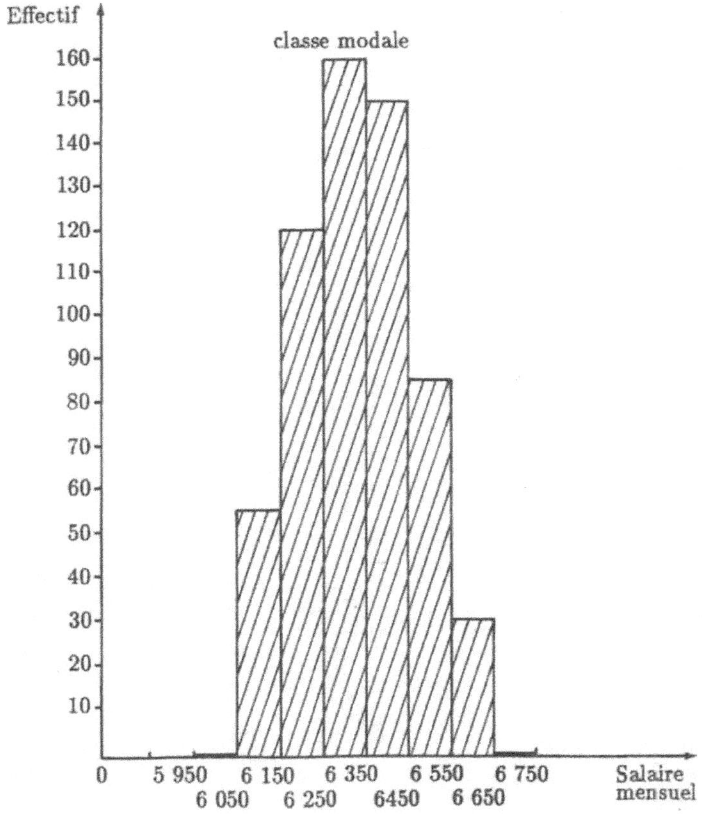

Pour déterminer le mode à partir de l'histogramme, il faut que toutes les classes aient même intervalle. Remarquons cependant, que dans le cas de valeurs rangées en classes, la valeur du mode est influencée par l'intervalle de classe retenu.

b) Détermination du mode à partir de l'histogramme cumulé

Reprenons l'exemple précédent, en prenant cette fois les valeurs cumulées selon les valeurs croissantes de la variable :

Salaire mensuel	Effectif	Salaire mensuel	Effectif
6050 € à moins de 6150 €	55	6350 € à moins de 6450 €	485
6150 € à moins de 6250 €	175	6450 € à moins de 6550 €	570
6250 € à moins de 6350 €	335	6550 € à moins de 6650 €	600

L'histogramme cumulé correspondant est le suivant :

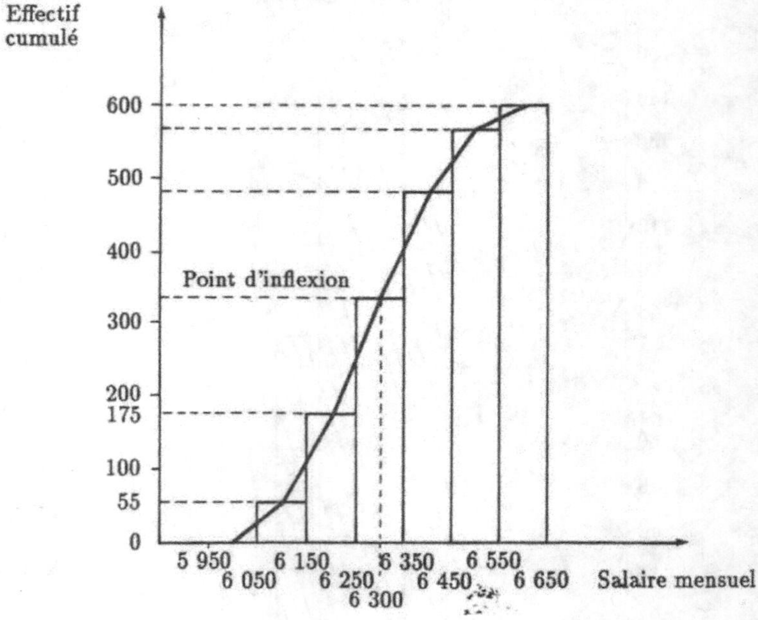

Le mode est alors donné par la valeur de la variable pour laquelle existe le point d'inflexion de la courbe cumulative (c'est-à-dire le point pour lequel le taux de croissance passe par un maximum). On retrouve bien la valeur 6 300.

(*Remarque* : On a joint les centres des classes et non pas les limites supérieures, puisque le mode est la valeur du centre de la classe modale.)

4) Conclusion

Le mode est une grandeur qui se détermine facilement, et qui n'est pas influencée par les valeurs aberrantes pouvant se situer aux extrémités de la série (conditions de Yule).

III. La médiane

1) Définition

La médiane (caractéristique de valeur centrale) est la valeur du caractère telle qu'il y ait autant d'éléments de la série de part et d'autre d'elle-même, la série ayant été au préalable rangée par valeurs croissantes (ou décroissantes) du caractère - c'est-à-dire ordonnée.

On distingue également deux cas selon que la variable est discrète ou continue.

2) Cas d'une variable discrète

a) Série composée d'un nombre impair d'éléments

Exemple : Soit la série ordonnée suivante, qui représente les âges des enfants d'une même famille :

4 7 (9) 13 16

La médiane est 9, car il y a deux valeurs avant (4 et 7) et deux valeurs après (13 et 16).

Dans ce cas, la détermination de la médiane est facile, car il y a un nombre impair de données.

b) Série composée d'un nombre pair d'éléments

Par contre, dans le cas où il y a un nombre pair de données, on va se trouver entre deux valeurs. Reprenons l'exemple ci-dessus en supposant qu'il y ait un sixième enfant âgé de vingt ans :

4 7 9 ↓ 13 16 20
Médiane

Dans cet exemple, la médiane se situe entre les valeurs 9 et 13. Par convention, on retiendra comme valeur de la médiane la demi-somme de ces valeurs:

$$\text{Médiane} = \frac{9+13}{2} = \frac{22}{2} = 11$$

bien que cette valeur ne corresponde pas à une réalité tangible.

3) Cas d'une variable discrète et de données nombreuses

a) Position du problème

Le procédé de détermination de la médiane exposé ci-dessus devient peu pratique, dans le cas où les données sont nombreuses.

Alors la médiane sera l'élément de la série ordonnée dont le rang est fourni par la formule :

$$\boxed{\text{rang} = \frac{n}{2} + \frac{1}{2}}$$

en désignant par *n* le nombre d'éléments de la série.

On distingue encore deux cas, selon que la série comporte un nombre impair ou un nombre pair de données.

b) Série composée d'un nombre impair de données

Si la série est composée d'un nombre impair de données, la formule ci-dessus donnera un nombre entier. Ce nombre indique alors exactement le rang de l'élément qui est la médiane.

Reprenons la première partie de l'exemple simple ci-dessus :

4 7 9 13 16

On a :

$$n = 5 \quad \text{et} \quad \text{rang} = \frac{5}{2} + \frac{1}{2} = 3$$

La médiane est le 3ème élément, c'est-à-dire 9.

c) Série composée d'un nombre pair de données

Si la série statistique comporte un nombre pair de données, la formule que l'on vient de proposer donnera un nombre décimal. La médiane se trouvera alors entre les données dont les rangs sont égaux aux entiers qui encadrent ce nombre décimal.

Expliquons-nous en reprenant la deuxième partie de l'exemple simple ci-dessus:

4 7 9 13 16 20

La formule donne 3,5 avec n = 6 :

$$\text{rang} = \frac{6}{2} + \frac{1}{2} = 3{,}5$$

La médiane se trouve entre les 3ème et 4ème valeurs de la variable, c'est-à-dire entre 9 et 13, puisque 3 et 4 sont les entiers qui encadrent le nombre décimal 3,5. Elle est alors égale à la demi-somme de ces valeurs (cf. § 2) b)).

Remarque : Le plus souvent, on s'aidera, en outre, du tableau des effectifs cumulés, pour éviter de compter les valeurs une par une. Ce sera la démarche à suivre, lorsque l'effectif de chaque valeur sera supérieur à 1.

Exemple : Soit la série statistique suivante donnant le nombre de manteaux vendus dans un grand magasin, par tailles:

Taille	Effectif	Effectif cumulé	Taille	Effectif	Effectif cumulé
36	20	20	41	84	299
37	28	48	42	68	367
38	42	90	43	52	419
39	50	140	44	30	449
40	75	215	Total	449	

Nous avons n = 449.

Il s'en suit que le rang de l'élément qui est la médiane est:

$$\text{rang} = \frac{449}{2} + \frac{1}{2} = 225$$

On obtient alors la médiane par lecture dans le tableau des effectifs cumulés:

- pour la taille 40, on obtient un effectif cumulé de 215, ce qui est en dessous du rang de la médiane;
- pour la taille 41, l'effectif cumulé est 299 ce qui est au-dessus du rang de la médiane.

La valeur de la médiane est donc comprise entre 40 et 41; on retiendra 40.

4) Détermination dans le cas d'une donnée continue

a) Détermination graphique

Dans le cas où la variable est continue, on peut utiliser la formule donnant le rang de l'élément qui sera la médiane et le tableau des effectifs cumulés.

Mais on peut aussi déterminer graphiquement la médiane à partir du polygone des effectifs cumulés.

Exemple : Soit la série statistique suivante qui indique l'acidité de différentes charges d'une même huile:

Acidité	Effectifs	Effectif cumulé par valeurs croissantes	Effectif cumulé par valeurs décroissantes
2,75 à moins de 3,25	1	1	40
3,25 à moins de 3,75	3	4	39
3,75 à moins de 4,25	9	13	36
4,25 à moins de 4,75	13	26	27
4,75 à moins de 5,25	6	32	14
5,25 à moins de 5,75	5	37	8
5,75 à moins de 6,25	2	39	3
6,25 à moins de 6,75	1	40	1
Total	40		

Nous allons tracer le polygone des effectifs cumulés par valeurs croissantes et le polygone des effectifs cumulés par valeurs décroissantes:

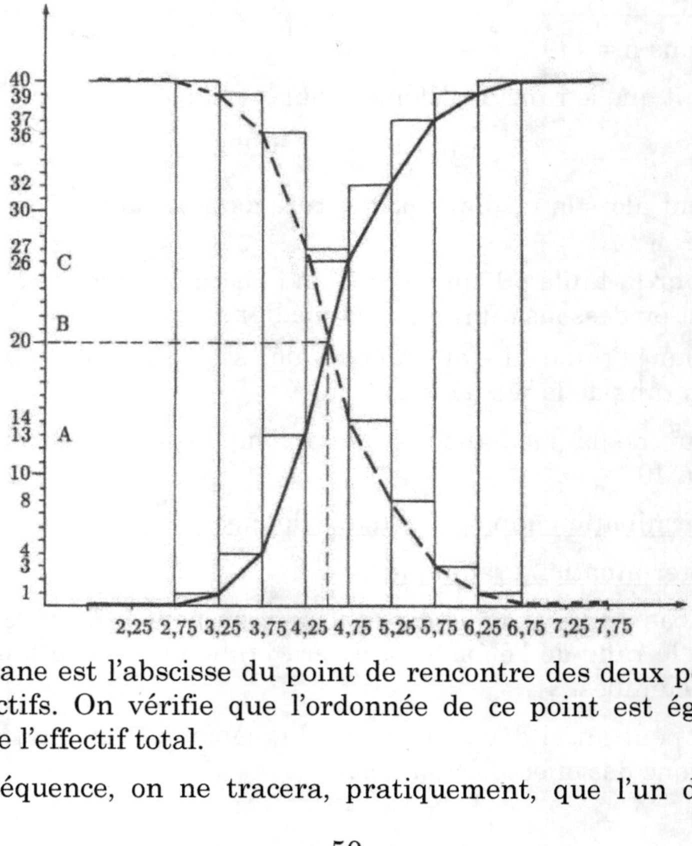

La médiane est l'abscisse du point de rencontre des deux polygones des effectifs. On vérifie que l'ordonnée de ce point est égale à la moitié de l'effectif total.

En conséquence, on ne tracera, pratiquement, que l'un des deux polygones d'effectifs cumulés pour déterminer la médiane (en général, le polygone des effectifs cumulés par valeurs croissantes). Puis on cherche le point de cette courbe, dont l'ordonnée est égale à la moitié de l'effectif total: son abscisse correspondante est la médiane.

On voit, dans l'exemple ci-dessus, que la médiane se situe entre les valeurs 4,25 et 4,75.

b) Détermination par le calcul

Pour déterminer sa valeur exacte, on va faire une correction proportionnelle à l'écart en ordonnée (AB) par rapport à l'écart AC qui représente une longueur correspondant à un intervalle de classe en abscisse. La valeur exacte de la médiane sera alors donnée par:

$$M_e = 4{,}25 + \left[(4{,}75 - 4{,}25)\left(\frac{20-13}{26-13}\right)\right]$$

$$M_e = 4{,}25 + \left[(0{,}5)\left(\frac{7}{13}\right)\right] = 4{,}25 + 0{,}27 = 4{,}52$$

Cette relation s'écrit donc de façon générale:

$$M_e = \text{Limite inférieure de la classe} + \left[\left(\text{Intervalle de classe}\right) \times \frac{\text{Ordonnée de la médiane} - \text{Ordonnée de limite inférieure de la classe}}{\text{Ordonnée de la valeur supérieure de la classe} - \text{Ordonnée de la valeur inférieure de la classe}}\right]$$

5) Conclusion

La médiane est une caractéristique de valeur centrale qui se détermine simplement. Elle présente toutefois l'inconvénient de ne pas être modifiée dans le cas d'une variation de ses valeurs inférieures et/ou supérieures, sans que son nombre d'éléments soit changé.

Par exemple, la médiane de la série suivante

2 3 5 8 10 12 13 15 18

est 10.

Si les valeurs inférieures et supérieures (valeurs extrêmes) varient sans que le nombre de termes varie :

1 4 5 8 10 12 13 16 20

la médiane reste toujours égale à 10.

IV. Les quantiles

1) Définition

La série étant classée, un quantile est une valeur de la variable telle, que l'on ait une certaine proportion des effectifs située en dessous d'elle.

2) Les principaux quantiles

a) Médiane

Dans cette optique, la médiane est évidemment un quantile particulier, celui pour lequel 50 % des effectifs sont situés en dessous (et donc 50 % au-dessus).

b) Quartiles

Les quartiles divisent la série statistique (classée) en quatre:

- 25 % des effectifs sont en dessous du premier quartile;
- 50 % des effectifs sont en dessous du deuxième quartile (il se confond donc avec la médiane);
- 75 % des effectifs sont en dessous du troisième quartile.

c) Déciles

Ils divisent la série statistique (classée) en dix.

d) Centiles

Ils divisent la série statistique (classée) en cent, etc.

V. La moyenne arithmétique

1) Cas d'une variable discrète

a) L'effectif de chaque valeur est égal à 1 : moyenne arithmétique simple

Par définition, la moyenne arithmétique d'une série statistique est égale au quotient de la somme des valeurs de ses éléments par le nombre de ses éléments.

Par exemple, la série suivante:

2 3 5 6 7 8 10 15

comprend 8 éléments.

On désigne par n ce nombre, et par x un élément quelconque de cette série.

La somme de ces éléments est égale à:

$$\sum_{i=1}^{8} x_i = 2 + 3 + 5 + 6 + 7 + 8 + 10 + 15 = 56$$

La moyenne arithmétique, désignée par $\bar{x}$ (lire: x barre) sera :

$$\bar{x} = \frac{\sum_{i=1}^{8} x_i}{n} = \frac{56}{8} = 7$$

La formule générale donnant la moyenne arithmétique, dans le cas où l'effectif de chaque valeur est 1, est :

$$\boxed{\bar{x} = \frac{\sum_{i=1}^{n} x_i}{n}}$$

b) L'effectif de chaque valeur est différent de 1 : moyenne arithmétique pondérée.

Voyons maintenant comment on détermine la moyenne arithmétique, dans le cas où les effectifs sont différents de 1.

Soit par exemple la série représentant le nombre de voitures, classée selon la puissance en CV :

Puissance en CV	Effectif
4	5
5	9
6	10
7	12
8	17
9	8
10	6
11	3
Total	70

La procédure de calcul à suivre est la suivante: on commence par faire les produits, ligne par ligne, de la puissance par l'effectif correspondant. On fait ensuite la somme de ces produits partiels; puis on divise ce résultat par l'effectif total.

La moyenne, dans cet exemple, va alors être :

$$\frac{((4 \times 5) + (5 \times 9) + (6 \times 10) + (7 \times 12) + (8 \times 17) + (9 \times 8) + (10 \times 6) + 11 \times 3))}{(5 + 9 + 10 + 12 + 17 + 8 + 6 + 3)}$$

soit :

$$\frac{20+45+60+84+136+72+60+33}{70} = \frac{510}{70} = 7{,}3$$

En reprenant les notations définies ci-dessus, la formule de définition sera, dans ce cas :

$$\boxed{\overline{x} = \frac{\sum_{i=1}^{n} n_i x_i}{\sum_{i=1}^{n} n_i}}$$

où n_i représente l'effectif du caractère i et x_i sa valeur.

Pratiquement, on utilise la disposition suivante pour faire le calcul :

Caractère x_i	Effectif n_i	Produit $n_i x_i$
4	5	20
5	9	45
6	10	60
7	12	84
8	17	136
9	8	72
10	6	60
11	3	33
Total	$\sum n_i = 70$	$\sum n_i x_i = 510$

Remarque : La moyenne arithmétique est généralement un nombre décimal. Aussi perd-elle un peu de sa signification concrète, dans le cas d'une variable discrète.

2) Cas d'une variable continue

Dans le cas où les données sont rangées en classes, rien n'est changé en ce qui concerne les principes qui viennent d'être énoncés, à condition de caractériser chaque classe par la valeur qui se trouve à son centre, que les intervalles de classe soient égaux ou non.

Considérons par exemple la série formée par les poids de 100 bouteilles vides, en amont d'une chaîne de remplissage :

Poids des bouteilles	Centre de classe x_i	Nombre de bouteilles n_i	Produit $n_i x_i$
48,25 g à moins de 48,75 g	48,5	2	97
48,75 g à moins de 49,25 g	49,0	6	294
49,25 g à moins de 49,75 g	49.5	16	792
49,75 g à moins de 50,25 g	50,0	25	1 250
50,25 g à moins de 50,75 g	50,5	28	1 414
50,75 g à moins de 51,25 g	51,0	12	612
51,25 g à moins de 51,75 g	51,5	8	412
51,75 g à moins de 52,25 g	52,0	3	156
Total		100	5 027

Le poids moyen est :

$$\overline{x} = \frac{5\,027}{100} = 50{,}27 \text{ g}$$

Remarque : Le fait de travailler sur les centres des classes revient à transformer la série continue en série discrète (dont les éléments sont les valeurs des centres de classe).

Toutefois lorsque les valeurs de la variable discrète ou les centres de classe (dans le cas d'une variable continue) comportent un nombre important de chiffres, les calculs deviennent beaucoup plus longs.

Nous allons présenter ici quelques méthodes permettant de simplifier les calculs (sachant que l'intérêt pratique de ces méthodes devient moins évident, avec l'existence d'outils de calcul électroniques de plus en plus perfectionnés, sinon l'intérêt pédagogique).

3) Méthodes de la moyenne provisoire

a) Modification de l'unité choisie

Dans certains cas, on est amené à rechercher la moyenne d'une série dont les éléments ont des valeurs très grandes compte tenu de l'unité choisie.

Considérons par exemple le nombre de commerçants d'une région en fonction de leur chiffre d'affaires:

Chiffre d'affaires en euros	Nombre de commerçants	Chiffre d'affaires en euros	Nombre de commerçants
175 000 à moins de 225 000	6	375 000 à moins de 425 000	18
225 000 à moins de 275 000	16	425 000 à moins de 475 000	10
275 000 à moins de 325 000	24	475 000 à moins de 525 000	1
325 000 à moins de 375 000	35		

On va d'abord remplacer chaque classe par son centre de classe; puis on va diviser chacune de ces valeurs par 50 000.

Le tableau ci-dessus devient alors :

Chiffres d'affaires	Centre de classe x_i	$x_i' = \frac{x_i}{50\,000}$	n_i	$n_i x_i'$
175 000 à moins de 225 000	200 000	4	6	24
225 000 à moins de 275 000	250 000	5	16	80
275 000 à moins de 325 000	300 000	6	24	144
325 000 à moins de 375 000	350 000	7	35	245
375 000 à moins de 425 000	400 000	8	18	144
425 000 à moins de 475 000	450 000	9	10	90
475 000 à moins de 525 000	500 000	10	1	10
Total			110	737

En désignant par $\bar{x}'$ la moyenne calculée à partir des valeurs x_i' et par α le diviseur (égal ici à 50 000), il vient :

$$\overline{x}' = \frac{\sum_{i=1}^{n} n_i x_i'}{\sum_{i=1}^{n} n_i} = \frac{\sum_{i=1}^{n} n_i \left(\frac{x_i}{\alpha}\right)}{\sum_{i=1}^{n} n_i} = \frac{\overline{x}}{\alpha}$$

soit :

$$\boxed{\overline{x} = \alpha \frac{\sum_{i=1}^{n} n_i \left(\frac{x_i}{\alpha}\right)}{\sum_{i=1}^{n} n_i}} \quad \text{ou} \quad \boxed{\overline{x} = \alpha \overline{x}'} \quad (1)$$

En remplaçant par les valeurs numériques de l'exemple, on obtient:

$$\bar{x}' = \frac{737}{10} = 6{,}7$$

En reprenant la formule (1), il vient dans notre exemple :

$$\bar{x} = 50\,000 \times 6{,}7 = 335\,000$$

$$\boxed{\overline{x} = 335\,000}$$

Donc, la moyenne est égale au produit de la moyenne provisoire par le diviseur α.

b) Changement d'origine des centres des classes

En reprenant l'exemple précédent, on va maintenant modifier l'origine des valeurs des centres des classes (translation).

On va remplacer les valeurs x_i par de nouvelles valeurs x_i'' définies par :

$$x_i'' = x_i - x_0$$

x_0 étant la valeur du centre de la classe qui se trouve au milieu de la distribution.

Cela aura pour avantage de rendre nulle la valeur du centre de classe de la classe qui a l'effectif le plus nombreux (et par là de simplifier le calcul des produits du type $n_i x_i$).

Dans l'exemple, on choisira :

$$x_0 = 350\,000$$

ce qui nous donne:

x_i	$x_i'' = x_i - x_0$	n_i	$n_i x_i''$
200 000	−150 000	6	− 900 000
250 000	−100 000	16	−1 600 000
300 000	− 50 000	24	−1 200 000
350 000	0	35	0
400 000	+ 50 000	18	+ 900 000
450 000	+100 000	10	+1 000 000
500 000	+150 000	1	+ 150 000
		110	−1 650 000

La formule de calcul de la moyenne devient :

$$\overline{x}'' = \frac{\sum_{i=1}^{n} n_i(x_i - x_0)}{\sum_{i=1}^{n} n_i} = \frac{\sum_{i=1}^{n} n_i x_i}{\sum_{i=1}^{n} n_i} - \frac{\sum_{i=1}^{n} n_i x_0}{\sum_{i=1}^{n} n_i} = \frac{\sum_{i=1}^{n} n_i x_i}{\sum_{i=1}^{n} n_i} - x_0 \frac{\sum_{i=1}^{n} n_i}{\sum_{i=1}^{n} n_i}$$

c'est-à-dire :

$$\boxed{\overline{x}'' = \overline{x} - x_0} \text{ ou } \boxed{\overline{x} = \overline{x}'' + x_0}$$

La moyenne est égale à la somme de la moyenne provisoire et de la valeur de la translation x_0.

En reprenant l'exemple:

$$\overline{x}'' = \frac{1\,650\,000}{110} = -\,15\,000$$

$$\overline{x} = -15\,000 + 350\,000 = 335\,000$$

c'est-à-dire :

$$\boxed{\overline{x} = 335\ 000}$$

c) Modification de l'unité choisie et changement d'origine des centres de classe

On peut combiner les deux formules, ce qui équivaut à un changement d'origine et à un changement d'échelle pour les valeurs des centres de classe.

On obtient alors :

$$x_i''' = \frac{x_i - x_0}{\alpha} \quad \begin{cases} \Leftarrow \text{ changement d'origine} \\ \Leftarrow \text{ changement d'échelle} \end{cases}$$

d'où :

$$\overline{x}''' = \frac{\sum_{i=1}^{n} n_i \left(\frac{x_i - x_0}{\alpha}\right)}{\sum_{i=1}^{n} n_i} = \frac{\frac{1}{\alpha}\sum_{i=1}^{n} n_i\, x_i}{\sum_{i=1}^{n} n_i} - \frac{x_0}{\alpha}\frac{\sum_{i=1}^{n} n_i}{\sum_{i=1}^{n} n_i} = \frac{1}{\alpha}\overline{x} - \frac{x_0}{\alpha}$$

donc :

$$\boxed{\overline{x}'' = \overline{x} - x_0} \qquad \text{ou} \qquad \boxed{\overline{x} = \overline{x}'' + x_0}$$

La moyenne est égale au produit de la moyenne provisoire par le diviseur α, majoré de la valeur de la translation x_0.

Reprenons l'exemple :

x_i	$x''' = \frac{x_i - x_0}{\alpha}$	n_i	$n_i x_i'''$
200 000	−3	6	−18
250 000	−2	16	−32
300 000	−1	24	−24
350 000	0	35	0
400 000	1	18	18
450 000	2	10	20
500 000	3	1	3
Total		110	−33

$$\overline{x}''' = \frac{-33}{110} = -0{,}3$$

$$\overline{x} = [50\ 000 \times (-0{,}3)] + 350\ 000 =$$

$$\boxed{\overline{x} = 335\,000}$$

De cette manière, on a donc calculé la moyenne beaucoup plus rapidement.

3) Relation empirique entre M_o, M_e et $\overline{x}$

Pour les courbes unimodales, légèrement asymétriques (à droite ou à gauche), [cf. ci-dessous], il existe entre la moyenne arithmétique $\bar{x}$, la médiane M_e et le mode M_o, la relation empirique suivante :

$$\boxed{(\overline{x} - M_0) = 3\,(\overline{x} - M_e)}$$

ce qui s'écrit encore sous la forme :

$$\boxed{M_0 = 3M_e - 2\overline{x}}$$

VI. Autres types de moyennes

1) Introduction

a) La moyenne arithmétique $\overline{x}$ n'est pas le seul type de moyenne qui existe.

On définit également :

- la moyenne géométrique G ;
- la moyenne quadratique Q ;
- la moyenne harmonique H.

b) On démontre (cf. ci-après) qu'il existe entre elles la relation:

$$\boxed{H \leq G \leq \overline{x} \leq Q}$$

2) Moyenne géométrique

a) Moyenne géométrique simple

Par définition, la moyenne géométrique simple est :

$$\boxed{G = \left[\prod_{i=1}^{n} x_i\right]^{\frac{1}{n}}}$$

le symbole Π désignant le produit des termes x_i pour $i = 1, \dots, n$.

On la calcule souvent par la formule logarithmique :

$$\log\ G = \frac{1}{n}\sum_{i=1}^{n} \log\ x_i$$

b) Moyenne géométrique pondérée

Elle est égale à :

$$G_p = \left[\prod_{i=1}^{n} {x_i}^{\alpha_i}\right]^{\frac{1}{\sum_{i=1}^{n}\alpha_i}}$$

3) Moyenne quadratique

a) Moyenne quadratique simple

Elle est égale à :

$$Q = \frac{1}{n}\left[\sum_{i=1}^{n} x_i^2\right]^{\frac{1}{2}}$$

b) Moyenne quadratique pondérée

$$Q_p = \left[\frac{\sum_{i=1}^{n}\alpha_i x_i^2}{\sum_{i=1}^{n}\alpha_i}\right]^{\frac{1}{2}}$$

4) Moyenne harmonique

a) Moyenne harmonique simple

Elle est définie par:

$$H = \frac{n}{\sum_{i=1}^{n}\left(\frac{1}{x_i}\right)}$$

b) Moyenne harmonique pondérée

Elle est définie par :

$$H_p = \frac{\sum_{i=1}^{n}\alpha_i}{\sum_{i=1}^{n}\left(\frac{\alpha_i}{x_i}\right)}$$

VII. Généralisation de la notion de moyenne

1) La φ-moyenne

Soit $y = \varphi(x)$ une fonction continue et strictement monotone sur l'intervalle des valeurs possibles $[x_1, x_k]$, en supposant que les valeurs soient ordonnées ($x_1 < x_2 < \ldots < x_{k-1} < x_k$).

La φ-moyenne d'une variable statistique discrète à valeurs x_i et à effectifs n_i est la valeur m de l'intervalle $[x_1, x_k]$, telle que $\varphi(m)$ soit égale à la moyenne arithmétique des quantités $\varphi(x_i)$, c'est-à-dire :

$$\boxed{\varphi(m) = \frac{1}{\sum_{i=1}^{k} n_i} \sum_{i=1}^{k} n_i \varphi(x_i)}$$

1) Moyenne d'ordre r

a) Définition

La moyenne d'ordre r, m_r, est la φ-moyenne correspondant à la fonction puissance r-ième (donc $\varphi(x_i) = x_i^r$).

$$\boxed{m_r^r = \frac{1}{\sum_{i=1}^{k} n_i} \sum_{i=1}^{k} n_i x_i^r}$$

La moyenne d'ordre r est encore appelée moment simple d'ordre r.

b) Cas particulier où $r = -1$

Dans le cas particulier où $r = -1$, il vient :

$$(m_{-1})^{-1} = \frac{1}{\sum_{i=1}^{k} n_i} \sum_{i=1}^{k} n_i\, x_i^{-1} = \frac{1}{\sum_{i=1}^{k} n_i} \sum_{i=1}^{k} \frac{n_i}{x_i} = \frac{\sum_{i=1}^{k} \frac{n_i}{x_i}}{\sum_{i=1}^{k} n_i} = \frac{1}{m_{-1}}$$

Donc :

$$m_{-1} = \frac{\sum_{i=1}^{k} n_i}{\sum_{i=1}^{k} \frac{n_i}{x_i}} = H$$

Nous reconnaissons ici la moyenne harmonique H qui est la moyenne d'ordre -1.

$$\boxed{H = m_{-1}}$$

c) Cas particulier où $r = 0$

Si $r = 0$, il vient :

$$(m_0)^0 = \frac{\sum_{i=1}^{k} n_i x_i^0}{\sum_{i=1}^{k} n_i}$$

Pour expliciter cette expression, étudions la moyenne d'ordre ε, définie par :

$$(m_\varepsilon)^\varepsilon = \frac{\sum_{i=1}^{k} n_i x_i^\varepsilon}{\sum_{i=1}^{k} n_i}$$

Nous pouvons encore écrire :

$$\frac{(m_\varepsilon)^\varepsilon - 1}{\varepsilon} = \frac{\sum_{i=1}^{k} n_i \left(\frac{x_i^\varepsilon - 1}{\varepsilon}\right)}{\sum_{i=1}^{k} n_i}$$

Si l'on fait tendre ε vers zéro, alors :

$$\frac{a^\varepsilon - 1}{\varepsilon} \rightarrow ln_e\, a$$

et $m_\varepsilon \rightarrow m_0$, qui satisfait à:

$$ln_e\, m_0 = \frac{\sum_{i=1}^{k} n_i\, ln_e\, x_i}{\sum_{i=1}^{k} n_i}$$

soit encore :

$$m_0 = \left[x_1^{n_1} . x_2^{n_2} \ldots x_k^{n_k}\right]^{\frac{1}{\sum_{i=1}^{k} n_i}} = G$$

Nous reconnaissons ici la moyenne géométrique G, qui joue donc le rôle de moyenne d'ordre zéro.

d) Cas particulier où $r = 1$

Dans le cas où $r = 1$, il vient :

$$(m_1)^1 = m_1 = \frac{\sum_{i=1}^{k} n_i x_i^2}{\sum_{i=1}^{k} n_i} = \frac{\sum_{i=1}^{k} n_i\, x_i}{\sum_{i=1}^{k} n_i} = \overline{x}$$

Nous reconnaissons ici la moyenne arithmétique $\overline{x}$, qui est donc la moyenne d'ordre 1.

e) Cas particulier où $r = 2$

Si $r = 2$, il vient alors :

$$(m_2)^2 = \frac{\sum_{i=1}^{k} n_i x_i^2}{\sum_{i=1}^{k} n_i} = Q^2$$

soit encore :

$$m_2 = \left[\frac{\sum_{i=1}^{k} n_i x_i^2}{\sum_{i=1}^{k} n_i}\right]^{\frac{1}{2}} = Q$$

Nous reconnaissons ici la moyenne quadratique Q, qui est donc la moyenne d'ordre 2.

f) Propriétés de m_r

On montre que la moyenne d'ordre r, m_r, est une fonction croissante de r. On établit ainsi la relation existant entre H, G, $\overline{x}$ et Q.

Partie C :

CARACTÉRISTIQUES DE DISPERSION D'UNE SÉRIE STATISTIQUE : ÉTENDUE - INTERVALLE INTERQUARTILE - VARIANCE - ÉCART-TYPE (etc.)

Maintenant, nous savons caractériser une série statistique par une valeur centrale ; mais il nous reste à préciser comment les données sont distribuées autour de cette valeur centrale. On va donner une signification à cette dispersion à l'aide d'une caractéristique d'écart.

I. L'étendue ou intervalle de variation

Cette caractéristique d'écart est obtenue très simplement en faisant la différence entre la valeur la plus grande de la distribution et la valeur la plus petite, la série étant ordonnée par valeurs croissantes.

Exemple : Soit la série statistique

$$2 \quad 3 \quad 5 \quad 8 \quad 10 \quad 13 \quad 16$$

L'étendue de cette série est: 16 — 2 = 14.

C'est une grandeur difficilement utilisable, car elle dépend de l'unité choisie.

II. Intervalles interquartile, interdécile, intercentile

1) Intervalle interquartile

L'intervalle interquartile est l'intervalle contenant 50 % des données. Il est donc obtenu en faisant la différence entre le 3ème quartile et le 1er quartile: $Q_3 - Q_1$. Le reste des données se répartit pour 25 % à gauche de Q_1 et pour 25 % à droite de Q_3.

Il présente l'avantage par rapport à l'étendue, d'éliminer les valeurs extrêmes (souvent aberrantes).

2) Déviation quartile

À partir de l'intervalle interquartile, on définit également la déviation quartile ou semi-intervalle interquartile, égale à la moitié de l'intervalle interquartile :

$$\boxed{\frac{Q_3 - Q_1}{2}}$$

3) Intervalle interdécile

L'intervalle interdécile est l'intervalle contenant 80 % des données. Il est obtenu en faisant la différence entre le 9ème décile d_9 et le 1er décile d_1 : $d_9 - d_1$.

4) Intervalle intercentile

L'intervalle intercentile est l'intervalle contenant 98 % des données. Il est obtenu en faisant la différence entre le 99ème centile c_{99} et le 1er centile c_1 : $c_{99} - c_1$.

5) Inégalité de Markov

Soit une série statistique discrète $x_1, \dots, x_k$, dont les valeurs sont positives et ordonnées de manière croissante.

L'inégalité de Markov fournit une indication sur l'effectif d'un intervalle quelconque $[x_1, t\overline{x}[$ par rapport à l'effectif de la série n (où t est un nombre quelconque > 1 et $\overline{x}$ est la moyenne arithmétique de la série) :

$$\boxed{\text{Effectif}\,\{[x_1, t\overline{x}[\} \geq n\left(1 - \frac{1}{t}\right) \qquad \forall\, t > 1}$$

III. Écart moyen

L'écart moyen est la moyenne de la somme des écarts pris par rapport à la moyenne arithmétique.

L'écart moyen est donc défini par la relation :

$$\boxed{e_m = \frac{\sum_{1=1}^{n} n_i\,(x_i - \overline{x})}{\sum_{1=1}^{n} n_i}}$$

Mais il n'est d'aucune utilité pour mesurer la dispersion, car il est toujours nul:

$$\mathrm{e_m} = \frac{\sum_{1=1}^{n} n_i\,(x_i - \overline{x})}{\sum_{1=1}^{n} n_i} = \frac{\sum_{i=1}^{k} n_i\,x_i}{\sum_{i=1}^{k} n_i} = \frac{\sum_{i=1}^{n} n_i\,\overline{x}}{\sum_{i=1}^{n} n_i} = \overline{x} - \overline{x} = 0$$

Vérifions-le sur un cas particulier, en reprenant l'exemple relatif à l'acidité des différentes charges d'une même huile.

Nous allons présenter dans le même tableau: les données, le calcul de la moyenne arithmétique et le calcul de l'écart moyen.

Acidités	x_i	$x'_i = x_i - 4,5$	n_i	$n_i x'_i$	$x_i - \bar{x}$	$n_i(x_i - \bar{x})$
2,75 à moins de 3,25	3,0	−1,5	1	−1,5	−1,6	−1,6
3,25 à moins de 3,75	3,5	−1	3	−3	−1,1	−3,3
3,75 à moins de 4,25	4,0	−0,5	9	−4,5	−0,6	−5,4
4,25 à moins de 4,75	4,5	0	13	0	−0,1	−1,3
4,75 à moins de 5,25	5,0	0,5	6	3	0,4	+2,4
5,25 à moins de 5,75	5,5	1	5	5	0,9	+4.5
5,75 à moins de 6,25	6,0	1,5	2	3	1,4	+2,8
6,25 à moins de 6,75	6,5	2	1	2	1,9	+1,9
Total			40	4		0

Calcul de la moyenne — Calcul de l'écart

$$e_m = \frac{0}{40} = 0$$

IV. Écarts absolus

1) Écart absolu moyen par rapport à la moyenne

L'écart moyen étant toujours nul, on va chercher à définir un nouvel écart, en considérant cette fois les valeurs absolues des écarts (à la moyenne arithmétique $\overline{x}$).

On définit ainsi l'écart absolu moyen, moyenne des écarts à la moyenne :

$$e_{\overline{x}} = \frac{\sum_{i=1}^{n} n_i |x_i - \overline{x}|}{\sum_{i=1}^{n} n_i}$$

Cet écart présente deux inconvénients:

- d'une part, son calcul n'est pas aisé ;
- d'autre part, il n'est pas minimum (on démontre que l'écart absolu est minimum, lorsque les écarts sont définis par rapport à la médiane M_e).

2) Écart absolu moyen par rapport à la médiane

L'écart absolu moyen par rapport à la médiane est la moyenne des écarts à la médiane M_e :

$$e_{M_e} = \frac{\sum_{i=1}^{n} n_i |x_i - M_e|}{\sum_{i=1}^{n} n_i}$$

Cet écart est l'écart absolu moyen minimum.

3) Écart médian ou écart probable

a) Définition

L'écart médian, souvent désigné sous le terme d'écart probable est la médiane des écarts à la médiane.

b) Propriétés

En conséquence, un intervalle de deux écarts probables centré sur la médiane contient 50 % des observations. Dans le cas où la distribution est symétrique, on remarque que l'écart probable est égal à la déviation quartile.

c) Utilisation

L'écart probable est utilisé couramment en balistique (et en particulier en artillerie).

1) Distance de Minkowski

a) Définition

La distance de Minkowski entre deux points a et b est définie par:

$$\boxed{d(a,b) = \left[\sum_{i=1}^{k} |a_i - b_i|^n\right]^{\frac{1}{n}}} \qquad \text{avec} \quad n \geq 1$$

dans un espace à k dimensions.

b) Cas particulier où $n = 1$

Dans le cas où n = 1, la distance de Minkowski définit l'écart absolu moyen par rapport à un nombre quelconque :

$$d\,(a,b) = \sum_{i=1}^{k} |a_i - b_i|$$

Remarquons que dans ce cas, cette distance n'est pas linéaire.

c) Cas particulier où $n = 2$

Quand n = 2, la distance de Minkowski correspond à la distance euclidienne.

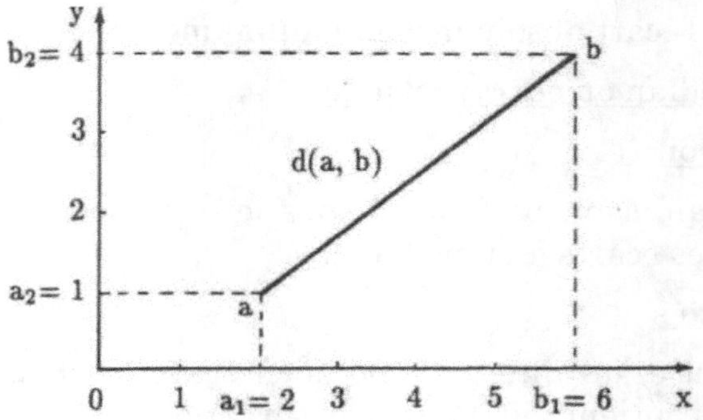

Par exemple:

$$d\,(a,b) = \left[\sum_{i=1}^{2} |a_i - b_i|^2\right]^{\frac{1}{2}} = [|a_1 - b_1|^2 + |a_2 - b_2|^2]^{\frac{1}{2}}$$

$$d\,(a,b) = [|2-6|^2 + |1-4|^2]^{\frac{1}{2}} = [16+9]^{\frac{1}{2}} = 25^{\frac{1}{2}} = 5$$

On remarque donc que pour $n = 2$, la distance est linéaire.

V. Variance et écart-type

1) Formule de définition

Pour pallier les inconvénients des écarts absolus moyens, on va prendre les carrés des écarts. On va définir de cette manière la variance, notée σ^2 (ou V).

La formule de définition de la variance est donc :

$$\sigma^2 = \frac{\sum_{i=1}^{n} n_i (x_i - \overline{x})^2}{\sum_{i=1}^{n} n_i}$$

Mais, pour revenir à une grandeur qui puisse être comparée à la moyenne, on prendra la racine carrée de la variance, encore appelée écart-type (ou écart quadratique moyen), dont la formule de définition est :

$$\sigma = \sqrt{\frac{\sum_{i=1}^{n} n_i (x_i - \overline{x})^2}{\sum_{i=1}^{n} n_i}}$$ ou, en notation plus moderne

$$\sigma = \left[\frac{\sum_{i=1}^{n} n_i (x_i - \overline{x})^2}{\sum_{i=1}^{n} n_i}\right]^{1/2}$$

La propriété essentielle de cet écart est qu'il est minimum, tel qu'il est défini, car le carré des écarts à la moyenne arithmétique est inférieur au carré des écarts par rapport à toute autre valeur.

Exemple : Nous référant à l'exemple précédent, le tableau du calcul de l'écart-type (à partir de la formule de définition) va alors prendre la forme suivante:

Acidités	x_i	n_i	$(x_i-\bar{x})$	$(x_i-\bar{x})^2$	$n_i(x_i-\bar{x})^2$
2,75 à moins de 3,25	3,0	1	−1,6	+2,56	2,56
3,25 à moins de 3,75	3,5	3	−1,1	+1,21	3,63
3,75 à moins de 4,25	4,0	9	−0,6	+0,36	3,24
4,25 à moins de 4,75	4,5	13	−0,1	+0,01	0,13
4,75 à moins de 5,25	5,0	6	0,4	+0,16	0,96
5,25 à moins de 5,75	5,5	5	0,9	+0,81	4,05
5,75 à moins de 6,25	6,0	2	1,4	+1,96	3,92
6,25 à moins de 6,75	6,5	1	1,9	+3,61	3,61
Total		40			22,10

$$\sigma = \left[\frac{22{,}10}{40}\right]^{\frac{1}{2}} = [0{,}5525]^{\frac{1}{2}} = 0{,}743$$

$$\boxed{\sigma = 0{,}74}$$

L'écart type est la caractéristique de dispersion qui est la plus communément utilisée.

2) Formule de calcul

Reprenons la formule de définition de la variance présentée ci-dessus:

$$\sigma^2 = \frac{\sum_{i=1}^{n} n_i(x_i-\overline{x})^2}{\sum_{i=1}^{n} n_i} \qquad (2)$$

En développant l'expression $(x_i-\overline{x})^2$, on peut transformer cette formule en vue d'en obtenir une autre présentation, souvent plus commode pour le calcul numérique, et pour cela appelée "formule de calcul". Le développement de l'expression $(x_i-\overline{x})^2$, est:

$$(x_i - \overline{x})^2 = x_i^2 - 2\overline{x}x_i + \overline{x}^2$$

Donc :

$$\sigma^2 = \frac{\sum_{i=1}^{n} n_i(x_i - \overline{x})^2}{\sum_{i=1}^{n} n_i} = \frac{\sum_{i=1}^{n} n_i\left(x_i^2 - 2\overline{x}x_i + \overline{x}^2\right)}{\sum_{i=1}^{n} n_i}$$

$$\sigma^2 = \frac{\sum_{i=1}^{n} n_i x_i^2 - 2\overline{x}\sum_{i=1}^{n} n_i x_i + \overline{x}^2 \sum_{i=1}^{n} n_i}{\sum_{i=1}^{n} n_i} \qquad (3)$$

En utilisant la définition de la moyenne $\overline{x}$:

$$\overline{x} = \frac{\sum_{i=1}^{n} n_i\, x_i}{\sum_{i=1}^{n} n_i}$$

on peut transformer l'expression

$$-\,2\overline{x}\sum_{i=1}^{n} n_i x_i$$

En effet :

$$\overline{x} = \frac{\sum_{i=1}^{n} n_i\, x_i}{\sum_{i=1}^{n} n_i} \quad \Leftrightarrow \quad \overline{x}\sum_{i=1}^{n} n_i = \sum_{i=1}^{n} n_i x_i$$

et alors :

$$-\,2\overline{x}\sum_{i=1}^{n} n_i x_i = -2\overline{x}\left(\overline{x}\sum_{i=1}^{n} n_i\right) = -2\overline{x}^2\sum_{i=1}^{n} n_i$$

En reportant cette nouvelle expression dans (3), il vient :

$$\sigma^2 = \frac{\sum_{i=1}^{n} n_i x_i^2 - 2\overline{x}^2 \sum_{i=1}^{n} n_i + \overline{x}^2 \sum_{i=1}^{n} n_i}{\sum_{i=1}^{n} n_i} = \frac{\sum_{i=1}^{n} n_i\, x_i^2}{\sum_{i=1}^{n} n_i} - \overline{x}^2\,\frac{\sum_{i=1}^{n} n_i\, x_i}{\sum_{i=1}^{n} n_i}$$

$$\boxed{\sigma^2 = \frac{\sum_{i=1}^{n} n_i\, x_i^2}{\sum_{i=1}^{n} n_i} - \overline{x}^2}$$

L'expression de l'écart-type est alors :

$$\boxed{\sigma = \left[\frac{\sum_{i=1}^{n} n_i\, x_i^2}{\sum_{i=1}^{n} n_i} - \overline{x}^2\right]^{\frac{1}{2}}}$$

Exemple : En reprenant l'exemple précédent, le tableau de calcul prend la forme suivante plus simple:

Acidité	x_i	n_i	x_i^2	$n_i x_i^2$
2,75 à moins de 3,25	3,0	1	9,00	9,00
3,25 à moins de 3,75	3,5	3	12,25	36,75
3,75 à moins de 4,25	4,0	9	16,00	144,00
4,25 à moins de 4,75	4,5	13	20,25	263,25
4,75 à moins de 5,25	5,0	6	25,00	150,00
5,25 à moins de 5,75	5,5	5	30,25	151,25
5,75 à moins de 6,25	6,0	2	36,00	72,00
6,25 à moins de 6,75	6,5	1	42,25	42,25
Total		40		868,50

La valeur de la variance σ^2 est :

$$\sigma^2 = \left[\frac{868{,}50}{40} - 4{,}6^2\right] = 21{,}7125 - 21{,}16 = 0{,}5525$$

et la valeur de l'écart-type σ est :

$$\sigma = [0{,}5525]^{1/2} = 0{,}743$$

On retrouve bien le même résultat que précédemment.

3) Variance et écart-type calculés à l'aide d'une moyenne provisoire

Nous avons, rappelons-le, d'une part :

$$\overline{x} = \alpha\overline{x}' + x_0 \Leftrightarrow \overline{x}' = \frac{\overline{x} - x_0}{\alpha} \qquad (4)$$

et :

$$x_i = \alpha x_i' + x_0 \Leftrightarrow x_i' = \frac{x_i - x_0}{\alpha} \qquad (5)$$

D'autre part :

$\sigma^2 = \frac{\sum_{i=1}^{n} n_i(x_i - \overline{x})^2}{\sum_{i=1}^{n} n_i} = \frac{\sum_{i=1}^{n} n_i x_i^2}{\sum_{i=1}^{n} n_i} - \overline{x}^2$ variance définie par rapport à la moyenne $\overline{x}$

et :

$\sigma'^2 = \frac{\sum_{i=1}^{n} n_i\left(x_i' - \overline{x}'\right)^2}{\sum_{i=1}^{n} n_i} = \frac{\sum_{i=1}^{n} n_i x_i'^2}{\sum_{i=1}^{n} n_i} - \overline{x}'^2$ variance définie par rapport à la moyenne provisoire $\overline{x}'$

Dans cette seconde expression, remplaçons respectivement $\overline{x}'$ et x_i' par leurs expressions en fonction de $\overline{x}$ et x_i (relations (4) et (5)).

Il vient :

$$\sigma'^2 = \frac{\sum_{i=1}^{n} n_i \left(\frac{x_i - x_0}{\alpha}\right)^2}{\sum_{i=1}^{n} n_i} - \left(\frac{\overline{x} - x_0}{\alpha}\right)^2$$

$$\sigma'^2 = \frac{\sum_{i=1}^{n} n_i \left(x_i^2 + x_0^2 - 2x_i x_0\right)}{\alpha^2 \sum_{i=1}^{n} n_i} - \frac{\overline{x}^2 + x_0^2 - 2x_0\overline{x}}{\alpha^2}$$

$$\sigma'^2 = \frac{1}{\alpha^2}\left[\frac{\sum_{i=1}^{n} n_i x_i^2}{\sum_{i=1}^{n} n_i} + x_0^2 \frac{\sum_{i=1}^{n} n_i}{\sum_{i=1}^{n} n_i} - 2x_0 \frac{\sum_{i=1}^{n} n_i x_i}{\sum_{i=1}^{n} n_i}\right] - \frac{1}{\alpha^2}\left[\overline{x}^2 + x_0^2 - 2x_0\overline{x}\right]$$

En rappelant que :

$$\frac{\sum_{i=1}^{n} n_i\, x_i}{\sum_{i=1}^{n} n_i} = \overline{x}$$

Il vient :

$$\sigma'^2 = \frac{1}{\alpha^2}\left[\frac{\sum_{i=1}^{n} n_i x_i^2}{\sum_{i=1}^{n} n_i} + x_0^2 - 2x_0\overline{x} - \overline{x}^2 - x_0^2 + 2x_0\overline{x}\right]$$

$$\sigma'^2 = \frac{1}{\alpha^2}\left[\frac{\sum_{i=1}^{n} n_i x_i^2}{\sum_{i=1}^{n} n_i} - \overline{x}^2\right]$$

L'expression entre crochets n'est autre que σ^2 ; donc :

$$\boxed{\sigma'^2 = \frac{1}{\alpha^2}\sigma^2} \quad \text{soit encore} \quad \boxed{\sigma^2 = \alpha^2\sigma'^2}$$

4) Propriétés de la variance et de l'écart-type

a) Ainsi, on voit que le changement d'origine ne modifie pas le calcul de la variance (et par suite de l'écart-type).

Seul, le changement d'échelle apporte une perturbation : un changement d'échelle α rend nécessaire de multiplier la variance provisoire σ'^2 par α^2 pour obtenir la variance σ^2.

Mais il n'en est pas de même pour l'écart-type σ, puisque :

$$\boxed{\sigma = \alpha\sigma'}$$

b) Propriété de translation

La propriété de translation exprime que l'écart-type n'est pas affecté, si l'on fait varier d'une même quantité toutes les valeurs d'une série statistique (car les écarts à la moyenne ne sont pas affectés).

c) Propriété d'échelle

La propriété d'échelle exprime que si l'on multiplie toutes les valeurs d'une série statistique par une même quantité positive, l'écart-type est multiplié par cette quantité.

d) Correction de Sheppard

Dans le cas d'une série continue, où les données sont rangées en classes (et en supposant que les effectifs de chaque classe sont uniformément répartis), la correction de Sheppard permet d'améliorer la détermination de la valeur de la variance σ^2.

En effet, le fait de regrouper toutes les données d'une classe, au centre de classe introduit un biais dans le calcul de l'écart type σ.

L'application de la correction de Sheppard permet d'éliminer ce biais:

$$\sigma_{corrigé} = \left[\sigma^2 - \frac{a^2}{12}\right]^{\frac{1}{2}}$$

où a est l'amplitude de classe.

e) Inégalité de Bienaymé-Tchebycheff

L'inégalité de Bienaymé-Tchebycheff permet de connaître l'effectif minimum sur un intervalle centré autour de la moyenne arithmétique $\overline{x}$.

Si n est l'effectif de la série statistique:

$$\text{Effectif}\,\{]\overline{x} - t\sigma, \overline{x} + t\sigma[\} \geq n\left(1 - \frac{1}{t^2}\right) \quad \forall t > 1$$

Par exemple, pour $t = 2$, l'effectif de l'intervalle $]\overline{x} - 2\sigma, \overline{x} + 2\sigma[$ est supérieur à $\frac{3}{4}\,n$.

VI. Moments centrés d'ordre r

1) Moments centrés d'ordre r, par rapport à une valeur c

a) Définition

On appelle moment centré d'ordre r, par rapport à une valeur c, μ_r, la quantité:

$$\mu_r = \frac{\sum_{i=1}^{k} n_i (x_i - c)^r}{\sum_{i=1}^{k} n_i}$$

b) Cas particulier : c = 0

Dans le cas où $c = 0$, on retrouve l'expression du moment simple d'ordre r (ou moyenne d'ordre r), m_r.

2) Moments centrés d'ordre r par rapport à la moyenne arithmétique $\overline{x}$

a) Définition

Dans la pratique, on se limitera à l'étude des moments centrés d'ordre r, par rapport à la moyenne arithmétique $\overline{x}$:

$$\mu_r = \frac{\sum_{i=1}^{k} n_i (x_i - \overline{x})^r}{\sum_{i=1}^{k} n_i}$$

b) Premiers moments centrés

α) $r = 0$

Si $r = 0$, il vient:

$$\mu_0 = 1$$

β) $r = 1$

Pour $r = 1$, on retrouve l'écart moyen e_m, qui est toujours nul. Donc:

$$\mu_1 = 0$$

γ) $r = 2$

Avec $r = 2$, on retrouve l'expression de la variance σ^2. Donc:

$$\mu_2 = \sigma^2$$

3) Relations entre moments centrés d'ordre r et moments simples d'ordre r

a) Principe

En développant par la formule du binôme de Newton, les relations de définition de μ_r et de m_r (nous ne le ferons pas ici), on obtient les relations entre moments centrés et moments non centrés.

b) Théorème de König

α) Faisons $r = 2$.

Alors :

$$\boxed{\mu_2 = m_2 - m_1^2 \quad \text{(théorème de König)}}$$

c'est-à-dire que le moment centré d'ordre 2 est égal à la différence entre le moment simple d'ordre 2 et le carré du moment simple d'ordre 1.

Cette propriété constitue le théorème de König, qui peut aussi s'exprimer sous la forme:

$$\boxed{m_2 = \mu_2 + m_1^2}$$

β) Ce théorème peut être aisément démontré :

Il vient alors :

$$\mu_2 = \frac{\sum_{i=1}^{k} n_i (x_i - \bar{x})^2}{\sum_{i=1}^{k} n_i} = \frac{\sum_{i=1}^{k} n_i (x_i^2 - 2x_i\bar{x} + \bar{x}^2)}{\sum_{i=1}^{k} n_i}$$
$$= \frac{\sum_{i=1}^{k} n_i x_i^2}{\sum_{i=1}^{k} n_i} - 2\bar{x}\frac{\sum_{i=1}^{k} n_i x_i}{\sum_{i=1}^{k} n_i} + \bar{x}^2 \frac{\sum_{i=1}^{k} n_i}{\sum_{i=1}^{k} n_i}$$

$$\Updownarrow \qquad\qquad \Updownarrow \qquad \Updownarrow$$

$$= m_2 \qquad\qquad = \bar{x} \qquad = 1$$

$$\mu_2 = m_2 - 2\overline{x}^2 + \overline{x}^2 = m_2 - \overline{x}^2 = m_2 - m_1^2$$

puisque $m_1 = \overline{x}$.

Remarquons que l'on a tout simplement refait la démonstration de la formule de calcul pour la variance.

γ) Centre de gravité de l'aire de l'histogramme

On démontre que la moyenne arithmétique $\overline{x}$ est l'abscisse du centre de gravité de l'aire de l'histogramme (parallèle entre le théorème de König et le théorème de Huygens en mécanique).

δ) Autre expression de la variance σ^2

Puisque $\mu_2 = \sigma^2$, $m_2 = Q$ et $m_1 = \overline{x}$, le théorème de König permet de dire que la variance est égale au carré de la moyenne quadratique Q^2 diminué du carré de la moyenne arithmétique $\overline{x}^2$.

$$\sigma^2 = Q^2 - \overline{x}^2$$

c) Relation entre μ_3 et m_1, m_2, m_3

On établit que:

$$\mu_3 = m_3 - 3m_2m_1 + 2m_1^3$$

ce qui peut encore s'exprimer sous la forme :

$$m_3 = \mu_3 + 3\mu_2m_1 + m_1^3$$

b) Relation entre μ_4 et m_1, m_2, m_3, m_4

Pour $r = 4$, on établit que:

$$\mu_4 = m_4 - 4m_3m_1 + 6m_2m_1^2 - 3m_1^4$$

ce qui peut encore s'exprimer sous la forme:

$$m_4 = \mu_4 + 4\mu_3m_1 + 6\mu_2m_1^2 + m_1^4$$

4) Moments centrés réduits d'ordre r

a) Définition

On appelle moment centré réduit d'ordre r, α_r, la quantité :

$$\alpha_r = \frac{\mu_r}{\sigma^r}$$

Ces moments ne dépendent ni de l'origine ni de l'unité de mesure.

VII. Moments factoriels d'ordre r

1) Définition

On appelle moment factoriel d'ordre r la quantité :

$$\mu_{[r]} = \frac{\sum_{i=1}^{k} n_i[(x_i)(x_i - 1) \dots (x_i - r + 1)]}{\sum_{i=1}^{k} n_i}$$

2) Cas d'une variable discrète à valeurs entières

Cette caractéristique est utilisée essentiellement dans le cas de variables discrètes à valeurs entières:

$$x_i = 0, 1, \dots k$$

Il vient alors :

$$\mu_{[r]} = \frac{\sum_{i=0}^{k} n_i[(i)(i-1)\dots(i-r+1)]}{\sum_{i=1}^{k} n_i} = \frac{\sum_{i=r}^{k} n_i[(i)(i-1)\dots(i-r+1)]}{\sum_{i=r}^{k} n_i}$$

car les r premiers termes sont nuls.

Or l'expression :

$$[(i)(i-1)\dots(i-r+1)]$$

est égale à :

$$\frac{i!}{(i-r)!}$$

Donc :

$$\boxed{\mu_{[r]} = \frac{\sum_{i=r}^{k} n_i \frac{i!}{(i-r)!}}{\sum_{i=r}^{k} n_i}}$$

si x_i est une variable discrète à valeurs entières.

3) Relations entre moments factoriels et moments simples

a) Principe

On peut déduire les moments simples d'ordre r, à partir des moments factoriels d'ordre r :

b) Cas où r = 1

$$\mu_{[1]} = \frac{\sum_{i=1}^{k} n_i x_i}{\sum_{i=1}^{k} n_i} = \overline{x}$$

Donc :

$$\boxed{\mu_{[1]} = m_1} \quad ou \quad \boxed{m_1 = \mu_{[1]}}$$

c) Cas où $r = 2$

Il vient alors :

$$\mu_{[2]} = \frac{\sum_{i=1}^{k} n_i (x_i)(x_i-1)}{\sum_{i=1}^{k} n_i} = \frac{\sum_{i=1}^{k} n_i x_i^2 - \sum_{i=1}^{k} n_i x_i}{\sum_{i=1}^{k} n_i} = m_2 - m_1$$

Donc :

$$\boxed{\mu_{[2]} = m_2 - m_1} \quad \text{ou} \quad \boxed{m_2 = \mu_{[2]} + \mu_{[1]}}$$

d) Cas où $r = 3$

Il vient :

$$\mu_{[3]} = \frac{\sum_{i=1}^{k} n_i[(x_i)(x_i-1)(x_i-2)]}{\sum_{i=1}^{k} n_i} = \frac{\sum_{i=1}^{k} n_i[(x_i^2-x_i)(x_i-2)]}{\sum_{i=1}^{k} n_i}$$

$$\mu_{[3]} = \frac{\sum_{i=1}^{k} n_i x_i^3 - 3\sum_{i=1}^{k} n_i x_i^2 + 2\sum_{i=1}^{k} n_i x_i}{\sum_{i=1}^{k} n_i} = m_3 - 3m_2 + 2m_1$$

Donc :

$$\boxed{\mu_{[3]} = m_3 - 3m_2 + 2m_1}$$

ou encore :

$$m_3 = \mu_{[3]} + 3m_2 - 2m_1 = \mu_{[3]} + 3[\mu_{[2]} + \mu_{[1]}] - 2\mu_{[1]} = \mu_{[3]} + 3\mu_{[2]} + \mu_{[1]}$$

$$\boxed{m_3 = \mu_{[3]} + 3\mu_{[2]} + \mu_{[1]}}$$

e) Cas où $r = 4$

En suivant la même démarche, on obtient:

$$\boxed{\mu_{[4]} = m_4 - 6m_3 + 11m_2 - 6m_1}$$

ou encore :

$$\boxed{m_4 = \mu_{[4]} + 6\mu_{[3]} + 7\mu_{[2]} + \mu_{[1]}}$$

4) Relations entre moments factoriels et moments centrés

a) Principe

On obtient les relations entre moments factoriels et moments centrés à l'aide des relations établies entre moments centrés et moments simples.

b) Cas où $r = 2$

Nous avons établi que $m_2 = m_2 + m_1^2$. Il vient alors :

$$\mu_{[2]} = m_2 - m_1 = \mu_2 + m_1^2 - m_1$$

$$\boxed{\mu_{[2]} = \mu_2 + m_1^2 - m_1}$$

c) Cas où $r = 3$

Nous avons établi que $m_3 = \mu_3 + 3\mu_2 m_1 + m_1^3$. On obtient alors :

$$\mu_{[3]} = (\mu_3 + 3\mu_2 m_1 + m_1^3) - 3(\mu_2 + m_1^2) + 2m_1$$

$$\boxed{\mu_{[3]} = \mu_3 + 3\mu_2(m_1 - 1) + m_1^3 - 3m_1^2 + 2m_1}$$

5) Utilité des moments factoriels en calcul des probabilités

Le grand intérêt des moments factoriels provient de la facilité que procure leur utilisation pour calculer les paramètres des principales lois de probabilité (cf. les chapitres consacrés au calcul des probabilités).

VIII. Dispersion relative

Pour comparer des phénomènes, on retient généralement des coefficients relatifs, donc indépendants des unités choisies.

On peut utiliser un coefficient de variation Γ défini de façon générale par :

$$\Gamma = \frac{\text{caractéristique de dispersion}}{\text{caractéristique de valeur centrale}}$$

1) Coefficient de variation

On retiendra généralement le coefficient de variation $\gamma_{\overline{x}}$, défini par :

$$\gamma_{\overline{x}} = \frac{\text{écart} - \text{type } \sigma}{\text{moyenne } \overline{x}}$$

Le coefficient $\gamma_{\overline{x}}$ s'exprime en pourcentage. Il permet donc la comparaison de séries statistiques où les unités sont différentes, puisqu'il est sans dimension.

2) Coefficient interquartile

On utilise aussi le coefficient interquartile, défini à partir des premier et troisième quartiles Q_1 et Q_3 :

$$\gamma_Q = \frac{Q_3 - Q_1}{Q_3 + Q_1}$$

qui est également indépendant des unités.

Partie D :

CARACTÉRISTIQUES DE FORME ET DE CONCENTRATION D'UNE SÉRIE STATISTIQUE A UN CARACTÈRE

I. Caractéristiques de forme

1) Position de la question

La tendance centrale et la dispersion autour de cette tendance centrale constituent les deux principales caractéristiques qui permettent de "résumer" une série statistique.

Néanmoins, on peut aussi chercher à caractériser la "forme" de la série statistique étudiée :

- symétrie ou asymétrie ;
- degré d'aplatissement.

2) Symétrie et asymétrie

a) Position relative du mode, de la médiane et de la moyenne arithmétique

Une première information sur la symétrie ou l'asymétrie sera fournie par la position relative du mode, de la médiane et de la moyenne arithmétique.

Pour une série unimodale, nous obtenons:

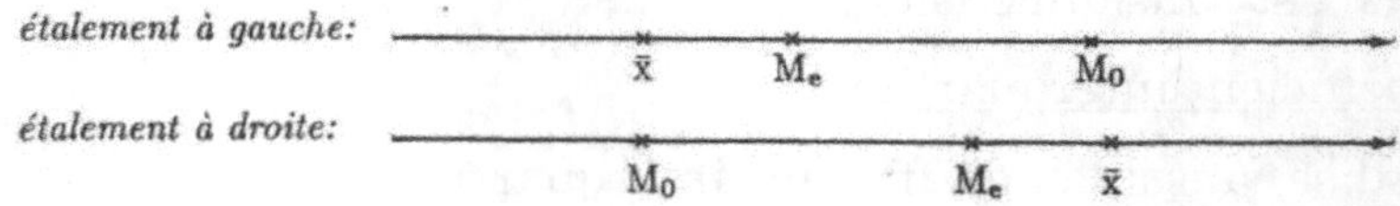

On remarque que la médiane M_e est "plus près" de la moyenne arithmétique $\overline{x}$ que du mode M_o (d'où la relation empirique entre ces paramètres évoquée précédemment).

En cas de symétrie ces trois paramètres sont confondus.

b) Intervalle interquartile relatif

On peut préciser simplement l'asymétrie de la distribution à l'aide de l'intervalle interquartile relatif :

$$d_1 = \frac{Q_3 - Q_1}{M_e}$$

qui n'utilise que les quartiles.

Ce coefficient est sans dimension.

c) Coefficient de dissymétrie ou coefficient de Yule

À l'aide des quartiles, on définit aussi le coefficient de dissymétrie d_2 (ou coefficient de Yule) :

$$d_2 = \frac{(Q_3 - M_e) - (M_e - Q_1)}{Q_3 - Q_1}$$

qui permet de mesurer la dissymétrie par rapport à la médiane (s'il y a symétrie, les intervalles $(Q_3 - M_e)$ et $(M_e - Q_1)$ qui contiennent chacun 25 % des données sont égaux).

Selon la forme de la courbe:

- si la distribution est symétrique, $d_2 = 0$;
- si la distribution est étalée vers la gauche (oblique à droite), $-1 \leq d_2 < 0$;
- si la distribution est étalée vers la droite (oblique à gauche), $0 < d_2 \leq 1$.

Ce coefficient est sans dimension.

d) Coefficients d'asymétrie de Pearson v_1 et v_2

Rappelons qu'il existe deux coefficients de Pearson v_1 et v_2, définis respectivement par rapport au mode M_o et par rapport à la médiane $\mathrm{M_e}$:

$$v_1 = \frac{(\overline{x} - M_0)}{\sigma} \quad \text{et} \quad v_2 = \frac{3(\overline{x} - M_e)}{\sigma}$$

v_1 et v_2 sont de même signe (et du même signe que d_2) :

- en cas de symétrie, $\nu_1 = 0$ et $\nu_2 = 0$;
- si la distribution est étalée vers la gauche (oblique à droite), $\nu_1 < 0$ et $\nu_2 < 0$;
- si la distribution est étalée vers la droite (oblique à gauche), $\nu_1 > 0$ et $\nu_2 > 0$.

Ces coefficients sont sans dimension.

e) Coefficient d'asymétrie de Pearson β_1

Le coefficient d'asymétrie de Pearson β_1 est défini par la quantité:

$$\beta_1 = \frac{(\mu_3)^2}{(\mu_2)^3}$$

Il mesure le degré d'asymétrie autour d'un axe passant par $\overline{x}$.

En cas de symétrie $\beta_1 = 0$. Si $\beta_1 < 0$, la distribution est étalée vers la gauche ; si $\beta_1 > 0$, elle est étalée vers la droite.

Ce coefficient est également sans dimension.

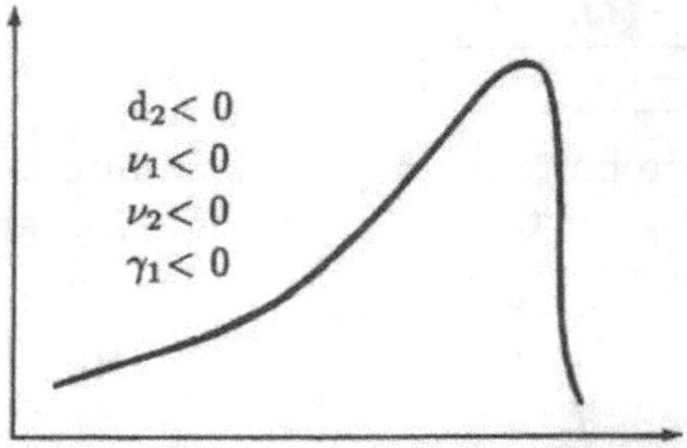

distribution *étalée vers la gauche* ou *oblique à droite*

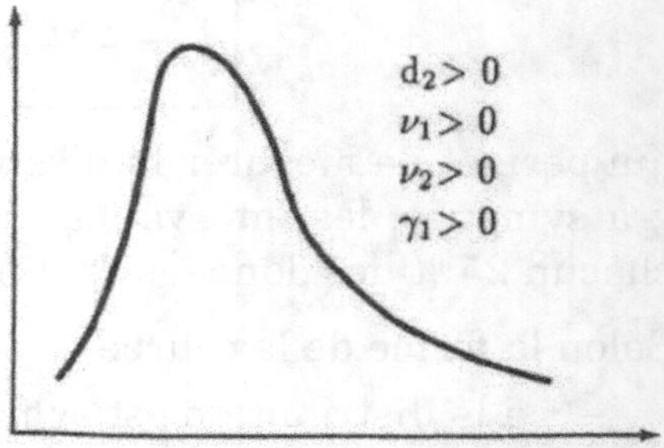

distribution *étalée vers la droite* ou *oblique à gauche*

f) Coefficient d'asymétrie de Fisher

Dans le cas où une distribution est symétrique, les moments centrés d'ordre impair sont nuls (en excluant μ_1, qui, par définition est toujours nul).

Le coefficient d'asymétrie de Fisher est défini par la quantité:

$$\boxed{\gamma_1 = \frac{\mu_3}{\sigma^3} = \frac{\mu_3}{[\mu_2]^{3/2}}}$$

γ_1 est du même signe que d_2, ν_1 ou ν_2.

- en cas de symétrie, $\gamma_1 = 0$;
- si la distribution est étalée vers la gauche (oblique à droite), $\gamma_1 < 0$;
- si la distribution est étalée vers la droite (oblique à gauche), $\gamma_1 > 0$.

En outre, ce coefficient est sans dimension.

3) Aplatissement

a) Définitions

Une distribution peut aussi être caractérisée par le degré d'aplatissement de sa courbe représentative ou kurtosis :

- une courbe leptokurtique est une courbe "pointue" ;

- une courbe mésokurtique est une courbe "normale" ;
- une courbe platykurtique est une courbe "aplatie" ;

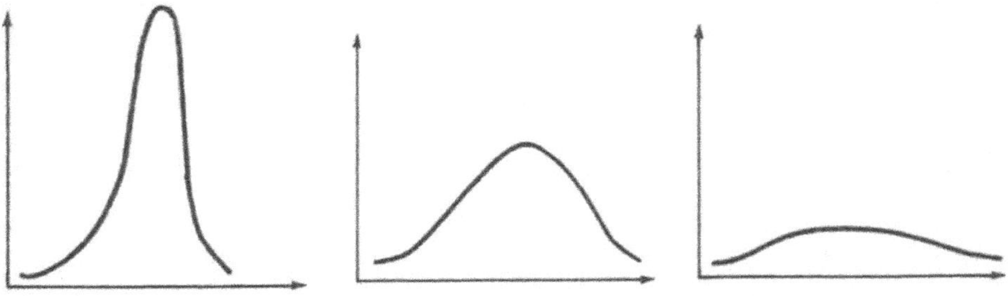

courbe leptokurtique *courbe mésokurtique* *courbe platykurtique*

b) Coefficient d'aplatissement de Pearson β_2

Le coefficient d'aplatissement de Pearson β_2 est défini à partir des moments centrés d'ordres 2 et 4 :

$$\boxed{\beta_2 = \frac{\mu_4}{(\mu_2)^2} = \frac{\mu_4}{\sigma^4}}$$

β_2 croît avec la concentration des effectifs autour de la moyenne.

Ce coefficient est intéressant en calcul des probabilités: en effet $\beta_2 = 3$ pour une distribution gaussienne (loi normale) (cf. la série consacrée à l'étude de la loi normale).

Si $\beta_2 < 3$, la distribution est platykurtique; si $\beta_2 > 3$, elle est leptokurtique.

c) Coefficient d'aplatissement de Fisher γ_2

En partant de cette remarque, on définit le coefficient d'aplatissement de Fisher γ_2

$$\boxed{\gamma_2 = \frac{\mu_4}{\sigma^4} - 3}$$

Il vient alors:

- $\gamma_2 < 0$ si la distribution est platykurtique;
- $\gamma_2 = 0$ si la distribution est normale;
- $\gamma_2 > 0$ si la distribution est leptokurtique.

II. Caractéristiques de concentration

1) Historique et buts

La notion de concentration a été introduite en statistique par l'Italien Gini, lors de l'étude de "masses" de revenus et de "masses" de titulaires de revenus.

La notion de concentration permet d'étudier les effets de la dispersion: on étudie la différence entre la distribution étudiée et une distribution théorique purement égalitaire.

Cette étude est réalisée sur des variables continues, à valeurs positives et sommables.

2) Méthode d'analyse

a) Principe

Nous classons les données:

- selon leur nombre (f_i) par classe, et
- selon l'importance du caractère possédé ($f_i x_i$) par classe.

Nous pourrions alors construire deux histogrammes :

- un histogramme donnant le nombre des effectifs (f_i) par classe;
- un histogramme donnant l'importance du caractère possédé ($f_i x_i$) par classe.

En fait, nous allons construire une courbe, point par point, à partir des fréquences cumulées relatives, exprimées en pourcentages (ce qui revient à exprimer les deux distributions sur un même graphique): la courbe obtenue est la courbe de concentration (encore appelée courbe de Gini ou courbe de Lorentz).

C'est donc une courbe synthétique, qui prend en compte à la fois le nombre de caractères et la totalité des caractères.

b) Méthode

Nous calculons d'abord les fréquences relatives cumulées ($\sum f_i$) et ($\sum f_i x_i$).

Nous allons ensuite, dans un graphique cartésien, tracer d'abord un carré de côté unité : le carré de Gini.

Puis nous allons porter :

- en abscisse, la fréquence relative cumulée ($\sum f_i$) du nombre des effectifs *(f_i)*, par classe (cette fréquence varie entre 0 et 1) ;

- en ordonnée, la fréquence relative cumulée ($\sum f_i x_i$) du caractère possédé ($f_i x_i$) par classe, où x_i est le centre de classe (cette fréquence varie également entre 0 et 1).

Nous allons ensuite construire la courbe de concentration point par point ($\sum f_i$; $\sum f_i x_i \quad \forall i$).

3) Exemple

Soit la série statistique suivante indiquant le nombre d'exploitations agricoles d'une région, par classe de surface (en ha):

Classes (en ha)	Effectifs
0 à moins de 10 ha	23
10 à moins de 20 ha	110
20 à moins de 30 ha	285
30 à moins de 40 ha	94
40 à moins de 50 ha	71
50 à moins de 60 ha	49
60 à moins de 70 ha	28
70 à moins de 80 ha	20
80 à moins de 90 ha	13
90 à moins de 100 ha	7

Nous allons commencer par calculer les fréquences relatives cumulées, en présentant les calculs dans un tableau :

Classes	Effectifs n_i	Fréquences relatives f_i	Fréquences relatives ↗ f_i ↗	Centres de classe x_i	$n_i x_i$	Fréquences relatives $f_i x_i$	Fréquences relatives ↗ du caractère
0 – 10	23	0,0329	0,0329	5	115	0,004965	0,004965
10 – 20	110	0,1571	0,1900	15	1 650	0,071244	0,076209
20 – 30	285	0,4071	0,5971	25	7 125	0,307643	0,383852
30 – 40	94	0,1343	0,7314	35	3 290	0,142055	0,525907
40 – 50	71	0,1014	0,8328	45	3 195	0,137953	0,663860
50 – 60	49	0,0700	0,9028	55	2 695	0,116364	0,780224
60 – 70	28	0,0400	0,9428	65	1 820	0,078584	0,858808
70 – 80	20	0,0286	0,9714	75	1 500	0,064767	0,923575
80 – 90	13	0,0186	0,9900	85	1 105	0,047712	0,971287
90 – 100	7	0,0100	1,0000	95	665	0,028713	1,000000
Total	700	1,0000	en abscisse	Total	23 160	1,000000	en ordonnée

Puis nous traçons le carré de Gini:

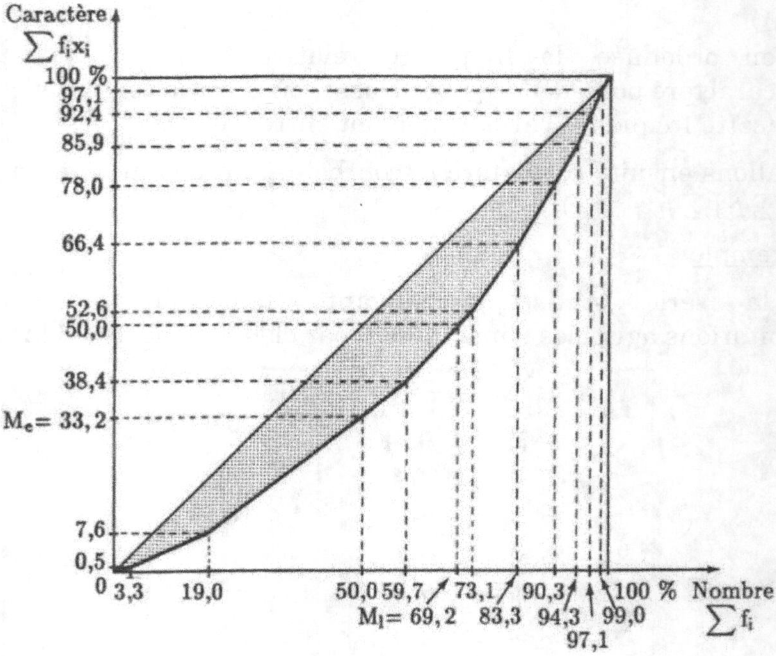

Nous traçons ensuite la courbe de Gini en joignant les points de coordonnées ($\sum f_i \nearrow$; $\sum f_i x_i \nearrow$).

Par lecture, à partir de la courbe, nous voyons, par exemple, que les 19,0 % des exploitations les plus petites représentent 7,6 % de la surface totale en ha.

4) Propriétés de la courbe de concentration

a) Courbe de concentration et carré de Gini

Cette courbe est inscrite dans le carré de côté unité, puisque $\sum f_i \nearrow$ et $\sum f_i x_i \nearrow$ sont des pourcentages qui varient entre 0 et 1. En outre, cette courbe passe par les sommets opposés du carré, car $\sum f_i \nearrow$ et $\sum f_i x_i \nearrow$ s'annulent simultanément ou sont égaux à 1 simultanément.

Cette courbe est située au-dessous de la diagonale, car $\sum f_i x_i \nearrow$ est toujours inférieur à $\sum f_i \nearrow$, $\forall$i. Par ailleurs, elle est ascendante, car $\sum f_i \nearrow$ et $\sum f_i x_i \nearrow$ sont deux fonctions croissantes des extrémités de classes.

b) Position de la courbe par rapport à la diagonale (ou bissectrice)

La diagonale indique une équirépartition ; de ce fait elle est encore appelée droite d'équirépartition. Dans ce cas, l'aire de concentration est nulle et il y a absence de concentration.

Plus l'inégalité sera grande, plus la courbe de concentration s'éloignera de la diagonale, et par suite, plus forte sera la concentration.

5) Médiale

a) Définition

Nous pouvons déterminer les médianes à partir des histogrammes donnant :

- le nombre des effectifs (f_i) par classe et
- l'importance du caractère possédé ($f_i x_i$) par classe.

La médiane relative à cette dernière distribution porte le nom de médiale, que l'on désigne par M_l.

Alors, la médiale est une valeur particulière du caractère, telle que tous les caractères supérieurs constituent une moitié de la masse globale des caractères (l'autre moitié étant bien sûr constituée par tous les caractères inférieurs).

b) Comparaison entre médiane M_e et médiale M_l

On aurait pu aussi analyser la concentration à l'aide de la comparaison des deux histogrammes, mentionnés ci-dessus, en mesurant l'écart ΔM entre la médiale et la médiane:

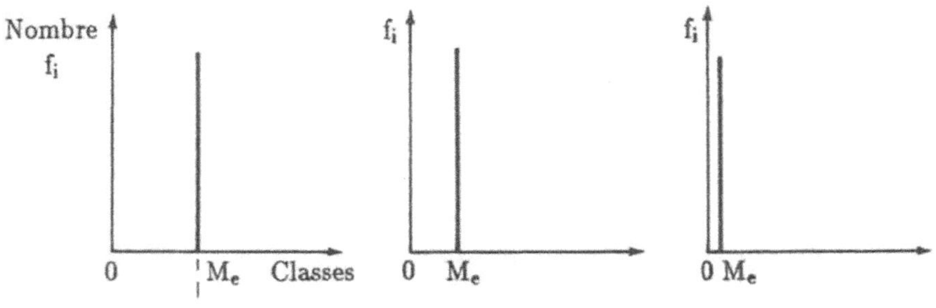

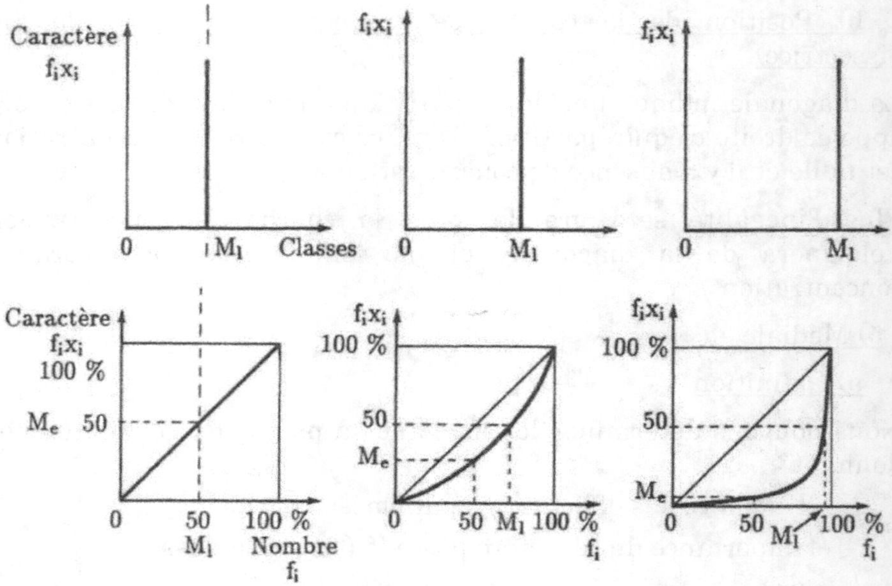

Absence de concentration *Faible concentration* *Forte concentration*

Trois situations sont possibles:

- si $\Delta M = 0$, il y a absence de concentration;
- si ΔM est petit par rapport au domaine de variation du caractère, il y a faible concentration ;
- si ΔM est grand par rapport au domaine de variation du caractère, il y a. forte concentration.

c) Détermination de la médiane et de la médiale à partir de la courbe de concentration

La médiane M_e et la médiale M_l peuvent se déterminer à partir de la courbe de concentration. En effet :

- la médiane divise la masse globale des effectifs ($\sum f_i$) en deux parties égales. En partant de 50 % de cette masse globale, on cherche l'ordonnée du point correspondant sur la courbe; c'est la médiane M_e ;
- la médiale divise la masse globale du caractère ($\Sigma f_i x_i$) en deux parties égales. En partant de 50 % de cette masse globale, on cherche l'abscisse du point correspondant sur la courbe : c'est la médiale M_l.

6) Aire de concentration

L'aire de concentration est constituée par la surface comprise entre la diagonale et la courbe de concentration.

Quand elle est nulle, il y a absence de concentration; quand elle est égale à la surface du triangle OAB, il y a concentration totale.

7) Indice (ou coefficient) de concentration

Pour mesurer la concentration, on définit également un indice de concentration (ou indice de Gini), c, qui est égal au rapport de l'aire de concentration à l'aire du triangle OAB :

$$c = \frac{\text{Aire de concentration}}{\text{Aire du triangle AOB}}$$

Par suite de sa définition, cet indice est toujours compris entre 0 et 1.

Remarque : On obtient le même résultat en faisant le rapport du double de l'aire de concentration et de la surface du carré de Gini.

Partie E :

EXERCICES AUTOCORRECTIFS

I. Soit le tableau suivant qui indique le nombre d'appels qui arrivent chaque jour à un standard, pendant 30 jours :

812	582	704	598	791	854	603	526	684	712
821	731	590	612	774	886	840	620	716	804
718	652	608	535	692	722	810	705	742	787

On demande successivement de :

1) Ranger ces données par valeurs croissantes.

2) Présenter ces données en classes, en choisissant le nombre de classes et l'intervalle de classe.

3) Calculer les effectifs et les fréquences pour chacune des classes.

4) Tracer l'histogramme des fréquences.

II. On étudie sur un échantillon de 300 personnes du sexe féminin qui se sont mariées au cours de l'année passée, l'âge qu'elles avaient au moment de leur mariage:

Age de l'épouse	Nombre de mariages
moins de 20 ans	40
20 à moins de 25 ans	120
25 à moins de 30 ans	52
30 à moins de 35 ans	31
35 à moins de 40 ans	20
40 à moins de 45 ans	16
45 à moins de 50 ans	9
plus de 50 ans	12

1) a) Déterminer l'intervalle que vous souhaitez pour la première et la dernière classe.

b) Devez-vous rectifier des effectifs? Si oui, lesquels?

2) Déterminer et tracer le polygone des effectifs cumulés par valeurs croissantes. Que devez-vous calculer et tracer auparavant?

3) Quelle est la proportion des femmes qui se marient avant 35 ans?

III. En reprenant les données de l'exercice II, nous cherchons maintenant à caractériser cette série statistique, par différents paramètres de tendance centrale et de dispersion.

1) Déterminer l'étendue.

2) Calculer la moyenne arithmétique $\overline{x}$.

3) Calculer la moyenne géométrique G_p.

4) Calculer la moyenne quadratique Q_p.

5) Calculer la moyenne harmonique H_p.

6) Comparer entre elles $\overline{x}$, G_p, Q_p, H_p.

7) En déduire la variance σ^2.

IV. En reprenant les données de l'exercice II, nous voulons déterminer certains moments, simples, centrés et factoriels de cette série statistique. (On précise que $m_1 = 27{,}85$).

1) Calculer le moment centré d'ordre 2, par rapport à $\overline{x}$.

2) a) Déterminer l'écart-type σ.

b) Appliquer la correction de Sheppard à l'écart-type.

3) a) Calculer le moment centré d'ordre 3, par rapport à $\overline{x}$, μ_3.

b) En déduire la valeur de m_3.

4) a) Déterminer, par le calcul, la valeur du moment factoriel d'ordre 2, $\mu_{[2]}$.

b) En déduire les valeurs de m_2 et de Q, moyenne quadratique.

c) Déterminer la valeur de la variance σ^2, à partir de $\mu_{[2]}$.

V. En reprenant les données de l'exercice II, nous cherchons à caractériser la forme de la courbe.

1) a) Déterminer le coefficient de Yule.

b) Que peut-on conclure sur la forme de la courbe?

2) Calculer les coefficients ν_1 et ν_2 de Pearson.

3) Calculer le coefficient d'asymétrie de Pearson β_1 (on calculera m_4 à partir des moments simples d'ordres 1, 2 et 3).

4) Calculer le coefficient d'aplatissement de Pearson β_2 (on calculera à partir des moments simples d'ordres 1, 2, 3 et 4).

VI. À partir des données de l'exercice II, nous allons étudier la concentration.

1) Tracer le carré de Gini et la courbe de Gini.

2) a) Calculer la valeur de la médiale M_l.

b) En la comparant à la médiane M_e, peut-on caractériser la concentration?

3) Calculer le coefficient de concentration.

SOLUTIONS PROPOSÉES

I. Pour ranger ces données par valeurs croissantes, nous allons les ranger dans un tableau:

526	535	582	590	598	603	608	612	620	652
684	692	704	705	712	716	718	722	731	742
774	787	791	804	810	812	821	840	854	886

1) Nous constatons que chaque valeur n'apparaît qu'une seule fois. Nous allons donc synthétiser ces données en les rangeant en classes.

2) La valeur la plus petite est 526 et la valeur la plus grande est 886.

Nous allons choisir un intervalle de classe de 50. De ce fait nous allons ranger ces données en 8 classes allant de 500 à moins de 550, jusqu'à 850 à moins de 900.

Classes	Données
500 à moins de 550	526 – 535
550 à moins de 600	582 – 590 – 598
600 à moins de 650	603 – 608 – 612 – 620
650 à moins de 700	652 – 684 – 692
700 à moins de 750	704 – 705 – 712 – 716 – 718 – 722 – 731 – 742
750 à moins de 800	774 – 787 – 791
800 à moins de 850	804 – 810 – 812 – 821 – 840
850 à moins de 900	854 – 886

3) A partir du tableau où les données sont rangées par classes, nous pouvons déterminer l'effectif de chaque classe puis la fréquence de chaque classe, obtenue, en divisant l'effectif de la classe par l'effectif total :

Classes	Effectifs	Fréquences
500 à moins de 550	2	0,067
550 à moins de 600	3	0,100
600 à moins de 650	4	0,133
650 à moins de 700	3	0,100
700 à moins de 750	8	0,266
750 à moins de 800	3	0,100
800 à moins de 850	5	0,167
850 à moins de 900	2	0,067
Total	30	1,000

On exprime fréquemment les fréquences en pourcentages (c'est-à-dire que l'on multiplie les fréquences par 100).

Exemple : 13,3 % pour 0,133.

4) On trace l'histogramme des fréquences en représentant chaque classe par un rectangle, dont la surface est proportionnelle à l'effectif.

En abscisse on porte les classes et en ordonnée les fréquences:

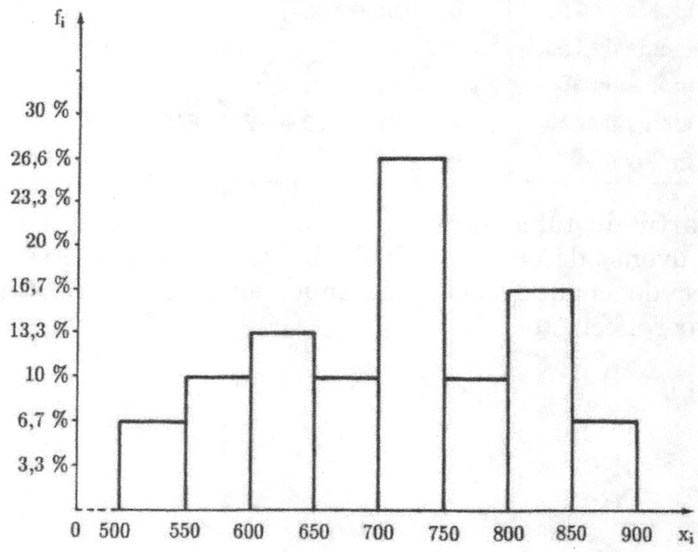

II. 1) Dans les données qui nous sont fournies, n'ont pas été précisées:

- la limite inférieure de la première classe
- la limite supérieure de la dernière classe.

a) En ce qui concerne la première classe, on peut raisonnablement choisir 15 comme limite inférieure, ce qui donne une amplitude de 5 ans, comme celle des autres classes.

Choisir une limite plus petite, 10 par exemple, n'aurait plus aucune signification.

En ce qui concerne la dernière classe et compte tenu de son effectif, par rapport à celui de la classe précédente, nous pouvons considérer qu'il s'agit des effectifs cumulés de deux classes voisines, ayant chacune un intervalle de 5 ans.

Nous choisirons donc 60 ans comme limite supérieure de cette dernière classe.

b) La première classe a une amplitude de 5 ans. Il n'y aura donc pas lieu de rectifier les effectifs.

Compte tenu de notre choix, la dernière classe a une amplitude de 10 ans, c'est-à-dire le double de l'amplitude de chacune des autres classes. Il faudra donc diviser l'effectif par 2, lors du tracé de l'histogramme (ce qui reviendra en fait à affecter un effectif de 6 dans la classe 50 – 55 et un effectif de 6 dans la classe 55 – 60).

2) Pour tracer le polygone des effectifs cumulés nous devons:

- d'abord déterminer les effectifs cumulés par valeurs croissantes
- puis tracer l'histogramme des effectifs cumulés.

a) Tableau des effectifs cumulés

Age de l'épouse	Effectifs	Effectifs cumulés
15 à moins de 20	40	40
20 à moins de 25	120	160
25 à moins de 30	52	212
30 à moins de 35	31	243
35 à moins de 40	20	263
40 à moins de 45	16	279
45 à moins de 50	9	288
50 à moins de 55	6	294
55 à moins de 60	6	300

b) Tracé de l'histogramme des effectifs cumulés et du polygone des effectifs cumulés

On commence par tracer l'histogramme des effectifs cumulés. On trace ensuite le polygone des effectifs cumulés:

- en ajoutant une classe d'effectif nul à chaque extrémité
- en joignant les centres des côtés supérieurs des rectangles.

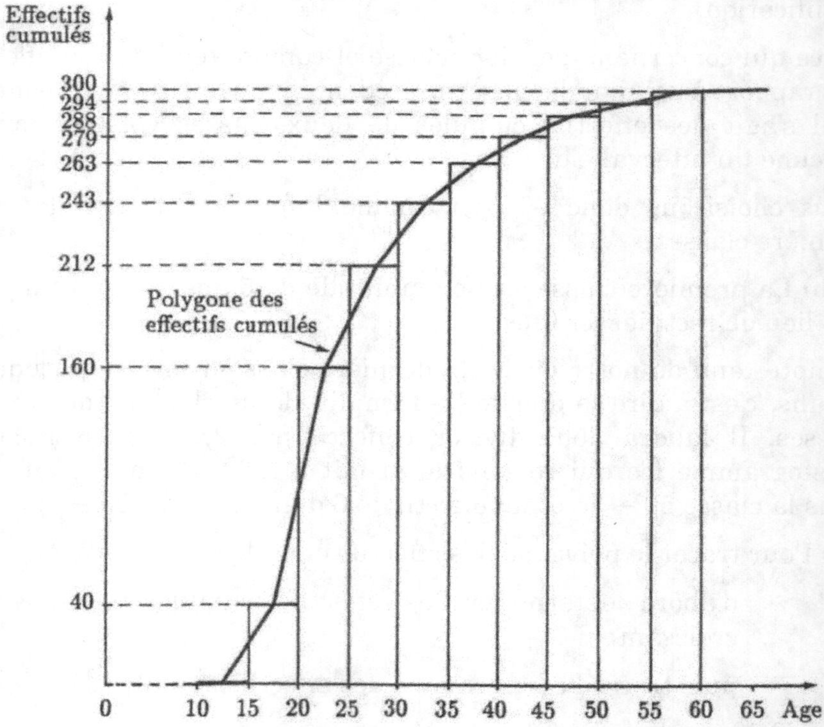

Remarque : Nous avons tenu compte des limites de classes choisies; mais nous aurions pu également tenir compte des données initiales, car on ne rectifie jamais les effectifs, lorsque l'on trace l'histogramme et/ou le polygone des effectifs cumulés.

3) Par lecture directe dans le tableau des effectifs cumulés, nous obtenons l'effectif total des femmes qui se marient avant 35 ans, soit 243 personnes.

La proportion demandée est donc:

$$\frac{243}{300} = 0{,}8100 = 81{,}00\ \%$$

III. 1) L'étendue de la série est égale à l'amplitude entre la valeur la plus petite et la valeur la plus grande. Les données étant rangées par classes, chaque classe est caractérisée par la valeur qui se trouve au centre de l'intervalle; ainsi la première classe est caractérisée par la valeur 17,5 et la dernière classe par la valeur 57,5.

L'étendue est donc:

$$57{,}5 - 17{,}5 = 40{,}0 \text{ ans}$$

2) Nous allons déterminer les différentes moyennes en effectuant les calculs dans des tableaux.

La moyenne arithmétique étant donnée par la relation:

$$\overline{x} = \frac{\sum_{i=1}^{n} n_i x_i}{\sum_{i=1}^{n} n_i}$$

où n_i représente les effectifs et x_i les valeurs du caractère :

Classes	x_i	n_i	$n_i x_i$
15 à moins de 20	17,5	40	700
20 à moins de 25	22,5	120	2 700
25 à moins de 30	27,5	52	1 430
30 à moins de 35	32,5	31	1 007,5
35 à moins de 40	37,5	20	750
40 à moins de 45	42,5	16	680
45 à moins de 50	47,5	9	427,5
50 à moins de 55	52,5	6	315
55 à moins de 60	57,5	6	345
Total		300	8 355,0

D'où:

$$\overline{x} = \frac{8\,355}{300} = 27{,}85$$

$$\boxed{\overline{x} = 27{,}85}$$

3) La moyenne géométrique est donnée par la relation:

$$G_p = \left[\prod_{i=1}^{n} {x_i}^{n_i}\right]^{\frac{1}{\sum_{i=1}^{n} n_i}} \qquad \text{soit ici} \qquad G_p = \left[\prod_{i=1}^{9} {x_i}^{n_i}\right]^{\frac{1}{300}}$$

i représentant le nombre de classes.

Nous présentons également les calculs dans un tableau, en passant par les logarithmes, c'est-à-dire que l'on va calculer :

$$log\, G_p = \frac{1}{\sum_{i=1}^{n} n_i} \sum_{i=1}^{n} n_i \, log\, x_i = \frac{1}{300} \sum_{i=1}^{9} n_i \, log\, x_i$$

(sauf si vous possédez un outil de calcul suffisamment puissant).

Classes	x_i	n_i	log x_i	n_i log x_i
15 à moins de 20	17,5	40	1,243038	49,721522
20 à moins de 25	22,5	120	1,352183	162,261902
25 à moins de 30	27,5	52	1,439333	74,845300
30 à moins de 35	32,5	31	1,511883	46,868384
35 à moins de 40	37,5	20	1,574031	31,480625
40 à moins de 45	42,5	16	1,628389	26,054223
45 à moins de 50	47,5	9	1,676694	15,090242
50 à moins de 55	52,5	6	1,720159	10,320956
55 à moins de 60	57,5	6	1,759668	10,558007
Total				427,201162

D'où :

$$log\, G_p = \frac{427{,}201162}{300} = 1{,}424004$$

On en déduit la valeur de G_p :

$$\boxed{G_p = 26{,}55}$$

4) La moyenne quadratique est donnée par la relation :

$$Q_p = \left[\frac{1}{\sum_{i=1}^{n} n_i}\left(\sum_{i=1}^{n} n_i x_i^2\right)\right]^{\frac{1}{2}}$$

Nous présentons également les calculs dans un tableau, pour calculer

$$Q_p = \left[\frac{1}{300}\sum_{i=1}^{n} n_i x_i^2\right]^{\frac{1}{2}}$$

Classes	x_i	x_i^2	n_i	$n_i x_i^2$
15 à moins de 20	17,5	306,25	40	12 250
20 à moins de 25	22,5	506,25	120	60 750
25 à moins de 30	27,5	756,25	52	39 325
30 à moins de 35	32,5	1 056,25	31	32 743,75
35 à moins de 40	37,5	1 406,25	20	28 125
40 à moins de 45	42,5	1 806,25	16	28 900
45 à moins de 50	47,5	2 256,25	9	20 306,25
50 à moins de 55	52,5	2 756,25	6	16 537,50
55 à moins de 60	57,5	3 306,25	6	19 837,50
Total			300	258 775,00

D'où le résultat cherché:

$$Q_p = \left[\frac{258\ 775}{300}\right]^{\frac{1}{2}} = [862{,}5833]^{1/2} = 29{,}37$$

$$\boxed{Q_p = 29{,}37}$$

5) La moyenne harmonique H_p est donnée par la relation :

$$H_p = \frac{\sum_{i=1}^{n} n_i}{\sum_{i=1}^{n} \left(\frac{n_i}{x_i}\right)}$$

soit ici :

$$H_p = \frac{300}{\sum_{i=1}^{9} \left(\frac{n_i}{x_i}\right)}$$

Nous présentons également les calculs dans un tableau :

Classes	x_i	n_i	$\frac{n_i}{x_i}$
15 à moins de 20	17,5	40	2,285714
20 à moins de 25	22,5	120	5,333333
25 à moins de 30	27,5	52	1,890909
30 à moins de 35	32,5	31	0,953846
35 à moins de 40	37,5	20	0,533333
40 à moins de 45	42,5	16	0,376471
45 à moins de 50	47,5	9	0,189474
50 à moins de 55	52,5	6	0,114286
55 à moins de 60	57,5	6	0,104348
Total		300	11,781714

D'où :

$$H_p = \frac{300}{11{,}781714} = 25{,}46$$

$$\boxed{H_p = 25{,}46}$$

6) En comparant entre elles les différentes moyennes calculées, nous vérifions la relation :

$$H \leq G \leq \overline{x} \leq Q$$

puisque :

$$\boxed{H_p = 25{,}46 < G_p = 26{,}55 < \overline{x} = 27{,}85 < Q = 29{,}37}$$

7) Nous savons que :

$$\sigma^2 = Q^2 - \overline{x}^2$$

Il vient donc:

$$\sigma^2 = (29{,}37)^2 - (27{,}85)^2 = 862{,}58 - 775{,}62 = 86{,}96$$

$$\boxed{\sigma^2 = 86{,}96}$$

<u>IV</u>. Le moment centré d'ordre r est donné par:

$$\mu_r = \frac{\sum_{i=1}^{n} n_i (x_i - \overline{x})^r}{\sum_{i=1}^{n} n_i}$$

soit ici, avec i représentant les différentes classes:

$$\mu_r = \frac{\sum_{i=1}^{9} n_i(x_i - 27{,}85)^r}{300}$$

puisque $\overline{x} = m_1 = 27{,}85$ (donnée de l'exercice).

1) Le moment centré d'ordre 2 est donc donné par :

$$\mu_2 = \frac{\sum_{i=1}^{9} n_i(x_i - 27{,}85)^2}{300}$$

Nous présentons les calculs dans un tableau :

Classes	x_i	n_i	$x_i - \bar{x}$	$(x_i - \bar{x})^2$	$n_i(x_i - \bar{x})^2$
15 à moins de 20	17,5	40	−10,35	107,1225	4 284,9000
20 à moins de 25	22,5	120	− 5,35	28,6225	3 434,7000
25 à moins de 30	27,5	52	− 0,35	0,1225	6,3700
30 à moins de 35	32,5	31	+ 4,65	21,6225	670,2975
35 à moins de 40	37,5	20	+ 9,65	93,1225	1 862,4500
40 à moins de 45	42,5	16	+14,65	214,6225	3 433,9600
45 à moins de 50	47,5	9	+19,65	386,1225	3 475,1025
50 à moins de 55	52,5	6	+24,65	607,6225	3 645,7350
55 à moins de 60	57,5	6	+29,65	879,1225	5 274,7350
Total		300			26 088,2500

D'où:

$$\mu_2 = \frac{26\ 088}{300} = 86{,}9608$$

Cette valeur est celle de la variance, puisque $m_2 = \sigma^2$.

2) a) L'écart-type σ est égal à la racine carrée de la variance σ^2, donc:

$$\sigma = (86{,}9608)^{1/2} = 9{,}33$$

b) Les données étant rangées en classes, on peut améliorer la valeur de σ en appliquant la correction de Sheppard :

$$\sigma_{corrigé} = \left[\sigma^2 - \frac{a^2}{12}\right]^{\frac{1}{2}}$$

avec ici $a = 5$ (amplitude de classe).

D'où :

$$\sigma_{corrigé} = \left(86{,}9608 - \frac{5^2}{12}\right)^{\frac{1}{2}} = (86{,}9608 - 2{,}0833)^{1/2} = (84{,}8775)^{1/2}$$

$$\boxed{\sigma_{corrigé} = 9{,}21}$$

3) a) Le moment centré d'ordre 3 est donné par:

$$\mu_3 = \frac{\sum_{i=1}^{9} n_i(x_i - \overline{x})^3}{300}$$

Nous présentons à nouveau les calculs dans un tableau :

Classes	x_i	n_i	$x_i - \bar{x}$	$(x_i - \bar{x})^3$	$n_i(x_i - \bar{x})^3$
15 à moins de 20	17,5	40	−10,35	− 1 108,7179	− 44 348,7150
20 à moins de 25	22,5	120	− 5,35	− 153,1304	− 18 375,6450
25 à moins de 30	27,5	52	− 0,35	− 0,0429	− 2,2295
30 à moins de 35	32,5	31	+ 4,65	+ 100,5446	+ 3 116,8834
35 à moins de 40	37,5	20	+ 9,65	+ 898,6321	+ 17 972,6425
40 à moins de 45	42,5	16	+14,65	+ 3 144,2196	+ 50 307,5140
45 à moins de 50	47,5	9	+19,65	+ 7 587,3071	+ 68 285,7641
50 à moins de 55	52,5	6	+24.65	+14 977,8946	+ 89 867,3678
55 à moins de 60	57,5	6	+29,65	+26 065,9821	+156 395,8927
Total		300			+323 219,4750

D'où la valeur de μ_3 :

$$\mu_3 = \frac{323\,219{,}475}{300} = 1077{,}40$$

$$\boxed{\mu_3 = 1077{,}40}$$

b) Le moment centré d'ordre 3, μ_3, peut se déterminer en fonction des moments simples d'ordres 1, 2 et 3 :

$$\mu_3 = m_3 - 3m_2m_1 + 2m_1^3$$

d'où :

$$m_3 = \mu_3 + 3m_2m_1 - 2m_1^3 = \mu_3 + 3\mu_2m_1 + m_1^3$$

puisque $\mu_2 = m_2 + m_1^2$ (théorème de König).

Il vient donc :

$$m_3 = 1077{,}40 + 3(86{,}96 \times 27{,}85) + (27{,}85)^3$$

$$m_3 = 1\,077{,}40 + 7\,265{,}51 + 21\,601{,}09 = 29\,944{,}00$$

$$\boxed{m_3 = 29\,944{,}00}$$

4) Le moment factoriel d'ordre 2, $m_{[2]}$ est égal à :

$$\mu_{[2]} = \frac{\sum_{i=1}^{n} n_i(x_i)(x_i - 1)}{\sum_{i=1}^{n} n_i}$$

soit ici :

$$\mu_{[2]} = \frac{\sum_{i=1}^{9} n_i(x_i)(x_i - 1)}{300}$$

Nous allons présenter les calculs dans un tableau :

Classes	x_i	(x_i-1)	$x_i\,(x_i-1)$	n_i	$n_i\,(x_i)\,(x_i-1)$
15 à moins de 20	17,5	16,5	288,75	40	11 550
20 à moins de 25	22,5	21,5	483,75	120	58 050
25 à moins de 30	27,5	26,5	728,75	52	37 895
30 à moins de 35	32,5	31,5	1 023,75	31	31 736,25
35 à moins de 40	37,5	36,5	1 368,75	20	27 375
40 à moins de 45	42,5	41,5	1 763,75	16	28 220
45 à moins de 50	47,5	46,5	2 208,75	9	19 878,75
50 à moins de 55	52,5	51,5	2 703,75	6	16 222,50
55 à moins de 60	57,5	56,5	3 248,75	6	19 492,50
Total				300	250 420,00

D'où la valeur de $\mu_{[2]}$:

$$\mu_{[2]} = \frac{250\,420}{300} = 834{,}7333$$

$$\boxed{\mu_{[2]} = 834{,}73}$$

b) Nous savons que:

$$\mu_{[2]} = m_2 - m_1 \Leftrightarrow m_2 = \mu_{[2]} + m_1$$

Donc :

$$m_2 = 834{,}733 + 27{,}850 = 862{,}583$$

$$\boxed{m_2 = 862{,}58}$$

Cette valeur représente le carré de la moyenne quadratique Q^2 ; d'où la valeur de Q :

$$Q = (862{,}583)^{1/2} = 29{,}37$$

$$\boxed{Q = 29{,}37}$$

c) La variance σ^2 peut s'exprimer en fonction des moments simples du 1er et du 2ème ordre:

$$\sigma^2 = m_2 - m_1^2$$

Donc :

$$\sigma^2 = 862{,}58 - (27{,}85)^2 = 862{,}58 - 775{,}62 = 86{,}96$$

$$\boxed{\sigma^2 = 86{,}96}$$

V. 1) a) Pour déterminer le coefficient de Yule, nous devons au préalable déterminer les 3 quartiles, Q_1, $Q_2 = M_e$ et Q_3.

Pour ce faire, déterminons le tableau des effectifs cumulés:

Classes	x_i	n_i	$\sum n_i$
15 à moins de 20	17,5	40	40
20 à moins de 25	22,5	120	160
25 à moins de 30	27,5	52	212
30 à moins de 35	32,5	31	243
35 à moins de 40	37,5	20	263
40 à moins de 45	42,5	16	279
45 à moins de 50	47,5	9	288
50 à moins de 55	52,5	6	294
55 à moins de 60	57,5	6	300
Total		300	

L'effectif total est égal à 300. Nous allons raisonner comme si les données étaient continues.

Q_1 est la valeur pour laquelle 25 % des données sont inférieures et 75 % sont supérieures. 25 % des données = 75.

Calculons Q_1.

Donc:

$$Q_1 = 20 + \left[(25 - 20) \times \frac{75 - 40}{160 - 40}\right] = 20 + \left(5 \times \frac{35}{120}\right) = 20 + 1{,}46$$
$$= 21{,}46$$

50 % des données = 150. Calculons $Q_2 = M_e$.

Il vient donc :

$$Q_2 = M_e = 20 + \left[(25 - 20) \times \frac{150 - 40}{160 - 40}\right] = 20 + \left(5 \times \frac{110}{120}\right)$$
$$= 20 + 4{,}58 = 24{,}58$$

75 % des données = 225. Calculons Q_3.

$$Q_3 = 30 + \left[(35 - 30) \times \frac{225 - 212}{243 - 212}\right] = 30 + \left(5 \times \frac{13}{31}\right) = 30 + 2{,}10$$
$$= 32{,}10$$

Le coefficient de Yule est donné par la relation:

$$d_2 = \frac{(Q_3 - M_e) - (M_e - Q_1)}{Q_3 - Q_1}$$

d'où sa valeur:

$$d_2 = \frac{(32{,}10 - 24{,}58) - (24{,}58 - 21{,}46)}{32{,}10 - 21{,}46} = \frac{7{,}52 - 3{,}12}{10{,}64} = \frac{4{,}40}{10{,}64} = 0{,}41$$

$$\boxed{d_2 = 0{,}41}$$

b) Nous avons donc établi que:

$$0 < d_2 = 0{,}41 < 1$$

2) Les coefficients d'asymétrie de Pearson ν_1 et ν_2 nécessitent la connaissance au préalable du mode M_o, de la médiane M_e, de la moyenne arithmétique $\bar{x}$ et de l'écart-type σ, car :

$$\nu_1 = \frac{(\bar{x} - M_0)}{\sigma} \quad \text{et} \quad \nu_2 = \frac{3(\bar{x} - M_e)}{\sigma}$$

Nous venons de calculer M_e :

$$M_e = 24{,}58$$

La classe modale est celle dont l'effectif est le plus nombreux, c'est-à-dire ici 20 à moins de 25.

Donc :

$$\boxed{M_o = 22{,}50}$$

Nous allons calculer maintenant la moyenne arithmétique $\overline{x}$ et l'écart-type σ, sachant que l'écart-type est égal à la racine carrée de la variance σ^2.

Nous présentons l'ensemble des calculs dans le même tableau :

Classes	x_i	n_i	$n_i x_i$	x_i^2	$n_i x_i^2$
15 à moins de 20	17,5	40	700	306,25	12 250
20 à moins de 25	22,5	120	2 700	506,25	60 750
25 à moins de 30	27,5	52	1 430	756,25	39 325
30 à moins de 35	32,5	31	1 007,5	1 056,25	32 743,75
35 à moins de 40	37,5	20	750	1 406,25	28 125
40 à moins de 45	42,5	16	680	1 806,25	28 900
45 à moins de 50	47,5	9	427,5	2 256,25	20 306,25
50 à moins de 55	52,5	6	315	2 756,25	16 537,50
55 à moins de 60	57,5	6	345	3 306,25	19 837,50
Total		300	8 355,0		258 775,00

La moyenne arithmétique $\overline{x}$ est égale à :

$$\overline{x} = \frac{\sum_{i=1}^{9} n_i x_i}{\sum_{i=1}^{9} n_i} = \frac{8\,355}{300} = 27{,}85$$

La variance σ^2 est égale à :

$$\sigma^2 = \frac{\sum_{i=1}^{9} n_i x_i^2}{\sum_{i=1}^{9} n_i} - \overline{x}^2 = \frac{258\,775}{300} - (27{,}85)^2 = 862{,}5833 - 775{,}6225$$

$$\sigma^2 = 86{,}96$$

d'où la valeur de σ :

$$\sigma = (86{,}96)^{1/2} = 9{,}33$$

Nous pouvons maintenant calculer v_1 et v_2 :

$$v_1 = \frac{(\overline{x} - M_0)}{\sigma} = \frac{27{,}85 - 22{,}50}{9{,}33} = \frac{5{,}35}{9{,}33} = 057$$

$$v_2 = \frac{3(\overline{x} - M_e)}{\sigma} = \frac{3(27{,}85 - 24{,}58)}{9{,}33} = \frac{9{,}81}{9{,}33} = 1{,}05$$

Nous remarquons que $v_1 > 0$ et $v_2 > 0$.

Cela signifie que la distribution est étalée vers la droite (ou que la courbe est oblique à gauche), ce qui confirme le résultat établi à partir du coefficient de Yule.

3) Déterminons maintenant le coefficient d'asymétrie β_1 de Pearson. Il est donné par la relation :

$$\beta_1 = \frac{(\mu_3)^2}{(\mu_2)^3}$$

où μ_2 et μ_3 sont respectivement les moments centrés d'ordre 2 et d'ordre 3.

Or :

$$\mu_2 = \sigma^2 = 86{,}96$$

Calculons maintenant μ_3 ; son expression en fonction des moments simples d'ordres 1, 2 et 3 est :

$$\mu_3 = m_3 - 3m_2m_1 + 2m_1^3$$

Or :

$$m_1 = \overline{x} = 27{,}85$$

et :

$$m_2 = \frac{\sum_{i=1}^{9} n_i x_i^2}{\sum_{i=1}^{9} n_i} = \frac{258\,775}{300} = 862{,}583$$

car cette expression intervient dans le calcul de σ^2.

Il reste maintenant à déterminer m_3 :

$$m_3 = \frac{\sum_{i=1}^{n} n_i x_i^3}{\sum_{i=1}^{n} n_i}$$

soit ici :

$$m_3 = \frac{\sum_{i=1}^{9} n_i x_i^3}{300}$$

Nous présentons les calculs dans un tableau :

Classes	x_i	n_i	x_i^3	$n_i x_i^3$
15 à moins de 20	17,5	40	5 359,375	214 375
20 à moins de 25	22,5	120	11 390,625	1 366 875
25 à moins de 30	27,5	52	20 796,875	1 081 437,500
30 à moins de 35	32,5	31	34 328,125	1 064 171,875
35 à moins de 40	37,5	20	52 734,375	1 054 687,500
40 à moins de 45	42,5	16	76 765,625	1 228 250
45 à moins de 50	47,5	9	107 171,875	964 546,875
50 à moins de 55	52,5	6	144 703,125	868 218,750
55 à moins de 60	57,5	6	190 109,375	1 140 656,250
Total		300		8 983 218,750

Il vient donc :

$$m_3 = \frac{8\,983\,218{,}75}{300} = 29\,944{,}06$$

$$m_3 = 29\,944{,}06$$

La valeur de μ_3 est alors :

$$\mu_3 = 29\,944{,}06 - 3(862{,}583\ \times 27{,}85) + 2(27{,}85)^3$$

$$\mu_3 = 29\,944{,}06 - 72\,068{,}56 + 43202{,}17 = 1\,077{,}68$$

$$\mu_3 = 1\,077{,}68$$

La valeur du coefficient d'asymétrie β_1 de Pearson est alors :

$$\beta_1 = \frac{(1\,077{,}68)^2}{(86{,}96)^3} = \frac{1\,161\,394{,}18}{657\,595{,}14} = 1{,}77$$

β_1 étant > 0, la distribution est étalée vers la droite (courbe oblique à gauche).

4) Nous allons maintenant déterminer le kurtosis de la courbe à l'aide du coefficient β_2 de Pearson :

$$\beta_2 = \frac{\mu_4}{(\mu_2)^2}$$

Nous connaissons la valeur de μ_2 :

$$\mu_2 = 86{,}96$$

Nous allons déterminer μ_4 à partir de son expression en fonction de m_1, m_2, m_3 et m_4 :

$$\mu_4 = m_4 - 4m_3m_1 + 6m_2m_1^2 - 3m_1^4$$

Pour ce faire, il nous faut d'abord calculer m_4, qui ici, est égal à :

$$m_4 = \frac{\sum_{i=1}^{9} n_i x_i^4}{\sum_{i=1}^{9} n_i} = \frac{\sum_{i=1}^{9} n_i x_i^4}{300}$$

Nous présentons les calculs dans un tableau :

Classes	x_i	n_i	x_i^4	$n_i x_i^4$
15 à moins de 20	17,5	40	93 789,0625	3 751 562,50
20 à moins de 25	22,5	120	256 289,0625	30 754 687,50
25 à moins de 30	27,5	52	571 914,0625	29 739 531,25
30 à moins de 35	32,5	31	1 115 664,0625	34 585 585,9375
35 à moins de 40	37,5	20	1 977 539,0625	39 550 781,25
40 à moins de 45	42,5	16	3 262 539,0625	52 200 625
45 à moins de 50	47,5	9	5 090 664,0625	45 815 976,5625
50 à moins de 55	52,5	6	7 596 914,0625	45 581 484,3750
55 à moins de 60	57,5	6	10 391 289,0625	65 587 734,3750
Total		300		347 567 968,7500

La valeur de m_4 est alors:

$$m_4 = \frac{347\,567\,968{,}75}{300} = 1\,158\,559{,}90$$

La valeur de μ_4 est:

$$\mu_4 = 1\,158\,559{,}90 - 4(29\,944{,}06 \times 27{,}85) + 6(862{,}58 \times 27{,}85^2) - 3(27{,}85)^4$$

$$\mu_4 = 1\,158\,559{,}90 - 3\,335\,768{,}28 + 4\,014\,218{,}74 - 1\,804\,770{,}79$$

$$\mu_4 = 32\,239{,}57$$

La valeur du coefficient β_2 est alors :

$$\beta_2 = \frac{32\,239{,}57}{(86{,}96)^2} = \frac{32\,239{,}57}{7\,562{,}04} = 4{,}26$$

Puisque $\beta_2 > 3$, la distribution est leptokurtique.

VI. 1) L'étude de concentration à réaliser nous amène à calculer d'abord les fréquences relatives (f_i) et les fréquences relatives cumulées $f_i \nearrow$ selon les valeurs croissantes du caractère d'une part, les fréquences relatives ($f_i x_i$) et les fréquences relatives cumulées $f_i x_i \nearrow$, d'autre part :

Classes	n_i	f_i	$f_i\nearrow$
15 à moins de 20	40	0,1333	0,1333
20 à moins de 25	120	0,4000	0,5333
25 à moins de 30	52	0,1734	0,7067
30 à moins de 35	31	0,1033	0,8100
35 à moins de 40	20	0,0667	0,8767
40 à moins de 45	16	0,0533	0,9300
45 à moins de 50	9	0,0300	0,9600
50 à moins de 55	6	0,0200	0,9800
55 à moins de 60	6	0,0200	1,0000
Total	300	1,0000	en abscisse

et :

Classes	x_i	n_i	n_ix_i	f_ix_i	$f_ix_i\nearrow$
15 à moins de 20	17,5	40	700	0,083782	0,083782
20 à moins de 25	22,5	120	2 700	0,323160	0,406942
25 à moins de 30	27,5	52	1 430	0,171155	0,578097
30 à moins de 35	32,5	31	1 007,50	0,120586	0,698683
35 à moins de 40	37,5	20	750	0,089767	0,788450
40 à moins de 45	42,5	16	680	0,081388	0,869838
45 à moins de 50	47,5	9	427,50	0,051167	0,921005
50 à moins de 55	52,5	6	315	0,037702	0,958707
55 à moins de 60	57,5	6	345	0,041293	1,000000
Total		300	8 355,00	1,000000	en ordonnée

Nous traçons maintenant le carré de Gini et la courbe de Gini :

2) a) On obtient la valeur de la médiale en recherchant l'abscisse du point de la courbe de Gini, dont l'ordonnée est égale à 50 %.

La valeur est de 62,76 %.

La valeur de M_1 est alors :

$$M_1 = 25 + (30 - 25)\left(\frac{0{,}6276 - 0{,}5333}{0{,}7067 - 0{,}5333}\right) = 25 + 5\left(\frac{0{,}0943}{0{,}1734}\right)$$

$$M_1 = 25 + (5 \times 0{,}5438) = 25 + 2{,}72 = 27{,}72$$

$$\boxed{M_1 = 27{,}72}$$

b) Pour pouvoir comparer la médiale M_l et la médiane M_e, nous allons calculer cette dernière. La détermination graphique nous donne pour M_e :

$$M_e = 38{,}00\ \%\ de \sum f_i x_i$$

Il vient donc :

$$M_e = 20 + (25 - 20)\left(\frac{0{,}3800 - 0{,}0838}{0{,}4069 - 0{,}0838}\right) = 20 + 5\left(\frac{0{,}2962}{0{,}3231}\right)$$

$$M_e = 20 + (5 \times 0{,}9167) = 20 + 4{,}58 = 24{,}58$$

$$\boxed{M_e = 24{,}58}$$

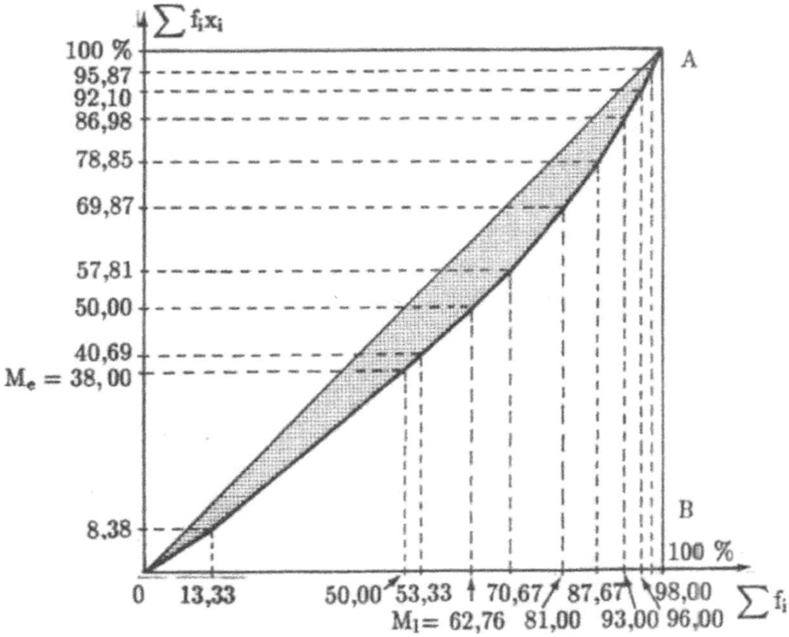

La comparaison entre M_l et M_e nous indique que les deux valeurs sont proches l'une de l'autre :

$$\Delta M = M_l - M_e = 27{,}72 - 24{,}58 = 3{,}14$$

Nous pouvons donc en conclure que la concentration est faible, puisque $\Delta M = 3{,}14$ est petit par rapport au domaine de variation du caractère (45 = 60 − 15).

3) Le coefficient de concentration c est égal au rapport de l'aire de concentration à l'aire du triangle OAB. En construisant la courbe de concentration sur un papier quadrillé millimétré, on compte le

nombre de carrés élémentaires contenus dans la surface.

Nous trouvons approximativement une aire de concentration de 830 mm^2.

Il vient alors :

$$c = \frac{830}{5000} = 0{,}166 \simeq 0{,}17$$

$$\boxed{c = 0{,}17}$$

ce qui traduit une concentration faible.

INTRODUCTION

I. CONSEILS PÉDAGOGIQUES

Le chapitre 2 est le deuxième et dernier chapitre consacré à l'étude de la statistique descriptive.

Dans le chapitre 1, vous avez vu comment il est possible de caractériser une distribution statistique à l'aide de quelques paramètres.

Le chapitre 2 est consacré à l'étude des séries statistiques à deux variables, ce qui revient d'ailleurs à étudier simultanément deux séries statistiques à une variable.

Pour ce faire, vous sont présentées des méthodes d'ajustement des données, parmi lesquelles la méthode des moindres carrés tient une large place.

Cela permettra de déboucher sur la notion de corrélation (qui traduit en fait une liaison, plus ou moins lâche) qu'il ne faudra jamais confondre avec la notion de causalité: deux phénomènes peuvent varier dans le même sens, sans qu'il n'existe aucun lien entre eux !

À cette étude appartient également celle des séries chronologiques, c'est-à-dire des séries statistiques où l'une des variables est le temps. Vous seront exposées les méthodes spécifiques pour l'analyse de ces séries.

Les notions mathématiques utilisées ici, ne dépassent pas le niveau des résolutions classiques d'équations des premiers et deuxième degrés, et des dérivées de fonctions.

II. PLAN DU CHAPITRE

Partie A:

ÉTUDE DES SÉRIES STATISTIQUES A DEUX CARACTÈRES : AJUSTEMENT LINÉAIRE - CORRÉLATION LINÉAIRE

I. Les distributions statistiques à deux caractères

1) Définition

2) Présentation

3) Distributions marginales

4) Distributions conditionnelles

5) Relations entre moyennes et variances, marginales et conditionnelles

6) Rapport de corrélation

7) Conséquences de ces définitions

II. L'ajustement des données

1) Généralités

2) Représentation graphique

3) Courbe de régression

4) Le problème de l'ajustement

5) L'ajustement linéaire par la méthode des moindres carrés

6) Aspect géométrique de la méthode des moindres carrés

III. Corrélation linéaire entre deux variables statistiques

1) Droites de régression

2) Corrélation

3) Coefficient de corrélation linéaire

4) Coefficient de détermination

5) Coefficient d'amélioration

6) Angle de régression

7) Expression des pentes des droites de régression en fonction de r

8) Covariance

9) Inégalité de Schwarz

IV. Méthodes d'ajustement autres que la méthode des moindres carrés

1) Méthode des moindres rectangles

2) Méthode des moindres écarts

3) Méthode de l'ajustement orthogonal

Partie A:

GÉNÉRALITÉS SUR LES SÉRIES (OU DISTRIBUTIONS) STATISTIQUES A DEUX CARACTÈRES-PROBLÈMES D'AJUSTEMENT ET DE CORRÉLATION LINÉAIRES

I. Les distributions statistiques à deux caractères

1) Définition

Nous avons étudié jusque-là des séries statistiques, pour lesquelles un seul caractère était attaché à chaque élément.

Nous allons maintenant nous intéresser aux séries statistiques à deux caractères:

- dans ce chapitre les séries à deux caractères quelconques;
- dans le chapitre suivant les séries à deux caractères, dont l'un des caractères est le temps : les séries chronologiques.

2) Présentation

Les séries statistiques à deux caractères sont présentées dans un tableau à double entrée:

- aux lignes correspondent, par exemple, le premier caractère x dont les valeurs sont : $x_1, x_2, \ldots, x_i, \ldots, x_m$;
- et aux colonnes le second caractère y dont les valeurs sont : $y_1, y_2, \ldots, y_j, \ldots, y_n$.

2e carac. / 1er carac.	y_1	y_2	...	y_j	...	y_n
x_1	n_{11}	n_{12}	...	n_{1j}	...	n_{1n}
x_2	n_{21}	n_{22}	...	n_{2j}	...	n_{2n}
⋮	⋮	⋮	⋰⋮⋱	⋮	⋰⋮⋱	⋮
x_m	n_{m1}	n_{m2}	...	n_{mj}	...	n_{mn}

3) Distributions marginales

a) Présentation

Prenons le tableau précédent et ajoutons-lui une ligne et une colonne, de façon à déterminer respectivement les totaux verticaux et les totaux horizontaux:

caract. y / caract. x	y_1	y_2	...	y_j	...	y_n	Distribution marginale de x : $n_{i.}$ est l'effectif de $x = x_i$
x_1	n_{11}	n_{12}	...	n_{1j}	...	n_{1n}	$\sum_{j=1}^{n} n_{1j} = n_{1.}$
x_2	n_{21}	n_{22}	...	n_{2j}	...	n_{2n}	$\sum_{j=1}^{n} n_{2j} = n_{2.}$
⋮	⋮	⋮	⋰	⋮	⋰	⋮	⋮
x_i	n_{i1}	n_{i2}	...	n_{ij}	...	n_{in}	$\sum_{j=1}^{n} n_{ij} = n_{i.}$
⋮	⋮	⋮	⋰	⋮	⋰	⋮	⋮
x_m	n_{m1}	n_{m2}	...	n_{mj}	...	n_{mn}	$\sum_{j=1}^{n} n_{mj} = n_{m.}$
Distribution marginale de y : $n_{.j}$ effectif de $y = y_j$	$\sum_{i=1}^{m} n_{i1} = n_{.1}$	$\sum_{i=1}^{m} n_{i2} = n_{.2}$	...	$\sum_{i=1}^{m} n_{ij} = n_{.j}$	...	$\sum_{i=1}^{m} n_{in} = n_{.n}$	$\sum_{i=1}^{m}\sum_{j=1}^{n} n_{ij} = \sum_{i=1}^{m} n_{i.} = \sum_{j=1}^{n} n_{.j}$

On note fréquemment $n_{..}$ le total général :

$$n_{..} = \sum_{i=1}^{m}\sum_{j=1}^{n} n_{ij} = \sum_{i=1}^{m} n_{i.} = \sum_{j=1}^{n} n_{.j}$$

b) Colonne marginale

Les éléments de la dernière colonne constituent une distribution à un seul caractère : le total des éléments qui présentent les modalités successives du premier caractère x, quelle que soit la modalité du second caractère y. Il s'agit alors d'une distribution marginale.

La colonne marginale du tableau comprend les effectifs $n_{i.}$ de la variable marginale x_i. Nous pouvons calculer la moyenne $\bar{\bar{x}}$ et la variance $V(x)$ de cette variable x :

$$\bar{\bar{x}} = \frac{1}{n_{..}} \sum_{i=1}^{m} n_{i.} x_i \qquad \text{et} \qquad V(x) = \frac{1}{n_{..}} \sum_{i=1}^{m} n_{i.} (x_i - \bar{\bar{x}})^2$$

c) Ligne marginale

Les éléments de la dernière ligne constituent également une distribution à un seul caractère, et de ce fait représentent aussi une distribution marginale : le total des éléments qui présentent les modalités successives du second caractère y, quelle que soit la modalité du premier caractère x.

De même, la ligne marginale du tableau comprend les effectifs $n_{.j}$ de la variable marginale y_j :

Nous pouvons également calculer la moyenne $\bar{\bar{y}}$ et la variance $V(y)$ de cette variable y :

$$\boxed{\bar{\bar{y}} = \frac{1}{n_{..}} \sum_{j=1}^{n} n_{.j} y_j} \quad \text{et} \quad \boxed{V(y) = \frac{1}{n_{..}} \sum_{j=1}^{n} n_{.j} \left(y_j - \bar{\bar{y}}\right)^2}$$

4) Distributions conditionnelles

a) Définition

Considérons, par exemple, la j-ième colonne du tableau. Elle décrit la sous-population présentant la modalité y_j du caractère y, suivant le caractère x. On dit qu'il s'agit de la distribution conditionnelle suivant le caractère x pour la modalité y_j du caractère y.

b) Colonne conditionnelle

Considérons une colonne quelconque du tableau, par exemple la j-ième colonne. Elle décrit l'ensemble des $n_{.j}$ individus, dont n_{1j} ont le caractère x_1, ..., n_{ij} ont le caractère x_i, ..., n_{mj} ont le caractère x_m, c'est-à-dire la variable conditionnelle x/y_j.

Nous pouvons également calculer la moyenne $\bar{x_j}$ et la variance $V_j(x)$ de cette variable conditionnelle :

$$\boxed{\bar{x_j} = \frac{1}{n_{.j}} \sum_{i=1}^{m} n_{ij} x_i} \quad \text{et} \quad \boxed{V_j(x) = \frac{1}{n_{.j}} \sum_{i=1}^{m} n_{ij} \left(x_i - \bar{x_j}\right)^2}$$

c) Ligne conditionnelle

En considérant maintenant une ligne quelconque du tableau, par exemple la i-ème ligne, on obtient une description de l'ensemble des $n_{i.}$ individus, dont n_{i1} ont le caractère y_1, ..., n_{ij} ont le caractère y_j, ..., n_{in} ont le caractère y_n, c'est-à-dire la variable conditionnelle y/x_i.

Il est également possible de calculer la moyenne y_i et la variance $V_i(y)$ de cette variable conditionnelle :

$$\boxed{\bar{y_i} = \frac{1}{n_{i.}} \sum_{j=1}^{n} n_{ij} y_j} \quad \text{et} \quad \boxed{V_i(y) = \frac{1}{n_{i.}} \sum_{j=1}^{n} n_{ij} \left(y_j - \bar{y_i}\right)^2}$$

5) Relations entre moyennes et variances, marginales et conditionnelles

a) Moyennes marginales et moyennes conditionnelles

Il existe une relation entre moyenne marginales et moyennes conditionnelles, c'est-à-dire entre $\bar{\bar{x}}$ et $\bar{x}_j$ d'une part, et entre $\bar{\bar{y}}$ et $\bar{y}_i$ d'autre part.

En effet, on établit que les "moyennes marginales sont égales aux moyennes de moyennes conditionnelles pondérées par les effectifs marginaux de la variable de liaison", soit donc:

$$\boxed{\bar{\bar{x}} = \frac{1}{n_{..}}\textstyle\sum_{j=1}^{n} n_{.j}\bar{x}_j} \quad \text{et} \quad \boxed{\bar{\bar{y}} = \frac{1}{n_{..}}\textstyle\sum_{i=1}^{m} n_{i.}\bar{y}_i}$$

b) Variances marginales et variances conditionnelles

Il est également possible d'exprimer les variances marginales en fonction des variances conditionnelles.

On établit que "les variances marginales sont égales à la somme de la moyenne des variances conditionnelles et de la variance des moyennes conditionnelles" :

$$\boxed{V(x) = \frac{1}{n_{..}}\sum_{j=1}^{n} n_{.j}V_j(x) + \frac{1}{n_{..}}\sum_{j=1}^{n} n_{.j}\left(\bar{x}_j - \bar{\bar{x}}\right)^2}$$

et

$$\boxed{V(y) = \frac{1}{n_{..}}\sum_{i=1}^{m} n_{i.}V_i(y) + \frac{1}{n_{..}}\sum_{i=1}^{m} n_{i.}(\bar{y}_i - \bar{\bar{y}})^2}$$

Cela signifie que la dispersion globale de chaque variable (au niveau de sa distribution marginale) résulte à la fois de la dispersion au sein de chacune des distributions conditionnelles et de la dispersion des moyennes conditionnelles entre elles.

6) Rapport de corrélation

a) Rapport de corrélation de y en x

Par définition, le rapport de corrélation de y en x, $\eta^2_{y/x}$, indique la proportion de la variance marginale représentée par la variance des moyennes conditionnelles:

$$\eta^2_{y/x} = \frac{\frac{1}{n_{..}}\sum_{i=1}^{m} n_{i.}(\bar{y}_i - \bar{\bar{y}})^2}{V(y)} = 1 - \frac{\frac{1}{n_{..}}\sum_{i=1}^{m} n_{i.}V_i(y)}{V(y)}$$

Il est une mesure de l'intensité de la liaison de y avec x, c'est-à-dire qu'il mesure la part de la variance expliquée par la courbe de régression dans la variance totale (cf. ci-après).

b) Rapport de corrélation de x en y

On définit également le rapport de corrélation de x en y, $\eta^2_{y/x}$, par:

$$\eta^2_{x/y} = \frac{\frac{1}{n_{..}}\sum_{j=1}^{n} n_{.j}\left(\bar{x}_j - \bar{\bar{x}}\right)^2}{V(x)} = 1 - \frac{\frac{1}{n_{..}}\sum_{j=1}^{n} n_{.j}V_j(x)}{V(x)}$$

Il est une mesure de l'intensité de la liaison de x avec y.

c) Propriétés

Le rapport de corrélation η^2 est compris entre 0 et 1.

En général, $\eta^2_{y/x}$ et $\eta^2_{x/y}$ sont différents.

Remarquons que:

- le rapport de corrélation est nul si la variance des moyennes conditionnelles est nulle;
- le rapport de corrélation est égal à 1, si la moyenne des variances conditionnelles est nulle.

7) Conséquences de ces définitions

a) Indépendance

Par définition, deux caractères x et y sont indépendants, si les distributions conditionnelles sont identiques entre elles.

Cela signifie que la répartition suivant le caractère x des individus qui possèdent en commun la modalité y_j de y est la même, pour tout y_j.

Dans le cas de l'indépendance, on met en évidence les propriétés suivantes :

- les distributions marginales (x/y_j) sont identiques à la distribution marginale x : cela signifie concrètement que les colonnes du tableau à double entrée sont proportionnelles entre elles et proportionnelles à la colonne marginale ;

- les distributions marginales (y/x_i) sont identiques à la distribution marginale y : concrètement, cela signifie que les lignes du tableau à double entrée sont proportionnelles entre elles et proportionnelles à la ligne marginale.

L'indépendance est ainsi une propriété réciproque.

b) Liaison fonctionnelle

Par définition, le caractère x est lié fonctionnellement au caractère y, si à chaque modalité y_j de y correspond une seule modalité du caractère x.

Cela signifie, que pour tout j, l'effectif n_{ij} est nul, sauf pour une valeur i. De ce fait, on trouve un terme et un seul différent de zéro dans chaque colonne.

Par contre, on peut trouver plusieurs termes non nuls dans une même ligne.

Ainsi, la liaison fonctionnelle n'est pas toujours réciproque.

La liaison fonctionnelle ne sera réciproque que si $i = \varphi(j)$ est biunivoque, c'est-à-dire que l'on aura également $j = \varphi^{-1}(i)$: dans ce cas, on trouvera un seul terme non nul dans chaque colonne et dans chaque ligne du tableau.

En particulier, la réciprocité n'existera que si le tableau est carré.

c) Cas général

L'indépendance et la liaison fonctionnelle constituent deux cas extrêmes, entre lesquels on se situe généralement.

Les développements qui vont suivre visent à mesurer l'intensité de la liaison existant entre les caractères x et y dans ce cas le plus général.

II. L'ajustement des données

1) Généralités

Soit une population de n individus à deux caractères quantitatifs. Ces caractères constituent deux variables statistiques : aussi allons-nous les désigner par X et Y.

Pratiquement, nous allons avoir à traiter de deux séries de nombres, décrits dans les colonnes marginales du tableau.

2) Représentation graphique

a) Les deux séries se composent du même nombre de termes

Nous allons représenter ces éléments sur un graphique cartésien, l'abscisse représentant la variable X et l'ordonnée la variable Y.

Alors l'élément n_{ij} sera représenté par le point P_{ij} à l'intersection de la valeur x_i de l'abscisse et de la valeur y_j de l'ordonnée.

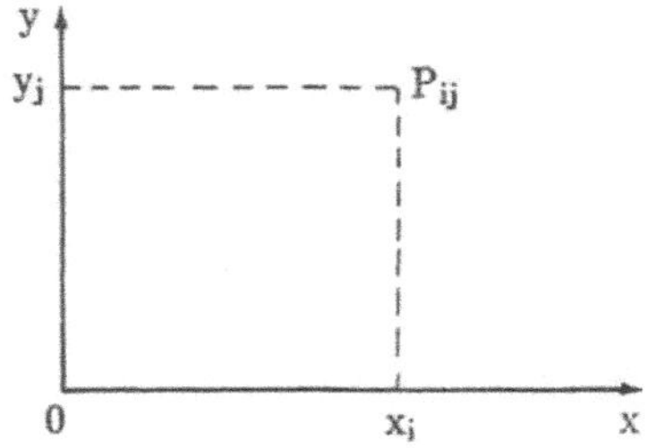

b) L'ensemble des points va former un nuage qui peut prendre diverses formes.

c) Par exemple, si les points sont disséminés sur toute la surface, cela signifie qu'il y a indépendance entre les variables : à toute valeur x_i de X correspond n'importe quelle valeur de Y et inversement.

Voici l'allure d'un nuage de points exprimant l'indépendance des variables l'une par rapport à l'autre:

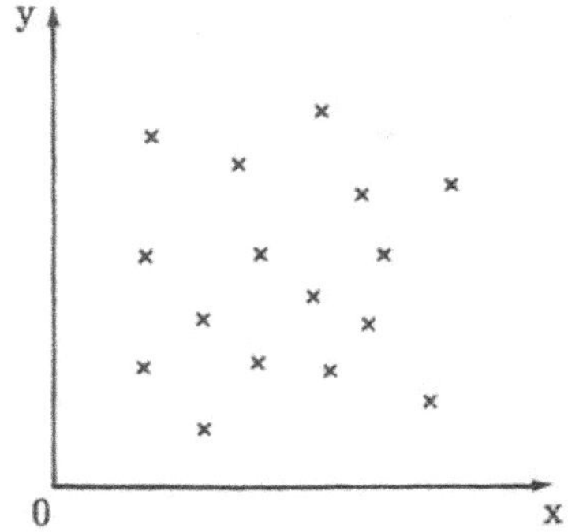

d) Par contre, le nuage de points peut prendre l'allure d'une courbe, exprimée par une fonction algébrique, qui renseigne sur le type de liaison existant entre les variables.

Pratiquement on s'intéressera surtout à la fonction linéaire, c'est-à-dire qui traduit des variations proportionnelles entre les variables.

La fonction linéaire est représentée graphiquement par une droite.

Voici un nuage statistique exprimant une fonction linéaire.

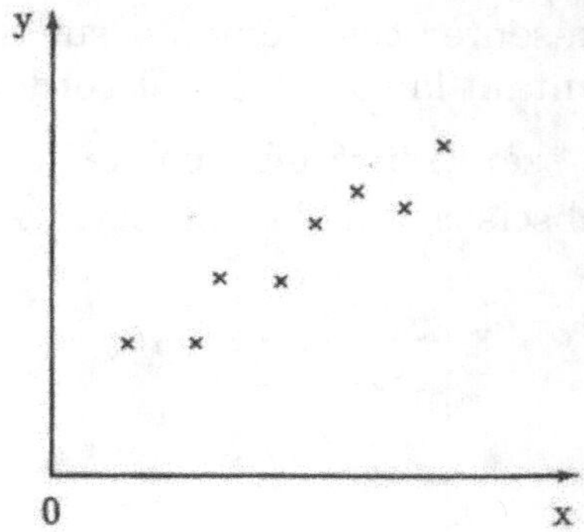

3) Courbe de régression

a) Définition

On appelle courbe de régression de y en x, $C_{y/x}$, la courbe représentative des moyennes conditionnelles $\overline{y_i}$ en fonction des valeurs x_i de la variable de liaison.

De même, on appelle courbe de régression de x en y, $C_{x/y}$, la courbe représentative des moyennes conditionnelles $\overline{x_j}$ en fonction des valeurs y_j de la variable de liaison.

On démontre que le centre de gravité G des points (x_i, y_j) pondérés par les effectifs n_{ij} de coordonnées $\bar{\bar{x}}$ et $\bar{\bar{y}}$ est situé dans la concavité de chaque courbe de régression (à condition que chacune présente une concavité de signe constant).

b) Cas où les courbes de régression sont des droites

Dans le cas particulier où les deux courbes de régression sont des droites, elles se coupent alors au centre de gravité G de coordonnées $(\bar{\bar{x}}, \bar{\bar{y}})$.

Dans ce cas seulement, elles se confondent avec les droites d'ajustement (que nous allons étudier ci-dessous). Cela explique le fait que les droites d'ajustement soient parfois appelées droites de régression.

c) Cas de l'indépendance des variables

Dans le cas où les deux variables sont indépendantes, on démontre que les courbes de régression sont des droites parallèles aux axes de coordonnées (mais la réciproque n'est pas vraie).

d) Cas d'une liaison fonctionnelle

On démontre que les deux courbes de régression se confondent avec la courbe de liaison seulement dans le cas où la liaison fonctionnelle est réciproque.

4) Le problème de l'ajustement

a) Position du problème

Ayant représenté la série à deux caractères sous forme de nuage de points, et ayant fait l'hypothèse d'une liaison proportionnelle entre les variables, on va chercher à faire passer une droite au milieu du nuage, de telle façon que l'on "ajuste" au mieux l'ensemble de ces points.

L'ajustement va alors constituer un résumé.

On va s'intéresser ici à l'étude de l'ajustement linéaire (on va remplacer le nuage par une droite).

Une droite comportant deux paramètres, on va chercher ensuite à les déterminer par une méthode algébrique.

b) Ajustement graphique

On trace à main levée une droite qui passe aussi près que possible de tous les points du nuage.

Cette méthode - imprécise (subjectivité du statisticien) - renseigne grossièrement sur le sens de la liaison, mais ne permet pas de connaître les paramètres de la droite.

5) L'ajustement linéaire par la méthode des moindres carrés

a) On va ajuster le nuage par la droite des moindres carrés, qui par définition, est telle que la somme des carrés des distances des points du nuage à cette droite, parallèlement à une direction fixe donnée soit minimum.

b) La droite passe par le point moyen M du nuage (barycentre), dont les coordonnées sont:

$$\bar{x} = \frac{\sum x_i}{n} \qquad \text{et} \qquad \bar{y} = \frac{\sum y_i}{n}$$

c) L'équation de la droite des moindres carrés est:

$$y = ax + b$$

On va simplifier cette équation en faisant un changement d'axes : on va faire une translation des axes qui amène l'origine des coordonnées au point M du nuage :

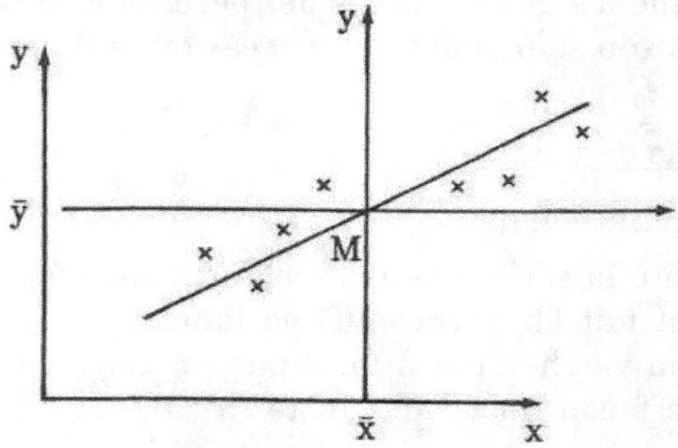

Alors, l'équation de la droite des moindres carrés, définie par rapport à ce nouveau système d'axes, s'écrira plus simplement :

$$Y = aX$$

puisqu'elle passe par l'origine des axes.

Le changement d'axes s'écrit:

$$X = x - \bar{x}$$

$$Y = y - \bar{y}$$

d) Satisfaire à la condition des moindres carrés, revient à rendre minimum l'expression:

$$\boxed{\varphi(a) = \sum_{i=1}^{n}\left(Y_j - aX_i\right)^2} \qquad (1)$$

où X_i et Y_j sont les points observés, et où a est l'inconnue.

Cette expression est minimum quand la dérivée première $\varphi'(a)$ est nulle.

Commençons par développer l'expression (1), puis calculons sa dérivée première:

$$\varphi(a) = \sum_{i=1}^{n} Y_i^2 - 2a\sum_{i=1}^{n} X_iY_i + a^2\sum_{i=1}^{n} X_i^2$$

$$\varphi'(a) = 0 - 2\sum_{i=1}^{n} X_iY_i + 2a\sum_{i=1}^{n} X_i^2$$

$$\varphi'(a) = -2\sum_{i=1}^{n} X_i Y_i + 2a\sum_{i=1}^{n} X_i^2 = 0$$

soit :

$$\boxed{a = \frac{\sum_{i=1}^{n} X_i Y_i}{\sum_{i=1}^{n} X_i^2}} \qquad (2)$$

e) On réalise généralement une projection parallèlement à l'axe OY : on réalise alors un ajustement de y en x, et la pente de la droite d'ajustement $D_{y/x}$ est donnée par la relation (2) ci-dessus.

On peut aussi réaliser une projection parallèlement à l'axe OX : on réalise alors un ajustement de x en y, et la pente de la droite d'ajustement $D_{x/y}$ dans le référentiel $(\widehat{xOy})$ est donnée par la relation (3) ci-dessous :

$$\boxed{a' = \frac{\sum_{i=1}^{n} X_i Y_i}{\sum_{i=1}^{n} Y_i^2}} \qquad (3)$$

Les droites $D_{y/x}\, et\;\; D_{x/y}$ s'appellent les droites de régression du nuage statistique. Nous verrons ci-dessous les conséquences que l'on peut tirer de leur étude.

f) Référentiels $(\widehat{xOy})$ et $(\widehat{yOx})$

La pente de la droite d'ajustement $D_{x/y}$ étant, dans le référentiel $(\widehat{xOy})$:

$$a' = \frac{\sum_{i=1}^{n} X_i Y_i}{\sum_{i=1}^{n} Y_i^2}$$

elle est, dans le référentiel $(\widehat{yOx})$:

$$\boxed{a'' = \frac{1}{a'} = \frac{\sum_{i=1}^{n} Y_i^2}{\sum_{i=1}^{n} X_i Y_i}}$$

Dans le référentiel $(\widehat{xOy})$, l'équation de la droite d'ajustement de x en y, $D_{x/y}$ est :

$$x = a'y - b'$$

Dans le référentiel $(\widehat{yOx})$, l'équation de la même droite est :

$$\boxed{y = \frac{1}{a'}x + \frac{1}{a'}b'}$$

g) Coefficient de la droite dans l'ancien système d'axes

Reprenons les formules de changement d'axes :

$$\begin{cases} X = x - \bar{x} \\ Y = y - \bar{y} \end{cases} \Leftrightarrow \begin{matrix} x = X + \bar{x} \\ y = Y + \bar{y} \end{matrix}$$

Remplaçons respectivement X et Y par x et y dans la relation (2) :

$$a = \frac{\sum_{i=1}^{n} X_i Y_i}{\sum_{i=1}^{n} X_i^2} = \frac{\sum_{i=1}^{n}(x_i-\bar{x})(y_i-\bar{y})}{\sum_{i=1}^{n}(x_i-\bar{x})^2} \qquad (5')$$

L'expression (5') ci-dessus est la formule de définition de a :

$$a = \frac{\sum_{i=1}^{n} x_i y_i - \bar{x}\sum_{i=1}^{n} y_i - \bar{y}\sum_{i=1}^{n} x_i + \sum_{i=1}^{n} \bar{x}\bar{y}}{\sum_{i=1}^{n} x_i^2 - 2\bar{x}\sum_{i=1}^{n} x_i + \sum_{i=1}^{n} \bar{x}^2} \qquad (4)$$

En reprenant les coordonnées du point moyen M :

$$\bar{x} = \frac{\sum x_i}{n} \qquad \text{et} \qquad \bar{y} = \frac{\sum y_i}{n}$$

on peut exprimer x_i et y_i respectivement en fonction de $\bar{x}$ et $\bar{y}$:

$$\sum_{i=1}^{n} x_i = n\bar{x} \quad \text{et} \quad \sum_{i=1}^{n} y_i = n\bar{y}$$

En remplaçant x_i et y_i respectivement par leurs expressions en fonction de $\bar{x}$ et $\bar{y}$ dans la relation (4), il vient :

$$a = \frac{\sum_{i=1}^{n} x_i y_i - \bar{x}(n\bar{y}) - \bar{y}(n\bar{x}) + n\bar{x}\bar{y}}{\sum_{i=1}^{n} x_i^2 - 2\bar{x}(n\bar{x}) + n\bar{x}^2} = \frac{\sum_{i=1}^{n} x_i y_i - n\bar{x}\bar{y} - n\bar{x}\bar{y} + n\bar{x}\bar{y}}{\sum_{i=1}^{n} x_i^2 - 2n\bar{x}^2 + n\bar{x}^2}$$

$$\boxed{a = \frac{\sum_{i=1}^{n} x_i y_i - n\bar{x}\bar{y}}{\sum_{i=1}^{n} x_i^2 - n\bar{x}^2}} \qquad (5)$$

L'expression (5) ci-dessus est la formule de calcul de a (par opposition à la formule de définition (5') vue précédemment).

Puisque l'équation de la droite dans l'ancien système d'axes est :

$$y = ax + b$$

on peut déterminer l'expression de b, ordonnée à l'origine.

Écrivons que cette droite passe par le point moyen du nuage.

$$\bar{y} = a\bar{x} + b$$

alors :

$$b = \bar{y} - a\bar{x}$$

h) Exemple numérique

Soit à ajuster par la droite des moindres carrés le nuage statistique dont les coordonnées cartésiennes des points sont données par:

x_i	2	6	10	14	18	10
y_i	16	12	6	12	2	0

On va dresser un tableau de calcul permettant de calculer les divers éléments de la relation (5) à savoir:

- les $x_i y_i$ et $\sum_{i=1}^{n} x_i y_i$;
- les x_i^2 et $\sum_{i=1}^{n} x_i^2$.
- les coordonnées du point moyen $\bar{x} = \frac{\sum x_i}{n}$ et $\bar{y} = \frac{\sum y_i}{n}$.

i	x_i	y_i	$x_i y_i$	x_i^2	y_i^2
1	2	16	32	4	256
2	6	12	72	36	144
3	10	6	60	100	36
4	14	12	168	196	144
5	18	2	36	324	4
6	10	0	0	100	0
$\sum_i$	60	48	368	760	584

(Nous calculons aussi y_i^2 pour l'exercice du paragraphe suivant.)

$$\bar{x} = \frac{60}{6} = 10 \qquad \bar{y} = \frac{48}{6} = 8$$

$$a = \frac{368 - 6(10)(8)}{760 - 6(10)^2} = \frac{368 - 480}{760 - 600} = \frac{-112}{+160} = -0{,}7$$

$$\boxed{a = -0{,}7}$$

$$b = 8 - (-0{,}7)(10) = 8 + 7 = 15$$

$$\boxed{b = 15}$$

Traçons sur un graphique le nuage de points et la droite des moindres carrés :

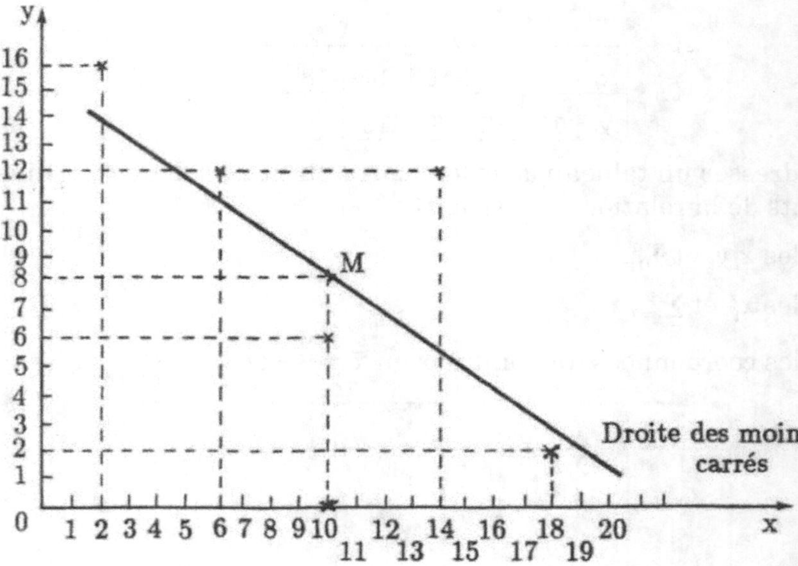

6) Aspect géométrique de la méthode des moindres carrés

a) Nous avons considéré, dans le raisonnement précédent, n couples de valeurs (x_i, y_i), $i = 1, \ldots, n$.

La représentation graphique que nous avons faite a consisté à considérer que chaque couple de valeurs définit un point, et ainsi, à tracer n points M_i (x_i, y_i) dans un espace à deux dimensions défini par les variables X et Y.

Nous aurions pu également considérer que les n valeurs de chacune des variables soient représentées dans un espace à n dimensions par un vecteur de cet espace :

- un vecteur $\vec{X}$ dont mes coordonnées sont $(x_1, \ldots, x_i, \ldots x_n)$ pour la variable X ;
- un vecteur $\vec{Y}$ dont mes coordonnées sont $(y_1, \ldots, y_i, \ldots y_n)$ pour la variable Y.

On est alors amené à considérer 2 points dans l'espace à n dimensions, ce qui permet d'envisager sous un autre aspect l'étude de la liaison entre les variables X et Y.

b) Par exemple, la liaison linéaire entre les variables X et Y définie par :

$$y_i = ax_i + b$$

peut encore s'écrire:

$$y_i = ax_i + b.1$$

c'est-à-dire :

$$\boxed{y = ax + b.1}$$

ce qui signifie que le vecteur y est une combinaison linéaire de 2 vecteurs, x et 1, non colinéaires, et qu'en conséquence, il est situé dans le plan défini par ces 2 vecteurs.

III. Corrélation linéaire entre deux variables statistiques

1) Droites de régression

Dans le paragraphe précédent nous avons défini les droites de régression $D_{y/x}$ *et* $D_{x/y}$.

L'étude de ces deux droites montre qu'elles peuvent être plus ou moins proches l'une de l'autre :

- plus la liaison entre les variables sera faible, plus les droites de régression tendront à être perpendiculaires l'une par rapport à l'autre ;
- plus la liaison entre les variables sera forte, plus les droites de régression tendront à se confondre l'une avec l'autre.

2) Corrélation

À partir de l'examen de ces droites, on va pouvoir caractériser la corrélation existant entre les variables (en retenant bien que corrélation ne signifie pas causalité) ; la corrélation traduit l'existence d'une liaison. La mesure de l'intensité de la corrélation va être réalisée à partir des relations donnant les pentes des deux droites de régression.

3) Coefficient de corrélation linéaire

a) Définition

On caractérise la corrélation entre deux variables par le coefficient de corrélation linéaire, qui, par définition, est égal en valeur absolue à la racine carrée du produit des pentes des deux droites de régression. On le désigne par r :

$$\boxed{|\mathrm{r}| = (\mathrm{a.a'})^{1/2}}$$

Plus précisément, *r* doit, par définition, avoir le même signe que *a* (ou a′).

<u>b) Formule développée</u>

On détermine la formule développée de *r* à partir des formules développées de *a* et de a′ :

$$\boxed{r = \frac{\sum_{i=1}^{n} x_i\, y_i - n\bar{x}\bar{y}}{[(\sum_{i=1}^{n} x_i^2 - n\bar{x}^2)(\sum_{i=1}^{n} y_i^2 - n\bar{y}^2)]^{1/2}}}$$

<u>c) Propriétés</u>

Le coefficient *r* est toujours compris entre — 1 et + 1 :

- il est négatif si la pente de la droite d'ajustement est négative;
- il est positif si la pente de la droite d'ajustement est positive.

Plus il est proche de |1|, plus la corrélation est forte ; plus il est proche de zéro, plus la corrélation est faible. Mais r = 0 n'implique pas nécessairement l'indépendance entre les variables.

Le coefficient *r* est un nombre sans dimension.

<u>d) Exemple numérique</u>

Reprenons l'exemple précédent et calculons les paramètres de la droite de régression $D_{x/y}$:

$$a' = \frac{\sum_{i=1}^{n} x_i\, y_i - n\bar{x}\bar{y}}{\sum_{i=1}^{n} y_i^2 - n\bar{y}^2} = \frac{368 - 6(10)(8)}{584 - 6(8)^2} = \frac{368 - 480}{584 - 384} = \frac{-112}{200} = -0{,}56$$

$$\boxed{a' = -0{,}56}$$

Dans le référentiel $(\widehat{xOy})$, l'équation de la droite d'ajustement de x en y, $D_{x/y}$, est :

$$x = a'y - b$$

D'où :

$$\bar{x} = a'\bar{y} - b'$$

expression à partir de laquelle il est possible de déterminer b' :

$$\boxed{b' = a'\bar{y} - \bar{x}}$$

La valeur numérique de b' est ici :

$$b' = -0{,}56(8)(10) = -4{,}48 - 10 = -14{,}48$$

L'équation de $D_{x/y}$ dans le référentiel $(\widehat{yOx})$ est :

$$\boxed{y = \frac{1}{a'}x + \frac{1}{a'}b'}$$

En remplaçant a' et b' par leurs valeurs numériques, il vient :

$$y = \frac{1}{-0{,}56}x + \frac{1}{-0{,}56}(-14{,}48) = -1{,}79x + 25{,}86$$

$$\boxed{y = -1{,}79x + 25{,}86}$$

Traçons à nouveau le nuage de points puis les deux droites de régression $D_{y/x}$ et $D_{x/y}$:

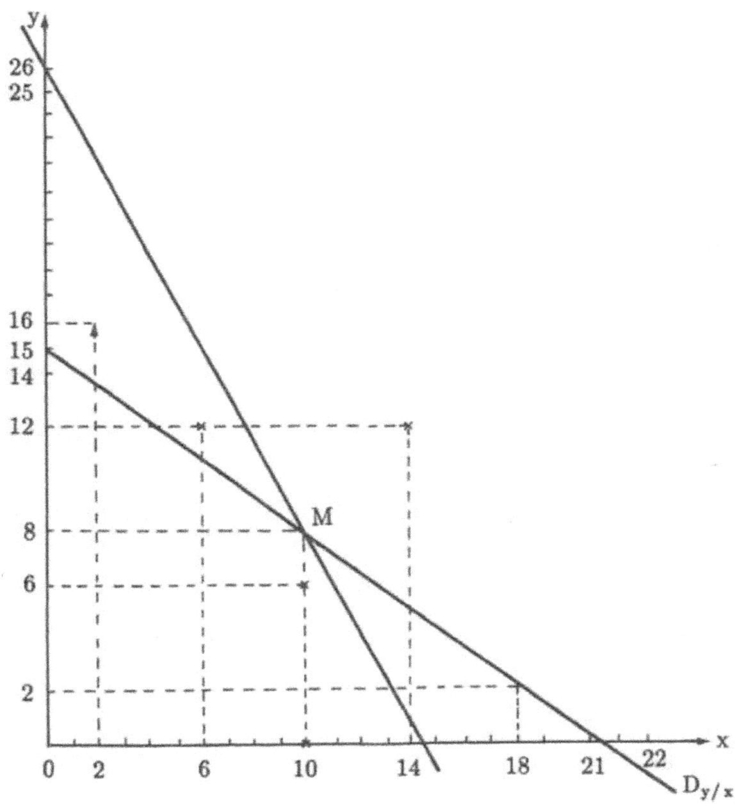

Le carré du coefficient de corrélation r^2 est égal à:

$$r^2 = \frac{[368 - 6(10)(8)]^2}{[760 - 6(10)^2][584 - 6(8)^2]} = \frac{(368 - 480)^2}{(760 - 600)(584 - 384)}$$
$$= \frac{(-112)^2}{(160)(200)} = \frac{12544}{32000}$$

$$r^2 = 0{,}392$$

d'où la valeur de r :

$$r = \pm 0{,}626 \cong \pm 0{,}63$$

Ce coefficient r est négatif, puisque la pente de la droite d'ajustement est négative:

$$\boxed{r = -0{,}63}$$

4) Coefficient de détermination

On appelle encore coefficient de détermination le carré r^2 du coefficient de corrélation.

5) Coefficient d'amélioration

À partir du coefficient de détermination r^2, on définit aussi le coefficient d'amélioration A :

$$\boxed{A = 1 - (1 - r^2)^{1/2}}$$

On considère alors qu'il y a présomption de corrélation si $A > 50\ \%$ (ce qui correspond à $r > 87\ \%$).

6) Angle de régression

Soit θ l'angle de régression formé par les deux droites de régression $D_{y/x}$ et $D_{x/y}$.

a) On démontre que :

– le coefficient de corrélation r est égal au sinus de l'angle de régression θ, formé par les deux droites de régression $D_{y/x}$ et $D_{x/y}$, multiplié par une quantité positive ;

– et que $(1 - r^2)$ est égal au produit de $tg\ \theta$ par une quantité de même signe que r.

Il en résulte qu'en cas de :

– liaison fonctionnelle : $\theta = 0$ et les deux droites de régression sont confondues avec la droite de liaison ;

- absence de liaison: $\theta = 90°$ et les deux droites de régression sont perpendiculaires.

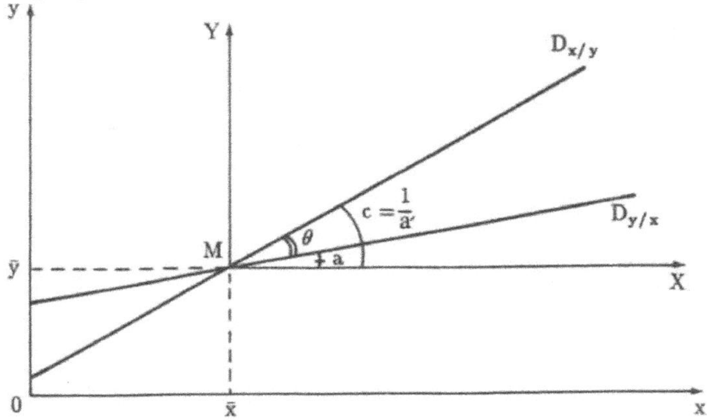

b) Les coefficients directeurs a et $\frac{1}{a'}$ respectivement des droites $D_{y/x}$ et $D_{x/y}$, dans le système d'axes $(\widehat{yOx})$ permettent également de mesurer l'angle de régression θ.

On démontre en effet que:

$$\boxed{\theta = Arc\ tg\frac{1}{a'} - Arc\ \text{tg}\, a}$$

c) La comparaison des pentes des deux droites $D_{y/x}$ et $D_{x/y}$ permet de démontrer que la pente de la droite $D_{x/y}$ est toujours supérieure à la pente de la droite $D_{y/x}$ (en valeurs absolues).

En effet, formons le rapport des pentes des deux droites :

$$\frac{a}{c} = \frac{a}{\frac{1}{a'}} = a \times a' = r^2$$

Comme $0 \leq r^2 \leq 1$, il vient :

$$\frac{a}{c} \leq 1 \iff \boxed{|a| \leq |c|}$$

7) Expression des pentes des droites de régression en fonction de r

On peut encore exprimer les pentes des droites de régression a et a' en fonction du coefficient de corrélation r.

On démontre que:

$$\boxed{a = r\frac{\sigma_y}{\sigma_x}} \quad \text{et} \quad \boxed{a' = r\frac{\sigma_x}{\sigma_y}}$$

8) Covariance

a) Définition

Par définition, on appelle covariance entre deux variables x et y la quantité :

$$\boxed{Cov(x,y) = \frac{1}{n}\sum_{i=1}^{n}(x_i - \bar{x})(y_i - \bar{y})}$$

qui s'écrit (en développant):

$$\boxed{Cov(x,y) = \frac{1}{n}\sum_{i=1}^{n} x_i y_i - n\bar{x}\bar{y}}$$

Sous cette seconde forme, l'expression de la covariance porte le nom de Théorème de König.

b) Généralisation de la définition de la variance

Cette définition généralise celle de la variance.

En effet:

$$Cov(x,x) = \frac{1}{n}\sum_{i=1}^{n}(x_i - \bar{x})(x_i - \bar{x}) = \frac{1}{n}\sum_{i=1}^{n}(x_i - \bar{x})^2 = V(X)$$

et

$$Cov(y,y) = \frac{1}{n}\sum_{i=1}^{n}(y_i - \bar{y})(y_i - \bar{y}) = \frac{1}{n}\sum_{i=1}^{n}(y_i - \bar{y})^2 = V(Y)$$

c) Propriétés

α) Si X et Y sont indépendantes, alors $Cov(x,y) = 0$ (mais la réciproque n'est pas vraie) ;

β) $Cov(x,y)$ est un indicateur du sens de la variation simultanée de X et Y:

- $Cov(x,y) > 0 \Rightarrow X$ et Y varient dans le même sens ;
- $Cov(x,y) < 0 \Rightarrow X$ et Y varient en sens contraires.

γ) $Cov(x,y) = Cov(y,x)$

δ) On démontre également que :

$$\boxed{V(X+Y) = V(X) + V(Y) + 2Cov(X,Y)}$$

d) Expression du coefficient de corrélation

Reprenons l'expression du coefficient de corrélation r à partir des formules de définition des pentes a et a' des droites de régression:

$$|r| = \left[\frac{\sum_{i=1}^{n}(x_i-\bar{x})(y_i-\bar{y})}{\sum_{i=1}^{n}(x_i-\bar{x})^2} \times \frac{\sum_{i=1}^{n}(x_i-\bar{x})(y_i-\bar{y})}{\sum_{i=1}^{n}(y_i-\bar{y})^2}\right]^{1/2}$$

$$r = \frac{\sum_{i=1}^{n}(x_i-\bar{x})(y_i-\bar{y})}{\left[\sum_{i=1}^{n}(x_i-\bar{x})^2 \sum_{i=1}^{n}(y_i-\bar{y})^2\right]^{1/2}}$$

On remarque que l'expression du numérateur est justement celle de la covariance de x et y, au coefficient $\frac{1}{n}$ près. D'autre part, le dénominateur est égal à la racine carrée du produit de la variance de x par la variance de y, au coefficient $\frac{1}{n}$ près.

Le coefficient de corrélation peut alors s'écrire :

$$\boxed{r = \frac{Cov(x,y)}{[V(X).V(y)]^{1/2}} = \frac{Cov(x,y)}{\sigma_x.\sigma_y}}$$

9) Inégalité de Schwarz

a) Définition

L'inégalité de Schwarz énonce que "le carré de la covariance de deux variables est au plus égal au produit de leurs variances".

b) Démonstration

Soient deux variables centrées x_i et y_i (de moyenne nulle) et un réel t.

Considérons le nombre:

$$\frac{1}{n}\sum_{i=1}^{n}(x_i + ty_i)^2$$

Développons l'expression entre parenthèses. Il vient :

$$\frac{1}{n}\sum_{i=1}^{n}(x_i+ty_i)^2 = \frac{1}{n}\sum_{i=1}^{n}x_i^2 + \frac{2}{n}t\sum_{i=1}^{n}x_i y_i + \frac{1}{n}t^2\sum_{i=1}^{n}y_i^2$$

Ce nombre est positif $\forall t$ et son expression développée est celle d'un trinôme du second degré en t.

Écrivons l'expression de son discriminant Δ' qui est ≤ 0 :

$$\Delta' = \left(\frac{1}{n}\sum_{i=1}^{n} x_i y_i\right)^2 - \left(\frac{1}{n}\sum_{i=1}^{n} x_i^2\right)\left(\frac{1}{n}\sum_{i=1}^{n} y_i^2\right) \leq 0$$

Comme les variables sont centrées, cette expression n'est autre que celle de:

$$[Cov(x,y)]^2 - V(x).V(y) \leq 0 \Leftrightarrow \boxed{[Cov(x,y)]^2 \leq V(x).V(y)}$$

c) Conséquences

L'inégalité de Schwarz entraîne l'inégalité :

$$\boxed{r^2 \leq 1}$$

Dans le cas où cette inégalité devient égalité, il existe une relation affine entre x et y (les points représentatifs sont alignés).

IV. Méthodes d'ajustement autres que la méthode des moindres carrés

La méthode des moindres carrés n'est pas la seule méthode d'ajustement qui existe.

Nous mentionnerons pour information :

- la méthode des moindres rectangles ;
- la méthode des moindres écarts ;
- la méthode de l'ajustement orthogonal.

1) Méthode des moindres rectangles

On va s'intéresser à la tendance de la liaison représentée par une droite unique qui minimise les écarts :

$$\sum |x_i - \bar{x}|.\,|y_j - \bar{y}|$$

Cette méthode revient à minimiser la somme des écarts quadratiques mesurés perpendiculairement à cette droite, appelée droite des moindres rectangles.

La droite obtenue F_1 passe par le centre de gravité du nuage G.

Sa pente est donnée par le rapport $\frac{\sigma_y}{\sigma_x}$ et son signe est celui de $Cov(x, y)$.

Cette droite, qui montre la tendance essentielle de la liaison, constitue l'axe principal du nuage.

En traçant une seconde droite F_2, perpendiculaire à F_1 et passant par le centre de gravité du nuage G, on obtient alors les 2 axes de symétrie de l'ellipse que dessine le nuage; il s'agit alors de l'ellipse d'inertie.

2) Méthode des moindres écarts

La méthode des moindres écarts permet de déterminer la droite qui rend minimum la somme des valeurs absolues des différences :

$$\sum_{i=1}^{n} |y_i - ax_i - b|$$

Cette méthode est cependant très peu utilisée, car elle conduit à des calculs très compliqués sur le plan algébrique.

3) Méthode de l'ajustement orthogonal

Cette méthode conduit à la détermination d'une droite Δ qui rend minimum la somme des carrés des écarts comptés perpendiculairement à cette droite.

Cette méthode conduit à des calculs plus compliqués que la méthode des moindres carrés : on exprime l'équation de Δ en fonction de l'angle θ qu'elle forme avec l'axe des abscisses.

Par ailleurs, cette méthode est sensible aux changements d'origine et d'échelle.

On démontre que les droites $D_{y/x}$ et $D_{x/y}$, obtenues par la méthode des moindres carrés, sont situées de part et d'autre de Δ.

Δ ne se confond avec $D_{y/x}$ et $D_{x/y}$ que si $r^2 = 1$. Il y a alors correspondance fonctionnelle entre les variables x et y (et les 3 droites sont confondues).

V. Ajustements non linéaires

Il peut arriver que les points du nuage statistique ne soient pas sensiblement alignés, mais soient voisins d'une courbe connue.

1) Cas où une transformation simple ramène à l'ajustement linéaire

a) On utilise encore l'ajustement linéaire dans le cas où une transformation simple de l'une des variables permet de ramener à l'ajustement linéaire.

C'est le cas, par exemple, des fonctions logarithmique, exponentielle et puissance, en utilisant un papier fonctionnel approprié.

b) Néanmoins, les calculatrices programmables permettent actuellement de réaliser des ajustements, outre avec des modèles linéaires, avec des modèles logarithmique, exponentiel et puissance.

2) Ajustement logarithmique

En cas d'ajustement logarithmique, on porte les couples de données (x_i, y_i) sur un graphique où l'abscisse est en échelle logarithmique et l'ordonnée en échelle arithmétique, en utilisant la variable auxiliaire :

$$x' = \log x$$

L'ajustement linéaire est alors de la forme :

$$y = a \log x + b$$

3) Ajustement exponentiel

En cas d'ajustement exponentiel, on porte les couples de données (x_i, y_i) sur un graphique où l'abscisse est en échelle arithmétique et l'ordonnée en échelle logarithmique, en utilisant la variable auxiliaire :

$$y' = \log y$$

L'ajustement linéaire est alors de la forme:

$$y' = ax + b$$

4) Ajustement par une fonction puissance

En cas d'ajustement par une fonction puissance on porte les couples de données (x_i, y_i) sur un graphique où l'abscisse et l'ordonnée sont en échelle logarithmique, en utilisant les variables auxiliaires :

$$x' = \log x \qquad \text{et} \qquad y' = \log y$$

L'ajustement linéaire est alors de la forme:

$$y' = ax' + b$$

5) Ajustement parabolique

Dans le cas où le nuage de points a une allure parabolique, on détermine, par la méthode des moindres carrés, les 3 coefficients a, b et c qui minimisent l'expression :

$$\sum_{i=1}^{n}(y_i - ax_i^2 - bx_i - c)^2$$

La difficulté ne réside que dans la longueur des calculs.

VI. Corrélation dans le cas de données qualitatives

1) Position de la question

Lorsque les données sont qualitatives, il est le plus souvent impossible d'effectuer des calculs de nature algébrique, car les caractères sont repérables mais non mesurables.

Il existe cependant des méthodes, dites non paramétriques, qui permettent de réaliser une étude de corrélation, à partir d'un classement que l'on aura effectué.

2) Corrélation des rangs

a) Définition

La corrélation des rangs permet d'obtenir une information sur la corrélation de données qualitatives.

Pour ce faire, on fait intervenir les rangs de classement.

Soient deux séries (critères) x_i et y_i. On range chacune des données par valeurs croissantes (ordre de préférence) : $i = 1, \dots, n$.

Dans le cas où une corrélation parfaite existe entre les deux variables, alors:

$$\forall i, \quad x_i = y_i \quad \Leftrightarrow \quad d_i = x_i - y_i = 0$$

et les x_i et y_i ont même ordonnancement.

Or les x_i et y_i sont des entiers qui varient de1 à n.

Rappelons que:

$$\sum_{i=1}^{n} i = \frac{n(n+1)}{2}, \qquad \sum_{i=1}^{n} i^2 = \frac{n(n+1)(2n+1)}{6}$$

et

$$\bar{x} = \bar{y} = \frac{n+1}{2}$$

Il vient alors :

$$\sigma_x^2 = \sigma_y^2 = \frac{1}{n}\left(\sum_{i=1}^{n} i^2\right) - \bar{x}^2 = \frac{n(n+1)(2n+1)}{6n} - \left(\frac{n+1}{2}\right)^2 = \frac{n^2-1}{12}$$

Nous recherchons maintenant l'expression de $\sum_{i=1}^{n} x_i y_i$ en fonction de $\sum_{i=1}^{n} d_i^2$.

$$\sum_{i=1}^{n} d_i^2 = \sum_{i=1}^{n} (x_i - y_i)^2$$

$$= \sum_{i=1}^{n} x_i^2 + \sum_{i=1}^{n} y_i^2 - 2\sum_{i=1}^{n} x_i y_i = 2\sum_{i=1}^{n} x_i^2 - 2\sum_{i=1}^{n} x_i y_i$$

soit :

$$\boxed{\sum_{i=1}^{n} x_i y_i = \sum_{i=1}^{n} x_i^2 - \frac{\sum_{i=1}^{n} d_i^2}{2}}$$

b) Coefficient de corrélation des rangs

Désignons par r_s le coefficient de corrélation des rangs :

$$r_s = \frac{\frac{1}{n}\sum_{i=1}^{n} x_i y_i - \bar{x}\bar{y}}{\sigma_x . \sigma_y} = \frac{\frac{1}{n}\left(\sum_{i=1}^{n} x_i^2 - \frac{\sum_{i=1}^{n} d_i^2}{2}\right) - \bar{x}^2}{\sigma_x^2}$$

$$r_s = \frac{\frac{n(n+1)(2n+1)}{6n} - \frac{\sum_{i=1}^{n} d_i^2}{2n} - \left(\frac{n+1}{2}\right)^2}{\frac{n^2-1}{12}}$$

$$r_s = \frac{12(n+1)(2n+1)}{6(n+1)(n-1)} - \frac{12}{2}\frac{\sum_{i=1}^{n} d_i^2}{n(n^2-1)} - \frac{12}{4}\frac{(n+1)^2}{(n^2-1)}$$

$$r_s = \frac{2(2n+1)}{(n-1)} - \frac{6\sum_{i=1}^{n} d_i^2}{n(n^2-1)} - \frac{3(n+1)}{(n-1)} = \frac{(n-1)}{(n-1)} - \frac{6\sum_{i=1}^{n} d_i^2}{n(n^2-1)}$$

$$r_s = 1 - 6\frac{\sum_{i=1}^{n} d_i^2}{n(n^2-1)}$$

Le coefficient

$$r_s = 1 - 6\frac{\sum_{i=1}^{n} d_i^2}{n(n^2 - 1)}$$

porte le nom de coefficient de corrélation des rangs de Spearman.

c) Exemple

Un nouveau produit a été testé auprès d'un échantillon x de clientèle masculine et auprès d'un échantillon y de clientèle féminine.

Les résultats obtenus sont les suivants :

Préférence	Très mauvais	Mauvais	Médiocre	Bon	Très bon	Excellent
Effectif des x	4	7	10	14	13	12
Rang des x	6	5	4	1	2	3
Effectif des y	0	3	15	12	9	10
Rang des y	6	5	1	2	4	3
d_i	0	0	3	1	2	0

Alors :

$$n = 6 \qquad \sum d_i^2 = 14$$

Il vient :

$$r_s = 1 - \frac{6 \times (14)}{6(6^2 - 1)} = 1 - \frac{84}{210} = 1 - 0{,}40 = 0{,}60$$

On en conclut que la perception du produit est assez différente par les hommes et par les femmes.

Partie B :

ÉTUDE DES SÉRIES CHRONOLOGIQUES: TENDANCE GÉNÉRALE, COMPOSANTS ET COEFFICIENTS SAISONNIERS ; PRÉVISIONS ÉTABLIES À PARTIR DES DONNÉES

I. Définition et généralités

1) Définition

Une série chronologique est une série statistique qui évolue au cours du temps : il s'agit d'une catégorie particulière de distributions statistiques à deux caractères, où l'un des caractères est justement le temps.

2) Terminologie

Les séries chronologiques sont également désignées par les termes de série temporelle ou de chronique.

3) Composantes

a) Lorsque l'on examine un phénomène au cours du temps, on distingue traditionnellement trois grandes composantes :

- la tendance ou trend, qui est une composante de longue période. On la désignera par C. On cherchera si elle est à la hausse, à la baisse ou constante ;
- la composante saisonnière qui représente les variations à l'intérieur de l'année. On la désignera par S ;
- la composante aléatoire qui représente toutes les influences attribuées au hasard. On la désignera par ε.

b) Il existe divers schémas possibles, pour relier les diverses composantes entre elles.

Les principaux types de modèles sont:

- le modèle additif ;
- et le modèle multiplicatif.

Le schéma additif est de la forme:

$$\boxed{y_t = C_t + S_t + \varepsilon_t}$$

Dans ce schéma, la composante saisonnière est à peu près constante, quelle que soit la période de temps considéré.

Au contraire, dans un schéma multiplicatif, l'amplitude de la composante saisonnière croît avec la tendance. Un schéma multiplicatif sera par exemple de la forme :

$$\boxed{y_t = C_t . S_t + \varepsilon_t}$$

Dans la suite de ce chapitre, on fera l'hypothèse d'un schéma de composition additif.

4) Décomposition

Le problème qui va nous occuper va consister alors à rechercher comment on peut décomposer une chronique en ses diverses composantes.

Auparavant, nous allons préciser comment on peut représenter graphiquement une série chronologique.

5) Représentation graphique

a) Diagramme en toile d'araignée

Le diagramme en toile d'araignée utilise une représentation en coordonnées polaires : on se donne un axe $\overrightarrow{Ox}$. Tout point M du plan est alors défini par la connaissance de l'angle polaire $\vec{\theta} = \widehat{MOx}$ et par le rayon $\rho = \overrightarrow{OM}$.

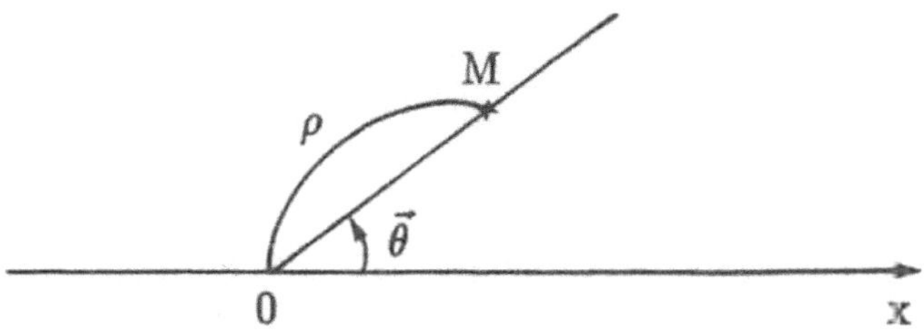

Exemple : Représentons sous cette forme des indices de prix de gros durant deux ans :

Année (mois)	J_1	F_1	M_1	A_1	M_1	J_1	J_1	O_1	S_1	O_1	N_1	D_1	J_2	F_2	M_2	A_2	M_2	J_2	J_2	A_2	S_2	O_2	N_2	D_2
Indice	95	93	94	96	93	99	95	94	96	95	98	101	99	102	98	101	103	102	105	106	104	101	104	105

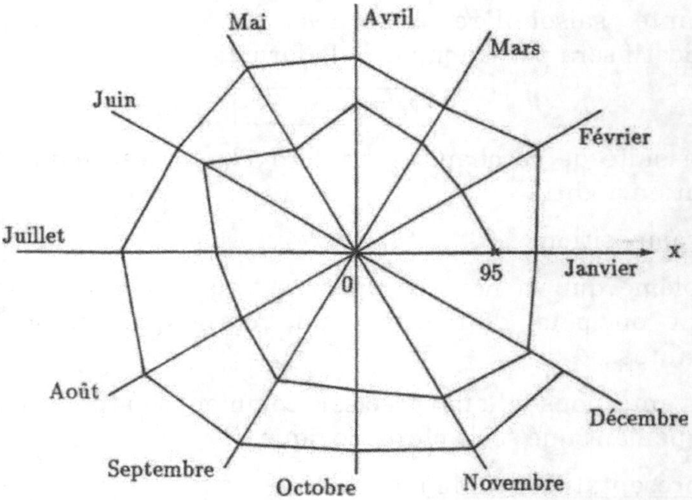

Dans ce type de diagramme, les variations saisonnières sont assez bien représentées.

b) Diagramme en coordonnées rectangulaires

Dans le diagramme en coordonnées rectangulaires, on choisit un double système d'axes $y\widehat{O}x$ et on porte le temps en abscisse.

Représentons l'exemple précédent, selon ce second mode de représentation :

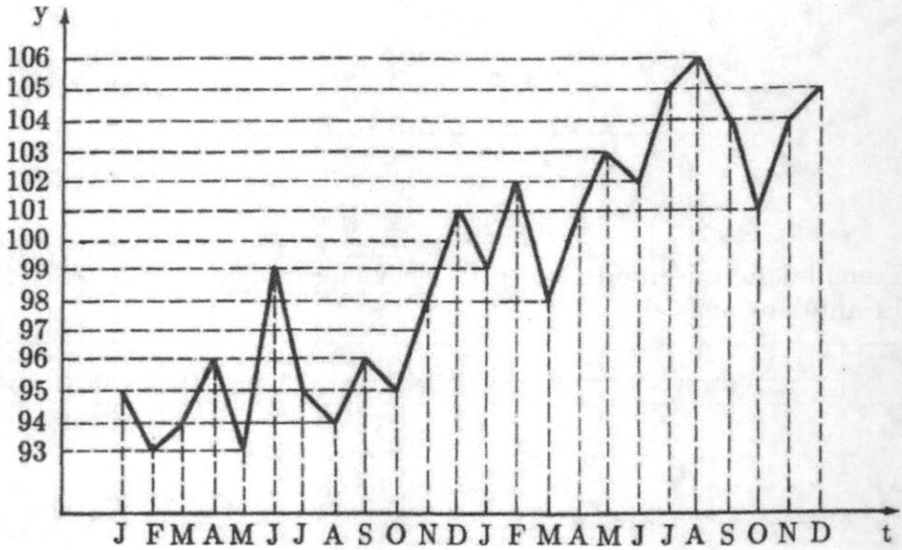

Dans ce type de représentation, les variations saisonnières apparaissent de façon plus évidente ; en outre, la tendance se révèle (ici à la hausse).

Ainsi, le diagramme en coordonnées rectangulaires suggère bien le mouvement général, mais ne le mesure pas.

La recherche d'une mesure va faire l'objet des développements qui vont suivre.

III. Détermination de la tendance

1) Introduction

La détermination de la composante de tendance peut se faire à l'aide d'un certain nombre de méthodes:

- méthode de la moyenne cyclique
- méthode des moyennes échelonnées
- méthode des moyennes mobiles
- méthode des moindres carrés
- méthodes statistiques de lissage.

2) Méthode de la moyenne cyclique

La méthode de la moyenne cyclique est une méthode d'ajustement graphique.

On trace une ligne plancher et une ligne plafond. On projette chaque point de la ligne plancher sur la ligne plafond et réciproquement, parallèlement à l'axe $\overrightarrow{Oy}$. On joint les milieux des segments de projection.

Il faut qu'il y ait des maxima maximorum et des minima minimorum.

Exemple : Reprenons l'exemple précédent sur lequel nous allons travailler, tout au long de ce paragraphe:

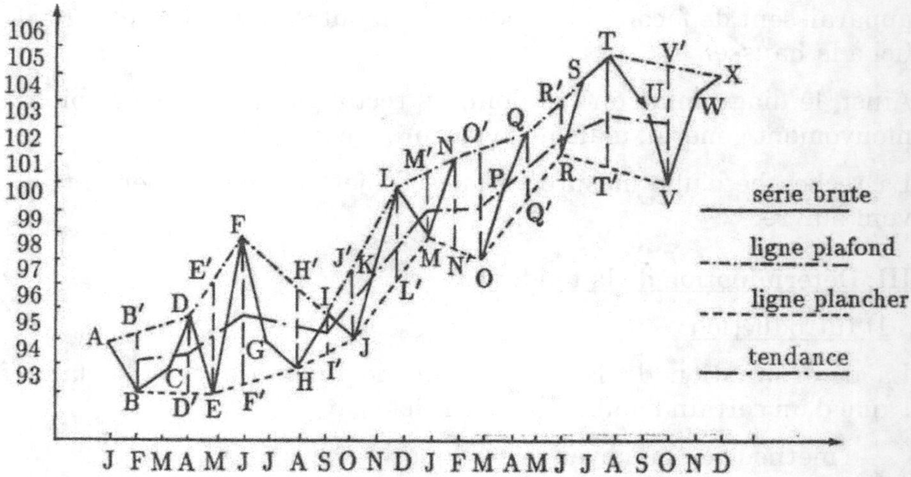

C'est un procédé graphique élémentaire, sans calcul ; le résultat est clair. Mais la précision dans la détermination n'est pas grande et il y a une perte d'information aux extrémités.

3) Méthode des moyennes échelonnées

On prend un nombre impair de points et on remplace les coordonnées de ces points par celles d'un seul point.

Par exemple, on remplace A, B et C par B" de coordonnées :

- $x = \frac{a+b+c}{3}$, a, b et c étant les abscisses respectives de A, B et C ;

- et $y = \frac{\alpha+\beta+\gamma}{3}$, α, β et γ étant les ordonnées respectives de A, B et C.

On agit de même pour les groupes de points D, E, F ; G, H, I ;...etc. On obtient respectivement les points E", H", etc...

En joignant les points B", E", H", etc. on obtient la tendance de la série statistique.

Mois	J_1	F_1	M_1	A_1	M_1	J_1	J_1	A_1	S_1	O_1	N_1	D_1
Indices	95	93	94	96	93	99	95	94	96	95	98	101
Moyennes	$\frac{95+93+94}{3}=\frac{282}{3}=94$			$\frac{96+93+99}{3}=\frac{288}{3}=96$			$\frac{95+94+96}{3}=\frac{285}{3}=95$			$\frac{95+98+101}{3}=\frac{294}{3}=98$		

Mois	J_2	F_2	M_2	A_2	M_2	J_2	J_2	A_2	S_2	O_2	N_2	D_2
Indices	99	102	98	101	103	102	105	106	104	101	104	105
Moyennes	$\frac{99+102+98}{3}=\frac{299}{3}=99,7$			$\frac{101+103+102}{3}=\frac{306}{3}=102$			$\frac{105+106+104}{3}=\frac{315}{3}=105$			$\frac{101+104+105}{3}=\frac{310}{3}=103,3$		

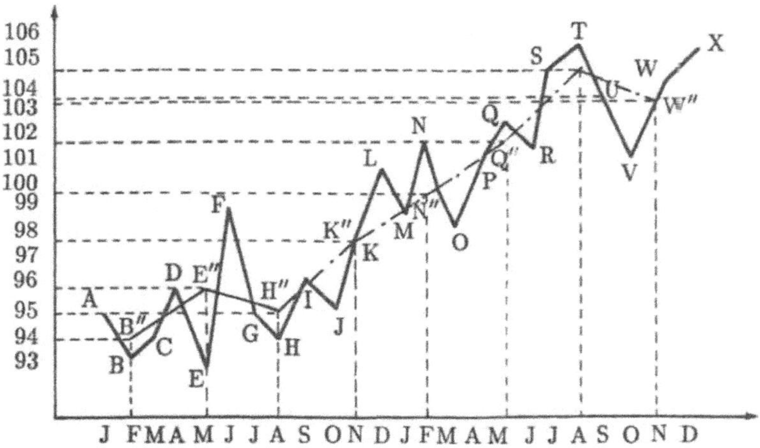

C'est un procédé graphique simple avec des calculs aisés. Il donne de meilleurs résultats dans les séries à peu près régulières.

Le nombre de points que l'on regroupe doit être tel qu'il reste un nombre de points suffisants pour déterminer la tendance.

4) Méthode des points moyens ou méthode de Mayer

a) Définition

Cette méthode constitue une variante simplifiée de la méthode des moyennes échelonnées :

- on partage les données en deux groupes sensiblement égaux ;
- pour chacun des deux groupes, on détermine le point moyen ;
- on obtient ainsi deux points G_1 et G_2 par lesquels on fait passer une droite – la droite de Mayer – qui constitue la courbe d'ajustement.

Obtenant une droite et non plus une ligne brisée, il est alors aisé de déterminer l'équation de celle-ci.

b) Exemple

Reprenons les données de l'exemple précédent:

Mois	J_1	F_1	M_1	A_1	M_1	J_1	J_1	A_1	S_1	O_1	N_1	D_1
Indices	95	93	94	96	93	99	95	94	96	95	98	101
Valeur moyenne	$\bar{y}_1 = 95,75$											

Mois	J_2	F_2	M_2	A_2	M_2	J_2	J_2	A_2	S_2	O_2	N_2	D_2
Indices	99	102	98	101	103	102	105	106	104	101	104	105
Valeur moyenne	$\bar{y}_2 = 102,50$											

Nous obtenons ainsi :

$$G_1 \left| \begin{array}{l} \bar{x}_1 = 6{,}50 \\ \bar{y}_1 = 95{,}75 \end{array} \right. \quad \text{et} \quad G_2 \left| \begin{array}{l} \bar{x}_2 = 18{,}50 \\ \bar{y}_2 = 102{,}50 \end{array} \right.$$

Cherchons l'équation de cette droite:

- les coordonnées du point G_1 doivent vérifier l'équation :

$$95{,}75 = (a \times 6{,}50) + b$$

- les coordonnées du point G_2 doivent vérifier l'équation :

$$102{,}50 = (a \times 18{,}50) + b$$

Il vient alors :

$$b = 95{,}75 - 6{,}50a$$

valeur que l'on reporte dans la seconde équation :

$$102{,}50 = 18{,}50a + 95{,}75 - 6{,}50a \quad \Leftrightarrow \quad 12a = 102{,}50 - 95{,}75$$

d'où :

$$a = \frac{6{,}75}{12} = 0{,}5625$$

et :

$$b = 95{,}75 - (6{,}5 \times 0{,}5625) = 95{,}75 - 3{,}656 = 92{,}094 \approx 92{,}10$$

L'équation de la droite cherchée est alors:

$$\boxed{y = 0{,}5625x + 92{,}10}$$

Traçons cette droite :

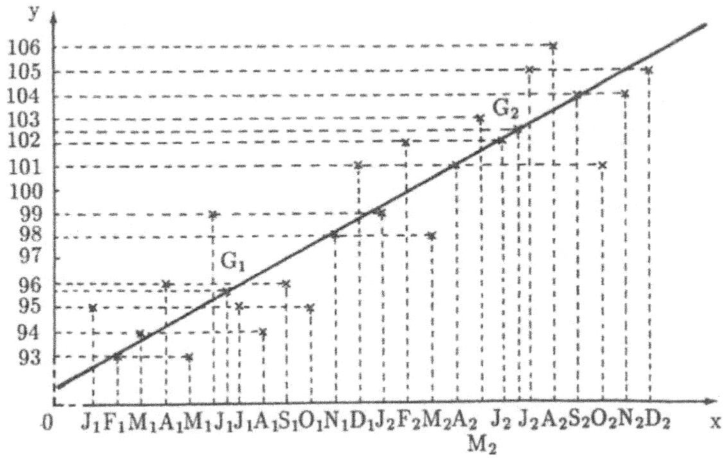

5) Méthode des moyennes mobiles

Il s'agit d'une extension de la méthode des moyennes échelonnées : ce sont les moyennes échelonnées appliquées pas à pas.

Il sera même possible de recommencer l'opération sur les points qui déterminent la tendance (il s'agit alors de la tendance de la tendance!).

Reprenons les données de l'exercice, élaborées selon cette nouvelle méthode :

Mois	Indice observé	Indice adouci (moyenne mobile)	Mois	Indice observé	Indice adouci (moyenne mobile)
J_1	95		J_2	99	$\frac{1}{3}(101+99+102)=\frac{302}{3}=100,7$
F_1	93	$\frac{1}{3}(95+93+94)=\frac{282}{3}=94$	F_2	102	$\frac{1}{3}(99+102+98)=\frac{299}{3}=99,7$
M_1	94	$\frac{1}{3}(93+94+96)=\frac{283}{3}=94,3$	M_2	98	$\frac{1}{3}(102+98+101)=\frac{301}{3}=100,3$
A_1	96	$\frac{1}{3}(94+96+93)=\frac{283}{3}=94,3$	A_2	101	$\frac{1}{3}(98+101+103)=\frac{302}{3}=100,7$
M_1	93	$\frac{1}{3}(96+93+99)=\frac{288}{3}=96$	M_2	103	$\frac{1}{3}(101+103+102)=\frac{306}{3}=102$
J_1	99	$\frac{1}{3}(93+99+95)=\frac{287}{3}=95,7$	J_2	102	$\frac{1}{3}(103+102+105)=\frac{310}{3}=103,3$
J_1	95	$\frac{1}{3}(99+95+94)=\frac{288}{3}=96$	J_2	105	$\frac{1}{3}(102+105+106)=\frac{313}{3}=104,3$
A_1	94	$\frac{1}{3}(95+94+96)=\frac{285}{3}=95$	A_2	106	$\frac{1}{3}(105+106+104)=\frac{315}{3}=105$
S_1	96	$\frac{1}{3}(94+96+95)=\frac{285}{3}=95$	S_2	104	$\frac{1}{3}(106+104+101)=\frac{311}{3}=103,7$
O_1	95	$\frac{1}{3}(96+95+98)=\frac{289}{3}=96,3$	O_2	101	$\frac{1}{3}(104+101+104)=\frac{309}{3}=103$
N_1	98	$\frac{1}{3}(95+98+101)=\frac{294}{3}=98$	N_2	104	$\frac{1}{3}(101+104+105)=\frac{310}{3}=103,3$
D_1	101	$\frac{1}{3}(98+101+99)=\frac{298}{3}=99,3$	D_2	105	

Nous obtenons alors la courbe suivante :

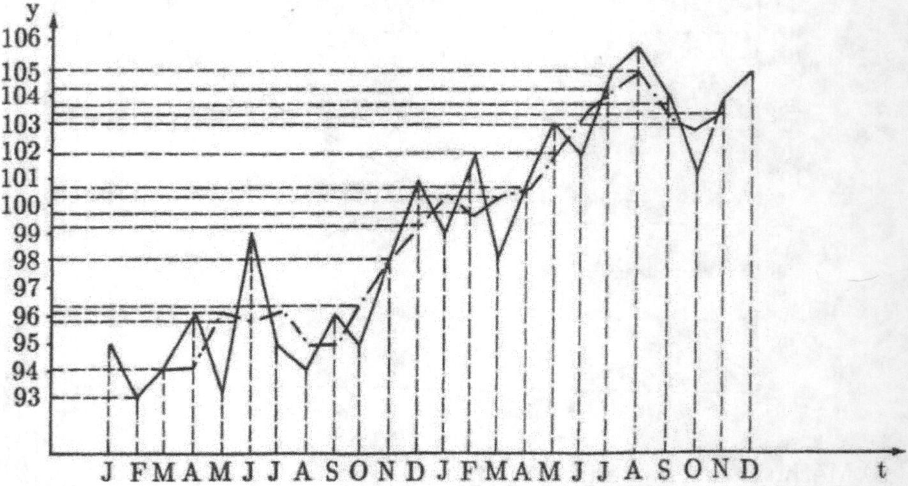

Dans cette méthode, on modifie la valeur présente en fonction du passé et de l'avenir. Cette méthode est précise, mais dépend du nombre de points groupés.

6) Méthode des moindres carrés

On ajuste le nuage de points selon la méthode des moindres carrés (voir série précédente).

La pente de la droite de régression a pour expression :

$$a = \frac{\sum_{i=1}^{n} t_i y_i - n\bar{t}\bar{y}}{\sum_{i=1}^{n} t_i^2 - n\bar{t}^2} \qquad \text{avec} \qquad \bar{t} = \frac{\sum_{i=1}^{n} t_i}{n}$$

On peut encore exprimer $\bar{t}$ en fonction de n, unité de temps :

$$\bar{t} = \frac{\frac{n(n+1)}{2}}{n} = \frac{n(n+1)}{2n} = \frac{n+1}{2}$$

$$\boxed{\bar{t} = \frac{n+1}{2}}$$

Le tableau de calcul est le suivant :

i	t_i	y_i	t_iy_i	t_i^2	i	t_i	y_i	t_iy_i	t_i^2
J	1	95	95	1	Report	78	1 149	7 527	650
F	2	93	186	4	J	13	99	1 287	169
M	3	94	282	9	F	14	102	1 428	196
A	4	96	384	16	M	15	98	1 470	225
M	5	93	465	25	A	16	101	1 616	256
J	6	99	594	36	M	17	103	1 751	289
J	7	95	665	49	J	18	102	1 836	324
A	8	94	752	64	J	19	105	1 995	361
S	9	96	864	81	A	20	106	2 120	400
O	10	95	950	100	S	21	104	2 184	441
N	11	98	1 078	121	O	22	101	2 222	484
D	12	101	1 212	144	N	23	104	2 392	529
					D	24	105	2 520	576
A reporter	78	1 149	7 527	650	$\sum$	300	2 379	30 348	4 900

Les valeurs de $\bar{t}$ et $\bar{y}$ sont :

$$\bar{t} = \frac{24+1}{2} = \frac{25}{2} = 12{,}5 \qquad \bar{y} = \frac{2379}{24} = 99{,}125$$

La valeur de a est :

$$a = \frac{30348 - 24(12{,}5)(99{,}125)}{4900 - 24(12{,}5)^2} = \frac{30348 - 29737{,}4}{4900 - 3750} = \frac{610}{1150} = 0{,}53$$

La valeur de b est :

$$b = \bar{y} - a\bar{t} = 99{,}125 - (0{,}53)(12{,}5) = 99{,}125 - 6{,}625 = 92{,}5$$

$$\boxed{a = 0{,}53} \qquad \boxed{b = 92{,}5}$$

L'équation de la droite de tendance est donc :

$$\boxed{y = 0{,}53t + 92{,}5}$$

La courbe obtenue est la suivante :

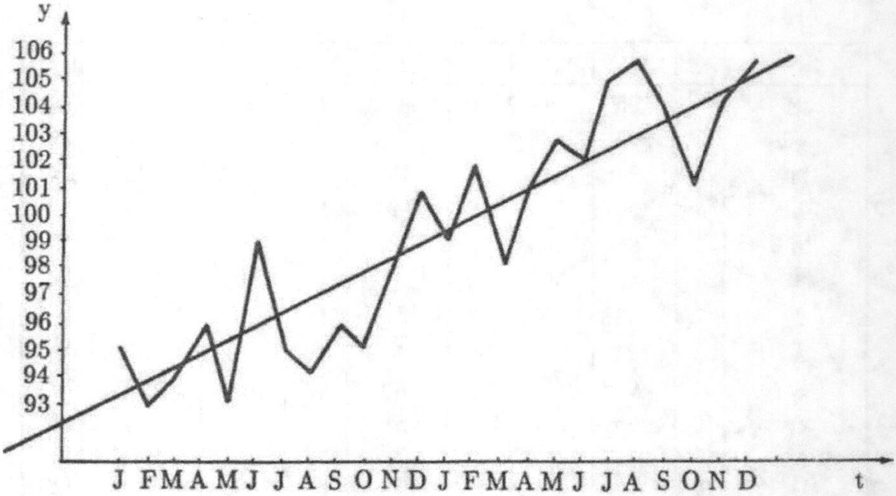

Cette méthode n'est évidemment valable que si la chronique est plus ou moins linéaire.

C'est la seule méthode qui ne laisse pas une marge d'interprétation au statisticien.

7) Méthodes statistiques de lissage

a) Définition

De façon générale les méthodes de lissage font intervenir l'application de filtres F, opérateurs tels que :

$$y_t = F(x_t)$$

b) Lissage exponentiel

α) Définition

La méthode statistique de lissage la plus utilisée est le lissage exponentiel.

C'est une technique de moyenne mobile qui accorde un poids d'autant plus important aux valeurs de la série, qu'elles sont plus récentes.

On choisit un coefficient α, compris entre 0 et 1. Ce coefficient est appelé constante de lissage.

On va alors remplacer toute valeur y_i de la série par la moyenne mobile pondérée suivante :

$$y_i \to \alpha y_i + \alpha(1-\alpha)y_{i-1} + \alpha(1-\alpha)^2 y_{i-2} + \cdots + \alpha(1-\alpha)^k y_{i-k}$$

En désignant par K l'opérateur lissage exponentiel, il vient:

$$K(i) = K(i-1) + \alpha[y_i - K(i-1)]$$

soit encore :

$$\boxed{K(i) = \alpha y_i + (1-\alpha)K(i-1)}$$

En développant cette dernière relation, il vient :

$$K(i) = \alpha y_i + \alpha(1-\alpha)y_{i-1} + \alpha(1-\alpha)^2 y_{i-2} + \cdots + (1-\alpha)^k K(i-k)$$

Ainsi, la fonction K est une combinaison linéaire de toutes les observations passées. Le nom de la méthode provient du fait que les coefficients décroissent selon une fonction exponentielle.

La difficulté de cette méthode réside dans le choix a priori du coefficient α.

- dans le cas de variations lentes, on cherchera à donner un poids plus important au passé et on choisira α petit ;
- dans le cas contraire, on choisira α grand.

ß) Propriétés

L'opérateur lissage exponentiel K est un opérateur linéaire.

Cet opérateur peut être assimilé à une moyenne, car la somme des poids $\alpha(1-\alpha)^i$ affectant les observations est égale à 1. (En effet, quand $i \to \infty$, l'expression $\sum \alpha(1-\alpha)^i \to \frac{\alpha}{\alpha} = 1$).

c) Comparaison du lissage exponentiel et du lissage par moyennes mobiles

α) Étude

Désignons par α la constante de lissage du lissage exponentiel et par l l'ordre de la moyenne mobile.

Dans le cas du lissage exponentiel, l'âge moyen des observations est :

$$0.\alpha + 1.\alpha(1-\alpha) + 2.\alpha(1-\alpha)^2 + \cdots = \alpha \sum_{1=0}^{\infty} i(1-\alpha)^i = \frac{1-\alpha}{\alpha}$$

L'âge moyen des observations dans le cas des moyennes mobiles est :

$$\frac{0 + 1 + \cdots + (l-1)}{l} = \frac{l-1}{2}$$

Par définition, un lissage exponentiel est équivalent à un lissage par moyennes mobiles, lorsque l'âge moyen des observations est le même dans les deux cas :

$$\frac{1-\alpha}{\alpha} = \frac{l-1}{2} \quad \Leftrightarrow \quad \boxed{\alpha = \frac{2}{l+1}}$$

β) Exemple

Soit une série statistique où l'on groupe les données trois par trois. Alors : $l = 3$.

La valeur de α qui permet d'obtenir un âge moyen des observations égal est alors :

$$\alpha = \frac{2}{3+1} = \frac{2}{4} = 0{,}5 \quad \Rightarrow \quad \boxed{\alpha = 0{,}5} \Leftrightarrow \boxed{l = 3}$$

III. Détermination de la saisonnalité

1) Introduction

a) Il existe essentiellement trois méthodes qui permettent de déterminer la composante saisonnière :

- la méthode des moyennes mensuelles ;
- la méthode des chaînes de rapports de Pearson ;
- la méthode des rapports à la tendance.

b) De façon générale, la méthode du traitement de la chronique consistera à :

- calculer les coefficients saisonniers ;
- "désaisonnaliser" la chronique ("retirer" l'influence du coefficient saisonnier sur les valeurs observées).

2) Méthode des rapports à la tendance

a) La méthode des rapports à la tendance se déroule en trois étapes :

- on commence par déterminer la tendance ;
- puis on fait le rapport de chacune des valeurs observées à la valeur de la tendance à la même date ;
- enfin, on synthétise l'ensemble des coefficients en une seule série de coefficients saisonniers (moyenne arithmétique des

divers coefficients se rapportant à la même période.

b) Nous continuons à travailler sur le même exemple :

Nous allons, par exemple, déterminer la tendance à l'aide de la méthode des moindres carrés (voir fin du § précédent).

Le tableau des valeurs de la tendance est le suivant:

Mois	J_1	F_1	M_1	A_1	M_1	J_1	J_1	A_1	S_1	O_1	N_1	D_1
Tendance	93, 0	93, 6	94, 1	94, 6	95, 2	95, 7	96, 2	96, 7	97, 3	97, 8	98, 3	98, 9
Mois	J_2	F_2	M_2	A_2	M_2	J_2	J_2	A_2	S_2	O_2	N_2	D_2
Tendance	99, 4	99, 9	100, 5	101, 0	101, 5	101, 0	102, 6	103, 1	103, 6	104, 2	104, 6	105, 6

On calcule maintenant les valeurs des rapports des valeurs observées aux valeurs de la tendance, à la même date :

Mois	Valeurs observées	Valeur de la tendance	Rapports	Mois	Valeurs observées	Valeurs de la tendance	Rapports
J_1	95	93, 0	95 : 93, 0 = 1, 022	J_2	99	99, 4	99 : 99, 4 = 0, 996
F_1	93	93, 6	93 : 93, 6 = 0, 994	F_2	102	99, 9	102 : 99, 9 = 1, 021
M_1	94	94, 1	94 : 94, 1 = 0, 999	M_2	98	100, 5	98 : 100, 5 = 0, 975
A_1	96	94, 6	96 : 94, 6 = 1, 015	A_2	101	101, 0	101 : 101, 0 = 1, 000
M_1	93	95, 2	93 : 95, 2 = 0, 977	M_2	103	101, 5	103 : 101, 5 = 1, 015
J_1	99	95, 7	99 : 95, 7 = 1, 034	J_2	102	102, 0	102 : 102, 0 = 1, 000
J_1	95	96, 2	95 : 96, 2 = 0, 988	J_2	105	102, 6	105 : 102, 6 = 1, 023
A_1	94	96, 7	94 : 96, 7 = 0, 972	A_2	106	103, 1	106 : 103, 1 = 1, 028
S_1	96	97, 3	96 : 97, 3 = 0, 987	S_2	104	103, 6	104 : 103, 6 = 1, 004
O_1	95	97, 8	95 : 97, 8 = 0, 971	O_2	101	104, 2	101 : 104, 2 = 0, 969
N_1	98	98, 3	98 : 98, 3 = 0, 997	N_2	104	104, 6	104 : 104, 6 = 0, 994
D_1	101	98, 9	101 : 98, 9 = 1, 021	D_2	105	105, 2	105 : 105, 2 = 0, 998

Le tableau des coefficients saisonniers est alors:

Mois	J	F	M	A	M	J	J	A	S	O	N	D
Année 1	1, 022	0, 994	0, 999	1, 015	0, 977	1, 034	0, 988	0, 972	0, 987	0, 971	0, 997	1, 021
Année 2	0, 996	1, 021	0, 975	1, 000	1, 015	1, 000	1, 023	1, 028	1, 004	0, 969	0, 994	0, 998
Total	2, 018	2, 015	1, 974	2, 015	1, 992	2, 034	2, 011	2, 000	1, 991	1, 740	1, 991	2, 019
Coeffic. (Moyenne)	1, 009	1, 008	0, 987	1, 008	0, 996	1, 017	1, 006	1, 000	0, 996	0, 870	0, 996	1, 010

Le dernier travail consiste à désaisonnaliser la chronique : on divise les valeurs réelles observées, respectivement, par le coefficient saisonnier afférent au mois considéré :

Mois	Valeurs observées	Coeffic. saison-niers	Série désaisonnalisée	Mois	Valeurs observées	Coeffic. saison-niers	Série désaisonnalisée
J_1	95	1, 009	95 : 1, 009 = 94, 2	J_2	99	1, 009	99 : 1, 009 = 98, 1
F_1	93	1, 008	93 : 1, 008 = 92, 3	F_2	102	1, 008	102 : 1, 008 = 101, 2
M_1	94	0, 987	94 : 0, 987 = 95, 2	M_2	98	0, 987	98 : 0, 987 = 99, 3
A_1	96	1, 008	96 : 1, 008 = 95, 2	A_2	101	1, 008	101 : 1, 008 = 100, 2
M_1	93	0, 996	93 : 0, 996 = 93, 4	M_2	103	0, 996	103 : 0, 996 = 103, 4
J_1	99	1, 017	99 : 1, 017 = 97, 3	J_2	102	1, 017	102 : 1, 017 = 100, 3
J_1	95	1, 006	95 : 1, 006 = 94, 4	J_2	105	1, 006	105 : 1, 006 = 104, 4
A_1	94	1, 000	94 : 1, 000 = 94, 0	A_2	106	1, 000	106 : 1, 000 = 106, 0
S_1	96	0, 996	96 : 0, 996 = 96, 4	S_2	104	0, 996	104 : 0, 996 = 104, 4
O_1	95	0, 870	95 : 0, 870 = 109, 2	O_2	101	0, 870	101 : 0, 870 = 116, 1
N_1	98	0, 996	98 : 0, 996 = 98, 4	N_2	104	0, 996	104 : 0, 996 = 104, 4
D_1	101	1, 010	101 : 1, 010 = 100, 0	D_2	105	1, 010	105 : 1, 010 = 104, 0

On peut représenter graphiquement la série désaisonnalisée (on a fait figurer également la tendance sur le graphique).

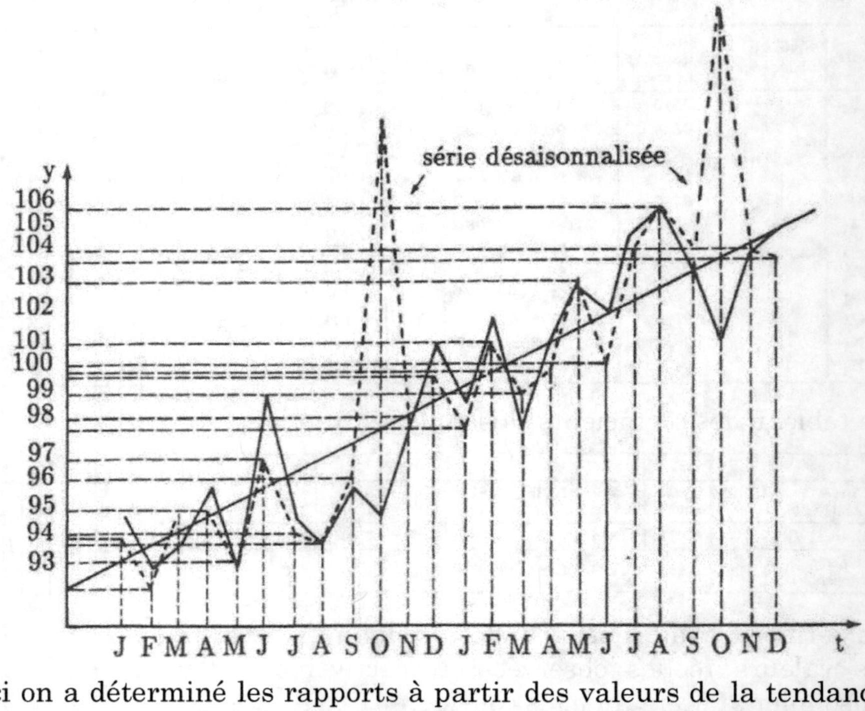

Ici on a déterminé les rapports à partir des valeurs de la tendance, obtenues en appliquant la méthode des moindres carrés. On aurait obtenu une courbe désaisonnalisée différente, si l'on avait calculé les valeurs de la tendance en appliquant, par exemple, la méthode des moyennes mobiles.

Cela prouve que les conclusions que l'on peut tirer de l'étude des séries chronologiques, doivent toujours être analysées du point de vue de leur vraisemblance, car en définitive, elles dépendent étroitement des méthodes utilisées. Or le choix d'une méthode, parmi l'arsenal disponible, dépend de la seule humeur du statisticien.

3) Méthode des moyennes mensuelles

Il s'agit d'une méthode valable seulement lorsque la tendance est presque nulle.

Les différentes étapes de la méthode sont les suivantes :

- on calcule les moyennes de chaque mois ;
- on calcule la moyenne $\bar{\bar{y}}$ des 12 moyennes mensuelles $\bar{y}_i$;
- la variation saisonnière du mois i est alors représentée par la différence $s_i = \bar{y}_i - \bar{\bar{y}}$.

4) Méthode des chaînes des rapports de Pearson

Le principe de cette méthode est de transformer la chronique des valeurs mensuelles observées en indices mobiles dont la base est le mois précédent.

Par cette méthode, on obtient pour chaque mois autant d'indices-mobiles qu'il y a d'années ; le coefficient saisonnier d'un mois considéré est alors obtenu en faisant la moyenne des indices pour ce mois.

IV. Introduction à la prévision

On a vu au cours de ce chapitre qu'il existe une certaine marge dans le choix des procédés à utiliser.

Néanmoins le traitement des séries chronologiques pourra permettre, à partir de la connaissance du passé, de faire une prévision à court terme, toutes les hypothèses restant identiques.

Par exemple, on pourra :

- calculer la tendance de la série désaisonnalisée ;
- l'extrapoler ;
- ce qui permettra de déterminer les valeurs désaisonnalisées de la chronique pour un futur proche ;
- appliquer les coefficients saisonniers à ces dernières valeurs, ce qui fournira les valeurs "prévisionnelles".

C'est là, l'un des procédés élémentaires utilisés dans la prévision conjoncturelle.

Partie C:

EXERCICES AUTOCORRECTIFS

ÉNONCÉS

I. Soit un ensemble de 300 animaux de boucherie. Chaque animal est envisagé sous deux aspects :

- son poids vivant en kg (variable x) ;
- son poids de viande consommable (variable y).

Les données obtenues sont les suivantes :

x \ y	50 à 100	100 à 150	150 à 200	200 à 250	250 à 300	300 à 350
100 à 150	2	10	0	0	0	0
150 à 200	0	11	55	0	0	0
200 à 250	0	0	26	94	0	0
250 à 300	0	0	1	5	78	0
300 à 350	0	0	0	0	3	15

On étudie les distributions marginales.

1) Déterminer les distributions marginales.

2) Calculer les moyennes marginales $\bar{\bar{x}}$ et $\bar{\bar{y}}$.

3) Calculer les variances marginales $V(x)$ et $V(y)$, ainsi que les écarts-types marginaux respectifs.

II. En reprenant les données de l'exercice I, on étudie maintenant les distributions conditionnelles.

1) a) Préciser les distributions conditionnelles y / x_i.

b) Préciser les distributions conditionnelles x / y_j.

2) Calculer les moyennes conditionnelles $\bar{x}_j$ et $\bar{y}_i$.

3) Calculer les variances conditionnelles $V_j(X)$ et $V_i(Y)$, ainsi que les écarts-types respectifs.

III. [Nota : cet exercice suppose que vous ayez fait au préalable les exercices I et II].

En reprenant les données de l'exercice I, on va étudier les relations existant entre moyennes marginales et conditionnelles d'une part, variances marginales et conditionnelles d'autre part.

1) a) Exprimer et calculer la moyenne marginale $\bar{\bar{x}}$ en fonction des moyennes conditionnelles $\bar{x}_j$.

b) Exprimer et calculer de même la moyenne marginale $\bar{\bar{y}}$ en fonction des moyennes conditionnelles $\bar{y}_i$.

2) a) Exprimer et calculer la variance marginale $V(X)$ en fonction des variances conditionnelles $V_j(x)$;

b) Exprimer et calculer la variance marginale $V(Y)$ en fonction des variances conditionnelles $V_i(Y)$.

3) a) Calculer le rapport de corrélation $\eta^2_{y/x}$;

b) Calculer le rapport de corrélation $\eta^2_{x/y}$.

4) a) Tracer la courbe de régression de y en x, $C_{y/x}$;

b) Tracer la courbe de régression de x en y, $C_{x/y}$.

IV. Dans un magasin on a enregistré les ventes des appareils d'une même marque, en fonction de leur prix de vente.

Les résultats obtenus sont les suivants :

Prix de vente	Nb d'appareils vendus	Prix de vente	Nb d'appareils vendus
750 à moins de 1 250	18	3 250 à 3 750	98
1 250 à moins de 1 750	27	3 750 à 4 250	134
1 750 à moins de 2 250	48	4 250 à 4 750	172
2 250 à moins de 2 750	50	4 750 à 5 250	208
2 750 à moins de 3 250	87	5 250 à 5 750	198

1) Tracer le nuage de points.

2) Déterminer les coordonnées du point moyen du nuage M.

3) Effectuer un ajustement linéaire par la méthode des moindres carrés :

a) déterminer la droite d'ajustement $D_{y/x}$ et la tracer ;

b) déterminer la droite d'ajustement $D_{x/y}$ et la tracer.

V. En reprenant les données de l'exercice IV, nous allons étudier la corrélation qui existe entre les variables.

1) a) Calculer le coefficient de corrélation r ;

b) en déduire la valeur de l'angle θ fait par les droites de régression entre elles.

c) calculer le coefficient d'amélioration A.

2) a) Calculer la covariance $Cov(X,Y)$;

b) vérifier à partir de la covariance la valeur obtenue pour r ;

c) en déduire les pentes a et a' des droites de régression

d) calculer $V(X+Y)$.

VI. Soit la série suivante qui indique la formation brute de capital fixe d'un pays donné sur 12 années :

Années	1998	1999	2000	2001	2002	2003	2004	2005	2006	2007	2008	2009
Formation brute de capital fixe	110	114	118	126	133	143	148	161	171	179	188	197

1) a) Déterminer la tendance par application de la méthode des moyennes échelonnées.

b) Tracer le graphique correspondant.

2) On sépare les données en 2 groupes de 6 données.

a) déterminer les points moyens G_1 et G_2 de chaque nuage.

b) tracer la droite de Mayer.

c) déterminer son équation.

3) a) Déterminer la tendance en appliquant la méthode des moindres carrés.

b) tracer la droite obtenue.

c) la comparer avec la droite de Mayer.

VII. En reprenant les données de l'exercice VI.

1) a) Déterminer la tendance en appliquant la méthode des moyennes mobiles (on choisira, par exemple, des moyennes d'ordre 3) ;

b) tracer la courbe obtenue.

2) a) Effectuer un lissage exponentiel avec $\alpha = 0{,}7$;

b) tracer la courbe obtenue ;

c) quelle valeur aurait-il fallu donner à α pour obtenir un lissage exponentiel équivalent au lissage par moyennes mobiles ?

SOLUTIONS

I. 1) Étude des distributions marginales

Les distributions marginales s'obtiennent en effectuant :

- d'une part le total des lignes : on obtient ainsi la distribution marginales de x, avec $n_{i.}$, effectif de x_j ;
- d'autre part le total des colonnes : on obtient ainsi la distribution marginale de y, avec $n_{.j}$, effectif de y_j.

x \ y	50 à 100	100 à 150	150 à 200	200 à 250	250 à 300	300 à 350	Distribution marginale de x
100 à 150	2	10	0	0	0	0	12
150 à 200	0	11	55	0	0	0	66
200 à 250	0	0	26	94	0	0	120
250 à 300	0	0	1	5	78	0	84
300 à 350	0	0	0	0	3	15	18
Distribution marginale de y	2	21	82	99	81	15	300

2) Calcul des moyennes marginales

a) Moyenne marginale

La moyenne marginale $\bar{\bar{x}}$ est donnée par la relation :

$$\bar{\bar{x}} = \frac{1}{n_{..}} \sum_{i=1}^{n} n_{i.} x_i$$

avec, ici :

$$n_{..} = 300 \qquad \text{et} \qquad i = 1 \text{ à } 5$$

Nous présentons les calculs dans un tableau:

Classes x	Centres de classes x_i	$n_{i.}$	$n_{i.}x_i$
100 à 150	125	12	1 500
150 à 200	175	66	11 550
200 à 250	225	120	27 000
250 à 300	275	84	23 100
300 à 350	325	18	5 850
Total		300	69 000

D'où :

$$\bar{\bar{x}} = \frac{69000}{300} = 230{,}0 \text{ kg}$$

$$\boxed{\bar{\bar{x}} = 230{,}0\ kg}$$

b) Nous suivons la même démarche pour calculer $\bar{\bar{y}}$:

$$\bar{\bar{y}} = \frac{1}{n_{..}} \sum_{j=1}^{n} n_{.j} y_j$$

Classes y	Centres de classes y_j	$n_{.j}$	$n_{.j}y_j$
50 à 100	75	2	150
100 à 150	125	21	2 625
150 à 200	175	82	14 350
200 à 250	225	99	22 275
250 à 300	275	81	22 275
300 à 350	325	15	4 875
Total		300	66 550

D'où :

$$\bar{\bar{y}} = \frac{66550}{300} = 221{,}8\ kg$$

$$\boxed{\bar{\bar{y}} = 221{,}8\ kg}$$

<u>3) a) Variance marginale V(x)</u>

La variance marginale V(x) est donnée par la relation :

$$V(x) = \frac{1}{n_{..}} \sum_{i=1}^{m} n_{i.}(x_i - \bar{\bar{x}})^2$$

Nous allons présenter les calculs dans un tableau :

Classes x	Centres de classes x_i	$n_{i.}$	$(x_i-\bar{\bar{x}})$	$(x_i-\bar{\bar{x}})^2$	$n_{i.}(x_i-\bar{\bar{x}})^2$
100 à 150	125	12	−105,00	11 025,00	132 300,00
150 à 200	175	66	− 55,00	3 025,00	199 650,00
200 à 250	225	120	− 5,00	25,00	3 000,00
250 à 300	275	84	+ 45,00	2 025,00	170 100,00
300 à 350	325	18	+ 95,00	9 025,00	162 450,00
Total		300			667 500,00

D'où:

$$V(x) = \frac{667500,00}{300} = 2225,00$$

et :

$$\sigma(x) = (2225,00)^{1/2} = 47,2$$

b) Variance marginale V(y)

De même :

$$V(y) = \frac{1}{n_{..}} \sum_{j=1}^{n} n_{.j}\left(y_j - \bar{\bar{y}}\right)^2$$

Nous présentons également les calculs dans un tableau :

Classes y	Centres de classes y_j	$n_{.j}$	$(y_j-\bar{\bar{y}})$	$(y_j-\bar{\bar{y}})^2$	$n_{.j}(y_j-\bar{\bar{y}})^2$
50 à 100	75	2	−146,8	21 550,24	43 100,48
100 à 150	125	21	− 96,8	9 370,24	196 775,04
150 à 200	175	82	− 46,8	2 190,24	179 599,68
200 à 250	225	99	+ 3,2	10,24	1 013,76
250 à 300	275	81	+ 53,2	2 830,24	229 249,44
300 à 350	325	15	+103,2	10 650,24	159 753,60
Total		300			809 492,00

D'où:

$$V(y) = \frac{809492}{300} = 2698,31$$

et :

$$\sigma_y = (2698,31)^{1/2} = 52,0$$

II. 1) a) Distributions conditionnelles y / x_i

On obtient les distributions conditionnelles y / x_i en examinant les différentes lignes du tableau.

Par exemple, dans la 1ère ligne, on obtient une description de 12 animaux de 100 à 150 kg dont 2 ont le caractère y_1 (50 à 100 kg de viande) et 10 ont le caractère y_2 (100 à 150 kg de viande).

b) Distributions conditionnelles x / y_j

On obtient les distributions conditionnelles x / y_j en examinant les différentes colonnes du tableau.

Par exemple, dans la 3ème colonne, on obtient une description de 82 animaux, fournissant entre 150 et 200 kg de viande, et dont les poids sur pied se répartissent en 55 qui ont le caractère x_2 (150 à 200 kg), 26 qui ont le caractère x_3 (200 à 250 kg) et 1 qui a le caractère x_4 (250 à 300 kg).

2) Calcul des moyennes conditionnelles

a) Moyennes conditionnelles $\bar{x}_j$

La moyenne conditionnelle $\bar{x}_j$ est donnée par la relation :

$$\bar{x}_j = \frac{1}{n_{.j}} \sum_{i=1}^{m} n_{ij} x_i$$

Nous présentons les calculs dans un tableau :

x_i	n_{i1}	$n_{i1}x_i$	n_{i2}	$n_{i2}x_i$	n_{i3}	$n_{i3}x_i$	n_{i4}	$n_{i4}x_i$	n_{i5}	$n_{i5}x_i$	n_{i6}	$n_{i6}x_i$
125	2	250	10	1 250	0	0	0	0	0	0	0	0
175	0	0	11	1 925	55	9 625	0	0	0	0	0	0
225	0	0	0	0	26	5 850	94	21 150	0	0	0	0
275	0	0	0	0	1	275	5	1 375	78	21 450	0	0
325	0	0	0	0	0	0	0	0	3	975	15	4 875
Total	2	250	21	3 175	82	15 750	99	22 525	81	22 425	15	4 875

On en tire immédiatement la valeur des différentes moyennes conditionnelles :

$$\bar{x}_1 = \frac{\sum_{i=1}^{5} n_{i1} x_i}{n_{.1}} = \frac{250}{2} = 125{,}0 \quad \bar{x}_2 = \frac{\sum_{i=1}^{5} n_{i2} x_i}{n_{.2}} = \frac{3175}{21} = 151{,}2$$

$$\bar{x}_3 = \frac{\sum_{i=1}^{5} n_{i3} x_i}{n_{.3}} = \frac{15750}{82} = 192{,}1 \qquad \bar{x}_4 = \frac{\sum_{i=1}^{5} n_{i4} x_i}{n_{.4}} = \frac{22525}{99} = 227{,}5$$

$$\bar{x}_5 = \frac{\sum_{i=1}^{5} n_{i5} x_i}{n_{.5}} = \frac{22425}{81} = 276{,}9 \qquad \bar{x}_6 = \frac{\sum_{i=1}^{5} n_{i6} x_i}{n_{.6}} = \frac{4875}{15} = 325{,}0$$

b) Moyennes conditionnelles $\bar{y}_i$

La moyenne conditionnelle $\bar{y}_i$ est donnée par la relation :

$$\bar{y}_i = \frac{1}{n_{i.}} \sum_{j=1}^{n} n_{ij} y_j$$

Nous présentons également les calculs dans un tableau :

y_j	n_{1j}	$n_{1j}y_j$	n_{2j}	$n_{2j}y_j$	n_{3j}	$n_{3j}y_j$	n_{4j}	$n_{4j}y_j$	n_{5j}	$n_{5j}y_j$
75	2	150	0	0	0	0	0	0	0	0
125	10	1 250	11	1 375	0	0	0	0	0	0
175	0	0	55	9 625	26	4 550	1	175	0	0
225	0	0	0	0	94	21 150	5	1 125	0	0
275	0	0	0	0	0	0	78	21 450	3	825
325	0	0	0	0	0	0	0	0	15	4 875
Total	12	1 400	66	11 000	120	25 700	84	22 750	18	5 700

Les différentes valeurs des moyennes conditionnelles $\bar{y}_i$ sont :

$$\bar{y}_1 = \frac{\sum_{j=1}^{6} n_{1j} y_j}{n_{1.}} = \frac{1400}{12} = 116{,}7 \qquad \bar{y}_2 = \frac{\sum_{j=1}^{6} n_{2j} y_j}{n_{2.}} = \frac{11000}{66} = 166{,}7$$

$$\bar{y}_3 = \frac{\sum_{j=1}^{6} n_{3j} y_j}{n_{3.}} = \frac{25700}{120} = 214{,}2 \qquad \bar{y}_4 = \frac{\sum_{j=1}^{6} n_{4j} y_j}{n_{4.}} = \frac{22750}{84} = 270{,}8$$

$$\bar{y}_5 = \frac{\sum_{j=1}^{6} n_{5j} y_j}{n_{5.}} = \frac{5700}{18} = 316{,}7$$

3) Variances conditionnelles

a) $V_j(x)$

La variance conditionnelle $V_j(x)$ est donnée par la relation :

$$V_j(x) = \frac{\sum_{i=1}^{m} n_{ij} \left(x_i - \bar{x}_j\right)^2}{n_{.j}}$$

Nous allons calculer successivement $V_1(x)$, $V_2(x)$, $V_3(x)$, $V_4(x)$, $V_5(x)$ et $V_6(x)$.

	Calcul de $V_1(x)$				Calcul de $V_2(x)$				Calcul de $V_3(x)$			
x_i	n_{i1}	$(x_i-\bar{x}_1)$	$(x_i-\bar{x}_1)^2$	$n_{i1}(x_i-\bar{x}_1)^2$	n_{i2}	$(x_i-\bar{x}_2)$	$(x_i-\bar{x}_2)^2$	$n_{i2}(x_i-\bar{x}_2)^2$	n_{i3}	$(x_i-\bar{x}_3)$	$(x_i-\bar{x}_3)^2$	$n_{i4}(x_i-\bar{x}_3)^2$
125	2	0	0	0	10	− 26,2	685,44	6 864,40	0	− 67,1	4 502,41	0
175	0	50	2 500	0	11	+ 23,8	566,44	6 230,84	55	− 17,1	292,41	16 082,55
225	0	100	10 000	0	0	+ 73,8	5 446,44	0	26	+ 32,9	1 082,41	28 142,66
275	0	150	22 500	0	0	+123,8	15 326,44	0	1	+ 82,9	6 872,41	6 872,41
325	0	200	40 000	0	0	+173,8	30 206,44	0	0	+132,9	17 662,41	0
Total	2			0	21			13 095,24	82			51 097,62

D'où :

$$V_1(x) = \frac{\sum_{i=1}^{5} n_{i1}(x_i - \bar{x}_1)^2}{n_{.1}} = \frac{0}{2} = 0 \qquad \sigma_1(x) = 0$$

$$V_2(x) = \frac{\sum_{i=1}^{5} n_{i2}(x_i - \bar{x}_2)^2}{n_{.2}} = \frac{13095{,}24}{21} = 623{,}58 \qquad \sigma_2(x) = 25{,}0$$

$$V_3(x) = \frac{\sum_{i=1}^{5} n_{i3}(x_i - \bar{x}_3)^2}{n_{.3}} = \frac{51097{,}62}{82} = 623{,}14 \qquad \sigma_3(x) = 25{,}0$$

	Calcul de $V_4(x)$				Calcul de $V_5(x)$			
x_i	n_{i4}	$(x_i - \bar{x}_4)$	$(x_i - \bar{x}_4)^2$	$n_{i4}(x_i - \bar{x}_4)^2$	n_{i5}	$(x_i - \bar{x}_5)$	$(x_i - \bar{x}_5)^2$	$n_{i5}(x_i - \bar{x}_5)^2$
125	0	−102,5	10 506,25	0	0	−151,9	23 073,61	0
175	0	− 52,5	2 756,25	0	0	−101,9	10 383,61	0
225	94	− 2,5	6,25	587,50	0	−251,9	63 453,61	0
275	5	+ 47,5	2 256,25	11 281,25	78	− 1,9	3,61	281,58
325	0	+ 97,5	9 506,25	0	3	+ 48,1	2 313,61	6 940,83
Total	99			11 868,75	81			7 222,41

$$V_4(x) = \frac{\sum_{i=1}^{5} n_{i4}(x_i - \bar{x}_4)^2}{n_{.4}} = \frac{11868{,}75}{99} = 119{,}89 \qquad \sigma_4(x) = 10{,}9$$

$$V_5(x) = \frac{\sum_{i=1}^{5} n_{i5}(x_i - \bar{x}_5)^2}{n_{.5}} = \frac{7222{,}41}{81} = 89{,}17 \qquad \sigma_5(x) = 9{,}4$$

	Calcul de $V_6(x)$			
x_i	n_{i6}	$(x_i - \bar{x}_6)$	$(x_i - \bar{x}_6)^2$	$n_{i6}(x_i - \bar{x}_6)^2$
125	0	−200	40 000,0	0
175	0	−150	22 500,00	0
225	0	−100	10 000,0	0
275	0	− 50	2 500,00	0
325	15	0	0	0
Total	15			0

$$V_6(x) = \frac{\sum_{i=1}^{5} n_{i6}(x_i - \bar{x}_6)^2}{n_{.6}} = \frac{0}{15} = 0 \qquad \sigma_6(x) = 0$$

<u>b) $V_i(y)$</u>

La démarche est semblable à partir de la relation:

$$V_i(y) = \frac{\sum_{j=1}^{n} n_{ij}\left(y_j - \bar{y}_i\right)^2}{n_{i.}}$$

	Calcul de V₁ (y)				Calcul de V₂ (y)			
y_j	n_{1j}	$(y_j-\bar{y}_1)$	$(y_j-\bar{y}_1)^2$	$n_{.1}(y_j-\bar{y}_1)^2$	n_{2j}	$(y_j-\bar{y}_2)$	$(y_j-\bar{y}_2)^2$	$n_{.2}(y_j-\bar{y}_2)^2$
75	2	−41,7	1 738,89	3 477,78	0	−91,7	8 408,89	0
125	10	8,3	68,89	688,90	11	−41,7	1 738,89	19 127,79
175	0	58,3	3 398,89	0	55	8,3	68,89	3 788,95
225	0	108,3	11 728,89	0	0	58,3	3 402,78	0
275	0	158,3	25 058,89	0	0	108,3	11 736,11	0
325	0	208,3	43 388,89	0	0	158,3	25 069,44	0
Total	12			4 166,68	66			22 916,74

$$V_1(y) = \frac{\sum_{j=1}^{6} n_{1j}(y_j-\bar{y}_1)^2}{n_{1.}} = \frac{4166{,}68}{12} = 347{,}22 \qquad \sigma_1(y) = 18{,}6$$

$$V_2(y) = \frac{\sum_{j=1}^{6} n_{2j}(y_j-\bar{y}_2)^2}{n_{2.}} = \frac{22916{,}74}{66} = 347{,}22 \qquad \sigma_2(y) = 18{,}6$$

	Calcul de V₃ (y)					Calcul de V₄ (y)		
y_j	n_{3j}	$(y_j-\bar{y}_3)$	$(y_j-\bar{y}_3)^2$	$n_{3j}(y_j-\bar{y}_3)^2$	n_{4j}	$(y_j-\bar{y}_4)$	$(y_j-\bar{y}_4)^2$	$n_{4j}(y_j-\bar{y}_4)^2$
75	0	−139,2	19 376,64	0	0	−195,8	38 337,64	0
125	0	− 89,2	7 956,64	0	0	−145,8	21 257,64	0
175	26	− 39,2	1 536,64	39 952,64	1	− 95,8	9 177,64	9 177,64
225	94	+ 10,8	116,64	10 964,16	5	− 45,8	2 097,64	10 488,20
275	0	+ 60,8	3 700,69	0	78	+4,2	17,64	1 375,92
325	0	+110,8	12 284,03	0	0	+54,2	2 937,64	0
Total	120			50 916,80	84			21 041,76

$$V_3(y) = \frac{\sum_{j=1}^{6} n_{3j}(y_j-\bar{y}_3)^2}{n_{3.}} = \frac{50916{,}80}{120} = 424{,}31 \qquad \sigma_3(y) = 20{,}6$$

$$V_4(y) = \frac{\sum_{j=1}^{6} n_{4j}(y_j-\bar{y}_4)^2}{n_{4.}} = \frac{21041{,}76}{84} = 250{,}50 \qquad \sigma_4(y) = 15{,}8$$

	Calcul de $V_5(y)$			
y_j	n_{5j}	$(y_j-\bar{y}_5)$	$(y_j-\bar{y}_5)^2$	$n_{5j}(y_j-\bar{y}_5)^2$
75	0	−241,7	58 418,89	0
125	0	−191,7	36 748,89	0
175	0	−141,7	20 078,89	0
225	0	− 91,7	8 408,89	0
275	3	− 41,7	1 738,89	5 216,67
325	15	+ 8,3	68,89	1 033,35
Total	18			6 250,02

$$V_5(y) = \frac{\sum_{j=1}^{6} n_{5j}(y_j-\bar{y}_5)^2}{n_{5.}} = \frac{6250{,}02}{18} = 347{,}22 \qquad \sigma_5(y) = 18{,}6$$

III. 1) Moyennes marginales

a) Calcul de $\bar{\bar{x}}$ en fonction des $\bar{x}_j$

$\bar{\bar{x}}$ est donné, en fonction des $\bar{x}_j$, par la relation :

$$\bar{\bar{x}} = \frac{\sum_{j=1}^{n} n_{.j}\bar{x}_j}{n_{..}}$$

avec ici, $n_{..} = 300$ et $j = 1$ à 6.

$$\bar{\bar{x}} = \frac{\sum_{j=1}^{6} n_{.j}\bar{x}_j}{300} = \frac{690\ 03{,}8}{300} = 230{,}0$$

$$\boxed{\bar{\bar{x}} = 230{,}0\ kg}$$

j	$n_{.j}$	$\bar{x}_j$	$n_{.j}\bar{x}_j$
1	2	125,0	250,0
2	21	151,2	3 175,2
3	82	192,1	15 752,2
4	99	227,5	22 522,5
5	81	276,9	22 428,9
6	15	325,0	4 875,0
Total	300		69 003,8

On remarque que l'on retrouve bien le même résultat que dans l'exercice I.

b) Calcul de $\bar{\bar{y}}$ en fonction des $\bar{y}_i$

$$\bar{\bar{y}} = \frac{\sum_{i=1}^{m} n_{i.}\bar{y}_i}{n_{..}} \quad i = 1, \dots, 5$$

i	$n_{i.}$	$\bar{y}_i$	$n_{i.}\bar{y}_i$
1	12	116,7	1 400,4
2	66	166,7	11 002,2
3	120	214,2	25 704,0
4	84	270,8	22 747,2
5	18	316,7	5 700,6
Total	300		66 554,4

$$\bar{\bar{y}} = \frac{\sum_{i=1}^{5} n_{i.}\bar{y}_i}{300} = \frac{66\,554{,}4}{300} = 221{,}8$$

$$\boxed{\bar{\bar{y}} = 221{,}8}$$

On retrouve bien le même résultat que dans l'exercice I.

2) Variances marginales

a) Calcul de V(x) en fonction des $V_j(x)$

$V(x)$ se calcule en fonction des $V_j(x)$ à partir de la relation :

$$V(x) = \frac{\sum_{j=1}^{n} n_{.j}V_j(x)}{n_{..}} + \frac{\sum_{j=1}^{n} n_{.j}(\bar{x}_j - \bar{\bar{x}})^2}{n_{..}}$$

j	$n_{.j}$	$V_j(x)$	$n_{.j}V_j(x)$	$\bar{x}_j$	$(\bar{x}_j-\bar{\bar{x}})$	$(\bar{x}_j-\bar{\bar{x}})^2$	$n_{.j}(\bar{x}_j-\bar{\bar{x}})^2$
1	2	0	0	125,0	−105,0	11 025,00	22 050,00
2	21	623,58	13 095,18	151,2	− 78,8	6 209,44	130 398,24
3	82	623,14	51 097,48	192,1	− 37,9	1 436,41	117 785,62
4	99	119,89	11 869,11	227,5	− 2,5	6,25	618,75
5	81	89,17	7 222,77	276,9	+ 46,9	2 199,61	178 168,41
6	15	0	0	325,0	+ 95,0	9 025,00	135 375,00
Total	300		83 284,54				584 396,02

$$V(x) = \frac{83\,254{,}54}{300} + \frac{534\,396{,}02}{300} = \frac{667\,680{,}56}{300} = 2\,225{,}60$$

et :

$$\sigma(x) = 47{,}2$$

On retrouve bien le même résultat que dans l'exercice I.

b) Calcul de V(y) en fonction des $V_i(y)$

V(y) se calcule en fonction des $V_i(y)$ à partir de la relation:

$$V(y) = \frac{\sum_{i=1}^{m} n_{i.}V_i(y)}{n_{..}} + \frac{\sum_{i=1}^{m} n_{i.}(\bar{y}_i - \bar{\bar{y}})^2}{n_{..}}$$

Nous procédons de la même manière que précédemment.

i	$n_{i.}$	$V_i(y)$	$n_{i.}V_i(y)$	$\bar{y}_i$	$(\bar{y}_i-\bar{\bar{y}})$	$(\bar{y}_i-\bar{\bar{y}})^2$	$n_{i.}(\bar{y}_i-\bar{\bar{y}})^2$
1	12	347,22	4 166,64	116,7	−105,1	11 046,01	132 552,12
2	66	347,22	22 916,52	166,7	− 55,1	3 036,01	200 376,66
3	120	424,31	50 917,20	214,2	− 7,6	57,76	6 931,20
4	84	250,50	21 042,00	270,8	+ 49,0	2 401,00	201 684,00
5	18	347,22	6 249,96	316,7	+ 94,9	9 006,01	162 108,18
Total	300		105 292,32				703 652,16

$$V(y) = \frac{105\,292{,}32}{300} + \frac{703\,652{,}16}{300} = \frac{808\,944{,}48}{300} = 2\,696{,}48$$

et :

$$\sigma(y) = 51{,}9$$

On retrouve le même résultat (aux approximations de calcul près) que dans l'exercice I.

3) Calcul des rapports de corrélation

a) Rapport de corrélation $\eta^2_{y/x}$

Le rapport de corrélation de y en x, $\eta^2_{y/x}$, est obtenu à partir de la relation :

$$\eta^2_{y/x} = \frac{\sum_{i=1}^{m} n_{i.}(\bar{y}_i - \bar{\bar{y}})^2}{n_{..} \times V(y)}$$

En reprenant les résultats établis dans la question 2) b), il vient :

$$\eta^2_{y/x} = \frac{703\ 652,16}{300 \times 2\ 696,48} = 0,87$$

L'intensité de liaison de y avec x est donc forte.

b) Rapport de corrélation $\eta^2_{x/y}$

Le rapport de corrélation de x en y, $\eta^2_{x/y}$, est obtenu à partir de la relation :

$$\eta^2_{x/y} = \frac{\sum_{i=1}^{m} n_{i.}(\bar{y}_i - \bar{\bar{y}})^2}{n_{..} \times V(y)}$$

En reprenant les résultats établis dans la question 2) a), il vient :

$$\eta^2_{x/y} = \frac{584\ 396,02}{300 \times 22\ 225,60} = 0,88$$

Ce résultat indique que la liaison de x avec y est forte.

c) On remarque que les rapports de corrélation $\eta^2_{y/x}$ et $\eta^2_{x/y}$ sont proches l'un de l'autre ($\eta^2_{y/x} = 0,8698$; $\eta^2_{x/y} = 0,8753$) mais ne sont pas égaux.

4) a) Courbe de régression de y en x, $C_{y/x}$

La courbe de régression de y en x, $C_{y/x}$ est la courbe représentative des moyennes conditionnelles $\bar{y}_i$ en fonction des valeurs x_i de X.

x_i	125	175	225	275	325
$\bar{y}_i$	116,7	166,7	214,2	270,8	316,7

Nous pouvons aisément en effectuer la représentation graphique :

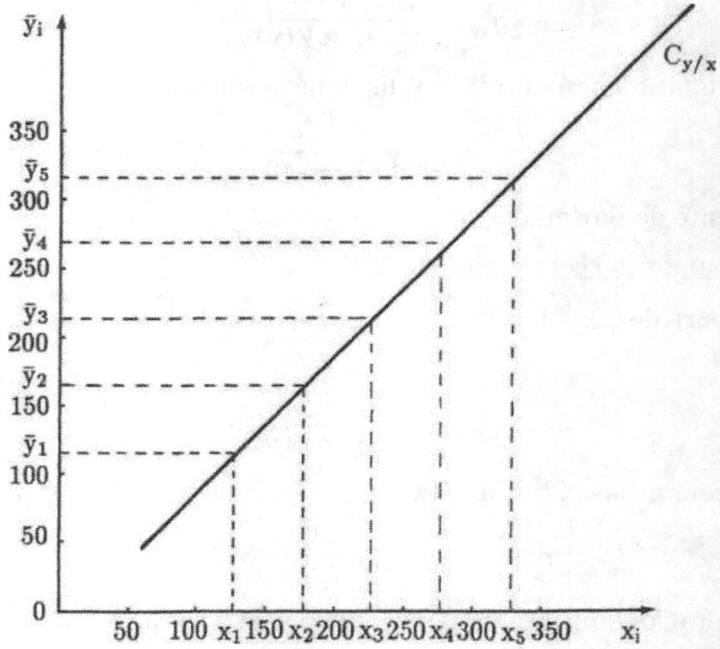

On constate que la courbe de régression $C_{y/x}$ est une droite.

b) La courbe de régression de x en y, $C_{x/y}$, est la courbe représentative des moyennes conditionnelles $\bar{x}_j$ en fonction des valeurs y_i de y.

y_j	75	125	175	225	275	325
$\bar{x}_j$	125,0	151,2	192,1	227,5	276,9	325,0

La représentation graphique est alors :

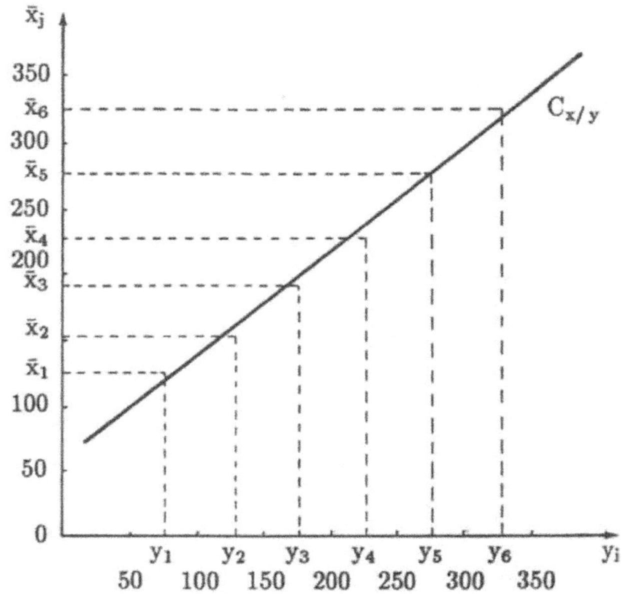

On constate que la courbe de régression de x en y est pratiquement une droite.

IV. Étude d'ajustement

1) Nuage de points

Pour pouvoir tracer le nuage de points, nous allons porter en abscisse les prix de vente x_i et en ordonnée le nombre d'appareils vendus y_i.

Prix de vente	Centre de classe x_i	Nb d'appareils y_i
750 à 1 250	1 000	18
1 250 à 1 750	1 500	27
1 750 à 2 250	2 000	48
2 250 à 2 750	2 500	50
2 750 à 3 250	3 000	87
3 250 à 3 750	3 500	98
3 750 à 4 250	4 000	134
4 250 à 4 750	4 500	172
4 750 à 5 250	5 000	208
5 250 à 5 750	5 500	198
Total	32 500	1 040

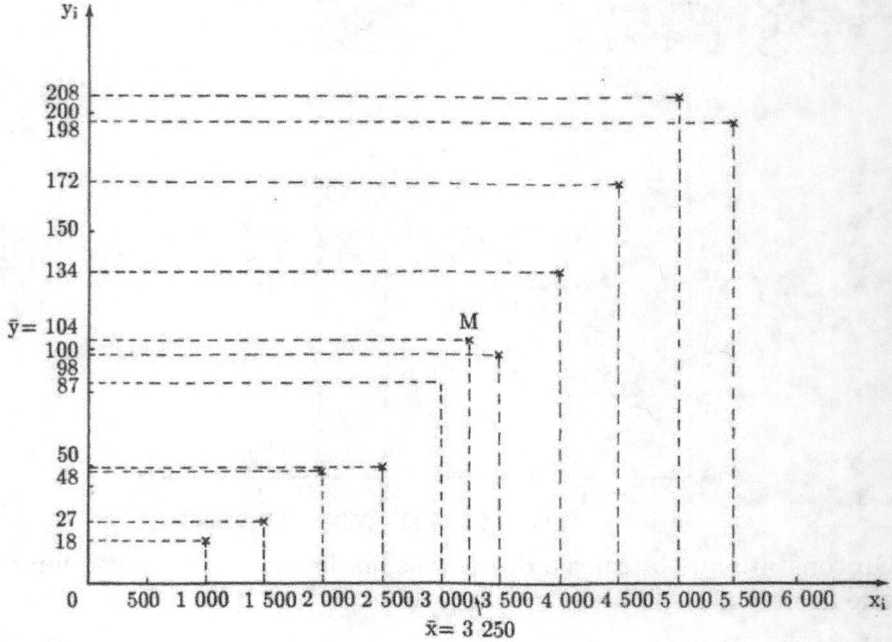

2) Point moyen du nuage M

Le point moyen du nuage M a pour abscisse et pour ordonnée respectivement :

$$\bar{x} = \frac{\sum_{i=1}^{n} x_i}{n} \quad \text{et} \quad \bar{y} = \frac{\sum_{i=1}^{n} y_i}{n}$$

Donc :

$$\bar{x} = \frac{32\,500}{10} = 3\,250 \quad \text{et} \quad \bar{y} = \frac{1\,040}{10} = 104{,}0$$

soit :

$$M \left| \begin{array}{l} \bar{x} = 3\,250 \\ \bar{y} = 104 \end{array} \right.$$

3) Droites d'ajustement

a) Droite d'ajustement $D_{y/x}$

L'équation de la droite d'ajustement $D_{y/x}$ est de la forme :

$$y = ax + b$$

où les inconnues sont les coefficients a et b.

En effectuant l'ajustement par la méthode des moindres carrés, a est obtenu à partir de la relation :

$$a = \frac{\sum_{i=1}^{n} x_i y_i - n\bar{x}\bar{y}}{\sum_{i=1}^{n} x_i^2 - n\bar{x}^2}$$

Pour obtenir ce résultat nous traçons le tableau suivant:

i	x_i	y_i	$x_i y_i$	x_i^2
1	1 000	18	18 000	1 000 000
2	1 500	27	40 500	2 250 000
3	2 000	48	96 000	4 000 000
4	2 500	50	125 000	6 250 000
5	3 000	87	261 000	9 000 000
6	3 500	98	343 000	12 250 000
7	4 000	134	536 000	16 000 000
8	4 500	172	774 000	20 250 000
9	5 000	208	1 040 000	25 000 000
10	5 500	198	1 089 000	30 250 000
Total	32 500	1 040	4 322 500	126 250 000

$$a = \frac{4\,322\,500 - 10(3\,250 \times 104)}{126\,250\,000 - (10 \times 3\,250^2)} = \frac{4\,322\,500 - 3\,380\,000}{126\,250\,000 - 105\,625\,000}$$

$$a = \frac{942\,500}{20\,625\,000} = 0{,}0457$$

et :

$$b = \bar{y} - a\bar{x} \quad \Leftrightarrow \quad b = 104 - (0{,}0457 \times 3250)$$

$$b = 104 - 148{,}5 = -\,44{,}5$$

Il vient donc :

$$D_{y/x} \quad \boxed{y = 0{,}0457x - 44{,}5}$$

Nous pouvons maintenant tracer cette droite:

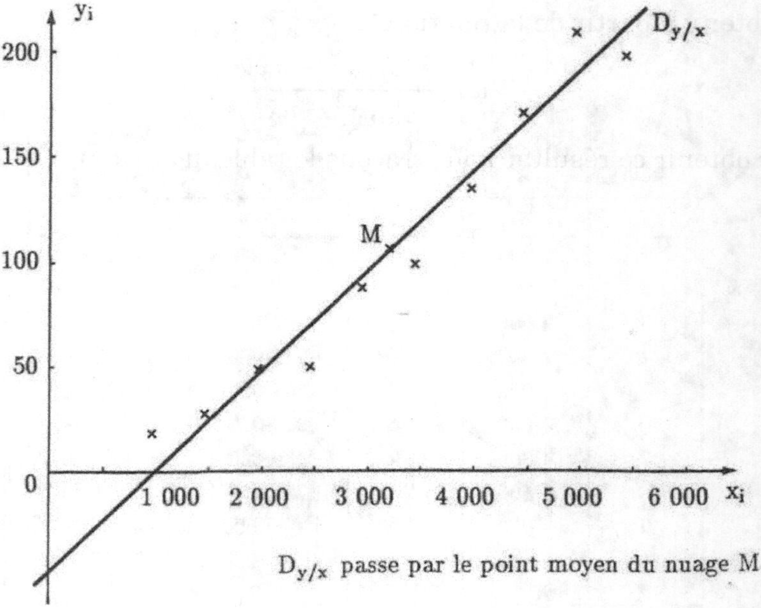

$D_{y/x}$ passe par le point moyen du nuage M.

b) Droite d'ajustement $D_{x/y}$

Dans le référentiel $(\widehat{xOy})$, l'équation de la droite d'ajustement de x en y, $D_{x/y}$ est :

$$x = a'y - b'$$

Nous allons d'abord déterminer a' :

$$a' = \frac{\sum_{i=1}^{n} x_i\, y_i - n\bar{x}\bar{y}}{\sum_{i=1}^{n} y_i^2 - n\bar{y}^2}$$

Nous effectuons les calculs dans un tableau, pour les résultats non encore établis (y_i et y_i^2, ainsi que $\sum y_i^2$).

Donc :

$$a' = \frac{4\,322\,500 - 3\,380\,000}{153\,038 - 10(104^2)} = \frac{942\,500}{44\,878} = 21{,}001$$

i	y_i	y_i^2
1	18	324
2	27	729
3	48	2 304
4	50	2 500
5	87	7 569
6	98	9 604
7	134	17 956
8	172	29 584
9	208	43 264
10	198	39 204
Total	1 040	153 038

En revenant dans le référentiel $(\widehat{yOx})$, l'équation de la droite $D_{x/y}$ est :

$$y = \frac{1}{a'}x + \frac{1}{a'}b'$$

La valeur de la pente est alors :

$$\frac{1}{a'} = \frac{1}{21,00} = 0,0476$$

et celle de l'ordonnée à l'origine est :

$$\frac{1}{a'}b' = 0,0476 \times b'$$

La valeur de b' est :

$$b' = a'\bar{y} - \bar{x} \Leftrightarrow \qquad b' = (21,001 \times 104) - 3\,250$$

$$b' = -1\,065,86$$

d'où :

$$\frac{1}{a'}b' = 0,0476 \times (-1\,065,86) = -50,7$$

et :

$$D_{x/y} \qquad \boxed{y = 0,0476x - 50,7}$$

Traçons $D_{x/y}$:

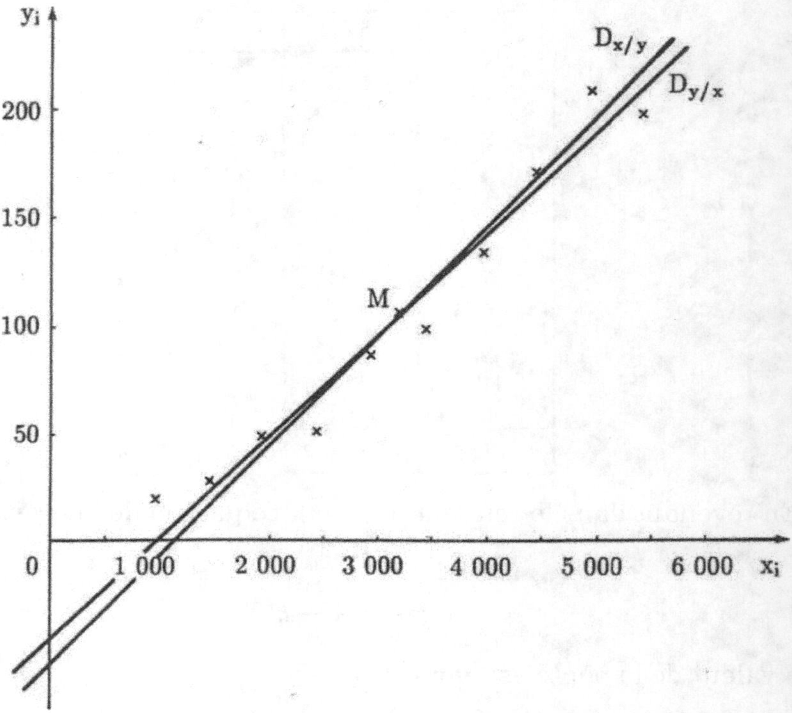

Nous constatons que les deux droites d'ajustement $D_{y/x}$ et $D_{x/y}$ sont très proches l'une de l'autre.

V. Étude de corrélation

1) Coefficient de corrélation

a) Le coefficient de corrélation est donné par la relation :

$$r = \pm \frac{\sum_{i=1}^{n} x_i\, y_i - n\bar{x}\bar{y}}{\{[\sum_{i=1}^{n} x_i^2 - n\bar{x}^2][\sum_{i=1}^{n} y_i^2 - n\bar{y}^2]\}^{1/2}}$$

Nous allons présenter l'ensemble des calculs dans un tableau :

i	x_i	y_i	x_iy_i	x_i^2	y_i^2
1	1 000	18	18 000	1 000 000	324
2	1 500	27	40 500	2 250 000	729
3	2 000	48	96 000	4 000 000	2 304
4	2 500	50	125 000	6 250 000	2 500
5	3 000	87	261 000	9 000 000	7 569
6	3 500	98	343 000	12 250 000	9 604
7	4 000	134	536 000	16 000 000	17 956
8	4 500	172	774 000	20 250 000	29 584
9	5 000	208	1 040 000	25 000 000	43 264
10	5 500	198	1 089 000	30 250 000	39 204
Total	32 500	1 040	4 322 000	126 250 000	153 038

$$\bar{x} = \frac{32\,500}{10} = 3\,250 \quad \text{et} \quad \bar{y} = \frac{1\,040}{10} = 104$$

Il vient alors :

$$r = \frac{4\,322\,000 - 10(3\,250 \times 104)}{\{[126\,250\,000 - 10(3\,250^2)][153\,038 - 10(104^2)]\}^{1/2}}$$

$$r = \frac{4\,322\,000 - 3\,380\,000}{[(20\,625\,000)(44\,878)]^{1/2}} = \frac{942\,500}{(925\,608\,750\,000)^{1/2}}$$

$$r = \frac{942\,500}{962\,085{,}625} = 0{,}9796 \approx 0{,}98$$

Remarque : Si vous avez déjà effectué l'exercice précédent, il est possible de calculer r à partir de a et a', puisque :

$$r^2 = aa'$$

d'où :

$$r^2 = 0\,0457 \times 21{,}001 = 0{,}9597 \;\Rightarrow\; r = (0{,}9597)^{1/2} = 0{,}98$$

b) Le coefficient de corrélation r est égal au cosinus de l'angle θ formé par les deux droites de régression $D_{y/x}$ et $D_{x/y}$:

$$r = \cos\theta \;\Leftrightarrow\; \cos\theta = 0{,}98$$

d'où $\theta = 0{,}20$ radians.

c) Le coefficient d'amélioration A est donné par la relation :

$$A = 1 - (1 - r^2)^{1/2}$$

d'où :

$$A = 1 - (1 - 0{,}9597)^{1/2} = 1 - (0{,}0403)^{1/2} = 1 - 0{,}20 = 0{,}80$$

$$\boxed{A = 0{,}80}$$

Il y a donc une très forte corrélation.

2) Calcul de la covariance $Cov(x, y)$

a) La covariance $Cov(x, y)$ est la quantité :

$$Cov(x, y) = \frac{1}{n}\sum_{i=1}^{n}(x_i - \bar{x})(y_i - \bar{y}) \quad \Leftrightarrow$$
$$Cov(x, y) = \frac{1}{n}\left(\sum_{i=1}^{n} x_i y_i - n\bar{x}\bar{y}\right)$$

d'où :

$$Cov(x, y) = \frac{4\,322\,000 - 10(3\,250 \times 104)}{1\,040}$$

$$Cov(x, y) = \frac{4\,322\,000 - 3\,380}{1\,040} = \frac{942\,500}{1\,040}$$

$$\boxed{Cov(x, y) = 906{,}25}$$

Cette quantité étant positive, x et y varient dans le même sens.

b) Le coefficient de corrélation r peut se calculer à partir de la covariance :

$$r = \frac{Cov(x, y)}{[V(x).V(y)]^{1/2}}$$

Il nous faut, au préalable, calculer:

$$V(x) = \frac{1}{n}\sum_{i=1}^{n}(x_i - \bar{x})^2 \qquad \text{et} \qquad V(y) = \frac{1}{n}\sum_{i=1}^{n}(y_i - \bar{y})^2$$

i	x_i	$(x_i-\bar{x})$	$(x_i-\bar{x})^2$	y_i	$(y_i-\bar{y})$	$(y_i-\bar{y})^2$
1	1 000	−2 250	5 062 500	18	− 86	7 396
2	1 500	−1 750	3 062 500	27	− 77	5 929
3	2 000	−1 250	1 562 500	48	− 56	3 136
4	2 500	− 750	562 500	50	− 54	2 916
5	3 000	− 250	62 500	87	− 17	289
6	3 500	+ 250	62 500	98	− 6	36
7	4 000	+ 750	562 500	134	+ 30	900
8	4 500	+1 250	1 562 500	172	+ 68	4 624
9	5 000	+1 750	3 062 500	208	+104	10 816
10	5 500	+2 250	5 062 500	198	+ 94	8 836
Total	32 500		20 625 000	1 040		44 878

Donc:

$$V(x) = \frac{20\,625\,000}{1\,040} \qquad \text{et} \qquad V(y) = \frac{44\,878}{1040}$$

et :

$$r = \frac{\frac{942\,500}{1\,040}}{\left[\left(\frac{20\,625\,000}{1\,040}\right)\left(\frac{44\,878}{1\,040}\right)\right]^{1/2}} = \frac{942\,500}{[(20\,625\,000)(44\,878)]^{1/2}}$$

$$r = \frac{942\,500}{(925\,608\,750\,000)^{1/2}} = \frac{942\,500}{962\,085{,}625} = 0{,}98$$

c) Les pentes a et a' peuvent s'exprimer à partir du coefficient de corrélation r et des écarts-types :

$$a = r\frac{\sigma_y}{\sigma_x} \qquad \text{et} \qquad a' = r\frac{\sigma_x}{\sigma_y}$$

d'où :

$$a = 0{,}98 \times \left(\frac{44\,878}{20\,625\,000}\right)^{1/2} = 0{,}98 \times \frac{211{,}8}{4\,541{,}5} = 0{,}0457$$

$$a' = 0{,}98 \times \left(\frac{20\,625\,000}{44\,878}\right)^{1/2} = 0{,}98 \times \frac{4541{,}5}{211{,}8} = 21{,}009$$

Ces relations permettent donc de calculer les pentes des droites de régression après avoir calculé le coefficient corrélation r (alors que, généralement, on effectue la démarche inverse).

d) Calcul de $V(x+y)$

$$V(x+y) = V(x) + V(y) + 2Cov(x+y)$$

d'où :

$$V(x+y) = 20\,625\,000 + 44\,878 + (2 \times 942\,500)$$
$$V(x+y) = 22\,554\,878$$

VI. 1) a) Application de la méthode des moyennes échelonnées

Nous allons regrouper les données 3 par 3 et remplacer chacun de ces groupes de données par leur moyenne arithmétique :

Années	1998	1999	2000	2001	2002	2003
Formation brute de capital fixe	110	114	118	126	133	143
Moyenne	$\bar{x}_1 = \frac{110+114+118}{3} = \frac{342}{3} = 114$			$\bar{x}_2 = \frac{126+133+143}{3} = \frac{402}{3} = 134$		
Années	2004	2005	2006	2007	2008	2009
Formation brute de capital fixe	148	161	171	179	188	197
Moyenne	$\bar{x}_3 = \frac{148+161+171}{3} = \frac{480}{3} = 160$			$\bar{x}_4 = \frac{179+188+197}{3} = \frac{564}{3} = 188$		

$\bar{x}_1 = \frac{110+114+118}{3} = \frac{342}{3} = 114$ $\bar{x}_2 = \frac{126+133+143}{3} = \frac{402}{3} = 134$

$\bar{x}_3 = \frac{148+161+171}{3} = \frac{480}{3} = 160$ $\bar{x}_4 = \frac{179+188+197}{3} = \frac{564}{3} = 188$

b) La représentation graphique est alors la suivante:

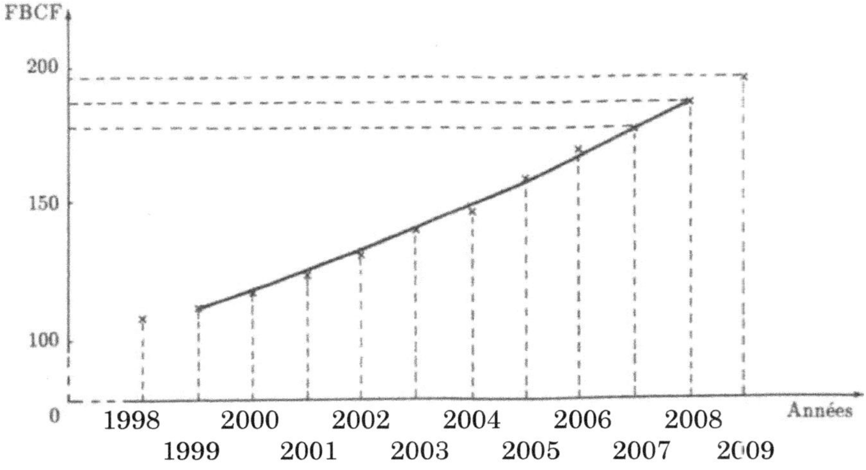

2) a) On sépare maintenant les données en 2 groupes:

- le premier groupe comprend les années 1998 à 2003 ;
- le second groupe comprend les années 2004 à 2009.

Le point G_1 a pour abscisse l'année (2000 + 6 mois) et pour ordonnée :

$$\frac{110+114+118+126+133+143}{6}=\frac{744}{6}=124$$

Le point G_2 a pour abscisse l'année (2006 + 6 mois) et pour ordonnée :

$$\frac{148+161+171+179+188+197}{6}=\frac{1044}{6}=174$$

Donc :

$$G_1\left|\begin{matrix}\bar{x}_1=2000{,}5\\ \bar{y}_1=124\end{matrix}\right. \quad G_2\left|\begin{matrix}\bar{x}_2=2006{,}5\\ \bar{y}_2=174\end{matrix}\right.$$

b) Le tracé de la droite de Mayer est le suivant:

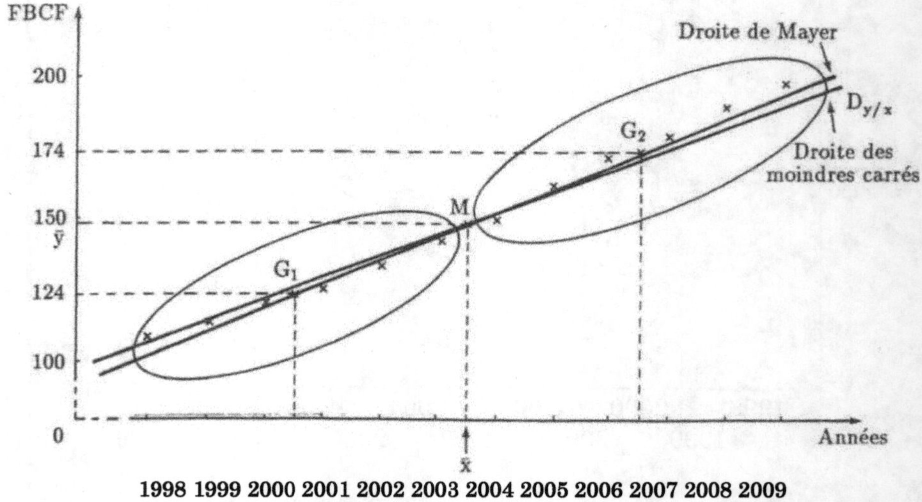

c) La droite de Mayer passe par les deux points G_1 et G_2 dont on connaît les coordonnées.

Pour simplifier les calculs, on va désigner les années par leur rang : 1998 est l'année 1, …, 2009 est l'année 12.

Alors :

$$G_1 \left| \begin{array}{l} \bar{x}_1 = 3{,}5 \\ \bar{y}_1 = 124 \end{array} \right. \qquad G_2 \left| \begin{array}{l} \bar{x}_2 = 9{,}5 \\ \bar{y}_2 = 174 \end{array} \right.$$

L'équation d'une droite étant de la forme :

$$y = ax + b$$

nous avons à résoudre le système d'équations suivant :

$$\begin{cases} 124 = (a \times 3{,}5) + b \\ 174 = (a \times 9{,}5) + b \end{cases}$$

De la première équation on tire la valeur de b, que l'on reporte dans la seconde équation :

$$b = 124 - 3{,}5a$$

d'où :

$$174 = 9{,}5\text{a} + (124 - 3{,}5a) \Leftrightarrow 6a = 50 \Leftrightarrow a = \frac{50}{6} = 8{,}333$$

et :

$$b = 124 - (3{,}5 \times 8{,}333) = 124 - 29{,}2 = 94{,}8$$

L'équation de la droite de Mayer est alors :

$$\boxed{y = 8{,}33x + 94{,}8}$$

3) a) Détermination de la tendance par la méthode des moindres carrés

Pour déterminer les coefficients a et b de la droite d'ajustement, nous allons repérer les années par leurs rangs.

Année	x_i	y_i	$x_i y_i$	x_i^2
1998	1	110	110	1
1999	2	114	228	4
2000	3	118	354	9
2001	4	126	504	16
2002	5	133	665	25
2003	6	143	858	36
2004	7	148	1036	49
2005	8	161	1288	64
2006	9	171	1539	81
2007	10	179	1790	100
2008	11	188	2068	121
2009	12	197	2364	144
Total	78	1788	12804	650

En appelant x les années et y la formation brute de capital fixe, il vient:

$$a = \frac{\sum_{i=1}^{12} x_i y_i - n\bar{x}\bar{y}}{\sum_{i=1}^{12} x_i^2 - n\bar{x}^2} \qquad \text{avec} \qquad n = 12$$

Donc :

$$\bar{x} = \frac{78}{12} = 6{,}5 \quad \text{et} \qquad \bar{y} = \frac{1788}{12} = 149$$

Ces 2 valeurs constituent les coordonnées du point moyen du nuage M :

$$M \left| \begin{array}{l} \bar{x} = 6{,}5 \\ \bar{y} = 149 \end{array} \right.$$

Il vient :

$$a = \frac{12\,804 - (12 \times 6{,}5 \times 149)}{650 - (12 - 6{,}5^2)} = \frac{12\,804 - 11\,622}{650 - 507} = \frac{1\,182}{143} = 8{,}266$$

et :

$$b = \bar{y} - a\bar{x}, \text{ puisque la droite passe par le point M}$$

d'où :

$$b = 149 - (8{,}66 \times 6{,}5) = 149 - 53{,}7 = 95{,}3$$

L'équation de la droite de tendance est alors :

$$\boxed{y = 8{,}27x + 95{,}3}$$

b) Nous avons tracé la courbe obtenue sur le graphique précédent.

c) Comparaison avec la droite de Mayer

Vous constatez que, pour cette série qui évolue de manière linéaire, la droite obtenue par la méthode des moindres carrés et la droite de Mayer sont très proches l'une de l'autre.

VII. 1) Méthode des moyennes mobiles

a) On applique la méthode des moyennes mobiles en groupant les données trois par trois:

Année	x_i	y_i	Moyenne mobile	Année	x_i	y_i	Moyenne mobile
1998	1	110		2004	7	148	$\frac{143+148+161}{3} = \frac{450}{3} = 152{,}0$
1999	2	114	$\frac{110+114+118}{3} = \frac{342}{3} = 114{,}0$	2005	8	161	$\frac{148+161+171}{3} = \frac{480}{3} = 160{,}0$
2000	3	118	$\frac{114+118+126}{3} = \frac{358}{3} = 119{,}3$	2006	9	171	$\frac{161+171+179}{3} = \frac{511}{3} = 170{,}3$

2001	4	126	$\frac{118+126+133}{3} = \frac{377}{3} = 125{,}7$	2007	10	179	$\frac{171+179+188}{3} = \frac{538}{3} = 179{,}3$
2002	5	133	$\frac{126+133+143}{3} = \frac{402}{3} = 134{,}0$	2008	11	188	$\frac{179+188+197}{3} = \frac{564}{3} = 188{,}8$
2003	6	143	$\frac{133+143+148}{3} = \frac{424}{3} = 141{,}3$	2009	12	197	

b) La courbe obtenue est alors :

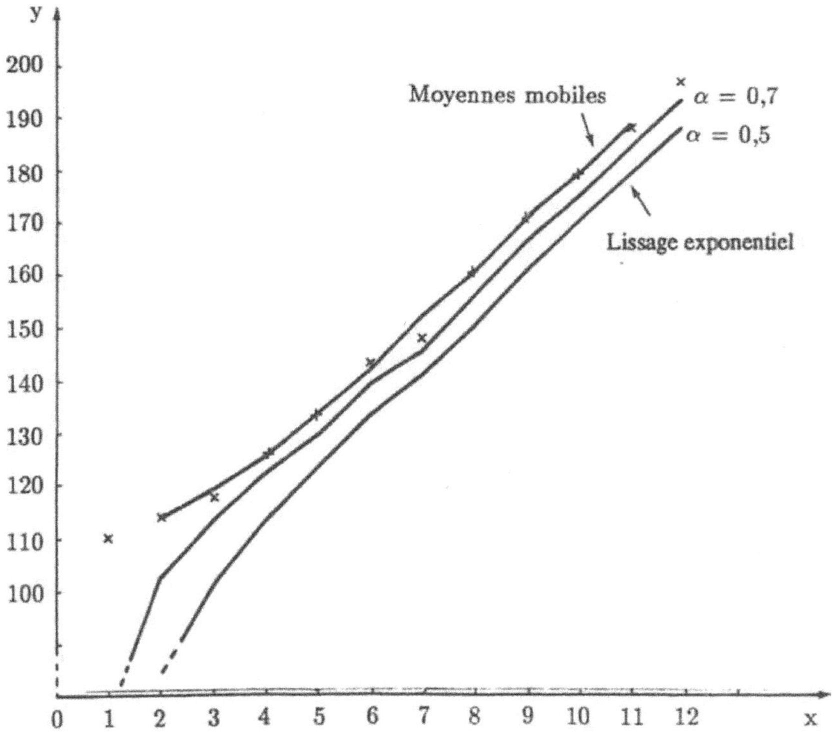

2) Lissage exponentiel

a) Nous choisissons $\alpha = 0{,}7$.

Chaque valeur est alors obtenue à partir de la relation:

$$K(i) = \alpha y_i + (1 - \alpha)K(i - 1)$$

Nous présentons les calculs dans un tableau (nous faisons aussi figurer les résultats obtenus pour $\alpha = 0{,}5$, ainsi que pour $\alpha = 0{,}8$ et pour $\alpha = 0{,}9$, à titre de comparaison).

$\alpha = 0,7$	x_i	y_i	αy_i	K(i − 1)	(1 − α) K(i − 1)	K(i)	K(i) $\alpha = 0,5$	K(i) $\alpha = 0,8$	K(i) $\alpha = 0,9$
	1	110	77,0	0	0	77,0	55,0	88,0	99,0
	2	114	79,8	77,0	23,1	102,9	84,5	108,8	112,5
	3	118	82,6	102,9	30,9	113,5	101,3	116,2	117,5
	4	126	88,2	113,5	34,0	122,2	113,6	124,0	125,1
	5	133	93,1	122,2	36,7	129,8	123,3	131,2	132,2
	6	143	100,1	129,8	38,9	139,0	133,2	140,6	141,9
	7	148	103,6	139,0	41,7	145,3	140,6	146,5	147,4
	8	161	112,7	145,3	43,6	156,3	150,8	158,1	159,6
	9	171	119,7	156,3	46,9	166,6	160,9	168,4	169,9
	10	179	125,3	166,6	50,0	175,3	169,9	176,9	178,1
	11	188	131,6	175,3	52,6	184,2	179,0	185,8	187,0
	12	197	137,9	184,2	55,3	193,2	188,0	194,8	196,0

b) Nous traçons la courbe sur le graphique précédent (ce qui permet une comparaison avec la courbe des moyennes mobiles).

c) Pour obtenir un lissage exponentiel équivalent au lissage par moyennes mobiles, avec $l = 3$, il faut donner à α la valeur donnée par :

$$\alpha = \frac{2}{l+1} \quad \Leftrightarrow \quad \alpha = \frac{2}{3+1} = \frac{2}{4} = 0{,}5$$

$$\boxed{\alpha = 0{,}5}$$

(Nous avons également tracé la courbe pour $\alpha = 0{,}5$ sur le graphique précédent.)

Deuxième partie :

CALCUL DES PROBABILITÉS

Chapitre 3 : ESPACES PROBABILISÉS

INTRODUCTION

I - Conseils pédagogiques

Nous abordons maintenant la deuxième partie du cours consacrée aux probabilités.

Le présent chapitre est consacrée aux espaces probabilisés finis et infinis dénombrables.

La définition axiomatique étant relativement abstraite, nous avons pensé opportun de commencer par une présentation moins austère des principaux axiomes, en partant de la notion intuitive de probabilité, ce qui en outre présente l'avantage d'une certaine continuité avec la statistique descriptive qui vient d'être étudiée.

Cette présentation est d'ailleurs précédée d'un très bref rappel sur les ensembles, afin d'avoir sous les yeux les principales propriétés utilisées en probabilité.

La présentation axiomatique des probabilités qui vient ensuite permet de retrouver les propriétés qui viennent d'être vues, avec un langage beaucoup plus rigoureux.

Les axiomes retenus par les mathématiciens ont en outre pour conséquence, que les différentes notions étudiées en statistique descriptive, vont se retrouver en probabilités avec un vocabulaire quasiment identique.

Nous terminerons ce chapitre en présentant deux tirages probabilistes importants, qui vous apporteront une méthode, fort utile pour résoudre les exercices qui vous seront proposés.

II. PLAN DU CHAPITRE

Partie A :

RAPPELS CONCERNANT LES ENSEMBLES ET L'ANALYSE COMBINATOIRE

I. Généralités sur les ensembles

1) Définition

2) Relation d'appartenance

3) Notion d'inclusion

4) Ensemble des parties d'un ensemble

5) Partition d'un ensemble.

II. Opérations sur les ensembles Algèbre de Boole

1) Introduction

2) Réunion de deux ensembles

3) Intersection de deux ensembles

4) Propriétés des opérations réunion et intersection

5) Complémentarité

6) Propriétés de la complémentarité

III. Quelques éléments d'analyse combinatoire

1) Fonction factorielle

2) Définition d'une combinaison

3) Nombre de combinaisons de n éléments pris p à p

4) Propriétés de C_n^p

Partie B :

DÉFINITION INTUITIVE DES ESPACES PROBABILISÉS FINIS ET INFINIS DÉNOMBRABLES

I. Historique de la notion de probabilité

II. Définition intuitive de la probabilité

1) Épreuve

2) Évènement

3) Définition intuitive de la probabilité

4) Propriétés découlant de la définition

5) Exemples

III. Langage statistique et notation ensembliste

1) Notations

2) Axiomes du calcul des probabilités

3) Conséquences de l'axiome des probabilités totales

4) Probabilité uniforme sur un ensemble fini

V. Probabilité conditionnelle

1) Définition

2) Propriétés

VI. Probabilité des causes, Formule de Bayes

1) Énoncé du problème

2) Le schéma des urnes - Théorème de Bayes

3) Généralisation du théorème de Bayes

VII. Indépendance en probabilité

1) Indépendance entre deux évènements

2) Indépendance de plus de deux évènements

VIII. Probabilité produit

1) Probabilité-produit définie sur le produit cartésien $\Omega_1 \times \Omega_2$ de 2 espaces probabilisés.

2) Probabilité-produit généralisée à un produit fini de n espaces $\Omega_1 \times \Omega_2 \times \ldots \times \Omega_i \times \ldots \times \Omega_n$

3) Conclusion

IX. Les schémas de tirage probabilistes

1) Introduction

2) Tirage bernoullien ou tirage avec remise

3) Tirage exhaustif ou tirage sans remise

Partie D :

EXERCICES AUTOCORRECTIFS

Partie A:

RAPPELS CONCERNANT LES ENSEMBLES ET L'ANALYSE COMBINATOIRE

I. Généralités sur les ensembles

1) Définition

Un ensemble est un objet formé par une collection d'autres objets, lesquels constituent les «éléments» de l'ensemble.

Un ensemble $\boldsymbol{E}$ formé des éléments $\boldsymbol{a, b, c, d}$, s'écrira sous la forme suivante :

$$E = \{a, b, c, d\}$$

Un ensemble peut être fini ou infini.

Il est indépendant de l'ordre dans lequel on écrit les éléments.

Voici quelques exemples d'ensembles infinis de nombres :

- "N", l'ensemble des entiers naturels
- "Z", l'ensemble des entiers relatifs
- "Q", l'ensemble des nombres rationnels
- "R", l'ensemble des nombres réels.

2) Relation d'appartenance

a) Définition

On dit qu'un élément $\boldsymbol{a}$ appartient à un ensemble $\boldsymbol{E}$, si $\boldsymbol{a}$ est un élément de l'ensemble $\boldsymbol{E}$.

On note : $\boldsymbol{a} \in \boldsymbol{E}$.

Par définition, deux ensembles sont égaux si et seulement si les deux ensembles ont les mêmes éléments.

On appelle cardinal le nombre des éléments distincts d'un ensemble fini.

b) Implication logique et équivalence logique

On dit qu'une proposition $\boldsymbol{P}$ entraîne une proposition $\boldsymbol{Q}$, si $\boldsymbol{Q}$ est vraie chaque fois que $\boldsymbol{P}$ est vraie.

Cette définition de l'implication logique se note :

$$P \Rightarrow Q$$

Si une implication est symétrique, (c'est-à-dire si l'on a à la fois l'implication donnée et l'implication réciproque), on dit que l'on a une équivalence logique.

On note : $P \Rightarrow Q$.

c) Quantificateurs

Il existe deux quantificateurs logiques $\forall$ et $\exists$.

$\forall \boldsymbol{x} \in \boldsymbol{X}$ se lit : «Quel que soit $\boldsymbol{x}$, élément de l'ensemble $\boldsymbol{X}$».

$\exists \boldsymbol{x} \in \boldsymbol{X}$ se lit ; «il existe au moins un élément $\boldsymbol{x}$ de l'ensemble $\boldsymbol{X}$.

Par exemple, on pourra écrire à l'aide de ces notions :

$$[X = Y] \Leftrightarrow \big[(\forall x \in X)[x \in Y] \ \ et \ \ (\forall y \in Y)[y \in X]\big]$$

3) Notion d'inclusion

a) Définition

On dit qu'un ensemble $\boldsymbol{A}$ est inclus dans un ensemble $\boldsymbol{X}$, si et seulement si tout élément de $\boldsymbol{A}$ appartient à $\boldsymbol{X}$.

On écrit : $\boldsymbol{A} \subset \boldsymbol{X}$.

On dit encore que $\boldsymbol{A}$ est un sous-ensemble de l'ensemble $\boldsymbol{X}$, ou bien que $\boldsymbol{A}$ est une partie de $\boldsymbol{X}$.

Remarque :

Il existe deux cas particuliers intéressants :

- l'ensemble $\boldsymbol{X}$ est un sous-ensemble de lui-même.
- l'ensemble vide (c'est-à-dire n'ayant aucun élément), que l'on écrit $\emptyset$ est aussi une partie de $\boldsymbol{X}$.

b) Propriétés de la relation d'inclusion

La relation d'inclusion possède trois propriétés : la réflexivité, la transitivité et l'antisymétrie.

- réflexivité :

"Si quel que soit x élément de X, x appartient à Y, et si quel que soit y élément de Y, y appartient à Z alors quel que soit x élément de X, x appartient à Z", ce que l'on écrit :

$$(\forall x \in X)[x \in X] \Leftrightarrow [X \subset X]$$

- transitivité :

"quel que soit x élément de X, x appartient à Y, et quel que soit y élément de Y, $\boldsymbol{y}$ appartient à $\boldsymbol{Z}$", ce que l'on écrit :

$$\left.\begin{matrix}(\forall x \in X)[x \in Y] \\ (\forall y \in Y)[y \in Z]\end{matrix}\right\} (\forall x \in X)[x \in Z] \Leftrightarrow [X \subset Z]$$

– antisymétrie :

"quel que soit $\boldsymbol{x}$ élément de $\boldsymbol{X}$, $\boldsymbol{x}$ appartient à $\boldsymbol{Y}$, et quel que soit $\boldsymbol{y}$ élément de $\boldsymbol{Y}$, $\boldsymbol{y}$ appartient à $\boldsymbol{X}$", ce qui, en d'autres termes, revient à dire que :

"Deux ensembles sont égaux, si l'un contient l'autre, et si l'un est contenu par l'autre". On note cette propriété :

$$\left.\begin{matrix}(\forall x \in X)[x \in Y] \\ (\forall y \in Y)[y \in X]\end{matrix}\right\} [X = Y]$$

4) Ensemble des parties d'un ensemble

a) Définition

Soit un ensemble $\boldsymbol{\Omega}$ fini, que l'on nommera "ensemble fondamental".

Chaque sous-ensemble $\boldsymbol{A}, \boldsymbol{B}, \boldsymbol{C}$ ..., constitue une partie de l'ensemble $\boldsymbol{\Omega}$.

On peut définir un nouvel ensemble, dont chaque élément est un sous-ensemble de $\boldsymbol{\Omega}$. C'est l'ensemble des parties de l'ensemble $\boldsymbol{\Omega}$:

On le note : $\boldsymbol{\mathcal{P}}(\boldsymbol{\Omega})$.

b) Diagramme de Venn

On peut donner une représentation graphique, en figurant par exemple l'ensemble $\boldsymbol{E}$ par un rectangle et chaque sous-ensemble par une figure à l'intérieur du rectangle (par exemple un cercle).

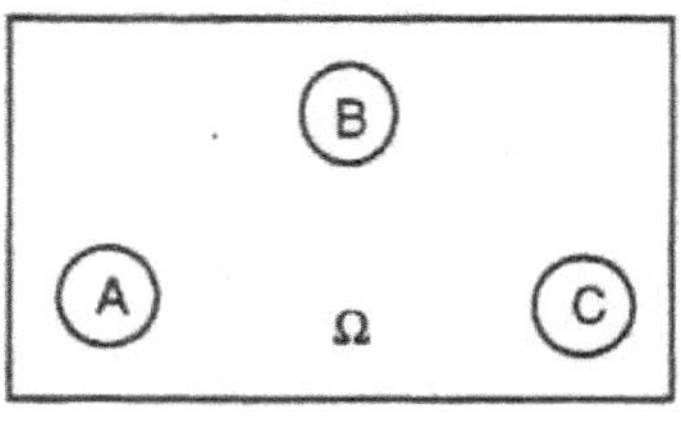

Cette représentation est appelée "diagramme de Venn".

5) Partition d'un ensemble

On dit que l'on a effectué une partition d'un ensemble $\boldsymbol{\Omega}$, si l''on a réparti les éléments de cet ensemble dans des sous-ensembles $\boldsymbol{A}, \boldsymbol{B}, \boldsymbol{C} \dots$, qui sont deux à deux disjoints (c'est- à-dire qu'il n'existe aucun élément commun à deux quelconques de ces sous-ensembles).

II. Opérations sur les ensembles - Algèbre de Boole

1) Introduction

Nous allons définir deux opérations sur les ensembles :

- l'opération réunion,
- l'opération intersection.

On supposera que ces opérations se passent dans l'ensemble fondamental $\boldsymbol{\Omega}$.

2) Réunion de deux ensembles

a) Définition

Soit deux ensembles $\boldsymbol{A}$ et $\boldsymbol{B}$.

On appelle réunion des ensembles $\boldsymbol{A}$ et $\boldsymbol{B}$, que l'on note

$$A \cup B$$

l'ensemble dont les éléments appartiennent soit à A, soit à B, soit à A et B :

$$A \cup B = \{x; x \in A \quad ou \quad x \in B\}$$

b) diagramme de Venn

Représentons l'opération sur un diagramme de Venn :

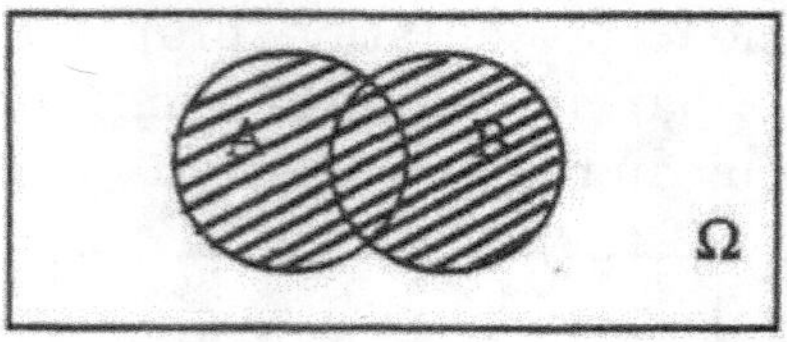

3) Intersection de deux ensembles

a) Définition

On appelle intersection de deux ensembles $\boldsymbol{A}$ et $\boldsymbol{B}$, que l'on note :

$$A \cap B$$

l'ensemble dont les éléments appartiennent à A et B :

$$A \cap B = \{x; x \in A \quad et \quad x \in B\}$$

b) Diagramme de Venn

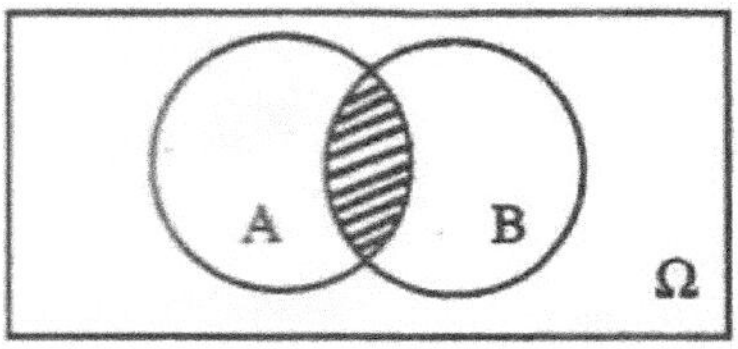

4) Propriétés des opérations réunion et intersection

a) Idempotence

La réunion et l'intersection sont deux opérations idempotentes, c'est-à-dire que :

$$A \cup A = A$$

et :

$$A \cap A = A$$

b) Commutativité

La réunion et l'intersection sont des opérations commutatives :

$$A \cup B = B \cup A$$

et :

$$A \cap B = B \cap A$$

c) Associativité

La réunion et l'intersection possèdent la propriété d'associativité :

$$(A \cup B) \cup C = A \cup (B \cup C)$$

et :

$$(A \cap B) \cap C = A \cap (B \cap C)$$

d) Distributivité

La réunion et l'intersection sont deux opérations distributives l'une par rapport à l'autre :

$$(A \cup B) \cap C = (A \cap C) \cup (B \cap C)$$

et

$$(A \cap B) \cup C = (A \cup C) \cap (B \cup C)$$

e) Lois d'absorption

Ces lois vérifient que :

$$(A \cup B) \cap A = A$$

et :

$$(A \cap B) \cup A = A$$

5) Complémentarité

a) Définition

Par définition, le complémentaire d'un ensemble $\boldsymbol{A}$ quelconque (inclus dans $\boldsymbol{\Omega}$) est l'ensemble des éléments qui n'appartiennent pas à $\boldsymbol{A}$.

On note :

$$C_\Omega^A \qquad \text{ou encore} \qquad \bar{A}$$

b) Diagramme de Venn

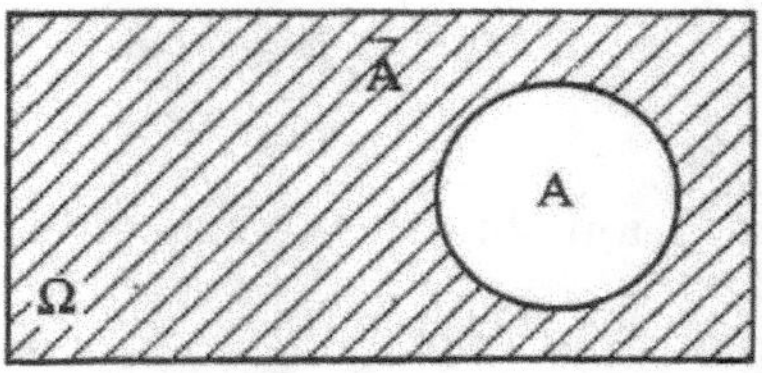

6) Propriétés de la complémentarité

a) Réunion d'un ensemble et de son complémentaire

La réunion d'un ensemble $\boldsymbol{A}$ et de son complémentaire $\overline{\boldsymbol{A}}$ redonne l'ensemble fondamental $\boldsymbol{\Omega}$:

$$\boldsymbol{A} \cup \overline{\boldsymbol{A}} = \boldsymbol{\Omega}$$

b) Intersection d'un ensemble et de son complémentaire

L'intersection d'un ensemble $\boldsymbol{A}$ et de son complémentaire $\overline{\boldsymbol{A}}$ donne l'ensemble vide $\emptyset$:

$$\boldsymbol{A} \cap \overline{\boldsymbol{A}} = \emptyset$$

c) Complémentaire du complémentaire d'un ensemble

Le complémentaire du complémentaire d'un ensemble redonne l'ensemble initial :

$$C(C_\Omega^A) = A$$

En particulier :

$$C_\Omega^\Omega = \emptyset = \overline{\boldsymbol{\Omega}}$$

et :

$$\complement\emptyset = \Omega = \overline{\emptyset}$$

d) Première loi de Morgan

Le complémentaire de l'union est égal à l'intersection des complémentaires :

$$\overline{A \cup B} = \bar{A} \cap \bar{B}$$

e) Deuxième loi de Morgan

Le complémentaire de l'intersection est égal à la réunion des complémentaires :

$$\overline{A \cap B} = \bar{A} \cup \bar{B}$$

III. Quelques éléments d'analyse combinatoire

On ne fera ici que quelques rappels succincts relatifs aux combinaisons. Au préalable nous définirons la fonction factorielle.

1) Fonction factorielle

On appelle fonction factorielle de $\boldsymbol{n}$, que l'on note :

$$n\,!$$

la fonction définie par le produit de tous les entiers de 1 à $\boldsymbol{n}$:

$$n\,! = 1 \times 2 \times 3 \times 4 \times \dots\dots\dots \times (n-1) \times n$$

Par convention :

$$\mathbf{0\,! = 1}$$

Quand $\boldsymbol{n} > \mathbf{10}$, on peut approximer $n\,!$ par la formule de Stirling :

$$\boxed{n\,! \approx n^n e^{-n} \sqrt{2\pi n}}$$

2) Définition d'une combinaison

On appelle combinaison de $\boldsymbol{n}$ éléments d'un ensemble $\boldsymbol{E}$, pris $\boldsymbol{p}$ à $\boldsymbol{p}$, toute partie à $\boldsymbol{p}$ éléments de $\boldsymbol{E}$.

3) Nombre de combinaisons de n éléments pris p à p.

On notera le nombre de combinaisons de n éléments d'un ensemble $\boldsymbol{E}$, pris $\boldsymbol{p}$ à $\boldsymbol{p}$. Le nombre de combinaisons est :

$$\boxed{C_n^p = \frac{n\,!}{p\,!\,(n-p)\,!}}$$

4) Propriété de C_n^p

On démontre aisément que :

a)

$$\boxed{C_n^p = C_n^{n-p} \quad \forall (n\,, p) \in N^2}$$

En effet :

$$C_n^p = \frac{n\,!}{p\,!(n-p)\,!} \text{ et } \qquad C_n^{n-p} = \frac{n\,!}{(n-p)\,!\,p\,!}$$

On constate bien que :

$$\frac{n\,!}{p\,!\,(n-p)\,!} = \frac{n\,!}{(n-p)\,!\,p\,!}$$

b) On démontre aussi que :

$$\boxed{C_n^p = C_{n-1}^{p-1} + C_{n-1}^p \quad \forall (n\,, p) \in N^2}$$

5) Triangle de Pascal

On appelle triangle de Pascal le tableau de nombres suivants, constitués à partir des nombres C_n^p :

C_0^0

$C_1^0 C_1^1$

$C_2^0 C_2^1 C_2^2$

** * * * * * * * * * * * * * *

$C_{n-1}^0 \qquad\qquad\qquad\qquad C_{n-1}^{n-1}$

$C_n^0 C_n^1 C_n^2 \qquad\qquad\qquad\qquad C_n^{n-1} C_n^n$

Il s'agit d'une présentation des coefficients binomiaux dans un triangle, car les termes de ce tableau sont les coefficients des termes du développement du binôme :

$$(x+y)^p \qquad \forall p\,;\; p = 0, 1, 2, \dots, n.$$

Partie B :

DÉFINITION INTUITIVE DES ESPACES PROBABILISÉS FINIS ET INFINIS DÉNOMBRABLES

I. Historique de la notion de probabilité

La notion de probabilité a été introduite, lorsqu'on a commencé à étudier les jeux du hasard.

Les origines de la théorie des probabilités remontent au 17ème siècle. Le mathématicien, qui le premier a posé les bases de cette théorie est Blaise Pascal (1623-1662). Au XVIIe siècle les autres mathématiciens qui se sont intéressés à ce problème sont : Fermat (1601-1665), Huygens (1625-1695) et Jacques Bernoulli (1654-1705).

Au 18ème siècle, on peut citer les noms de Moivre (1667-1754), Bayes (1702-1761), Laplace (1749-1827), Gauss (1777-1855) et Poisson (1781-1840).

Au 19ème et au 20ème siècle, les principaux mathématiciens qui ont travaillé dans ce domaine sont : Tchebycheff (1821-1894), Markov (1856-1922), Kolmogorov, Sloutski, Borel.

II. Définition intuitive de la probabilité

1) Épreuve

On appelle épreuve ou expérience une certaine action. Par exemple :

- lancer une pièce de monnaie ;
- lancer un dé ;
- tirer une carte.

Pour une épreuve déterminée, il y a plusieurs résultats possibles ; par exemple :

- dans l'épreuve «lancer une pièce de monnaie» existent deux résultats possibles : pile ou face ;
- dans l'épreuve «lancer un dé» existent six résultats possibles : les nombres $1, 2, 3, 4, 5$ *et* 6 ;
- dans l'épreuve «tirer une carte» d'un jeu de 52 cartes, existent 52 résultats possibles : les 52 cartes différentes du jeu.

2) Évènement

Un évènement est la réalisation d'un résultat possible.

On dit que cet évènement est aléatoire, lorsque sa réalisation est soumise au hasard.

De tels évènements seront par exemple :

- amener face en lançant une pièce de monnaie ;
- obtenir le chiffre 3 en lançant un dé ;
- sortir la dame de pique en tirant au hasard une carte dans un jeu de 52 cartes.

3) Définition intuitive de la probabilité

Si, dans une épreuve, un évènement $\boldsymbol{A}$ se réalise favorablement n fois, sachant qu'il existe N résultats possibles dans cette épreuve, la fréquence

$$f_n = \frac{n}{N}$$

tend vers la probabilité de l'évènement $\boldsymbol{A}$, si l'on recommence un grand nombre de fois l'expérience.

On note :

$$Pr\{A\} = \lim_{N\to\infty} f_n = \lim_{N\to\infty} \frac{n}{N}$$

Selon cette définition à partir de l'expérience, la probabilité d'un évènement est le rapport du nombre de cas favorables sur le nombre de cas possibles.

Ainsi, un problème de probabilité se ramènera souvent à un problème de dénombrement (des cas favorables et des cas possibles).

Remarque :

On a fait l'hypothèse que deux ou plusieurs évènements aléatoires qui s'excluent mutuellement, dans une épreuve donnée, sont également vraisemblables, si aucune cause extérieure ne vient favoriser l'apparition d'un résultat.

On convient de dire que des évènements également vraisemblables ont la même probabilité.

a) Le nombre de cas favorables est au plus égal au nombre de cas possibles ;

Donc :

$$0 \leq n \leq N$$

Cette inégalité implique que :

$$0 \leq Pr\{A\} = \frac{n}{N} \leq \frac{N}{N} = 1$$

La probabilité d'un évènement est un nombre compris entre **0** et **1**.

b) Un évènement dont la probabilité est 0 est l'évènement impossible. Un évènement dont la probabilité est 1 est l'évènement certain.

c) Soit $\bar{A}$ l'évènement contraire de A.

Le nombre de cas favorables à la réalisation de A est :

$$N - n$$

Donc sa probabilité est :

$$Pr\{\bar{A}\} = \frac{N-n}{N} = 1 - \frac{n}{N} = 1 - Pr\{A\}$$

Par suite :

$$\boxed{Pr\{A\} + Pr\{\bar{A}\} = 1}$$

On dit que les deux probabilités $Pr\{A\}$ et $Pr\{\bar{A}\}$ sont complémentaires.

4) Exemples

a) Dans un jeu de 32 cartes, quelle est la probabilité de tirer un valet ?

Il y a 32 cas possibles (c'est-à-dire les 32 cartes).

Il y a 4 cas favorables (puisqu'un jeu de 32 cartes comprend 4 valets).

La probabilité de tirer un valet est alors :

$$Pr\{valet\} = \frac{4}{32} = \frac{1}{8}$$

b) On lance 2 dés. On cherche la probabilité pour obtenir 7 en 1 coup.

Le nombre 7 peut être obtenu de la manière suivante :

- soit en faisant 1 avec le premier dé et 6 avec le second ;
- soit en faisant 2 avec le premier dé et 5 avec le second ;
- soit en faisant 3 avec le premier dé et 4 avec le second ;
- soit en faisant 4 avec le premier dé et 3 avec le second ;
- soit en faisant 5 avec le premier dé et 2 avec le second ;
- soit en faisant 6 avec le premier dé et 1 avec le second.

Il y a ainsi 6 cas favorables.

Cherchons maintenant le nombre de cas possibles : à chaque face du premier dé peut être associé chacune des 6 faces au second dé. Le nombre de cas possibles est ainsi :

$$\mathbf{6 \times 6 = 36}$$

La probabilité cherchée est alors :

$$Pr\{obtenir\ 7\ en\ 1\ coup\} = \frac{6}{36} = \frac{1}{6}$$

III. Langage statistique et notation ensembliste

1) Notations

En s'aidant du langage des ensembles, il sera possible de définir les divers concepts rencontrés dans le calcul des probabilités.

A = l'évènement est réalisé.

$\bar{A}$ = l'évènement n'est pas réalisé.

$A \cup B$ = l'évènement A est réalisé ou l'évènement B est réalisé, ou les évènements A et B sont réalisés.

$A \cap B$ = les évènements A et B sont réalisés simultanément.

$\emptyset$ = l'évènement est impossible.

$A \subset B$ = si l'évènement B est réalisé $\Rightarrow$ l'évènement A est réalisé.

$A \cap B = \emptyset$ = les évènements A et B sont incompatibles (ils ne peuvent être réalisés simultanément).

2) Axiome du calcul des probabilités

a) On part de l'ensemble fondamental Ω. C'est l'ensemble de tous les résultats possibles. Ω symbolise le hasard.

Un évènement $\boldsymbol{E_i}$ est la réalisation d'un résultat possible

Les évènements possibles $\boldsymbol{E_i}$ sont des sous-ensembles de $\boldsymbol{\Omega}$.

b) Tous les sous-ensembles de Ω forment l'ensemble des parties de Ω, que l'on notera $\mathcal{A}$:

$$\mathcal{A} = \{\boldsymbol{\Omega}, \textbf{\textit{sous - ensembles de }} \boldsymbol{\Omega}, \emptyset\}$$

$\boldsymbol{\Omega}$ est la notion de certitude ; $\emptyset$ est la notion d'impossibilité.

c) A l'évènement E_i on associe un nombre ≥ 0, $Pr\{E_i\}$ appelé probabilité de l'évènement E_i.

De même, à $\boldsymbol{\Omega}$ on associe $\mathbf{Pr\{\Omega\} = 1}$ et à $\emptyset$ on associe $\boldsymbol{Pr\{\emptyset\} = 0}$.

3) Exemple

Soit 3 évènements, $\boldsymbol{A, B}$ **et** $\boldsymbol{C}$ définis sur une même épreuve. On demande de représenter, par la théorie des ensembles :

a) A se produit, B ne se produit pas, C ne se produit pas ;

b) A se produit, B se produit, C ne se produit pas ;

c) Parmi $A, B, C,$ deux quelconques se produisent et un ne se produit pas.

Les réponses à ces questions sont les suivantes :

a) $A \cap \bar{B} \cap \bar{C}$ puisque :

- $\boldsymbol{B}$ ne se produit pas et l'évènement complémentaire à $\boldsymbol{B}$ se produit, soit $\boldsymbol{\bar{B}}$;
- $\boldsymbol{C}$ ne se produit pas et l'évènement complémentaire à $\boldsymbol{C}$ se produit, soit $\boldsymbol{\bar{C}}$;
- les 3 évènements sont réalisés simultanément.

b) $A \cap B \cap \bar{C}$

c) $(A \cap B \cap \bar{C}) \cup (A \cap \bar{B} \cap C) \cup (\bar{A} \cap B \cap C)$ puisque la question posée peut s'exprimer de la façon suivante :

- ou $\boldsymbol{A}$ et $\boldsymbol{B}$ sont réalisés et $\boldsymbol{C}$ ne l'est pas ;
- ou $\boldsymbol{A}$ et $\boldsymbol{C}$ sont réalisés et $\boldsymbol{B}$ ne l'est pas ;

– ou $\boldsymbol{B}$ et $\boldsymbol{C}$ sont réalisés et $\boldsymbol{A}$ ne l'est pas.

Le diagramme de Venn est le suivant :

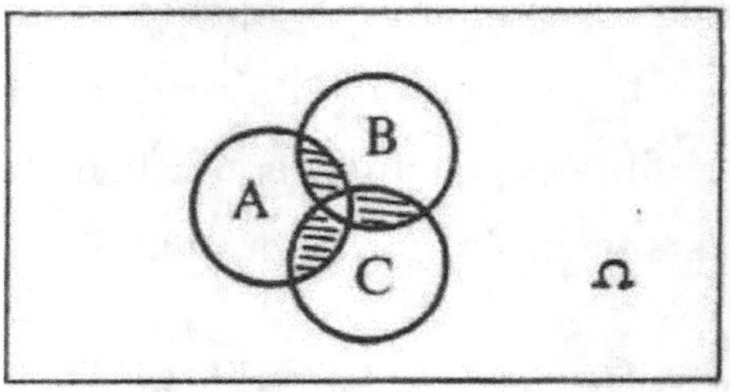

IV. Probabilités totales

1) Axiome des probabilités totales

a) Soit deux évènements A et B incompatibles, c'est-à-dire :

$$A \cap B = \emptyset$$

On définit l'évènement $E = A \cup B$.

b) On se propose de définir la probabilité associée à cet évènement E.

"La probabilité de la réunion de 2 évènements incompatibles est égale à la somme de leurs probabilités" :

$$\boxed{\begin{array}{c} Pr\,\{E = A \cup B\} = Pr\,\{A\} + Pr\,\{B\} \\ avec\, A \cap B = \emptyset \end{array}}$$

c) Cette propriété se généralise à un nombre quelconque d'évènements.

d) Lorsque les évènements $A, B, C,$ mutuellement incompatibles, représentent la totalité des réalisations possibles d'une épreuve, on dit qu'ils forment un système complet d'évènements.

Alors :

$$\boxed{Pr\,\{A + B + C\} = Pr\,\{A\} + Pr\,\{B\} + Pr\{C\} = 1}$$

Tout système complet d'évènements est une partition de $\boldsymbol{\Omega}$.

e) Corollaire I

Soit $\boldsymbol{A}$ l'ensemble des parties de $\boldsymbol{\Omega}$ et $\overline{\boldsymbol{A}}$ l'ensemble complémentaire ; $\boldsymbol{A}$ et $\overline{\boldsymbol{A}}$ sont disjoints (ou incompatibles).

En appliquant l'axiome des probabilités totales, il vient :

$$Pr\{A \cup \bar{A}\} = Pr\{A\} + Pr\{\bar{A}\} = Pr\{\Omega\} = 1$$

Par conséquent :

$$\boxed{Pr\{\bar{A}\} = 1 - Pr\{A\}}$$

Les probabilités de $\boldsymbol{A}$ et de $\boldsymbol{\bar{A}}$ sont complémentaires.

f) Corollaire II

On cherche la probabilité de l'élément neutre $\boldsymbol{\Phi}$.

Or $\boldsymbol{\Phi} = \boldsymbol{\bar{\Omega}}$; par conséquent :

$$\boldsymbol{Pr\{\Phi\} = Pr\{\bar{\Omega}\} = 1 - Pr\{\Omega\} = 1 - 1 = 0}$$

$$\boxed{Pr\{\phi\} = 0}$$

2) Théorème des probabilités totales

Soit un ensemble fondamental $\boldsymbol{\Omega}$ et deux évènements $\boldsymbol{A}$ et $\boldsymbol{B}$ compatibles (ou non-disjoints), c'est-à-dire que $\boldsymbol{A \cap B = \phi}$.

Par définition, l'évènement $\boldsymbol{E = A \cup B}$ représente ou l'évènement $\boldsymbol{A}$, ou l'évènement $\boldsymbol{B}$, ou les évènements $\boldsymbol{A}$ et $\boldsymbol{B}$.

"La probabilité de l'évènement $\boldsymbol{E}$, c'est-à-dire la probabilité pour qu'au moins l'un des deux évènements ($\boldsymbol{A}$ ou $\boldsymbol{B}$) soit réalisé, est égale à la somme des probabilités pour que chacun d'eux soit réalisé, diminué de la probabilité de leur réalisation simultanée" :

$$\boxed{\begin{array}{c} Pr\{A \cup B\} = Pr\{A\} + Pr\{B\} - Pr\{A \cap B\} \\ \text{avec } A \cap B = \emptyset \end{array}}$$

3) Exemple

a) On tire une carte au hasard dans un jeu de 52 cartes. On définit les deux évènements suivants :

$\boldsymbol{A}$ = la carte tirée est la dame de pique

$\boldsymbol{B}$ = la carte tirée est un carreau

Quelle est la probabilité de l'évènement $\boldsymbol{E}$: la carte tirée est ou la dame de pique ou un carreau.

b) Définissons l'évènement E :

$$E = A \cup B$$

Les deux évènements $\boldsymbol{A}$ et $\boldsymbol{B}$ sont incompatibles puisque l'on ne peut réaliser simultanément $\boldsymbol{A}$ et $\boldsymbol{B}$ (la dame de pique n'est pas un carreau).

Donc :

$$Pr\,\{E\} = Pr\,\{A \cup B\} = Pr\,\{A\} + Pr\{B\}$$

Déterminons chacune de ces probabilités

$$\boldsymbol{Pr\{A\} = \frac{1}{52}}$$

$$\boldsymbol{Pr\{B\} = \frac{13}{52}}$$

$$\boldsymbol{Pr\{C\} = \frac{1}{52} + \frac{13}{52} = \frac{14}{52} = \frac{7}{26}}$$

V. Probabilités conditionnelles (ou liées)

1) Définition

Soit A et B deux évènements compatibles et de probabilités non nulles :

$$\begin{cases} A \cap B = \emptyset \\ Pr\,\{A\} > 0 \quad et \quad Pr\{B\} > 0 \end{cases}$$

On appelle probabilité conditionnelle (ou liée) de B par rapport à $\boldsymbol{A}$, que l'on note $\Pr\{B/A\}$, la probabilité de réalisation de l'évènement $\boldsymbol{B}$, sachant que l'évènement **A** est réalisé.

Elle est égale à la probabilité de l'intersection des deux évènements, divisée par la probabilité de l'évènement A :

$$\boxed{Pr\,\{B|A\} = \frac{Pr\,\{A \cap B\}}{Pr\,\{A\}}}$$

2) Théorème des probabilités composées

Ce théorème se déduit de la définition.

La probabilité de réalisation simultanée des deux évènements $\boldsymbol{A}$ et $\boldsymbol{B}$ est égale au produit de la probabilité de $\boldsymbol{A}$, par la probabilité de $\boldsymbol{B}$, sachant que $\boldsymbol{A}$ s'est déjà produit.

$$\boxed{Pr\,\{A \cap B\} = Pr\,\{A\}.Pr\,\{B|A\}}$$

Remarque :

La propriété de commutativité de l'opération intersection permet aussi d'écrire :

$$Pr\{A \cap B\} = Pr\{B\}.Pr\{A|B\} = Pr\{B \cap A\}$$

3) Exemple

Une urne contient 15 boules blanches et 10 boules noires. On extrait 2 boules. Quelle est la probabilité pour que ces 2 boules soient 2 boules blanches ?

Supposons que l'on extraie les deux boules successivement. La probabilité de sortir une première boule blanche est : $\frac{15}{25}$.

Cet évènement étant réalisé, il reste alors dans l'urne 24 boules dont 14 boules blanches. La probabilité de sortir une seconde boule blanche est donc : $\frac{14}{24}$.

La probabilité cherchée est donc : $\frac{15}{25} \times \frac{14}{24} = \mathbf{0,35}$.

Remarque :

On aurait trouvé le même résultat en appliquant le dénombrement des cas favorables et des cas possibles :

Il y a C_{15}^2 cas favorables (nombre de façons de choisir 2 boules blanches parmi 15 boules) et C_{25}^2 cas possibles (nombre de façons de choisir 2 boules parmi 25).

$$Pr\{2\ boules\ blanches\} = \frac{C_{15}^2}{C_{25}^2} = \frac{\frac{15!}{2!\ 13!}}{\frac{25!}{2!\ 23!}} = \frac{15!\ 2!\ 23!}{2!\ 13!\ 25!} = \frac{2!}{2!} \times \frac{15!}{13!} \times \frac{23!}{25!}$$

$$Pr\{2\ boules\ blanches\} = 1 \times \frac{15 \times 14}{1} \times \frac{1}{25 \times 24} = \frac{15 \times 14}{25 \times 24}$$

VI. Indépendance en probabilité

1) Définition

a) Soit 2 évènements A et B compatibles.

On dit que les deux évènements A et B, compatibles, sont indépendants en probabilité si la probabilité conditionnelle de B par rapport à A est égale à la probabilité de B :

$$Pr\{B|A\} = Pr\{B\}$$

Cela signifie que la réalisation ou la non-réalisation de A n'influe pas sur B.

b) Deux évènements peuvent être indépendants, même si l'un d'entre eux a une probabilité nulle.

c) Remarque :

L'indépendance est différente de l'incompatibilité :

Indépendance $\Leftrightarrow$ $Pr\{B|A\} = Pr\{B\}$

Incompatibilité $\Leftrightarrow$ $\begin{cases} \boldsymbol{A \cap B = \emptyset} \\ Pr\{A \cup B\} = Pr\{A\} + Pr\{B\} \end{cases}$

2) Théorème des probabilités composées dans le cas de l'indépendance.

Soit deux évènements $\boldsymbol{A}$ et $\boldsymbol{B}$ indépendants.

Dans le cas de l'indépendance de deux évènements, l'expression du théorème des probabilités composées devient :

$$\boxed{Pr\{A \cap B\} = Pr\{A\} \,.\, Pr\{B\}}$$

puisque, par définition de l'indépendance, $Pr\{B|A\} = Pr\{B\}$.

3) Exemple

a) A partir d'un jeu de 52 cartes, on forme 3 paquets, respectivement de 12 cartes, de 15 cartes et de 25 cartes. Le premier paquet contient 3 carreaux, le second 4 carreaux et le troisième 6 carreaux. En tirant au hasard une carte de chaque paquet, quelle est la probabilité d'obtenir 3 carreaux ?

b) Les évènements :

$\boldsymbol{A}$ - tirer un carreau du premier paquet

$\boldsymbol{B}$ - tirer un carreau du deuxième paquet

$\boldsymbol{C}$ - tirer un carreau du troisième paquet

sont trois évènements indépendants (puisque la carte tirée d'un paquet n'influe pas sur la carte tirée de l'un des deux autres paquets).

Par ailleurs :

$$Pr\{A\} = \frac{3}{12} \quad Pr\{B\} = \frac{4}{15} \quad Pr\{C\} = \frac{6}{25}$$

L'évènement cherché est :

$$E = A \cap B \cap C$$

Puisque les évènements sont indépendants :

$$Pr\ \{A \cap B \cap C\} = Pr\ \{A\}\ .\ Pr\ \{B\}\ .\ Pr\ \{C\}$$

$$Pr\ \{A \cap B \cap C\} = \frac{3}{12} \times \frac{4}{15} \times \frac{6}{25} = 0,016$$

Partie C :

LES PROBABILITÉS DÉFINIES DE FAÇON AXIOMATIQUE

I. Introduction

La notion empirique de probabilité telle qu'elle vient d'être exposée, ne permet pas une définition suffisamment rigoureuse de la probabilité.

Aussi les mathématiciens contemporains - en particulier Kolmogoroff - ont-ils proposé une définition axiomatique des probabilités fondée sur des axiomes, choisis de telle manière que les probabilités définies à partir de ceux-ci aient des propriétés identiques à celles définies de manière empirique.

II. Tribu (ou σ-algèbre) d'évènements

1) Algèbre de Boole

a) La structure d'algèbre de Boole a été définie par la mathématicien anglais George Boole (1815-1864).

b) Variable booléenne

Munir un ensemble d'une structure booléenne consiste à définir toute propriété dans une logique bivalente, c'est-à-dire où seules sont possibles deux valeurs exclusives l'une de l'autre : **0** ou **1**, vrai ou faux, absent ou présent, ouvert ou fermé, ...

Chaque variable ne pourra prendre qu'une seule de ces valeurs à un instant t ; ce type de variable porte le nom de variable booléenne.

c) Structure d'algèbre de Boole

Soit un ensemble E et une famille $\mathcal{F}$ de parties de E.

Les trois opérations de réunion ($\cup$), d'intersection ($\cap$) et de complémentation ($\complement$) définissent, pour la famille $\mathcal{F}$ de parties de E, une structure d'algèbre de Boole, si $\mathcal{F}$ possède les propriétés suivantes :

- $\mathcal{F}$ contient l'ensemble vide $\emptyset$ et E ;
- $\mathcal{F}$ est stable par réunion portant sur un nombre fini d'éléments, c'est-à-dire que si $A_1, A_2, \dots, A_n$ est une suite finie de parties de E appartenant à $\mathcal{F}$, alors la réunion de ces parties appartient aussi à $\mathcal{F}$:

$$(A_1 \in \mathcal{F}, A_2 \in \mathcal{F}, \ldots, A_n \in \mathcal{F}) \Rightarrow [(A_1 \cup A_2 \cup \ldots \cup A_n) \in \mathcal{F}]$$

On dit que $\mathcal{F}$ est fermée par rapport à la réunion portant sur un nombre fini d'éléments.

- $\mathcal{F}$ est stable par complémentation

La stabilité par complémentation signifie que :

$$(A_1 \in \mathcal{F}, A_2 \in \mathcal{F}, \ldots, A_n \in \mathcal{F}) \Leftrightarrow (\bar{A}_1 \in \mathcal{F}, \bar{A}_2 \in \mathcal{F}, \ldots, \bar{A}_n \in \mathcal{F})$$

Dans cette structure, les 7 propriétés suivantes sont vérifiées (***A, B*** et ***C*** étant trois éléments distincts) :

- idempotence : $A \cup A = A$ *et* $A \cap A = A \quad \forall A$
- commutativité : $A \cup B = B \cup A$ *et* $A \cap B = B \cap A \quad \forall A, B$
- associativité : $A \cup (B \cup C) = (A \cup B) \cup C$ et $A \cap (B \cap C) = (A \cap B) \cap C \quad \forall A, B, C$
- élément neutre : $A \cup \mathbf{0} = A$ *et* $A \cap \mathbf{1} = A \quad \forall A$
- absorption : $A \cup \mathbf{1} = \mathbf{1}$ *et* $A \cap \mathbf{0} = \mathbf{0} \quad \forall A$
- distributivité : $A \cup (B \cap C) = (A \cup B) \cap (A \cup C)$ et
  $A \cap (B \cup C) = (A \cap B) \cup (A \cap C) \; \forall A, B, C$
- lois de Morgan : $\overline{A \cup B} = \bar{A} \cap \bar{B}$ *et* $\overline{A \cap B} = \bar{A} \cup \bar{B} \quad \forall A, B$

2) Tribu T ou σ −algèbre de Boole sur un ensemble E

Considérons un ensemble ***E*** et une une famille $\mathcal{F}$ de parties de cet ensemble ***E*** : $\mathcal{P}(E)$.

On appelle tribu **T** ou **σ**-algèbre de Boole (ou encore famille de Borel) sur un ensemble ***E***, une famille $\mathcal{F}$ de parties de ***E*** qui possède les propriétés suivantes :

- elle contient l'ensemble vide $\emptyset$ et E ;
- elle est stable par réunion dénombrable, c'est-à-dire que si $(A_1 \in \mathcal{F}, A_2 \in \mathcal{F}, \ldots, A_n \in \mathcal{F})$ est une suite infinie dénombrable de parties de E appartenant à $\mathcal{F}$, alors la réunion infinie de ces parties appartient aussi à $\mathcal{F}$:

$$(A_1 \in \mathcal{F}, A_2 \in \mathcal{F}, \ldots, A_n \in \mathcal{F}) \Rightarrow [(A_1 \cup A_2 \cup \ldots \cup A_n \cup \ldots) \in \mathcal{F}]$$

La réunion dénombrable des A_n se note aussi :

$$\bigcup_{x \in N*} A_n$$

On dit alors que $\mathcal{F}$ est fermée par rapport à la réunion portant sur une infinité dénombrable d'éléments.

- elle est stable par complémentation, c'est-à-dire que si une partie $\boldsymbol{A}$ de $\boldsymbol{E}$ appartient à $\mathcal{F}$, alors la partie complémentaire $\bar{A}$ de $\boldsymbol{A}$ par rapport à $\boldsymbol{E}$, appartient aussi à $\mathcal{F}$:

$$(A \in \mathcal{F}) \Leftrightarrow (\bar{A} \in \mathcal{F})$$

On dit encore que $\mathcal{F}$ est fermée par rapport à la complémentation relativement à $\boldsymbol{E}$.

Remarques :

1) Une σ-algèbre est également stable par intersection dénombrable, c'est-à-dire que si $A_1, A_2, \dots, A_n$ est une suite infinie dénombrable de parties de E appartenant à $\mathcal{F}$, alors l'intersection infinie de ces parties appartient aussi à $\mathcal{F}$:

$$(A_1 \in \mathcal{F}, A_2 \in \mathcal{F}, \dots, A_n \in \mathcal{F}) \Rightarrow [(A_1 \cap A_2 \cap \dots \cap A_n \cap \dots) \in \mathcal{F}]$$

L'intersection dénombrable des $\boldsymbol{A_n}$ se note aussi :

$$\bigcap_{x \in N*} A_n$$

On dit que **T** est fermée par rapport à l'intersection portant sur une infinité dénombrable d'éléments.

2) Pour un ensemble E, la plus petite tribu est formée des deux parties $\emptyset$ et E. On l'appelle tribu grossière sur E.

3) $\mathcal{P}(E)$ est une tribu de parties de E, appelée tribu triviale sur E.

4) Toute σ-algèbre est une algèbre de Boole (mais la réciproque n'est pas vraie).

5) Si E est fini, on parle de clan au lieu de tribu.

III. Espace probabilisable

1) Définition

Soit un ensemble fini ou infini dénombrable $\boldsymbol{\Omega}$, appelé univers. ($\boldsymbol{\Omega}$ porte aussi le nom d'ensemble fondamental ou de référentiel, ou d'espace des épreuves lié à une expérience aléatoire).

Les éléments sont appelés éventualités.

Soit $\boldsymbol{\mathcal{A}}$ un ensemble non-vide de parties de $\boldsymbol{E}$ définissant une structure de tribu pour les lois ∪, ∩ et ∁. La $\boldsymbol{\sigma}$-algèbre $\boldsymbol{\mathcal{A}}$ est appelée tribu des évènements.

Par définition, on appelle espace probabilisable, le couple $(\boldsymbol{\Omega}, \boldsymbol{\mathcal{A}})$. Les éléments de $\boldsymbol{\mathcal{A}}$ sont appelés évènements.

2) Évènement élémentaire

a) Dans le cas où une éventualité (partie à un élément de Ω) est aussi un évènement (élément de $\mathcal{A}$), elle porte le nom d'évènement élémentaire, ou singleton que l'on écrit $\{\omega_i\}$.

b) En conséquence si $\mathcal{A} = \mathrm{P}(\Omega)$, toutes les éventualités figurent comme évènements élémentaires $\{\omega_i\}$.

c) Dans un espace probabilisable $(\Omega, \mathcal{A})$:

- l'ensemble vide $\emptyset$ constitue l'évènement impossible ;
- l'ensemble $\boldsymbol{\Omega}$ constitue l'évènement certain.

d) Soit un espace probabilisable $(\Omega, \mathcal{A})$. Toute partition dénombrable $A_1, A_2, \dots, A_n$ de Ω, telle que $\forall i = 1, \dots, n$, $A_i \in \mathcal{A}$, constitue un système complet d'évènements.

3) Probabilisation d'une algèbre de Boole ou d'une σ-algèbre

Une algèbre de Boole ou une $\boldsymbol{\sigma}$-algèbre $\boldsymbol{\mathcal{F}}$ est dite probabilisée, lorsqu'on définit, pour toute partie $\boldsymbol{A}$ de $\boldsymbol{E}$ appartenant à $\boldsymbol{\mathcal{F}}$ une application dans l'ensemble des réels $\boldsymbol{R}$, satisfaisant aux trois conditions suivantes :

- l'image de toute partie $\boldsymbol{A}$ de $\boldsymbol{E}$ appartenant à $\boldsymbol{\mathcal{F}}$ est positive ou nulle :

$$\forall A \in \mathcal{F} \qquad \boldsymbol{Pr}\,\{A\} \geq \boldsymbol{0}$$

- l'image de $\boldsymbol{E}$ est égale à l'unité :

$$\boldsymbol{Pr}\,\{\boldsymbol{E}\} = \boldsymbol{1}$$

- et (dans le cas d'une algèbre de Boole), l'image de la réunion d'un nombre fini de parties de $\boldsymbol{E}$ disjointes appartenant à $\boldsymbol{\mathcal{F}}$ est égale à la somme des images :

$$\boldsymbol{Pr}\,\{A_1 \cup A_2 \cup \dots \cup A_n\} = \sum_{i=1}^{n} \boldsymbol{Pr}\,\{A_i\}$$

Cette propriété porte le nom d'axiome des probabilités totales ou axiome d'additivité restreinte.

– ou (dans le cas d'une σ-algèbre $\mathcal{F}$) l'image de la réunion d'une infinité dénombrable de parties de $\boldsymbol{E}$ disjointes appartenant à $\mathcal{F}$ est égale à la somme infinie des images :

$$\boldsymbol{Pr}\,\{A_1 \cup A_2 \cup \dots \cup A_n \cup \dots\} = \sum_{i=1}^{\infty} \boldsymbol{Pr}\,\{A_i\}$$

Cette propriété porte le nom d'axiome d'additivité complète.

IV. Axiome des probabilités totales

1) Définition axiomatique d'une probabilité

Soit $(\boldsymbol{\Omega}, \mathcal{A})$ un espace probabilisable.

Par définition, on appelle probabilité définie sur $(\boldsymbol{\Omega}, \mathcal{A})$ une application p, de toute partie $\boldsymbol{A}$ de $\boldsymbol{\Omega}$ appartenant aussi à $\mathcal{A}$ dans $\boldsymbol{R}+$ telle que :

– - l'image de toute partie $\boldsymbol{A}$ de $\boldsymbol{\Omega}$ appartenant à $\mathcal{A}$ est positive ou nulle :

$$\boldsymbol{Pr}\,\{A\} \geq \boldsymbol{0}$$

– - l'image de $\boldsymbol{\Omega}$ est l'unité :

$$\boldsymbol{Pr}\,\{\Omega\} = \boldsymbol{1}$$

– - l'image de la réunion d'un nombre fini ou infini dénombrable de parties $\boldsymbol{A_i}$ de $\boldsymbol{\Omega}$ disjointes appartenant à $\mathcal{A}$ est égale à la somme des images :

$$\boldsymbol{Pr}\,\{A_1 \cup A_2 \cup \dots \cup A_n \cup \dots\} = \sum_{i=1}^{\infty} \boldsymbol{Pr}\,\{A_i\}$$

Cette propriété est ici l'axiome des probabilités totales.

Nous allons étudier les conséquences qui en découlent, après avoir défini la notion d'espace probabilisé.

2) Espace probabilisé

a) Définition

Soit un ensemble $\boldsymbol{\Omega}$, une tribu $\mathcal{A}$ sur $\boldsymbol{\Omega}$ et p une probabilité sur $(\boldsymbol{\Omega}, \mathcal{A})$.

Par définition on appelle espace probabilisé ou espace de probabilité le triplet $(\boldsymbol{\Omega}, \mathcal{A}, \boldsymbol{p})$.

C'est l'univers sur lequel nous travaillerons désormais.

b) Théorème

Nous allons montrer que toute probabilité $\boldsymbol{p}$ sur $(\boldsymbol{\Omega}, \mathcal{A})$ est entièrement déterminée par la donnée des nombres réels $\boldsymbol{p_i}$ correspondant aux évènements élémentaires $\{\boldsymbol{\omega_i}\}$. On supposera que $\boldsymbol{\Omega}$ comporte $\boldsymbol{n}$ éléments (le raisonnement est analogue si $\boldsymbol{\Omega}$ est infini).

Soit un évènement quelconque $\boldsymbol{A} \in \mathcal{A}$.

L'évènement $\boldsymbol{A}$ peut être considéré comme la réunion d'évènements élémentaires $\{\boldsymbol{\omega_i}\}$ deux à deux disjoints. Alors $\boldsymbol{Pr}\,\{A\}$ est la somme des probabilités $\boldsymbol{p_i}$ de ces évènements $\{\boldsymbol{\omega_i}\}$, et la donnée de ces nombres $\boldsymbol{p_i}$ permet de calculer $\boldsymbol{Pr}\,\{A\}$, donc détermine $\boldsymbol{p}$ de manière unique.

D'où l'énoncé du théorème :

"Toute probabilité $\boldsymbol{p}$ sur $(\boldsymbol{\Omega}, \mathcal{A})$ est déterminée entièrement par la donnée des nombres réels $\boldsymbol{p_i}$ vérifiant les conditions :

$$p_i \geq 0 \quad \forall i \qquad \text{et} \qquad \textstyle\sum_{i=1}^{n} p_i = 1$$

c) Conséquences

Deux conséquences découlent de ce théorème :

- on peut définir une probabilité $\boldsymbol{p}$ sur n'importe quel ensemble $\boldsymbol{\Omega}$, fini, ou infini dénombrable (les seules conditions à satisfaire étant $p_i \geq 0 \ \ \forall i$ et $\sum_{i=1}^{n} p_i = 1$;
- on peut définir plusieurs probabilités sur un même ensemble $\boldsymbol{\Omega}$ (il suffit que les images $\boldsymbol{p_i}$ diffèrent entre elles).

3) Conséquences de l'axiome des probabilités totales

a) Probabilité de l'évènement complémentaire $\bar{A}$

$$\boldsymbol{Pr}\,\{A \cup \bar{A}\} = \boldsymbol{Pr}\,\{A\} + \boldsymbol{Pr}\,\{\bar{A}\}$$

Or :

$$\boldsymbol{A \cup \bar{A} = \Omega \Rightarrow Pr\,\{A\} + Pr\,\{\bar{A}\} = 1}$$

Donc :

$$\boxed{\boldsymbol{Pr\,\{\bar{A}\} = 1 - Pr\,\{A\}}}$$

c'est-à-dire que la probabilité de l'évènement $\bar{\boldsymbol{A}}$ contraire de l'évènement $\boldsymbol{A}$, et appartenant comme ce dernier à $\mathcal{A}$, est égale au complément à **1** de la probabilité de $\boldsymbol{A}$.

b) Probabilité de l'ensemble vide $\emptyset$.

Faisons $\boldsymbol{A \equiv \Omega}$. Étant donné que $\boldsymbol{\Omega = 0}$ et que $\boldsymbol{Pr\,\{\Omega\} = 1}$, il vient :

$$\boldsymbol{Pr\,\{\emptyset\} = 1 - Pr\,\{\Omega\} = 1 - 1 = 0}$$

$$\boxed{\boldsymbol{Pr\,\{\emptyset\} = 0}}$$

c'est-à-dire que l'ensemble vide $\emptyset$ (qui appartient à $\boldsymbol{\mathcal{A}}$) a la probabilité zéro.

c) Probabilité d'un ensemble $\mathcal{A}$

Tout ensemble A appartenant à $\boldsymbol{\mathcal{A}}$ est inclus dans l'ensemble $\boldsymbol{\Omega}$ dont la probabilité est égale à 1.

Par ailleurs (axiome 1) : $\boldsymbol{Pr\,\{A\} \geq 0}$.

Donc :

$$\boxed{0 \leq Pr\,\{A\} \leq 1}$$

La probabilité de tout évènement est comprise entre **0** et **1**.

Ce résultat signifie également que $\boldsymbol{p}$ est une application de $\boldsymbol{\mathcal{A}}$ sur $[\mathbf{0}, \mathbf{1}]$.

d) $B \subset A$

Soit A et B appartenant à $\boldsymbol{\mathcal{A}}$ et disjoints, avec $\boldsymbol{B \subset A}$.

On peut écrire :

$$A = B \cup (A \cap \bar{B}) \quad \text{avec} \quad B\ et\ (A \cap \bar{B}) \text{ disjoints}$$

Il vient alors :

$$Pr\,\{A\} = Pr\,\{B \cup (A \cap \bar{B})\} = Pr\,\{B\} + Pr\,\{A \cap \bar{B}\}$$

En vertu de l'axiome 1 : $Pr\,\{A \cap \bar{B}\} \geq 0$.

Donc :

$$\boxed{B \subset A \;\Rightarrow\; Pr\,\{B\} \leq Pr\,\{A\}}$$

Par ailleurs, puisque $\boldsymbol{B \subset A}$, nous avons, et dans ce cas seulement :

$$(A \cap \bar{B}) = (A - B)$$

On en tire :

$$Pr\,\{A\} = Pr\,\{B\} + Pr\,\{A - B\} \;\Leftrightarrow\; \boxed{Pr\,\{A - B\} = Pr\,\{A\} - Pr\,\{B\}}$$

e) Probabilité d'un système complet d'évènements deux à deux disjoints

Soit un système complet d'évènements $\bigcup_{i=1}^{\infty} \boldsymbol{A_i}$ où les évènements $\boldsymbol{A_i}$ sont deux à deux disjoints.

Alors, on démontre facilement par récurrence que :

$$Pr\left\{\bigcup_{i=1}^{\infty} A_i\right\} = \sum_{i=1}^{\infty} Pr\{A_i\} = \boldsymbol{Pr\{\Omega\}} = \mathbf{1}$$

c'est-à-dire que la somme de tout système complet d'évènements est égale à l'unité.

f) Axiome des probabilités totales dans le cas de deux ensembles non-disjoints

Soit $\boldsymbol{A}$ et $\boldsymbol{B}$ deux ensembles appartenant à $\mathcal{A}$, non disjoints. Les ensembles $(\boldsymbol{A} \cup \boldsymbol{B})$ et $(\boldsymbol{A} \cap \boldsymbol{B})$ appartiennent également à $\mathcal{A}$, puisque la tribu $\mathcal{A}$ est fermée par rapport à la réunion $\cup$ et à l'intersection $\cap$.

$$Pr\{A \cup B\} = Pr\{A \cup (\bar{A} \cap B)\} = Pr\{A\} + Pr\{\bar{A} \cap B\}$$

Or nous pouvons écrire :

$$Pr\{B\} = Pr\{(A \cap B) \cup (\bar{A} \cap B)\} = Pr\{A \cap B\} + Pr\{\bar{A} \cap B\}$$

soit :

$$Pr\{\bar{A} \cap B\} = Pr\{B\} - Pr\{A \cap B\}$$

En reportant cette expression dans la première relation, il vient :

$$Pr\{A \cup B\} = Pr\{A\} + Pr\{B\} - Pr\{A \cap B\}$$

Donc la probabilité d'une réunion est égale à la somme des probabilités, diminuée de la probabilité de l'intersection.

Remarque :

Si $\boldsymbol{A}$ et $\boldsymbol{B}$ sont disjoints, alors $\boldsymbol{Pr\{A \cap B\}} = \mathbf{0}$ et on retrouve bien le fait que la probabilité d'une réunion est égale à la somme des probabilités.

g) Axiome des probabilités totales dans le cas de plusieurs ensembles non disjoints. Théorème de Poincaré

Soit 3 ensembles quelconques $\boldsymbol{A}, \boldsymbol{B}$ **et** $\boldsymbol{C} \in \mathcal{A}$.

$$Pr\{A \cup B \cup C\} = Pr\{A \cup B\} + Pr\{C\} - Pr\{(A \cup B) \cap C\}$$

Or :

$$Pr\,\{A \cup B\} = Pr\,\{A\} + Pr\,\{B\} - Pr\,\{A \cap B\}$$

et, en appliquant la propriété de distributivité de l'intersection par rapport à la réunion :

$$Pr\,\{(A \cup B) \cap C\} = Pr\,\{(A \cap C) \cup (B \cap C)\}$$

$$= \boldsymbol{Pr\,\{A \cap C\} + Pr\,\{B \cap C\} - Pr\,\{A \cap B \cap C\}}$$

Il vient donc :

$$\boxed{\begin{aligned} \boldsymbol{Pr\{A \cup B \cup C\} = Pr\{A\} + Pr\{B\} + Pr\{C\} - Pr\{A \cap B\}} \\ \boldsymbol{- Pr\{A \cap C\} - Pr\{B \cap C\} + Pr\{A \cap B \cap C\}} \end{aligned}}$$

En posant :

$$\boldsymbol{S_1 = Pr\,\{A\} + Pr\,\{B\} + Pr\,\{C\} = \sum_{i=1}^{n} Pr\,\{A_i\}}$$

$$\boldsymbol{S_2 = Pr\,\{A\} + Pr\,\{B\} + Pr\,\{C\} = \sum_{i} \sum_{<\, j} Pr\,\{A_i . A_j\}}$$

$$\boldsymbol{S_3 = Pr\,\{A \cap B \cap C\} = \sum_{i} \sum_{<j} \sum_{<\, k} Pr\,\{A_i . A_j . A_k\}}$$

il vient :

$$Pr\,\{A \cup B \cup C\} = S_1 - S_2 + S_3$$

$$= \sum_{i=1}^{n} Pr\,\{A_i\} - \sum_{i} \sum_{<\, j} Pr\,\{A_i . A_j\}$$

$$+ \sum_{i} \sum_{<j} \sum_{<\, k} Pr\,\{A_i . A_j . A_k\}$$

On étend aisément ce résultat, en raisonnant par récurrence.

En posant :

$$S_k = \sum_{i_1} \sum_{< i_2 < \ldots} \ldots\ldots \sum_{\ldots < i_k} Pr\,\{A_{i_1} . A_{i_2} \ldots\ldots A_{i_k}\}$$

il vient :

$$\boxed{Pr\,\{A_1 \cup A_2 \cup \ldots \cup A_n\} = \sum_{k=1}^{n} (-1)^{k-1} S_k}$$

Ce résultant constitue le théorème de Poincaré (encore appelé formule de Poincaré, formule du crible ou formule d'inclusion-exclusion) :

"La probabilité de réalisation de l'un au moins des évènements $\boldsymbol{A_1, \ldots, A_n}$ est égale à la somme alternée des sommes de probabilités attachées aux $\boldsymbol{C_n^k}$ intersections k à k."

h) Inégalité de Boole

Dans l'expression de théorème du Poincaré, le premier terme $S_1 = \sum_{i=1}^{n} Pr\,\{A_i\}$ constitue une borne supérieure de la probabilité attachée à la réunion $Pr\,\{A_1 \cup A_2 \cup \ldots \cup A_n\}$, ce qui peut encore s'écrire :

$$Pr\,\{A_1 \cup A_2 \cup \ldots \cup A_n\} \leq S_1$$

ou :

$$\boxed{Pr\,\{A_1 \cup A_2 \cup \ldots \cup A_n\} \leq \sum_{i=1}^{n} Pr\,\{A_i\}}$$

Cette inégalité est appelée inégalité de Boole.

(Elle ne présente d'intérêt que si la série $\sum_{i=1}^{n} Pr\,\{A_i\}$ converge).

4) Probabilité uniforme sur un ensemble fini

a) Évènements élémentaires équiprobables

Soit un ensemble fini $\boldsymbol{\Omega}$ de cardinal $\boldsymbol{n \neq 0}$.

Supposons que les probabilités des $\boldsymbol{n}$ évènements élémentaires $\{\boldsymbol{\omega_i}\}$ $\forall \boldsymbol{i = 1, \ldots, n}$ soient égales entre elles.

Alors :

$$\sum_{i=1}^{n} P_i = Pr\,\{\Omega\}$$

$$= \sum_{i=1}^{n} Pr\,\big\{\{\omega_i\}\big\} = Pr\,\big\{\{\omega_1\} + \{\omega_2\} + \cdots + \{\omega_n\}\big\}$$

$$= n.Pr\,\big\{\{\omega_i\}\big\} = 1$$

et :

$$\boxed{Pr\,\{\{\omega_i\}\} = \frac{1}{n}}$$

Donc, si les évènements élémentaires sont au nombre de $\boldsymbol{n}$, et qu'ils aient tous même probabilité, un évènement quelconque $\{\boldsymbol{\omega_i}\}$ a la probabilité $\boldsymbol{p_i} = \frac{\mathbf{1}}{\boldsymbol{n}}$.

b) Probabilité d'un évènement A dans le cas de la probabilité uniforme.

Soit un ensemble $(\boldsymbol{\Omega}, \boldsymbol{\mathcal{A}})$ de cardinal $\boldsymbol{n} \neq \mathbf{0}$ et un évènement $\boldsymbol{A} \in \boldsymbol{\mathcal{A}}$, de cardinal $\boldsymbol{m}$. Une conséquence de la propriété précédente est que :

$$Pr\,\{A\} = \frac{\sum_{i=1}^{m} p_i}{\sum_{j=1}^{n} p_j} = \frac{Card\,A}{Card\,\Omega} = \frac{\text{Nombre d'éventualités favorables}}{\text{Nombre d'éventualités possibles}}$$

en appelant éventualités favorables, les éventualités réalisant $\boldsymbol{A}$. (Cette règle avait été énoncée par Laplace au 18ème siècle).

Cette valeur est unique.

Remarque :

Concrètement, tout problème de ce type se ramène au calcul de $\boldsymbol{Card\,A}$ et de $\boldsymbol{Card\,\Omega}$, c'est-à-dire à un problème de dénombrement (cf. éléments d'analyse combinatoire.

V. Probabilité conditionnelle

1) Définition

Soit un espace probabilisé $(\boldsymbol{\Omega}, \boldsymbol{\mathcal{A}}, \mathbf{p})$ et deux évènements $\boldsymbol{A}$ de probabilité non nulle et $\boldsymbol{B}$ appartenant à une tribu $\boldsymbol{\mathcal{A}}$.

On appelle probabilité conditionnelle de $\boldsymbol{B}$ liée par $\boldsymbol{A}$ (ou probabilité de $\boldsymbol{B}$ conditionnée par $\boldsymbol{A}$ ou probabilité de $\boldsymbol{B}$ sachant $\boldsymbol{A}$), l'application de $\boldsymbol{B}$ sur $\boldsymbol{R}+$ définie par :

$$\boxed{p_A(B) = \frac{p(A \cap B)}{p(A)}}$$

$p_A(B)$ se note également $Pr\,\{B/A\}$ [1]

---

[1] De manière plus rigoureuse, on doit considérer la famille $\mathcal{A}_{A.}$ des intersections $A \cap B$, où A est fixé et où B est un élément quelconque de $\mathcal{A}_{A.}$.

2) Propriétés

a) p_A est une loi de probabilité sur $\mathcal{A}$.

$Pr\{A \cap B\} \geq 0$ et $Pr\{A\} > 0$; donc p_A est une application de $\boldsymbol{A}$ sur $\boldsymbol{R}+$.

Vérifions que p_A satisfait aux axiomes de définition d'une probabilité :

- $p_A \geq 0$, car p_A est le quotient de $p(A \cap B) \geq 0$ et de $p(A) > 0$;
- $p_A(\Omega) = \frac{p\{A\}}{p(A)} = 1$, car $A \subset \Omega$ et $A \cap \Omega = A$;

Si $\boldsymbol{B}$ et $\boldsymbol{C}$ sont deux évènement incompatibles de $\boldsymbol{\mathcal{A}}$:

$$p_A(\boldsymbol{B} \cup \boldsymbol{C}) = \frac{p\,\{(A \cap B) \cup (A \cap C)\}}{p\,(A)} = \frac{p\,(A \cap B) + p\,(A \cap C)}{p\,(A)}$$

$$p_A(\boldsymbol{B} \cup \boldsymbol{C}) = \frac{p\,\{(A \cap B)\}}{p\,(A)} + \frac{p\,(A \cap C)}{p\,(A)} = p_A(\boldsymbol{B}) + p_A(\boldsymbol{C})$$

En conséquence, p_A est bien une loi de probabilité sur $\mathcal{A}$.

b) Triplet $(\Omega, \mathcal{A}, p_A)$

p_A étant une loi de probabilité sur $\boldsymbol{\mathcal{A}}$, l'espace $(\boldsymbol{\Omega}, \boldsymbol{\mathcal{A}}, \mathbf{p}_A)$ est bien un espace probabilisé.

c) Généralisation du troisième axiome

La propriété énoncée par le troisième axiome se généralise aisément :

$$p_A\left(\bigcup_{i=1}^{n} B_i\right) = \frac{p\left(\left(\cup_{i=1}^{n} B_i\right) \cap A\right)}{p\,(A)} = \frac{p\,\left(\cup_{i=1}^{n}(B_i \cap A)\right)}{p\,(A)}$$

Les évènements $(B_i \cap A)$ sont disjoints deux à deux, car :

$$(B_i \cap A) \cup \left(B_j \cap A\right) = \left(B_i \cap B_j\right) \cup A = \emptyset$$

Donc :

La famille $\mathcal{A}_A$ constitue alors une sous-famille de $\mathcal{A}$ *et est une σ-algèbre.*

Alors, $Pr\{B/A\}$, qui est définie $\forall B \in \mathcal{A}$, est en fait rattachée à l'intersection $A \cap B \in \mathcal{A}_A$.

$$\boxed{p_A\left(\bigcup_{i=1}^{n} B_i\right) = \sum_{i=1}^{n} p_{A(B_i)}}$$

Ainsi, la probabilité conditionnelle de la réunion d'une famille d'évènements, disjoints deux à deux, liée par $\boldsymbol{A}$, est égale à la somme des probabilités conditionnelles des évènements de la famille liée par $\boldsymbol{A}$.

d) Cas particulier où $p\ (A) = 0$

Dans le cas particulier où $\boldsymbol{p\ (A) = 0}$, on ne peut pas définir $\boldsymbol{p_A}$.

e) Cas particulier de $p_A(A)$

$$\boldsymbol{p_A(A) = \frac{p\ (A \cap A)}{p\ (A)} = \frac{p\ (A)}{p\ (A)} = 1}$$

L'ensemble $\boldsymbol{A}$ joue alors le rôle d'ensemble fondamental et l'on peut considérer que $\boldsymbol{p_A}$ est alors définie sur $\boldsymbol{(A, \mathcal{P}(A))}$; on la note $\boldsymbol{p'_A}$ (probabilité *induite*).

f) Cas particulier où $B \subset A$

Si :

$$\mathbf{B \subset A \ \Rightarrow \ A \cap B = B}$$

Il vient alors :

$$\boldsymbol{p_A(B) = \frac{p\ (A \cap B)}{p\ (A)} = \frac{p\ (B)}{p\ (A)}}$$

$$\boxed{\textbf{si } \mathbf{B \subset A} \ \Rightarrow \boldsymbol{p_A(B) = \frac{p\ (B)}{p\ (A)}}}$$

D'autre part :

$$p_B(A) = \frac{p\ (B \cap A)}{p\ (B)} = \frac{p\ (B)}{p\ (B)} = 1$$

ce qui signifie que, si $\mathbf{B \subset A}$, la probabilité de réalisation de $\boldsymbol{A}$, sachant que $\boldsymbol{B}$ a été réalisé, est égale à l'unité.

g) Axiome des probabilités composées

La relation de définition de la probabilité conditionnelle peut encore s'écrire :

$$p(A).\,p_A(B) = p(A \cap B)$$

Or:

$$p_B(A) = \frac{p\,(B \cap A)}{p\,(B)} \Leftrightarrow p(B).p_B(A) = p(A \cap B)$$

En rapprochant les deux égalités, il vient alors :

$$\boxed{p\,(A \cap B) = p\,(A).p_A(B) = p\,(B).p_B(A)}$$

Cette relation symétrique porte le nom d'axiome des probabilités composées. (Elle avait déjà été énoncée par le mathématicien anglais Moivre au 18ème siècle).

On l'écrit encore couramment :

$$\boxed{Pr\,\{A \cap B\} = Pr\,\{A\}.Pr\,\{B/A\} = Pr\,\{B\}.Pr\,\{A/B\}}$$

h) Généralisation de l'axiome des probabilités composées au cas de n évènements.

L'axiome des probabilités composées se généralise au cas d'un nombre quelconque d'évènements.

Soit un espace probabilisé $(\boldsymbol{\Omega}, \mathcal{A}, \mathbf{p})$ et soient $\boldsymbol{A_1}, \boldsymbol{A_2}, \dots, \boldsymbol{A_n}$ des évènements $\in \mathcal{A}$.

Supposons que l'évènement $(\boldsymbol{A_1} \cap \boldsymbol{A_2} \cap \dots \cap \boldsymbol{A_n})$ ait une probabilité non nulle.

La généralisation de l'axiome des probabilités composées au cas de $\boldsymbol{n}$ évènements s'énonce :

$$Pr\,(A_1 \cap A_2 \cap \dots \cap A_n)$$
$$= Pr\,\{A_1\}.Pr\,\{A_2/A_1\}.Pr\,\{A_3/A_1 \cap A_2\}.\dots.Pr\,\{A_n/A_1 \cap A_2 \cap \dots \cap A_{n-1}\}$$

ce qui peut encore s'écrire :

$$\boxed{Pr\left\{\bigcap_{i=1}^{n} A_i\right\} = \Pr\{A_1\}.\Pr\left\{\frac{A_2}{A_1}\right\}.\Pr\left\{\frac{A_3}{A_1} \cap A_2\right\}.\dots.r\,\{A_n/A_1 \cap \boldsymbol{A_2} \cap \dots \cap \boldsymbol{A_{n-1}}\}}$$

i) Formule des probabilités totales

Soit un espace probabilisé $(\boldsymbol{\Omega}, \mathcal{A}, \mathbf{p})$, ainsi qu'un système complet d'évènements de probabilités non nulles $(\boldsymbol{A_i})\ \boldsymbol{i} \in \boldsymbol{N}$ et un évènement

$\boldsymbol{B}$ appartenant à une tribu $\boldsymbol{\mathcal{A}}$.

En outre $(\boldsymbol{A_i} \cap \boldsymbol{A_j}) = \emptyset$.

Les $(\boldsymbol{A_i})$ constituant un système complet d'évènements,

il vient :

$$\bigcup_{i \in N} A_i = \Omega$$

Nous pouvons écrire :

$$B = B \cap \Omega = B \cap \left(\bigcup_{i \in N} A_i \right) = \left(\bigcup_{i \in N} A_i \right) \cap B$$

Or, cette dernière expression peut encore s'écrire :

$$\bigcup_{i \in N} (B \cap A_i)$$

Donc :

$$B = \bigcup_{i \in N} (B \cap A_i)$$

Étant donné que les $(B \cap A_i)$ sont disjoints deux à deux, nous pouvons écrire :

$$\boxed{Pr\,\{B\} = \sum_{i \in N} Pr\,\{B \cap A_i\} = \sum_{i \in N} Pr\,\{B/A_i\}.Pr\,\{A_i\}}$$

La relation :

$$\boxed{Pr\,\{B\} = \sum_{i \in N} Pr\,\{B/A_i\}.Pr\,\{A_i\}}$$

constitue la formule des probabilités totales.

Remarque :

Cette relation est très utile lorsque la réalisation de l'évènement $\boldsymbol{B}$ dépend de la réalisation de plusieurs évènements.

j) Conclusion

La notion de probabilité conditionnelle met en évidence le fait que la probabilité attachée à un évènement ne dépend pas uniquement de l'évènement, mais surtout de la catégorie d'épreuves, par lesquelles l'évènement est engendré.

VI. Probabilité des causes - Formule de Bayes.

1) Énoncé du problème

La probabilité des causes (que l'on désigne également sous le nom de probabilité de Bayes) met en jeu un schéma qui comprend deux niveaux d'aléatoire.

Considérons 2 causes indépendantes $\boldsymbol{U_1}$ et $\boldsymbol{U_2}$ (on généralisera ultérieurement à $\boldsymbol{n}$ causes) et les probabilités a priori $\boldsymbol{\pi_1}$ et $\boldsymbol{\pi_2}$ d'apparition de ces causes, avec :

$$\pi_1 = Pr\{U_1\} \quad \text{et} \quad \pi_2 = Pr\{U_1\}$$

On considère maintenant un résultat $\boldsymbol{R}$ et on désigne par $\boldsymbol{p_1}$ et $\boldsymbol{p_2}$ les probabilités pour que les causes $\boldsymbol{U_1}$ ou $\boldsymbol{U_2}$ entraînent le résultat $\boldsymbol{R}$:

$$p_1 = Pr\{R/U_1\} \qquad \text{et} \qquad p_2 = Pr\{R/U_2\}$$

Le problème posé par la probabilité des causes est alors la connaissance de la probabilité a posteriori $\boldsymbol{p_i}$ pour que la cause $\boldsymbol{U_i}$ soit celle qui ait provoqué le résultat $\boldsymbol{R}$.

2) Le schéma des urnes - Théorème de Bayes

a) Énoncé.

Nous allons présenter le raisonnement à partir du schéma des urnes.

Soient deux urnes $\boldsymbol{U_1}$ et $\boldsymbol{U_2}$:

- l'urne $\boldsymbol{U_1}$ contient une proportion $\mathbf{p_1}$ de boules blanches et une proportion $\mathbf{q_1 = 1 - p_1}$ de boules noires ;
- l'urne $\boldsymbol{U_2}$ contient une proportion $\boldsymbol{p_2}$ de boules blanches et une proportion $\boldsymbol{q_1 = 1 - p_2}$ de boules noires.

Le schéma qui comprend deux niveaux d'aléatoire correspond au fait que l'on va effectuer un tirage en deux stades :

- on choisit tout d'abord au hasard, l'une des deux urnes :

$\boldsymbol{U_1}$ avec la probabilité $\boldsymbol{\pi_1}$; $\qquad Pr\{U_1\} = \pi_1$

$\boldsymbol{U_2}$ avec la probabilité $\boldsymbol{\pi_2}$; $\qquad Pr\{U_2\} = \pi_2$

(donc $\boldsymbol{\pi_1 + \pi_2 = 1}$, puisque les évènements $\boldsymbol{U_1}$ et $\boldsymbol{U_2}$ sont complémentaires).

- dans l'urne tirée, qui demeure inconnue, on tire une boule au hasard.

Le problème de Bayes s'énonce alors ainsi :

"Sachant que le boule tirée est blanche, quelle est la probabilité qu'elle provienne de l'urne $\boldsymbol{U_1}$" ?

b) Résolution

Nous allons utiliser les axiomes des probabilités totales et des probabilités composées.

Désignons par :

- $\boldsymbol{B}$ l'évènement "la boule obtenue à l'issue du deuxième tirage est blanche" et
- $\boldsymbol{N}$ l'évènement "la boule obtenue à l'issue du deuxième tirage est noire".

Alors :

$$p_1 = Pr\,\{B/U_1\} \qquad \text{et} \qquad p_2 = Pr\,\{B/U_2\}$$

et la probabilité cherchée est :

$$Pr\,\{U_1/B\}$$

En appliquant l'axiome des probabilités composées, il vient :

$$Pr\,\{U_1/B\} = \frac{Pr\,\{U_1 \cap B\}}{Pr\,\{B\}} = \frac{Pr\,\{U_1\}.Pr\,\{B/U_1\}}{Pr\,\{B\}} = \frac{\pi_1 p_1}{Pr\,\{B\}}$$

On a de même :

$$Pr\,\{U_2/B\} = \frac{Pr\,\{U_2 \cap B\}}{Pr\,\{B\}} = \frac{Pr\,\{U_2\}.Pr\,\{B/U_2\}}{Pr\,\{B\}} = \frac{\pi_2 p_2}{Pr\,\{B\}}$$

Nous cherchons maintenant à déterminer $Pr\,\{B\}$.

L'évènement $\boldsymbol{B}$ peut encore s'écrire :

$$B = B \cap \Omega = B \cap (U_1 \cup U_2)$$

puisque les évènements $\boldsymbol{U_1}$ et $\boldsymbol{U_2}$ sont complémentaires.

Compte tenu de la propriété de distributivité de l'opération $\cap$ par rapport à l'opération $\cup$, on peut encore écrire :

$$B = (B \cap U_1) \cup (B \cap U_2)$$

En appliquant maintenant l'axiome des probabilités totales, et en remarquant que les évènements $(\boldsymbol{B} \cap \boldsymbol{U_1})$ et $(\boldsymbol{B} \cap \boldsymbol{U_2})$ sont incompatibles, il vient :

$$Pr\{B\} = Pr\{(B \cap U_1) \cup (B \cap U_2)\}$$

$$Pr\{B\} = Pr\{(B \cap U_1) + Pr(B \cap U_2)\}$$

$$Pr\{B\} = \pi_1 p_1 + \pi_2 p_2$$

D'où l'expression de la probabilité cherchée :

$$\boxed{Pr\{U_1/B\} = \frac{\pi_1 p_1}{\pi_1 p_1 + \pi_2 p_2}}$$

Ce résultat constitue le théorème de Bayes, qui peut s'énoncer ainsi : "La probabilité a posteriori que l'urne choisie au premier tirage soit l'urne $\boldsymbol{U_1}$ lorsqu'on sait qu'au deuxième tirage on a obtenu une boule blanche est proportionnelle à la fois :

- à la probabilité a priori $\boldsymbol{\pi_1}$ que l'urne choisie au premier tirage soit l'urne $\boldsymbol{U_1}$
- à la proportion de boules blanches $\boldsymbol{p_1}$ contenues dans l'urne $\boldsymbol{U_1}$."

On aurait de même $Pr\{U_1/B\}$, probabilité, sachant que la boule tirée est blanche, qu'elle provienne de l'urne $\boldsymbol{U_2}$:

$$\boxed{Pr\{U_2/B\} = \frac{\pi_2 p_2}{\pi_1 p_1 + \pi_2 p_2}}$$

c) Complémentarité des probabilités $Pr\{U_1/B\}$ et $Pr\{U_2/B\}$

On vérifie aisément que les probabilités $Pr\{U_1/B\}$ et $Pr\{U_2/B\}$ sont complémentaires :

$$Pr\{U_1/B\} + Pr\{U_2/B\} = \frac{\pi_1 p_1}{\pi_1 p_1 + \pi_2 p_2} + \frac{\pi_2 p_2}{\pi_1 p_1 + \pi_2 p_2} = \frac{\pi_1 p_1 + \pi_2 p_2}{\pi_1 p_1 + \pi_2 p_2} = 1$$

ce qui revient encore à exprimer que :

$$\boxed{Pr\{(U_1 + U_2)/B\} = 1}$$

d) Conclusion

Ainsi que nous venons de le voir, le théorème de Bayes fait intervenir deux niveaux d'aléatoire, ce qui signifie, en particulier, que la désignation de l'urne doit être aléatoire.

Par ailleurs, l'application de ce théorème rend nécessaire la connaissance des probabilités a priori $\boldsymbol{\pi_1}$ et $\boldsymbol{\pi_2}$. Or, il est rare que l'on ait cette connaissance, dans la pratique ; alors si l'on affecte arbitrairement n'importe quelle valeur à ces probabilités a priori, on obtient n'importe quoi !

Le plus souvent, on remplacera les vraies valeurs de $\boldsymbol{\pi_1}$ et $\boldsymbol{\pi_2}$, inconnues, par leurs estimations. (La théorie de l'estimation n'est pas étudiée ici).

3) Généralisation du théorème de Bayes

a) Énoncé du problème

Soit un espace probabilisé$(\boldsymbol{\Omega}, \mathcal{A}, \mathbf{p})$ et soit $\boldsymbol{U_1}, \boldsymbol{U_2}, \dots, \boldsymbol{U_n}$ un système complet d'évènements (tel que $Pr\,\{U_i\} \neq 0, \forall i$) et les probabilités a priori $\boldsymbol{\pi_i}$ d'apparition de ces évènements :

$$\boxed{\pi_i = Pr\,\{U_i\}}$$

On considère maintenant un résultat $\boldsymbol{R}$ et on désigne par $\boldsymbol{p_i}$ la probabilité pour que la cause $\boldsymbol{U_i}$ entraîne le résultat $\boldsymbol{R}$:

$$p_i = Pr\,\{R/U_i\}$$

On cherche alors la probabilité a posteriori pour que la cause U_i soit celle qui ait provoqué le résultat $\boldsymbol{R}$.

b) Le schéma des urnes

On reprend le schéma des urnes, cette fois avec $\boldsymbol{n}$ urnes $U_i, i = 1, \dots, n$, où l'urne U_i contient une proportion $\boldsymbol{p_i}$ de boules blanches et une proportion $\boldsymbol{q_i = 1 - p_i}$ de boules noires.

On choisit d'abord, au hasard, l'une des urnes U_i avec la probabilité $\boldsymbol{\pi_i}$:

$$Pr\,\{U_i\} = \pi_i$$

(sachant que $\sum_{i=1}^{n} \pi_i = 1$, puisque l'ensemble des U_i forme un système complet d'évènements).

En désignant par $\boldsymbol{B}$ l'évènement "la boule obtenue à l'issue du deuxième tirage est blanche" : il vient :

$$p_i = Pr\,\{B/U_i\}$$

et la probabilité cherchée est :

$$Pr\,\{U_i/B\}$$

On applique le même raisonnement que dans le cas de 2 urnes :

$$Pr\,\{U_i/B\} = \frac{Pr\,\{U_i \cap B\}}{Pr\,\{B\}} = \frac{Pr\,\{U_i\}.Pr\,\{B/U_i\}}{Pr\,\{B\}} = \frac{\pi_i p_i}{Pr\,\{B\}}$$

D'autre part :

$$B = B \cap \Omega = B \cap \left(\bigcup_{i=1}^{n} U_i \right) = \bigcup_{i=1}^{n} (U_i \cap B)$$

car les $(U_i \cap B)$ sont incompatibles entre eux.

Donc :

$$Pr\,\{B\} = \sum_{i=1}^{n} Pr\,\{U_i \cap B\} = \sum_{i=1}^{n} (\pi_i p_i)$$

et l'on obtient finalement, avec $i = 1, \ldots, n$:

$$\boxed{Pr\,\{U_i/B\} = \frac{\pi_i p_i}{\sum_{i=1}^{n} (\pi_i p_i)}}$$

c) Généralisation du schéma de l'urne au cas où chaque urne comprend des boules de k couleurs différentes

Désignons ici par $\boldsymbol{p_i^{(h)}}$ la proportion de boules de couleur $\boldsymbol{h}$ dans l'urne U_i.

Nous pouvons présenter ces données dans un tableau :

Couleurs / Urnes	a	...	h	...	TOTAL	Probabilité a priori
U_1						
......						
U_i			$p_i^{(h)}$		1	π_i
....						
TOTAL						1

La probabilité cherchée s'écrit ici :

$$P_i = Pr\,\{U_i/B_h\}$$

On démontre par un raisonnement analogue, avec $\boldsymbol{i = 1, \ldots, n}$, que :

$$\boxed{Pr\,\{U_i/B_h\} = \frac{\pi_i p_i^{(h)}}{\sum_{i=1}^{n} \left(\pi_i p_i^{(h)} \right)}}$$

VII. Indépendance en probabilité

1) Indépendance entre 2 évènements

a) Définition 1

Soit un espace probabilisé $(\Omega, \mathcal{A}, \mathbf{p})$ et soit deux évènements A et B de probabilité non nulle, appartenant l'un et l'autre à $\mathcal{A}$. On suppose que ces 2 évènements soient compatibles : $A \cap B \neq 0$.

Par définition, on dit que les évènements compatibles A et B sont indépendants (ou p-indépendants, ou indépendants en probabilité, ou encore stochastiquement indépendants), si la réalisation de l'un n'a pas d'influence sur la réalisation de l'autre, c'est-à-dire si :

$$\boxed{Pr\,\{B/A\} = Pr\,\{B\}} \qquad \text{et} \qquad \boxed{Pr\,\{A/B\} = Pr\,\{A\}}$$

soit, respectivement :

- la probabilité de réalisation de l'évènement B est la même, selon qu'on sait ou qu'on ne sait pas si l'évènement A a été réalisé ;
- la probabilité de réalisation de l'évènement A est la même, selon qu'on sait ou qu'on ne sait pas si l'évènement B a été réalisé.

b) Définition 2

L'indépendance entre deux évènements A et B peut, de manière équivalente, s'exprimer par :

$$\boxed{Pr\,\{A \cap B\} = Pr\,\{A\}\,.\,Pr\,\{B\}}$$

En effet, l'expression de $Pr\,\{B/A\}$ est :

$$Pr\,\{B/A\} = \frac{Pr\,\{B \cap A\}}{Pr\,\{A\}} \Leftrightarrow Pr\,\{B \cap A\} = Pr\,\{B/A\}\,.\,Pr\,\{A\}$$

Or :

$$Pr\,\{B/A\} = Pr\,\{B\}$$

donc :

$$\boxed{Pr\,\{B \cap A\} = Pr\,\{B\}\,.\,Pr\,\{A\}}$$

Ce résultat s'exprime en disant que "deux évènements compatibles A et B sont indépendants en probabilité, si la probabilité de leur intersection est égale au produit de leur probabilité".

c) Rôle symétrique des évènements A et B

La définition qui précède montre que les évènements $\boldsymbol{A}$ et $\boldsymbol{B}$ jouent un rôle symétrique : ainsi, l'indépendance est une relation symétrique, c'est-à-dire que si $\boldsymbol{B}$ est indépendant de $\boldsymbol{A}$, $\boldsymbol{A}$ est indépendant de $\boldsymbol{B}$.

d) Indépendance entre A et B, A et $\bar{B}$, $\bar{A}$ et B, $\bar{A}$ et $\bar{B}$

L'indépendance entre deux évènements $\boldsymbol{A}$ et $\boldsymbol{B}$, entraîne également l'indépendance pour les évènements définis à partir de $\boldsymbol{A}$ et $\boldsymbol{B}$, par réunion, intersection ou complémentation.

Démontrons cette propriété, par exemple, sur les évènements $\bar{\boldsymbol{A}}$ et $\boldsymbol{B}$:

$$Pr\,\{\bar{A} \cap B\} = Pr\,\{\bar{A}/B\}\,.\,Pr\,\{B\} = [1 - Pr\,\{A/B\}]\,.\,Pr\,\{B\}$$
$$= [1 - Pr\,\{A\}]\,.\,Pr\,\{B\} = Pr\,\{\bar{A}\}\,.\,Pr\,\{B\}$$

$$\boxed{Pr\,\{\bar{A} \cap B\} = Pr\,\{\bar{A}\}\,.\,Pr\,\{B\}}$$

Cette propriété permet également de conclure que si 2 évènements sont indépendants et que leurs probabilités soient connues, on peut connaître, à partir de celles-ci, la probabilité de tout évènement défini à partir de $\boldsymbol{A}$ et $\boldsymbol{B}$ par réunion, intersection et complémentation.

e) Indépendance, espace probabilisé, espace probabilisable

Soit un espace probabilisable $(\boldsymbol{\Omega}, \boldsymbol{\mathcal{A}})$ et un espace probabilisé $(\boldsymbol{\Omega}, \boldsymbol{\mathcal{A}}, \mathbf{p})$.

L'indépendance dépend de la probabilité $\boldsymbol{p}$, et non pas seulement de $(\boldsymbol{\Omega}, \boldsymbol{\mathcal{A}})$, ce qui signifie que l'indépendance de 2 évènements se définit par rapport à un espace probabilisé et non pas par rapport à un espace probabilisable.

f) Indépendance et incompatibilité

Nous venons de voir ci-dessus que l'indépendance entre deux évènements $\boldsymbol{A}$ et $\boldsymbol{B}$ est une propriété liée à l'application $\boldsymbol{p}$ qui fournit la probabilité des éléments de la tribu à laquelle appartiennent les évènements $\boldsymbol{A}$ et $\boldsymbol{B}$.

Deux évènements compatibles $\boldsymbol{A}$ et $\boldsymbol{B}$ (c'est-à-dire $\boldsymbol{A} \cap \boldsymbol{B} = \emptyset$) sont indépendants si :

$$\boxed{Pr\,\{A \cap B\} = Pr\,\{A\}\,.\,Pr\,\{B\}}$$

Par contre, l'incompatibilité est une propriété intrinsèque des couples d'évènements : deux évènements $\boldsymbol{A}$ et $\boldsymbol{B}$ sont incompatibles si leur intersection est l'ensemble vide $\emptyset$:

$$A \text{ et } B \text{ incompatibles} \qquad \Leftrightarrow \qquad A \cap B = \emptyset$$

Dans ce cas, $Pr\,\{\bar{A} \cap B\} = 0$, quelles que soient $Pr\,\{A\}$ et $Pr\,\{B\}$.

On ne doit donc pas confondre évènements indépendants et évènements incompatibles (la seule analogie étant qu'il s'agit, dans chaque cas, d'une relation symétrique non transitive).

2) Indépendance de plus de 2 évènements

a) Cas de 3 évènements A, B et C

Soit un espace probabilisé $(\boldsymbol{\Omega}, \boldsymbol{\mathcal{A}}, \mathbf{p})$ et soient 3 évènements $\boldsymbol{A}, \boldsymbol{B}$ et $\boldsymbol{C}$ appartenant à $\boldsymbol{\mathcal{A}}$.

Par définition, on dit que les 3 évènements $\boldsymbol{A}, \boldsymbol{B}$ et $\boldsymbol{C}$ sont globalement indépendants (ou totalement indépendants, ou mutuellement indépendants, ou encore indépendants dans leur ensemble), si chacune des probabilités liées est égale à la probabilité non liée correspondante :

$$\boxed{Pr\,\{A/B\} = Pr\,\{A/C\} = Pr\,\{A/B \cap C\} = Pr\,\{A\}}$$

$$\boxed{Pr\,\{A \cap B/C\} = Pr\,\{A \cap B\} = Pr\,\{A\}\,.\,Pr\,\{B\}}$$

ou ce qui revient au même, si la probabilité de l'intersection d'un nombre quelconque d'entre eux est égale au produit des probabilités de chacun d'eux.

b) Cas de n évènements

La définition ci-dessus s'étend au cas de $\boldsymbol{n}$ évènements $(\boldsymbol{n} \geq \mathbf{2})$: les évènements $\boldsymbol{A_1}, \dots, \boldsymbol{A_i}, \dots, \boldsymbol{A_n}$ sont globalement indépendants si chacune des probabilités liées est égale à la probabilité non liée correspondante ; ou bien si la probabilité de l'intersection d'un nombre quelconque d'entre eux est égale au produit des probabilités de chacun d'eux :

$$\boxed{Pr\left\{\bigcap_{i=1}^{n} A_i\right\} = \prod_{i=1}^{n} Pr\,\{A_i\}}$$

c) Cas d'une suite infinie dénombrable d'évènements

La définition ci-dessus s'applique également au cas d'une suite infinie dénombrable d'évènements : $A_i, i \in N$:

$$Pr\left\{\bigcap_{i\in N} A_i\right\} = \prod_{i=N} Pr\,\{A_i\}$$

d) Indépendance globale et indépendance deux à deux

Si $\boldsymbol{n}$ évènements sont globalement indépendants, ils sont également indépendants deux à deux, c'est-à-dire que :

$$A_i \cap A_j = \emptyset \forall i, \forall j \quad i \neq j$$

et :

$$Pr\left\{\boldsymbol{A_i} \cap \boldsymbol{A_j}\right\} = Pr\,\{A_i\}\,.\,Pr\left\{A_j\right\} \qquad \forall \boldsymbol{i}, \forall \boldsymbol{j} \quad \boldsymbol{i} \neq \boldsymbol{j}$$

mais la réciproque n'est pas vraie, ce qui signifie que $\boldsymbol{n}$ évènements peuvent être indépendants deux à deux, sans être globalement indépendants.

Par exemple, dans le cas de 3 éléments $\boldsymbol{A}, \boldsymbol{B}$ et $\boldsymbol{C}$, on peut avoir :

$$A \cap B \neq \emptyset \qquad B \cap C \neq \emptyset \qquad A \cap C \neq \emptyset \qquad A \cap B \cap C \neq \emptyset$$

e) Indépendance des évènements A_i et $\bar{A}_i$

L'indépendance globale entre $\boldsymbol{n}$ évènements $\boldsymbol{A_i}$ entraîne également l'indépendance globale pour les évènements définis à partir des $\boldsymbol{A_i}$ par réunion, intersection ou complémentation.

Démontrons cette propriété, par exemple sur les évènements $\bar{A}_1, \dots, A_i, \dots, A_n$, $i = 2, \dots, n$:

$$Pr\left\{\bar{A}_1 \cap \left(\bigcap_{i=2}^{n} A_i\right)\right\} = Pr\left\{\bar{A}_1/\bigcap_{i=2}^{n} A_i\right\}.Pr\left\{\bigcap_{i=2}^{n} A_i\right\}$$

$$= \left[1 - Pr\left\{A_1/\bigcap_{i=2}^{n} A_i\right\}\right].Pr\left\{\bigcap_{i=2}^{n} A_i\right\}$$

$$= [1 - Pr\{A_1\}]\,.Pr\left\{\bigcap_{i=2}^{n} A_i\right\} = Pr\{\bar{A}_1\}.Pr\left\{\bigcap_{i=2}^{n} A_i\right\}$$

$$= Pr\{\bar{A}_1\}.\prod_{i=2}^{n} Pr\{A_i\}$$

$$\boxed{Pr\left\{\bar{A}_1 \cap \left(\bigcap_{i=2}^{n} A_i\right)\right\} = Pr\{\bar{A}_1\}.\prod_{i=2}^{n} Pr\{A_i\}}$$

À partir de cette propriété, on peut également conclure, que si $\boldsymbol{n}$ évènements sont globalement indépendants et que leurs probabilités soient connues, on peut connaître, à partir de celles-ci, la probabilité de tout évènement défini à partir des A_i par réunion, intersection et complémentation.

VIII. Probabilité-produit

Remarque :

Au préalable, nous présentons ci-dessous une brève introduction à la théorie des espaces probabilisés produits, afin de faciliter ensuite la présentation de la probabilité-produit.

1) Probabilité-produit définie sur le produit cartésien $\Omega_1 \times \Omega_2$ de 2 espaces probabilisés

a) Énoncé du problème

Soient $(\boldsymbol{\Omega_1}, \boldsymbol{\mathcal{A}_1}, \mathbf{p_1})$ et $(\boldsymbol{\Omega_2}, \boldsymbol{\mathcal{A}_2}, \mathbf{p_2})$, deux espaces probabilisés, associés chacun à une expérience aléatoire.

Nous allons considérer globalement les résultats des 2 expériences. Pour ce faire, nous allons introduire un nouvel ensemble $\boldsymbol{\Omega}$, appelé produit cartésien des ensembles $\boldsymbol{\Omega_1}$ et $\boldsymbol{\Omega_2}$:

$$\Omega = \Omega_1 \times \Omega_2$$

La première démarche va alors consister à définir sur $\boldsymbol{\Omega}$ une $\boldsymbol{\sigma}$-algèbre.

b) σ-algèbre-produit

Par définition, on appelle σ-algèbre produit, la $\boldsymbol{\sigma}$-algèbre définie sur $\boldsymbol{\Omega_1} \times \boldsymbol{\Omega_2}$, engendrée par l'ensemble des parties de $\boldsymbol{\Omega}$ de la forme $\boldsymbol{A_1} \times \boldsymbol{A_2}$ (et appelées pavés de $\boldsymbol{\Omega_1} \times \boldsymbol{\Omega_2}$).

On note cette $\boldsymbol{\sigma}$-algèbre :

$$\mathcal{A}_1 \otimes \mathcal{A}_2$$

Remarque :

La définition ci-dessus laisse supposer qu'il existe des parties de $\boldsymbol{\Omega_1} \times \boldsymbol{\Omega_2}$ qui ne sont pas de la forme $\boldsymbol{A_1} \times \boldsymbol{A_2}$, ce que l'on démontre effectivement.

c) Définition de la probabilité-produit p^*

Nous allons maintenant définir la probabilité produit $\boldsymbol{p^*}$ sur $(\boldsymbol{\Omega_1} \times \boldsymbol{\Omega_2}, \boldsymbol{\mathcal{A}_1} \otimes \boldsymbol{\mathcal{A}_2})$ à partir des probabilité $\mathbf{p_1}$ et $\mathbf{p_2}$.

Par définition, la probabilité-produit $\boldsymbol{p^*}$ est définie sur $\boldsymbol{\Omega_1} \times \boldsymbol{\Omega_2}$ par :

$$\boxed{p^* (A_1, A_2) = p_1(A_1) \times p_2(A_2)}$$

On en déduit la propriété :

$$\boxed{p^* (A_1 \times A_2) = p_1(A_1) \times p_2(A_2)}$$

à partir de $\boldsymbol{p^*} (\boldsymbol{A_1}, \boldsymbol{A_2}) = \boldsymbol{p_1}(\boldsymbol{A_1}) \times \boldsymbol{p_2}(\boldsymbol{A_2})$, ce qui montre que les évènements $\boldsymbol{A_1}$ et $\boldsymbol{A_2}$ sont $\boldsymbol{p^*}$-indépendants.

On démontre que la probabilité-produit $\boldsymbol{p^*}$ est la seule probabilité sur $\boldsymbol{\Omega_1} \times \boldsymbol{\Omega_2}$ possédant cette propriété.

La réciproque est vraie, ce qui signifie que si une probabilité définie sur $\boldsymbol{\Omega_1} \times \boldsymbol{\Omega_2}$ possède cette propriété, cette probabilité est la probabilité produit $\boldsymbol{p^*}$, telle que :

$$p^* (A_1 \times A_2) = p_1(A_1) \times p_2(A_2), \forall A_1 \in \Omega_1 \text{ et } \forall A_2 \in \Omega_2.$$

2) Probabilité-produit généralisée à un produit fini de n espaces $\Omega_1 \times \Omega_2 \times \ldots \times \Omega_i \times \ldots \times \Omega_n$

a) Énoncé du problème

Soient n espaces probabilisés

$$(\Omega_1, \mathcal{A}_1, \mathrm{p}_1), \ldots, (\Omega_i, \mathcal{A}_\mathrm{i}, \mathrm{p}_\mathrm{i}), \ldots, (\Omega_n, \mathcal{A}_\mathrm{n}, \mathrm{p}_\mathrm{n})$$

associés chacun à une expérience aléatoire.

Nous allons introduire le nouvel ensemble $\boldsymbol{\Omega}$, produit cartésien des $\boldsymbol{n}$ ensembles $\boldsymbol{\Omega}$, et nous allons définir sur $\boldsymbol{\Omega}$ une $\boldsymbol{\sigma}$-algèbre notée $\mathcal{A}_1 \otimes \ldots \otimes \mathcal{A}_i \otimes \ldots \otimes \mathcal{A}_n$, engendrée par l'ensemble des parties de $\boldsymbol{\Omega}$ de la forme $\boldsymbol{A_1}, \ldots, \boldsymbol{A_i}, \ldots, \boldsymbol{A_n}$.

b) Définition de la probabilité-produit p^*

La probabilité-produit $\boldsymbol{p}^*$ se définit sur :

$$(\Omega_1 \times \Omega_2 \times \ldots \times \Omega_i \times \ldots \times \Omega_n, \mathcal{A}_1 \otimes .. \mathcal{A}_i \otimes .. \otimes \mathcal{A}_n)$$

à partir des probabilités $\mathbf{p_i}$.

On démontre également qu'il existe une seule probabilité $\boldsymbol{p}^*$ définie sur l'ensemble ci- dessus, telle que :

$$p^*((A_i)) = \prod_{i=1}^{n} p_i A_i$$

ou encore :

$$\boxed{p^*\left(\prod_{i=1}^{n} A_i\right) = \prod_{i=1}^{n} p_i A_i}$$

la réciproque étant vraie.

c) cas particulier où les épreuves sont identiques

Dans le cas particulier où les $\boldsymbol{n}$ épreuves sont identiques et indépendantes, alors $\boldsymbol{\Omega_i = \Omega}, \forall \boldsymbol{i}$, et la probabilité-produit $\boldsymbol{p}^*$ s'écrit :

$$\boxed{p^*\left(\prod_{i=1}^{n} A_i\right) = \prod_{i=1}^{n} p\, A_i}$$

3) Conclusion

La probabilité-produit est intéressante à utiliser :

- lorsque deux expériences sont réalisées simultanément, et leurs résultats sont indépendants l'un de l'autre (par exemple, lancer de deux dés) ;
- lorsque une même expérience est répétée à l'identique, dans les mêmes conditions (par exemple, tirage avec remise).

Ces considérations nous amènent maintenant à dire quelques mots des schémas de tirage probabilistes.

IX. Les schémas de tirage probabiliste

Remarque :

Nous présentons ci-dessous les principes de base des schémas de tirage probabiliste, ce qui ne manquera pas d'apporter une aide précieuse dans les raisonnements probabilistes ultérieurs.

1) Introduction

Nous allons nous limiter à présenter les deux schémas de tirage probabiliste les plus usuels :

- le tirage bernouillien[2], ou tirage avec remise : on tire les boules de l'urne une à une et chaque boule est remise dans l'urne avant le tirage de la boule suivante ;
- le tirage exhaustif ou tirage sans remise : on tire les boules de l'urne une à une, mais chaque boule tirée n'est pas remise dans l'urne avant le tirage de la boule suivante.

2) Tirage bernouillien ou tirage avec remise

a) Principe

Dans le tirage avec remise, chaque boule tirée est remise dans l'urne avant le tirage de la boule suivante : en conséquence, la composition de l'urne n'est pas modifiée au cours des différents tirages.

b) Schéma de l'urne

Soit une urne contenant $\boldsymbol{N}$ boules de m couleurs distinctes réparties en $\boldsymbol{N_1}$ boules de couleur $\mathbf{1}, \dots, \boldsymbol{N_i}$ boules de couleur $\boldsymbol{i}$, ..., avec $\sum_{i=1}^{m} \boldsymbol{N_i} = \boldsymbol{N}$.

La composition de l'urne n'étant jamais modifiée au cours de l'expérience, la probabilité $\boldsymbol{p_i}$ de tirer une boule d'une couleur déterminée $\boldsymbol{i}$ est égale à :

$$p_i = \frac{n_i}{N}$$

---

2 de Jacques Bernouilli (1654-1705), mathématicien suisse, qui a été, avec Blaise Pascal (1623-1662) l'un des fondateurs du calcul des probabilités.

quel que soit le rang de tirage et quelles qu'aient été les couleurs tirées au cours des tirages précédents.

Les divers rangs de tirage sont donc indépendants.

On démontre, que la probabilité d'obtenir une répartition déterminée, n_1 boules de couleur $1, n_i$ boules de couleur $i, \ldots$ lors d'un tirage de n boules est égale à :

$$Pr\,\{n_1, n_i, \ldots, n_m\} = \frac{n!}{\prod_{i=1}^{m} n_i\,!} \times \prod_{i=1}^{m} p_i^{n_i}$$

$$Pr\,\{n_1, n_i, \ldots, n_m\} = \frac{n!}{n_1!\ldots n_i!\ldots n_m!} \times p_1^{n_1} \times \ldots \times p_i^{n_i} \times \ldots \times p_n^{n_m}$$

$$\boxed{Pr\,\{n_1, n_i, \ldots, n_m\} = \frac{n!}{\prod_{i=1}^{m} n_i\,!} \times \prod_{i=1}^{m} p_i^{n_i}}$$

où p_i représente la proportion de boules de couleur i dans l'ensemble de l'urne.

On vérifie bien que $\sum_{i=1}^{m} p_i = 1$.

En conséquence, la probabilité attachée à une répartition déterminée est indépendante de la taille de l'urne $\boldsymbol{N}$.

Elle ne dépend que de la composition de l'urne, c'est-à-dire des proportions p_i $(i = 1, \ldots, m)$ des diverses couleurs présentes dans l'urne.

c) Exemple

Une urne contient 20 boules qui se répartissent en 10 boules blanches, 6 boules rouges et 4 boules vertes. On tire 5 boules de l'urne. Quelle est la probabilité d'avoir la répartition 3 boules blanches, 1 boule rouge et 1 boule verte ?

Nous commençons par déterminer les probabilités p_b (probabilité de tirer une boule blanche), p_r (probabilité de tirer une boule rouge) et p_v (probabilité de tirer une boule verte).

$$p_b = Pr\,\{1 \text{ boule blanche}\} = \frac{10}{20} = 0{,}50$$

$$p_r = Pr\,\{1 \text{ boule rouge}\} = \frac{6}{20} = 0{,}30$$

$$p_v = Pr\,\{1 \text{ boule verte}\} = \frac{4}{20} = 0{,}20$$

Nous déterminons maintenant la probabilité d'avoir la répartition : 3 blanches, 1 rouge, 1 verte, en tirant $\boldsymbol{n} = \mathbf{5}$ boules de l'urne (tirage avec remise) :

$$Pr\,\{3 \text{ blanches}, 1 \text{ rouge}, 1 \text{ verte}\} = \frac{5!}{3!\,1!\,1!} \times (0{,}50^3) \times (0{,}30^1) \times (0{,}20^1)$$

$$\boxed{Pr\,\{3\text{b}, 1\text{r}, 1\text{v}\} = 0{,}15}$$

3) Tirage exhaustif ou tirage sans remise

a) Principe

Dans le tirage sans remise, et compte-tenu de la nature de celui-ci, la composition de l'urne est modifiée après chaque tirage. Les résultats des tirages successifs ne sont pas indépendants. De plus, le rang du tirage a une importance.

Dans ce schéma, on démontre qu'il est équivalent :

- d'effectuer un tirage, un à un sans remise, de n boules ;
- d'effectuer le tirage de n boules simultanément.

b) Schéma de l'urne

Considérons la même urne que précédemment.

Désignons par $\boldsymbol{C_N^n}$ le nombre de combinaisons sans répétition de $\boldsymbol{n}$ boules tirées dans l'urne contenant $\boldsymbol{N}$ boules et par le nombre de combinaisons sans répétition de n_i boules de couleur $\boldsymbol{i}$, choisies parmi les $\boldsymbol{N_i}$ boules de couleur $\boldsymbol{i}$ contenues dans l'urne.

La probabilité d'obtenir une répartition déterminée, $\boldsymbol{n_1}$ boules de couleur $\mathbf{1}, \dots, \boldsymbol{n_i}$ boules de couleur $\boldsymbol{i}, \dots$ lors d'un tirage de $\boldsymbol{n}$ boules sans remise est égale à :

$$\boxed{Pr\,\{n_1, n_i, \dots, n_m\} = \frac{C_{N_1}^{n_1} \dots C_{N_i}^{n_i} \dots C_{N_m}^{n_m}}{C_N^n}}$$

car il y a $C_{N_i}^{n_i}$ façons de choisir $\boldsymbol{n_i}$ boules de couleur $\boldsymbol{i}$ parmi les $\boldsymbol{N_i}$ boules de couleur $\boldsymbol{i}$ contenues dans l'urne.

En conséquence, la probabilité attachée à une répartition déterminée dépend de la taille de l'urne $\boldsymbol{N}$ et de sa composition.

c) Exemple

Reprenons le même exemple et recherchons la probabilité d'avoir la même répartition : 3 boules blanches, 1 boule rouge et un boule verte (tirage sans remise).

$$Pr\{3b, 1r, 1v\} = \frac{C_{10}^{3} . C_{6}^{1} . C_{4}^{1}}{C_{20}^{5}} = \frac{\frac{10!}{3!\,7!} \times \frac{6!}{1!\,5!} \times \frac{4!}{1!\,3!}}{\frac{20!}{5!\,15!}}$$

$$Pr\{3b, 1r, 1v\} = \frac{4!\,5!\,6!\,10!\,15!}{3!\,3!\,5!\,7!\,20!} = \frac{6 \times 10}{17 \times 19} = 0{,}1858 \approx 0{,}186$$

$$\boxed{Pr\{3b, 1r, 1v\} = 0{,}186}$$

Partie D :

EXERCICES AUTOCORRECTIFS

I. On considère un jeu de 52 cartes, et on définit les évènements suivants :

$\boldsymbol{A}$ = la carte tirée est le valet de carreau

$\boldsymbol{B}$ = la carte tirée est un carreau

$\boldsymbol{C}$ = la carte tirée est soit l'as de cœur, soit un trèfle

1) Calculer la probabilité de chacun des évènements A, B et C.

2) Calculer la probabilité des évènements $(A \cup B), (A \cup C)$ et $(B \cup C)$

3) Calculer la probabilité des évènements $(A \cap B), (A \cap C)$ et $(B \cap C)$

II. En reprenant les données de l'exercice I,

1) Calculer la probabilité des évènements $\bar{A} \cap B$ et $A \cap \bar{B}$.

2) Calculer la probabilité des évènements $(\bar{A} \cap \bar{B}) \cup C$ et $(\bar{A} \cap B) \cup C$.

3) Calculer les probabilités conditionnelles $B/\bar{A}$, $B/\bar{C}$ et $C/\bar{B}$.

III. Un évènement de probabilité nulle est dit presque impossible ; un évènement de probabilité 1 est dit presque certain.

Soient un espace probabilisé $(\Omega, \mathcal{A}, \mathrm{p})$ et deux évènements de cet espace A et B.

1) Si A est presque impossible, montrer que :

$$Pr\,\{A \cap B\} = 0 \qquad \text{et} \qquad Pr\,\{A \cup B\} = Pr\,\{B\}$$

2) Si A est presque certain, montrer que :

$$Pr\,\{A \cup B\} = 1 \qquad \text{et} \qquad Pr\,\{A \cap B\} = Pr\,\{B\}$$

IV. Une cage contient 15 hamsters, répartis entre 9 hamsters femelles et 6 hamsters mâles.

On retire au hasard 2 hamsters de la cage (avec remise)

1) a) Définir l'espace probabilisé.

b) Définir le système complet d'évènements.

2) Définir l'évènement les 2 hamsters tirés sont 2 mâles et calculer sa probabilité.

3) Définir l'évènement les 2 hamsters tirés sont 2 femelles et calculer sa probabilité.

4) Définir l'évènement les 2 hamsters tirés sont 1 mâle et 1 femelle et calculer sa probabilité.

V. En reprenant les données de l'exercice IV, on extrait au hasard 2 fois 2 hamsters de la cage avec remise. Calculer :

1) la probabilité que sur les 4 hamsters tirés on ait au moins 1 mâle.

2) la probabilité que sur les 4 hamsters tirés on ait au plus 2 femelles.

3) la probabilité pour que sur les 4 hamsters tirés, on ait au moins 1 mâle et au moins une femelle.

VI. Soient 2 urnes $\boldsymbol{U_1}$ et $\boldsymbol{U_2}$.L'urne $\boldsymbol{U_1}$ contient 10 boules blanches et 5 boules noires ; l'urne $\boldsymbol{U_2}$ contient 4 boules blanches et 10 boules noires.

1) On tire deux boules de l'urne à raison d'une boule dans chaque urne. Préciser l'univers probabilisé et calculer les probabilités élémentaires.

2) Quelle est la probabilité :

a) pour que les 2 boules tirées soient blanches.

b) pour que les 2 boules tirées soient noires.

c) pour que parmi les 2 boules tirées, l'une soit blanche et l'autre soit noire.

d) quelle remarque peut-on faire sur ces 3 évènements ?

3) Parmi les 2 boules tirées, l'une est blanche et l'autre est noire. Quelle est la probabilité pour que la boule noire provienne de l'urne U_1 ?

VII. Le chevalier de Méré (1607-1684), homme de lettres et philosophe, fut aussi un habitué des jeux de hasard. Toujours à la recherche de règles lui permettant de réaliser un avantage sur ses adversaires, il proposa à Pascal de lui apporter des éclaircissements sur une question qui l'embarrassait fortement. Voici ce que Pascal écrivit à Fermat :

"Si l'on entreprend de faire 6 avec un dé, il y a avantage à l'entreprendre en 4 coups ; si l'on entreprend de faire sonnez (un double-six) avec deux dés, il y a désavantage à l'entreprendre sur 24 coups. Et cependant, 24 est à 36, (qui est le nombre de combinaisons des faces de deux dés), comme 4 est à 6 (qui est le nombre de faces d'un dé). Voilà quel était son grand scandale qui lui faisait dire hautement que les propositions n'étaient pas constantes et que l'arithmétique se démentait".

Le chevalier de Méré avait-il raison ?

VIII. Une urne contient $(n - 1)$ boules blanches et $(n + 1)$ boules noires.

On tire 2 boules de l'urne, sans remise.

1) Calculer la probabilité pour que les 2 boules tirées soient blanches.

2) Calculer la probabilité pour que les 2 boules tirées soient noires.

3) Calculer la probabilité pour que, parmi les 2 boules tirées, la première soit blanche et la seconde soit noire.

4) Ces trois évènements définissent-ils un système complet d'évènements ?

SOLUTIONS

I. 1) a) La probabilité de tirer le valet de carreau est :

$$\boxed{Pr\,\{A\} = \frac{1}{52}}$$

puisque la carte est unique dans le jeu.

b) Il existe 13 cartes de carreau dans le jeu. La probabilité de l'évènement B est alors :

$$\boxed{Pr\,\{B\} = \frac{13}{52} = \frac{1}{4}}$$

c) Tirer l'as de cœur ou un trèfle, revient à appliquer l'axiome des probabilités totales :

$$Pr\,\{C\} = Pr\,\{(\text{as de cœur}) \cup (\text{un trèfle})\}$$

Ces évènements étant indépendants, on peut écrire :

$$Pr\,\{C\} = Pr\,\{(\text{as de cœur}) + Pr(\text{un trèfle})\}$$

soit :

$$Pr\,\{C\} = \frac{1}{52} + \frac{13}{52} = \frac{14}{52}$$

$$\boxed{Pr\,\{C\} = \frac{14}{52}}$$

2) a) Réaliser l'évènement $(A \cup B)$ signifie tirer ou le valet de carreau ou un carreau :

$$(A \cup B) = (\text{tirer le valet de carreau}) \cup (\text{tirer un carreau})$$

Or ces évènements ne sont pas indépendants.

Donc :

$$Pr\,\{A \cup B\} = Pr\,\{(\text{valet de carreau}) \cup (\text{un carreau})\}$$

et :

$$Pr\,\{A \cup B\} = Pr\,\{\text{valet de carreau}\} + Pr\,\{\text{un carreau}\} - Pr\,\{A \cap B\}$$

$$Pr\,\{A \cup B\} = \frac{1}{52} + \frac{13}{52} - \frac{1}{52} = \frac{13}{52}$$

puisque réaliser simultanément les évènements A = tirer le valet de carreau et B = tirer un carreau revient à tirer le valet de carreau seulement.

$$\boxed{Pr\,\{A \cup B\} = \frac{13}{52}}$$

b) Réaliser l'évènement $(A \cup C)$ signifie ou tirer le valet de carreau ou tirer l'as de cœur ou tirer un trèfle :

$$(A \cup C) = (\text{le valet de carreau}) \cup (\text{l'as de cœur}) \cup (\text{un trèfle})$$

Ces évènements étant indépendants, il vient :

$$Pr\,\{A \cup C\} = Pr\,\{(\text{valet de carreau}) \cup (\text{as de cœur}) \cup (\text{un trèfle})\}$$

et :

$$Pr\,\{A \cup C\} = Pr\,\big\{(\text{valet de carreau}) + Pr\,\{\text{as de cœur}\} + Pr\,\{\text{un trèfle}\}\big\}$$

soit :

$$Pr\,\{A \cup C\} = \frac{1}{52} + \frac{1}{52} + \frac{13}{52} = \frac{15}{52}$$

$$\boxed{Pr\,\{A \cup C\} = \frac{15}{52}}$$

c) Réaliser l'évènement $(B \cup C)$ signifie ou tirer un carreau, ou tirer l'as de cœur ou tirer un trèfle :

$$(B \cup C) = (\text{un carreau}) \cup (\text{l'as de cœur}) \cup (\text{un trèfle})$$

Ces évènements étant indépendants, il vient :

$$Pr\,\{B \cup C\} = Pr\,\{(\text{un carreau}) \cup (\text{as de cœur}) \cup (\text{un trèfle})\}$$

et :

$$Pr\,\{B \cup C\} = Pr\,\big\{(\text{un carreau}) + Pr\,\{\text{as de cœur}\} + Pr\,\{\text{un trèfle}\}\big\}$$

soit :

$$Pr\,\{B \cup C\} = \frac{13}{52} + \frac{1}{52} + \frac{13}{52} = \frac{27}{52}$$

$$\boxed{Pr\,\{B \cup C\} = \frac{27}{52}}$$

2) a) La probabilité de l'évènement $(A \cap B)$ a été calculée lors de la détermination de $Pr\,\{A \cup B\}$:

$$\boxed{Pr\,\{A \cup B\} = \frac{1}{52}}$$

b) L'évènement $(A \cap C)$ signifie tirer le valet de carreau et l'as de cœur ou un trèfle.

Donc :

$$(A \cap C) = \emptyset$$

et :

$$\boxed{Pr\,\{A \cap C\} = 0}$$

c) De même, l'évènement $(B \cap C)$ signifie tirer un carreau et l'as de cœur ou un trèfle. Donc :

$$(B \cap C) = \emptyset$$

et :

$$\boxed{Pr\,\{B \cap C\} = 0}$$

II. 1) a) L'évènement $\bar{A}$ est l'évènement complémentaire de A, c'est-à-dire tirer une carte autre que le valet de carreau.

Alors :

$$Pr\ \{\bar{A}\} = \frac{52-1}{52} = \frac{51}{52} = 1 - Pr\ \{A\}$$

L'évènement $(\bar{A} \cap B)$ signifie tirer n'importe quelle carte autre que le valet de carreau et un carreau.

Donc :

$$Pr\,\{\bar{A} \cap B\} = Pr\,\{(\text{toute carte sauf le valet de carreau}) \cap (\text{un carreau})\}$$

$$Pr\,\{\bar{A} \cap B\} = Pr\,\{\text{un carreau sauf le valet de carreau}\} = \frac{12}{52}$$

$$\boxed{Pr\,\{\bar{A} \cap B\} = \frac{12}{52}}$$

b) L'évènement $\bar{B}$ signifie tirer n'importe quelle carte sauf un carreau.

Donc :

$$Pr\ \{\bar{B}\} = \frac{39}{52} = 1 - Pr\ \{B\}$$

L'évènement $(A \cap \bar{B})$ signifie tirer le valet de carreau et n'importe quelle carte sauf un carreau. Cet évènement est impossible :

Donc :

$$\boxed{Pr\ \{A \cap \bar{B}\} = 0}$$

2) a) Soit l'évènement $(\bar{A} \cap \bar{B}) \cup C$. Il signifie tirer n'importe quelle carte qui ne soit pas un carreau ou l'as de cœur ou un trèfle.

Par ailleurs, les évènements $(\bar{\boldsymbol{A}} \cap \bar{\boldsymbol{B}})$ et $\boldsymbol{C}$ ne sont pas indépendants, puisque :

$$(\bar{A} \cap \bar{B}) = (\text{tirer un pique ou un coeur ou un trèfle})$$

et :

$$C = \text{tirer ou l'as de coeur ou un trèfle}$$

Donc :

$$Pr\ \{(\bar{A} \cap \bar{B}) \cup C\} = Pr\ \{\bar{A} \cap \bar{B}\} + Pr\ \{C\} - Pr\ \{\bar{A} \cap \bar{B} \cap C\}$$

L'évènement $(\bar{A} \cap \bar{B} \cap C)$ signifie : tirer une carte qui ne soit pas un carreau et qui soit l'as de cœur ou un trèfle.

Donc :

$$Pr\ \{\bar{A} \cap \bar{B} \cap C\} = \frac{14}{52}$$

et :

$$Pr\ \{(\bar{A} \cap \bar{B}) \cup C\} = \frac{39}{52} + \frac{14}{52} - \frac{14}{52} = \frac{39}{52}$$

puisque :

$$Pr\ \{C\} = \frac{1}{52} + \frac{13}{52} = \frac{14}{52}$$

$$\boxed{Pr\ \{(\bar{A} \cap \bar{B}) \cup C\} = \frac{39}{52}}$$

<u>b) Étudions maintenant l'évènement $(\bar{A} \cap B) \cup C$.</u>

Il signifie tirer une carte qui ne soit pas le valet de carreau et qui soit un carreau ou l'as de cœur ou un trèfle.

Les évènements $(\bar{\boldsymbol{A}} \cap \boldsymbol{B})$ et $\boldsymbol{C}$ sont indépendants.

Donc :

$$Pr\ \{(\bar{A} \cap \bar{B}) \cup C\} = Pr\ \{\bar{A} \cap B\} + Pr\ \{C\}$$

$$Pr\ \{(\bar{A} \cap \bar{B}) \cup C\} = \frac{12}{52} + \frac{14}{52} = \frac{26}{52}$$

$$\boxed{Pr\,\{(\bar{A} \cap \bar{B}) \cup C\} = \frac{26}{52}}$$

3) a) Soit l'évènement conditionnel $(B/\bar{A})$. Sa probabilité est :

$$Pr\,\{\boldsymbol{B}/\bar{\boldsymbol{A}}\} = \frac{Pr\,\{B \cap \bar{A}\}}{Pr\,\{\bar{A}\}}$$

car les deux évènements ***B*** (tirer un carreau) et ***A*** (tirer n'importe quelle carte sauf de valet de carreau) sont compatibles.

Donc :

$$Pr\,\{\boldsymbol{B}/\bar{\boldsymbol{A}}\} = \frac{\frac{12}{52}}{\frac{51}{52}} = \frac{12}{51} \quad \boxed{Pr\,\{\boldsymbol{B}/\bar{\boldsymbol{A}}\} = \frac{12}{51}}$$

b) Soit l'évènement $(B/\bar{C})$. Il signifie tirer un carreau sachant que l'évènement tirer une carte qui ne soit ni l'as de cœur ni un trèfle a été réalisé.

$$Pr\,\{\boldsymbol{B}/\bar{\boldsymbol{C}}\} = \frac{Pr\,\{B \cap \bar{C}\}}{Pr\,\{\bar{C}\}}$$

les évènements ***B*** et $\bar{\boldsymbol{C}}$ étant incompatibles.

L'évènement $(B \cap \bar{C})$ signifie tirer un carreau et ni l'as de cœur ni un trèfle.

Donc :

$$Pr\,\{B/\bar{C}\} = \frac{13}{52}$$

Il vient alors :

$$Pr\,\{B/\bar{C}\} = \frac{\frac{13}{52}}{\frac{38}{52}} = \frac{13}{38} \quad \boxed{Pr\,\{B/\bar{C}\} = \frac{13}{38}}$$

c) Soit l'évènement $(C/\bar{B})$. Il signifie tirer l'as de cœur ou un trèfle sachant que la carte tirée n'est pas un carreau.

$$Pr\,\{\boldsymbol{C}/\bar{\boldsymbol{B}}\} = \frac{Pr\,\{C \cap \bar{B}\}}{Pr\,\{\bar{B}\}}$$

Nous avons déjà calculé $Pr\,\{\bar{\boldsymbol{B}}\}$.

Les évènements C et $\bar{B}$ sont compatibles.

$$Pr\,\{\boldsymbol{C} \cap \bar{\boldsymbol{B}}\} = \frac{14}{52}$$

Donc :

$$Pr\,\{C/\bar{B}\} = \frac{\frac{14}{52}}{\frac{39}{52}} = \frac{14}{39} \quad \boxed{Pr\,\{C/\bar{B}\} = \frac{14}{39}}$$

III. 1) a) Situons l'évènement $(\boldsymbol{A} \cap \boldsymbol{B})$ par rapport aux évènements $\emptyset$ (évènement impossible) et $\boldsymbol{A}$ (évènement presque impossible) :

$$\emptyset \subset (\boldsymbol{A} \cap \boldsymbol{B}) \subset \boldsymbol{A}$$

D'où :

$$Pr\,\{\emptyset\} \leq Pr\,\{\boldsymbol{A} \cap \boldsymbol{B}\} \leq \boldsymbol{Pr}\,\{A\}$$

Or :

$$Pr\,\{\emptyset\} = 0 \quad \text{et} \quad \boldsymbol{Pr}\,\{A\} = \boldsymbol{0}$$

d'où :

$$\boxed{Pr\,\{\boldsymbol{A} \cap \boldsymbol{B}\} = 0}$$

b) Exprimons la probabilité de l'évènement $(A \cup B)$ en fonction de (A) et (B) :

$$Pr\,\{\boldsymbol{A} \cup \boldsymbol{B}\} = Pr\,\{A\} + Pr\,\{\boldsymbol{B}\} - Pr\,\{\boldsymbol{A} \cap \boldsymbol{B}\}$$

car les évènements $\boldsymbol{A}$ et $\boldsymbol{B}$ ne sont pas a priori incompatibles.

Or :

$$\boldsymbol{Pr}\,\{A\} = \boldsymbol{0} \quad \text{et} \quad Pr\,\{\boldsymbol{A} \cap \boldsymbol{B}\} = 0$$

Donc :

$$\boxed{Pr\,\{\boldsymbol{A} \cup \boldsymbol{B}\} = Pr\,\{\boldsymbol{B}\}}$$

2) a) Situons maintenant l'évènement $(A \cup B)$ par rapport aux évènements A (évènement presque certain) et Ω (évènement certain) :

$$A \subset (\boldsymbol{A} \cup \boldsymbol{B}) \subset \boldsymbol{\Omega}$$

D'où :

$$Pr\,\{A\} \leq Pr\,\{\boldsymbol{A} \cap \boldsymbol{B}\} \leq \boldsymbol{Pr}\,\{\boldsymbol{\Omega}\}$$

Or :

$$Pr\,\{A\} = 1 \quad \text{et} \quad \boldsymbol{Pr}\,\{\boldsymbol{\Omega}\} = \boldsymbol{1}$$

d'où :

$$\boxed{Pr\,\{A \cup B\} = 1}$$

b) Exprimons la probabilité de $(A \cup B)$ en fonction des évènements A et B :

$$Pr\,\{\boldsymbol{A} \cup \boldsymbol{B}\} = Pr\,\{\boldsymbol{A}\} + Pr\,\{\boldsymbol{B}\} - Pr\,\{\boldsymbol{A} \cap \boldsymbol{B}\}$$

car les évènements $\boldsymbol{A}$ et $\boldsymbol{B}$ ne sont pas a priori incompatibles.

Or :

$$\boldsymbol{Pr}\,\{\boldsymbol{A} \cup \boldsymbol{B}\} = \mathbf{1} \qquad \text{et} \qquad Pr\,\{\boldsymbol{A}\} = 1$$

d'où :

$$\boxed{Pr\,\{\boldsymbol{A} \cap \boldsymbol{B}\} = Pr\,\{\boldsymbol{B}\}}$$

<u>IV</u>. 1) a) L'espace probabilisé $(\boldsymbol{\Omega}, \boldsymbol{\mathcal{A}}, \mathbf{p})$ est un ensemble fini où $\boldsymbol{\Omega}$ est l'ensemble des paires de hamsters.

Donc :

$$Card\,(\boldsymbol{\Omega}) = C_{15}^{2} = \frac{15!}{2!\,13!} = \frac{14 \times 15}{2} = 105$$

La probabilité d'un évènement $\boldsymbol{A} \in \boldsymbol{\mathcal{A}}$ quelconque est alors, avec l'hypothèse que toutes les paires de hamsters ont la même probabilité d'être extraites :

$$Pr\,\{\boldsymbol{A}\} = \frac{Card\ A}{Card\ \boldsymbol{\Omega}}$$

<u>b) Les paires peuvent être constituées :</u>

- de 2 mâles
- de 2 femelles
- d'un mâle et d'une femelle.

Chaque paire constitue un évènement. Toutes les paires mentionnées ci-dessus constituent alors un système complet d'évènements.

2) On s'intéresse à l'évènement A "les 2 hamsters tirés sont 2 mâles".

Donc :

$$Card\,(\boldsymbol{A}) = C_{6}^{2} = \frac{6!}{2!\,4!} = \frac{5 \times 6}{2} = 15$$

et :

$$Pr\,\{A\} = \frac{Card\ A}{Card\ \Omega} = \frac{15}{105}$$

3) On s'intéresse maintenant à l'évènement B "les 2 hamsters tirés sont 2 femelles".

Donc :

$$Card\ (\boldsymbol{B}) = C_9^2 = \frac{9!}{2!\,7!} = \frac{8 \times 9}{2} = 36$$

et :

$$Pr\,\{\boldsymbol{B}\} = \frac{Card\ B}{Card\ \Omega} = \frac{36}{105}$$

4) On s'intéresse maintenant à l'évènement C "les 2 hamsters tirés sont 1 mâle et 1 femelle".

Il vient :

$$Card\ (\boldsymbol{C}) = C_6^1 \times C_9^1 = \frac{6!}{1!\,5!} \times \frac{9!}{1!\,8!} = 6 \times 9 = 54$$

et :

$$Pr\,\{\boldsymbol{C}\} = \frac{Card\ C}{Card\ \Omega} = \frac{54}{105}$$

On vérifie bien qu'il s'agit d'un système complet d'évènements, car :

$$Pr\,\{A\} + Pr\,\{\boldsymbol{B}\} + Pr\,\{C\} = \frac{15}{105} + \frac{36}{105} + \frac{54}{105} = \frac{105}{105} = 1$$

V. 1) On veut réaliser l'évènement : parmi les 4 hamsters extraits de la cage, il y a au moins un mâle ; cela signifie qu'il faut avoir ou un mâle ou deux mâles, ou trois mâles ou quatre mâles :

$$(\text{au moins un mâle}) = \{(1\text{m}, 3\text{f}) \cup (2\text{m}, 2\text{f}) \cup (3\text{m}, 1\text{f}) \cup (4\text{m}, 0\text{f})\}$$

et :

$$Pr\,\{\text{au moins un mâle}\} = Pr\,\{(1\text{m}, 3\text{f}) \cup (2\text{m}, 2\text{f}) \cup (3\text{m}, 1\text{f}) \cup (4\text{m}, 0\text{f})\}$$

Les différents évènements étant indépendants il vient :

$$Pr\{\text{au moins un mâle}\} = Pr\{(1\text{m}, 3\text{f})\} + Pr\{(2\text{m}, 2\text{f})\} + Pr\,\{(3\text{m}, 1\text{f})\} + Pr\,\{(4\text{m}, 0\text{f})\}$$

Nous allons chercher chacune de ces probabilités, en dénombrant le nombre de cas favorables et le nombre de cas possibles :

$$Card\ (\Omega) = C_{15}^{4} = \frac{15!}{4!\,11!} = 1\,365$$

$$Pr\,\{(1\text{m}, 3\text{f})\} = \frac{C_6^1 \,.\, C_9^3}{1365} = \frac{\frac{6!}{1!\,5!} \times \frac{9!}{3!\,6!}}{1365} = \frac{504}{1365} = 0{,}3692$$

$$Pr\,\{(2\text{m}, 2\text{f})\} = \frac{C_6^2 \,.\, C_9^2}{1365} = \frac{\frac{6!}{2!\,4!} \times \frac{9!}{2!\,7!}}{1365} = \frac{540}{1365} = 0{,}3956$$

$$Pr\,\{(3\text{m}, 1\text{f})\} = \frac{C_6^3 \,.\, C_9^1}{1365} = \frac{\frac{6!}{3!\,3!} \times \frac{9!}{1!\,8!}}{1365} = \frac{180}{1365} = 0{,}1319$$

$$Pr\,\{(4\text{m}, 0\text{f})\} = \frac{C_6^4}{1365} = \frac{\frac{6!}{4!\,2!}}{1365} = \frac{15}{1365} = 0{,}0110$$

La réalisation de l'évènement cherché a alors comme probabilité :

$$Pr\,\{\text{au moins 1 mâle}\} = \frac{504 + 540 + 180 + 15}{1365} = \frac{1239}{1365} = 0{,}9077$$

$$\boxed{Pr\,\{\text{au moins 1 mâle}\} = 0{,}908}$$

2) On veut maintenant réaliser l'évènement : parmi les 4 hamsters extraits de la cage, on veut qu'il y ait au plus 2 femelles ; cela signifie que l'évènement est réalisé si l'on a ou zéro femelle, ou une femelle ou deux femelles.

$$(\text{au plus 2 femelles}) = \{(0\text{f}, 4\text{m}) \cup (1\text{f}, 3\text{m}) \cup (2\text{f}, 2\text{m})\}$$

et :

$$Pr\,\{\text{au plus 2 femelles}\} = Pr\{(0f, 4m) \cup (1f, 3m) \cup (2f, 2m)\}$$

Comme ces évènements sont indépendants, il vient :

$$Pr\,\{\text{au plus 2 femelles}\} = Pr\{(0f, 4m)\} + Pr\{(1f, 3m)\} + Pr\{(2f, 2m)\}$$

En utilisant les résultats établis précédemment, il vient :

$$Pr\,\{\text{au plus 2 femelles}\} = \frac{15}{1365} + \frac{180}{1365} + \frac{540}{1365} = \frac{735}{1365} = 0{,}5384$$

$$\boxed{Pr\,\{\text{au plus 2 femelles}\} = 0{,}538}$$

3) On s'intéresse maintenant à l'évènement : avoir au moins 1 mâle et au moins une femelle parmi les 4 hamsters tirés de la cage. Cet évènement est réalisé si l'on tire ou 1 mâle (et 3 femelles) ou 2 mâles (et 2 femelles) ou 3 mâles (et 1 femelle), soit :

$$\begin{aligned}&(\text{au moins 1 mâle et au moins 1 femelle})\\&\qquad = \{(1\text{m}, 3\text{f}) \cup (2\text{m}, 2\text{f}) \cup (3\text{m}, 1\text{f})\}\end{aligned}$$

Donc :

$$\begin{aligned}&\Pr\{\text{au moins 1 mâle et au moins 1 femelle}\}\\&\qquad = \Pr\{(1\text{m}, 3\text{f}) \cup (2\text{m}, 2\text{f}) \cup (3\text{m}, 1\text{f})\}\end{aligned}$$

Ces évènements sont indépendants, nous pouvons donc écrire :

$$\begin{aligned}&\Pr\{\text{au moins 1 mâle et au moins 1 femelle}\}\\&\qquad = \Pr\{(1\text{m}, 3\text{f})\} + \Pr\{(2\text{m}, 2\text{f})\} + \Pr\{(3\text{m}, 1\text{f})\}\end{aligned}$$

En utilisant les résultats établis précédemment, il vient :

$$\begin{aligned}Pr\,\{\text{au moins 1 mâle et au moins 1 femelle}\} &= \frac{504}{1365} + \frac{540}{1365} + \frac{180}{1365}\\&= \frac{1224}{1365} = 0{,}897\end{aligned}$$

$$\boxed{Pr\,\{\text{au moins 1 mâle et au moins 1 femelle}\} = 0{,}897}$$

<u>VI</u>. 1) Tirer 2 boules à raison d'une dans chaque urne signifie que l'on travaille sur l'ensemble produit $\boldsymbol{\Omega}$ défini par :

$$\Omega = \Omega_1 \times \Omega_2$$

avec :

$$\Omega_1 = \{b_1, b_2, b_3, \dots, b_{10}, n_1, n_2, \dots n_5\}$$

$$\Omega_2 = \{b_1, b_2, b_3, b_4, n_1, n_2, \dots n_{10}\}$$

$\boldsymbol{\Omega_1}$ décrit les boules contenues dans l'urne $\boldsymbol{U_1}$ et $\boldsymbol{\Omega_2}$ décrit les boules contenues dans l'urne $\boldsymbol{U_2}$.

L'ensemble probabilisable $(\boldsymbol{\Omega} = \boldsymbol{\Omega_1} \times \boldsymbol{\Omega_2}, \boldsymbol{\mathcal{P}(\Omega)})$ va être muni de la probabilité $\boldsymbol{p}$, produit des probabilités uniformes $\boldsymbol{p_1}$ et $\boldsymbol{p_2}$ définies respectivement sur les ensembles $\boldsymbol{\Omega_1}$ et $\boldsymbol{\Omega_2}$:

$$p_1 = p_1\left(\left\{w_i^{(1)}\right\}\right) = \frac{1}{15} \qquad \text{et} \qquad p_2 = p_2\left(\left\{w_i^{(2)}\right\}\right) = \frac{1}{14}$$

Donc :

$$p = p_1 \times p_2 = \frac{1}{15} \times \frac{1}{14} = \frac{1}{210}$$

$$\boxed{\text{Ensemble probabilisé : } (\Omega = \Omega_1 \times \Omega_2, \mathcal{P}(\Omega), p = p_1 \times p_2)}$$

2) L'évènement tirer 2 boules à raison de 1 boule dans chaque urne, s'écrit :

$$(2 \text{ boules}) = \{(1 \text{ boule de } U_1) \cap (1 \text{ boule de } U_2)\}$$

et :

$$Pr\,\{2 \text{ boules}\} = Pr\,\{(1 \text{ boule de } \mathrm{U}_1) \cap (1 \text{ boule de } \mathrm{U}_2)\}$$

Ces 2 évènements sont indépendants ; donc, par application du théorème des probabilités composées, il vient :

$$Pr\,\{2 \text{ boules}\} = Pr\,\{1 \text{ boule de } \mathrm{U}_1\} \times \mathrm{Pr}\{1 \text{ boule de } \mathrm{U}_2\}$$

a) Nous cherchons la probabilité pour que les 2 boules soient blanches, c'est-à-dire :

$$Pr\,\{2 \text{ blanches}\} = Pr\,\{1 \text{ blanche de } \mathrm{U}_1\} \times \mathrm{Pr}\{1 \text{ blanche de } \mathrm{U}_2\}$$

Calculons chacune de ces probabilités :

$$Pr\,\{1 \text{ blanche de } \mathrm{U}_1\} = \frac{C_{10}^1}{C_{15}^1} = \frac{\frac{10!}{1!\,9!}}{\frac{15!}{1!\,14!}} = \frac{10!\,14!}{9!\,15!} = \frac{10}{15} = \frac{2}{3}$$

$$\mathrm{Pr}\{1 \text{ blanche de } \mathrm{U}_2\} = \frac{C_4^1}{C_{14}^1} = \frac{\frac{4!}{1!\,3!}}{\frac{14!}{1!\,13!}} = \frac{4!\,13!}{3!\,14!} = \frac{4}{14} = \frac{2}{7}$$

La probabilité cherchée est alors :

$$Pr\,\{2 \text{ blanches}\} = \frac{2}{3} \times \frac{2}{7} = \frac{4}{21} \qquad \boxed{Pr\,\{2 \text{ b}\} = \frac{4}{21}}$$

b) Nous cherchons maintenant la probabilité pour que les 2 boules tirées soient noires, soit :

$$Pr\,\{2 \text{ noires}\} = Pr\,\{1 \text{ noire de } \mathrm{U}_1\} \times Pr\,\{1 \text{ noire de } \mathrm{U}_2\}$$

Nous calculons chacune de ces probabilités :

$$Pr\,\{1 \text{ noire de } \mathrm{U_1}\} = \frac{C_5^1}{C_{15}^1} = \frac{\frac{5!}{1!\,4!}}{\frac{15!}{1!\,14!}} = \frac{5!\,14!}{4!\,15!} = \frac{5}{15} = \frac{1}{3}$$

$$\mathrm{Pr}\{1 \text{ noire de } \mathrm{U_2}\} = \frac{C_{10}^1}{C_{14}^1} = \frac{\frac{10!}{1!\,9!}}{\frac{14!}{1!\,13!}} = \frac{10!\,13!}{9!\,14!} = \frac{10}{14} = \frac{5}{7}$$

La probabilité cherchée est alors :

$$\mathrm{Pr}\,\{2 \text{ noires}\} = \frac{1}{3} \times \frac{5}{7} = \frac{5}{21} \qquad \boxed{\mathrm{Pr}\,\{2\text{ n}\} = \frac{5}{21}}$$

c) L'évènement tirer une boule de chaque urne et obtenir une boule blanche et une boule noire peut s'obtenir :

- ou en tirant une boule blanche dans U_1 et une boule noire dans U_2 ,
- ou en tirant une boule noire dans U_1 et une boule blanche dans U_2.

(1 noire et une blanche)

$$= \{[(1\text{b de } \mathrm{U_1}) \cap (1\text{n de } \mathrm{U_2})] \cup [(1\text{n de } \mathrm{U_1}) \cap (1\text{b de } \mathrm{U_2})]\}$$

La probabilité de cet évènement est alors :

$$Pr(1 \text{ noire et blanche})$$
$$= Pr\,\{[(1\text{b de } \mathrm{U_1}) \cap (1\text{n de } \mathrm{U_2})]$$
$$\cup\, [(1\text{n de } \mathrm{U_1}) \cap (1\text{b de } \mathrm{U_2})]\}$$

Les évènements entre crochets sont incompatibles. Il vient donc (axiomes des probabilités totales) :

$$Pr(1 \text{ noire et } 1 \text{ blanche})$$
$$= Pr\,\{(1\text{b de } \mathrm{U_1}) \cap (1\text{n de } \mathrm{U_2})\}$$
$$+\, Pr\,\{(1\text{n de } \mathrm{U_1}) \cap (1\text{b de } \mathrm{U_2})\}$$

Nous calculons chacune de ces probabilités :

$$Pr\,\{(1\text{b de } \mathrm{U_1}) \cap (1\text{n de } \mathrm{U_2})\} = Pr\,\{1\text{b de } \mathrm{U_1}\} \times Pr\,\{1\text{n de } \mathrm{U_2}\}$$

car ces deux évènements sont indépendants, (application du théorème des probabilités composées).

$$Pr\,\{(1\text{b de } U_1) \cap (1\text{n de } U_2)\} = \frac{C_{10}^1}{C_{15}^1} \times \frac{C_{10}^1}{C_{14}^1} = \frac{2}{3} \times \frac{5}{7} = \frac{10}{21}$$

De même :

$$Pr\,\{(1\text{n de } U_1) \cap (1\text{b de } U_2)\} = Pr\,\{1\text{n de } U_1\} \times Pr\,\{1\text{b de } U_2\}$$

car ces deux évènements sont aussi indépendants, (application du théorème des probabilités composées).

$$Pr\,\{(1\text{n de } U_1) \cap (1\text{b de } U_2)\} = \frac{C_5^1}{C_4^1} \times \frac{C_4^1}{C_{14}^1} = \frac{1}{3} \times \frac{2}{7} = \frac{2}{21}$$

La probabilité cherchée est alors :

$$\text{Pr}\,\{1\text{n et } 1\text{b}\} = \frac{10}{21} + \frac{2}{21} = \frac{12}{21} \qquad \boxed{\text{Pr}\,\{1\text{n et } 1\text{b}\} = \frac{12}{21}}$$

d) Ces 3 évènements constituent un système complet d'évènements, car, en tirant une boule de chaque urne, les résultats possibles sont : ou 1 noire et 1 noire, ou 1 blanche et 1 blanche, ou 1 noire et 1 blanche ou 1 blanche et 1 noire.

On vérifie bien que :

$$Pr\,\{1n \text{ et } 1n\} + Pr\,\{1b \text{ et } 1b\} + Pr\,\{(1n \text{ et } 1b) \text{ ou } (1b \text{ et } 1n)\}$$

$$= \frac{4}{21} + \frac{5}{21} + \frac{12}{21} = \frac{21}{21} = 1$$

Parmi les 2 boules tirées, l'une est blanche et l'autre est noire. On cherche alors la probabilité de l'évènement : tirer une boule blanche de l'urne $\boldsymbol{U_2}$ sachant que l'on a tiré une boule noire et une boule blanche.

On a vu précédemment qu'il y avait 12 cas (sur 21) dans lesquels on tirait une boule noire et une boule blanche. Sur ces 12 cas, on a vu aussi qu'il y en avait 2 (sur 21) dans lesquels la boule noire provenait de l'urne U_1. La probabilité demandée est donc : $\frac{2}{12} = \frac{1}{6}$.

VII. La question posée comporte deux problèmes distincts.

- probabilité d'obtenir au moins une fois 6 en 4 coups, en lançant un dé ;

- probabilité d'obtenir au moins une fois le double 6 en 24 coups, en lançant deux dés.

1) Étudions successivement chacune de ces probabilités.

La probabilité d'obtenir au moins une fois 6 en 4 coups en lançant un dé, peut se calculer en déterminant la probabilité de voir sortir une fois 6, puis la probabilité de voir sortir deux fois 6, puis la probabilité de voir sortir trois fois 6, puis la probabilité de voir sortir quatre fois 6.

Il sera dans ce cas beaucoup plus facile de raisonner sur l'évènement contraire, ne pas obtenir 6 (en remarquant que le contraire de "au moins un" est zéro !).

En effet :

$$Pr\,\{\bar{A}\} = 1 - Pr\,\{A\}$$

si les évènements A et $\bar{A}$ sont complémentaires (conséquence de l'axiome des probabilités totales), ce qui est le cas ici.

La probabilité de ne pas obtenir 6 en un lancer avec un dé est :

$$Pr\,\{\text{non } 6\} = \frac{5}{6} \qquad \text{1 lancer}$$

et la probabilité de ne pas obtenir 6 en 4 lancers avec 1 dé est :

$$Pr\,\{\text{non } 6\} = \left(\frac{5}{6}\right)^4 \qquad \text{4 lancers}$$

La probabilité d'obtenir au moins une fois 6 en 4 coups, avec un dé est alors égale à :

$$Pr\,\{\text{au moins une fois } 6\} = 1 - \left(\frac{5}{6}\right)^4 = 1 - \frac{625}{1296} = \frac{671}{1296} = 0{,}5177$$

On trouve ainsi une probabilité légèrement supérieure à $\frac{1}{2}$ (ce qui faisait dire au chevalier de Méré que pour faire 6 avec un dé, il y a "avantage" à l'entreprendre en 4 coups).

2) La probabilité d'obtenir au moins une fois le double six en 24 coups, en lançant 2 dés peut se calculer en déterminant la probabilité de voir sortir une fois le double six, puis la probabilité de voir sortir deux fois le double six, ..., puis la probabilité de voir sortir 24 fois le double six.

Aussi, sera-t-il cette fois encore, beaucoup plus simple de raisonner à partir de l'évènement contraire : ne pas obtenir de double six.

La probabilité de ne pas obtenir le double six en lançant une fois deux dés est égale à :

$$Pr\,\{\text{non double } 6\} = \frac{35}{36} \qquad \text{1 lancer}$$

La probabilité de ne pas obtenir de double six en 24 lancers de deux dés est alors égale à :

$$Pr\,\{\text{non double } 6\} = \left(\frac{35}{36}\right)^{24} \qquad \text{24 lancers}$$

La probabilité cherchée, d'obtenir au moins une fois le double six en 24 coups, en lançant deux dés est alors égale à :

$$Pr\,\{\text{au moins un double } 6\} = 1 - \left(\frac{35}{36}\right)^{24} \qquad \text{24 lancers}$$

soit :

$$Pr\,\{\text{au moins un double } 6\} = 1 - \left(\frac{35}{36}\right)^{24} = 1 - \frac{1{,}1419.\,(10^{37})}{2{,}2452.\,(10^{37})}$$

$$= 1 - 0{,}5086 = 0{,}4914$$

On trouve ainsi une probabilité légèrement inférieure à $\frac{1}{2}$ (ce qui faisait dire au chevalier de Méré que pour faire une double six avec deux dés, il y a "désavantage" à l'entreprendre par 24 coups).

3) Les résultats trouvés sont indiscutables.

L'embarras du chevalier de Méré provenait du fait qu'il attachait une importance à l'égalité :

$$\frac{24}{36} = \frac{4}{6}$$

qui n'a ici aucune signification.

Les propositions sont donc constantes et l'arithmétique ne se dément pas !

VIII. L'urne qui contient $(\boldsymbol{n} - \mathbf{1})$ boules blanches et $(\boldsymbol{n} + \mathbf{1})$ boules noires contient en tout :

$$(n-1) + (n+1) = 2n \text{ boules}$$

Le tirage effectué est un tirage exhaustif. En conséquence, la probabilité affectée à une répartition déterminée va dépendre de la taille de l'urne et de sa composition. Cela signifie aussi que la probabilité de réalisation d'un évènement va dépendre du rang du tirage.

1) On cherche la probabilité pour que les 2 boules tirées soient blanches.

Au premier tirage, l'urne contient 2n boules réparties en $(\boldsymbol{n}-\mathbf{1})$ boules blanches et $(\boldsymbol{n}+\mathbf{1})$ boules noires.

La probabilité de réalisation de l'évènement "une boule blanche au premier tirage" est alors :

$$Pr\,\{\text{1ère boule est blanche}\} = \frac{C_{n-1}^{1}}{C_{2n}^{1}}$$

La réalisation de l'évènement "une boule blanche au deuxième tirage" suppose la réalisation préalable de l'évènement "une boule blanche au premier tirage".

Or la composition de l'urne après le premier tirage, sans remise, est devenue :

- nombre total de boules : $(\mathbf{2}\boldsymbol{n}-\mathbf{1})$
- nombre de boules blanches : $(\boldsymbol{n}-\mathbf{1})-\mathbf{1}=(\boldsymbol{n}-\mathbf{2})$
- nombre de boules noires (inchangé) : $(\boldsymbol{n}+\mathbf{1})$

La probabilité de réalisation de ce second évènement, sachant que le premier a été réalisé, est alors :

$$Pr\begin{Bmatrix}\text{la 2ème boule est blanche}\\ \text{/la 1ère boule est blanche}\end{Bmatrix} = \frac{C_{n-2}^{1}}{C_{2n-1}^{1}}$$

En appliquant le théorème des probabilités composées, la probabilité de réalisation de l'évènement "2 boules blanches" est alors :

$$Pr\,\{\text{2 boules blanches}\} = \frac{C_{n-1}^{1}}{C_{2n}^{1}} \times \frac{C_{n-2}^{1}}{C_{2n-1}^{1}}$$

soit :

$$Pr\,\{2b\} = \frac{\dfrac{(n-1)!}{1!\,(n-2)!}}{\dfrac{(2n)!}{1!\,(2n-1)!}} \times \frac{\dfrac{(n-2)!}{1!\,(n-3)!}}{\dfrac{(2n-1)!}{1!\,(2n-2)!}} = \frac{(n-1)!\,(2n-2)!}{(n-3)!\,(2n)!}$$

$$= \frac{(n-1)(n-2)}{2n\,(2n-1)}$$

$$\boxed{Pr\,\{2\text{ blanches}\} = \frac{(n-1)(n-2)}{2n\,(2n-1)}}$$

2) On cherche maintenant la probabilité pour que les 2 boules tirées soient noires.

Au premier tirage, l'urne contient $2n$ boules réparties en $(n-1)$ boules blanches et $(n+1)$ boules noires.

La probabilité de réalisation de l'évènement "une boule noire au premier tirage" est :

$$Pr\,\{\text{1ère boule est noire}\} = \frac{C_{n+1}^{1}}{C_{2n}^{1}}$$

La composition de l'urne, après ce premier tirage, sans remise, est alors :

- nombre total de boules : $(\boldsymbol{2n-1})$
- nombre de boules noires : $(\boldsymbol{n+1}) - \boldsymbol{1} = \boldsymbol{n}$
- nombre de boules blanches (inchangé) : $(\boldsymbol{n-1})$

La probabilité de réalisation du second évènement "tirer une seconde boule noire, sachant que la première boule tirée est noire" est alors :

$$Pr\begin{Bmatrix}\text{la 2ème boule est noire}\\ \text{/la 1ère boule est noire}\end{Bmatrix} = \frac{C_{n}^{1}}{C_{2n-1}^{1}}$$

Par application du théorème des probabilités composées, la probabilité de réalisation de l'évènement "2 boules noires" est :

$$Pr\,\{\text{2 boules noires}\} = \frac{C_{n+1}^{1}}{C_{2n}^{1}} \times \frac{C_{n}^{1}}{C_{2n-1}^{1}}$$

soit :

$$Pr\,\{2\text{n}\} = \frac{\dfrac{(n+1)!}{1!\;n!}}{\dfrac{(2n)!}{1!\;(2n-1)!}} \times \frac{\dfrac{n!}{1!\;(n-1)!}}{\dfrac{(2n-1)!}{1!\;(2n-2)!}} = \frac{(n+1)!\;(2n-2)!}{(n-1)!\,(2n)!}$$

$$Pr\,\{2\text{n}\} = \frac{n\,(n+1)}{(2n-1)(2n)} = \frac{(n+1)}{2\,(2n-1)}$$

$$\boxed{Pr\,\{2 \text{ noires}\} = \frac{(n+1)}{2\,(2n-1)}}$$

3) On cherche maintenant la probabilité de l'évènement "une boule blanche et une boule noire" sachant que la boule blanche est la première boule tirée, et que la boule noire est la seconde boule tirée.

Cette remarque est importante, car le rang de tirage influe sur la probabilité de l'évènement cherché, lorsque le tirage s'effectue sans remise.

Au premier tirage, l'urne contient $2n$ boules réparties entre $(n-1)$ boules blanches et $(n+1)$ boules noires.

Nous cherchons la probabilité de l'évènement "tirer une boule blanche au premier tirage et une boule noire au second tirage, sachant qu'une boule blanche a été tirée au premier tirage", soit :

$$Pr\begin{Bmatrix}\text{1 blanche et}\\ \text{une noire}\end{Bmatrix} = Pr\begin{Bmatrix}\text{1 blanche au}\\ \text{1er tirage}\end{Bmatrix} \times Pr\begin{Bmatrix}\text{1n au 2è tirage}\\ \text{/1b au 1er tirage}\end{Bmatrix}$$

En utilisant les résultats déjà établis, il vient

$$Pr\,\{\text{1ère boule est blanche}\} = \frac{C_{n-1}^1}{C_{2n}^1}$$

Par ailleurs :

$$Pr\begin{Bmatrix}\text{1n au 2è tirage}\\ \text{/1b au 1er tirage}\end{Bmatrix} = \frac{C_{n+1}^1}{C_{2n-1}^1}$$

Il vient alors :

$$Pr\begin{Bmatrix}\text{1b au 1er tirage et}\\ \text{1n au 2è tirage}\end{Bmatrix} = \frac{C_{n-1}^1}{C_{2n}^1} \times \frac{C_{n+1}^1}{C_{2n-1}^1} = \frac{\dfrac{(n-1)!}{1!\;(n-2)!}}{\dfrac{(2n)!}{1!\;(2n-1)!}} \times \frac{\dfrac{(n+1)!}{1!\,n!}}{\dfrac{(2n-1)!}{1!\,(2n-2)!}}$$

$$Pr\begin{Bmatrix}\text{1b au 1er tirage et}\\ \text{1n au 2è tirage}\end{Bmatrix}=\frac{(n-1)!\,(n+1)!\,(2n-2)!}{n!\,(n-2)!\,(2n)!}=\frac{(n-1)(n+1)}{(2n-1)(2n)}$$

$$=\frac{(n+1)(n-1)}{2n\,(2n-1)}$$

$$\boxed{Pr\begin{Bmatrix}\text{1b au 1er tirage et}\\ \text{1n au 2è tirage}\end{Bmatrix}=\frac{(n+1)(n-1)}{2n\,(2n-1)}}$$

4) a) Si les 3 évènements dont on a calculé la probabilité constituent un système complet d'évènements, alors la somme de leurs probabilités doit être égale à 1 :

$$Pr\{2\ blanches\}+Pr\{2\ noires\}+\ Pr\begin{Bmatrix}1b\ au\ 1er\ tirage\ et\\ 1n\ au\ 2è\ tirage\end{Bmatrix}$$

$$=\frac{(n-1)(n-2)}{2n\,(2n-1)}+\frac{(n+1)}{2\,(2n-1)}+\frac{(n+1)(n-1)}{2n\,(2n-1)}$$

$$=\frac{(n-1)(n-2)+n(n+1)+(n+1)(n-1)}{2n\,(2n-1)}$$

$$=\frac{3n^2-2n+1}{2n\,(2n-1)}\neq 1$$

b) En effet, on aura un système complet d'évènements si le 3ème évènement est "une boule blanche et une boule noire", évènement qui peut encore se formuler : "ou une boule blanche au 1er tirage et une boule noire au 2ème tirage, ou une boule noire au 1er tirage et une boule blanche au 2ème tirage" :

$$\begin{pmatrix}\text{1 blanche et}\\ \text{1 noire}\end{pmatrix}=\begin{pmatrix}\text{1b au 1er tirage et}\\ \text{1n au 2è tirage}\end{pmatrix}\cup\begin{pmatrix}\text{1n au 1er tirage et}\\ \text{1b au 2è tirage}\end{pmatrix}$$

Les deux évènements de part et d'autre du signe $\cup$ sont incompatibles. Il vient alors :

$$Pr\begin{Bmatrix}\text{1 blanche et}\\ \text{1 noire}\end{Bmatrix}=Pr\begin{Bmatrix}\text{1b au 1er tirage et}\\ \text{1n au 2è tirage}\end{Bmatrix}+Pr\begin{Bmatrix}\text{1n au 1er tirage et}\\ \text{1b au 2è tirage}\end{Bmatrix}$$

Calculons la probabilité de ce dernier évènement :

$$Pr\begin{Bmatrix} 1n\ au\ 1er\ tirage\ et \\ 1b\ au\ 2è\ tirage \end{Bmatrix} = \frac{C_{n+1}^1}{C_{2n}^1} \times \frac{C_{n-1}^1}{C_{2n-1}^1} = \frac{\frac{(n+1)!}{1!\,n!}}{\frac{(2n)!}{1!\,(2n-1)!}} \times \frac{\frac{(n-1)!}{1!\,(n-2)!}}{\frac{(2n-1)!}{1!\,(2n-2)!}}$$

$$= \frac{(n+1)!\,(n-1)!\,(2n-2)!}{n!\,(n-2)!\,(2n)!} = \frac{(n+1)(n-1)}{2n\,(2n-1)}$$

(On remarque que cette probabilité est égale à celle de l'évènement "1 blanche au 1er tirage et 1 noire au 2ème tirage". En effet, les arrangements de **2** boules prises parmi $\boldsymbol{2n}$ peuvent différer par l'ordre dans lequel elles ont été choisies. Or le nombre de ces ordres différents est égal au nombre de permutations $\boldsymbol{P_2}$ de **2** boules, soit $P_2 = 2! = 2$).

Alors, la probabilité de l'évènement (1 blanche et 1 noire) est :

$$Pr\begin{Bmatrix} \text{1 blanche et} \\ \text{1 noire} \end{Bmatrix} = \frac{(n+1)(n-1)}{2n\,(2n-1)} + \frac{(n+1)(n-1)}{2n\,(2n-1)} = \frac{2(n+1)(n-1)}{2n\,(2n-1)}$$

$$= \frac{(n+1)(n-1)}{n\,(2n-1)}$$

$$\boxed{Pr\begin{Bmatrix} \text{1 blanche et} \\ \text{1 noire} \end{Bmatrix} = \frac{(n+1)(n-1)}{n\,(2n-1)}}$$

c) On peut maintenant vérifier que la somme de cette dernière probabilité et des probabilités des deux évènements "2 blanches" et "2 noires" est égale à 1 :

$$Pr\,\{2\ blanches\} + Pr\,\{2\ noires\} + Pr\,\begin{Bmatrix} 1\ blanche \\ et\ 1\ noire \end{Bmatrix}$$

$$= \frac{(n-1)(n-2)}{2n\,(2n-1)} + \frac{(n+1)}{2\,(2n-1)} + \frac{(n+1)(n-1)}{n\,(2n-1)}$$

$$= \frac{(n-1)(n-2) + n(n+1) + 2(n+1)(n-1)}{2n\,(2n-1)}$$

$$= \frac{n^2 - 3n + 2 + n^2 + n + 2n^2 - 2}{2n\,(2n-1)} = \frac{4n^2 - 2n}{2n\,(2n-1)}$$

$$= \frac{2n\,(2n-1)}{2n\,(2n-1)} = 1$$

C.Q.F.D. !

Chapitre 4 : VARIABLES ALÉATOIRES DISCRÈTES

INTRODUCTION

I - CONSEILS PÉDAGOGIQUES

Ce chapitre commence par l'étude des variables aléatoires discrètes qui sont une application de Ω dans R, (en se situant dans un espace probabilisable), qui donne les évènements possibles ω_i.

Cette notion est tout à fait distincte de la loi de probabilité d'une variable aléatoire discrète qui est une autre application qui donne la probabilité de chacun des évènements possibles $p\,(X = x_i)$.

Les confusions peuvent provenir du fait que, dans la pratique, on raisonne sur les couples $(\omega_i, p\,(X = x_i))$, ce qui tend à gommer la démarche théorique sous-jacente.

Après l'étude des différentes propriétés des variables aléatoires discrètes et des lois de probabilités de ces variables aléatoires, nous étudierons les lois de probabilité discrètes, qui sont les lois fournissant les distributions les plus courantes des $p\,(X = x_i)$ en fonction des ω_i.

On retrouve ici les caractéristiques de tendance centrale et les caractéristiques de dispersion étudiées en statistique descriptive, puisque la donnée des ω_i se rapportant à une épreuve constitue une série statistique !

II - PLAN DU CHAPITRE

Partie A :

DÉFINITION DES VARIABLES ALÉATOIRES

I. Définition d'une variable aléatoire

II. Catégories de variables aléatoires

1) Variable aléatoire discrète d'ordre fini

2) Variable aléatoire discrète d'ordre infini

3) Variable aléatoire continue ou à densité.

III. Remarques se rapportant à la définition

1) Notations

2) Tribu borélienne sur R

3) Tribu engendrée par X

4) Tribu triviale sur Ω

5) Application d'un espace probabilisable dans un autre

6) Algèbre sur R.

IV. Deux variables aléatoires particulières

1) Variable aléatoire certaine

2) Variable indicatrice

V. Variables aléatoires définies sur un même espace probabilisable

1) Application somme

2) Application produit

3) Produit d'une variable aléatoire par une constante

4) Identité de deux variables aléatoires

Partie B :

VARIABLES ALÉATOIRES RÉELLES DISCRÈTES

I. Rappel de la définition

II. Loi de probabilité d'une variable aléatoire discrète

1) Définition

2) Propriétés de l'application

3) Représentation graphique d'une loi de probabilité

III. Fonction de répartition d'une variable aléatoire discrète

1) Définition

2) Propriétés

3) Graphe de la fonction de répartition F.

IV. Caractéristiques de tendance centrale d'une variable aléatoire discrète

1) Introduction

2) Mode

3) Quantiles

4) Espérance mathématique

5) La φ-moyenne

6) Moyennes d'ordre r ou moments simples d'ordre r.

V. Caractéristiques de dispersion d'une variable aléatoire discrète

1) Écart absolu moyen

2) Écart moyen par rapport à l'espérance mathématique

3) Variance d'une variable aléatoire $X, V(X)$

4) Écart-type d'une variable aléatoire $X, \sigma(X)$.

VI. Moments centrés d'ordre r

1) Moment centré d'ordre r, par rapport à une valeur a

2) Moment centré d'ordre r, par rapport à l'espérance mathématique $E(X)$

3) Moment factoriel d'ordre r

4) Fonction génératrice des moments d'une variable discrète

VII. Inégalité de Bienaymé-Tchébicheff

VIII. Caractéristiques de forme d'une variable aléatoire discrète

1) Coefficients d'asymétrie

2) Coefficients d'aplatissement

3) Remarques.

Partie C :

FONCTIONS DE VARIABLES ALÉATOIRES DISCRÈTES

I. Introduction

Partie D :

LOIS DISCRÈTES USUELLES

IV. Loi binomiale

1) Définition
2) Schéma de l'urne
3) Lancer d'une pièce de monnaie
4) Propriétés
5) Caractéristiques de tendance centrale
6) Caractéristiques de dispersion
7) Caractéristiques de forme
8) Domaine d'application

V. La loi multinomiale

1) Définition
2) Schéma de l'urne
3) Propriétés

VI. Loi de Poisson

1) Définition
2) Propriétés
3) Caractéristiques de tendance centrale
4) Caractéristiques de dispersion
5) Caractéristiques de forme
6) Domaine d'application
7) Approximation de la loi binomiale par la loi de Poisson.

VII. Loi géométrique

1) Définition
2) Schéma de l'urne
3) Propriétés
4) Caractéristiques de tendance centrale
5) Caractéristiques de dispersion

Partie A :

Définition des variables aléatoires

I. Définition d'une variable aléatoire

1) Soit un espace probabilisable $(\Omega, \mathcal{A})$ où $\mathcal{A}$ constitue une σ-algèbre de parties de Ω, (sous-ensemble non-vide fermé de l'ensemble des parties de$(\Omega, \mathcal{P}(\Omega))$.

Nous désignons par ω_i les éléments de Ω.

Soit X une application de Ω dans R.

X associe à chaque élément ω_i de Ω, un nombre réel que l'on désignera par $x_i = X(\omega_i)$.

L'ensemble des $x_i = X(\omega_i)$ constitue l'univers-image de Ω par X, et est un sous-ensemble de l'ensemble des réels R.

2) Réciproquement, à tout sous-ensemble S de R, on peut associer un évènement, appartenant à $\mathcal{P}(\Omega)$, mais non nécessairement à $A \subset \mathcal{P}(\Omega)$, par l'application inverse X^{-1} [3].

Désignons par $X^{-1}(S)$ cet évènement, partie de Ω, image-inverse d'un sous-ensemble de R.

3) L'application X est dite variable aléatoire (v.a) ou variable aléatoire réelle (v.a.r) si, pour tout sous-ensemble S de R, l'ensemble $X^{-1}(S)$ est élément de $\mathcal{A}$:

$$X^{-1}(S) \in \mathcal{A}$$

On dit aussi que X est une application mesurable.

II. Catégories de variables aléatoires

Il existe plusieurs catégories de variables aléatoires, selon la nature de l'univers image $X(\Omega)$, que nous étudierons séparément.

1) Variable aléatoire discrète d'ordre fini

Si $X(\Omega)$ est fini, la variable aléatoire X est dite variable aléatoire

---

3 En restreignant l'ensemble d'arrivée par X à l'univers-image, l'application X est subjective. Elle devrait être bijective pour pouvoir définir X^{-1}. Toutefois si X n'est pas injective, on définira X^{-1} comme application de l'ensemble des parties de l'univers-image dans $\mathcal{P}(\Omega)$, telle que $X^{-1}(S)$ soit la partie de Ω constituée de tous les antécédents par X des éléments de la partie (quelconque) S de R. ($X^{-1}(S)$ peut être éventuellement la partie vide).

discrète d'ordre fini.

Les différentes valeurs possibles sont en nombre fini.

2) Variable aléatoire discrète d'ordre infini

Si $X(\Omega)$ est infini dénombrable, la variable aléatoire X est dite variable aléatoire discrète d'ordre infini.

Ses différentes valeurs possibles sont en infinité dénombrable.

3) Variable aléatoire continue ou à densité

Si $X(\Omega)$ est infini (intervalle de R ou réunion d'intervalles de R), la variable aléatoire X est dite continue, ou encore à densité.

Les différentes valeurs possibles sont infinies.

III. Remarques se rapportant à la définition

1) Notations

a) Contrairement aux notations habituelles en algèbre, on note par une lettre majuscule_les variables aléatoires, qui sont des applications (par exemple X).

b) Par habitude, et par simplification !, on note aussi :

- $X = x$ l'ensemble des éléments ω_i de Ω, tels que $X(\omega_i) = x$;
- $X^{-1}(]-\infty, x]) = X \leq x$ l'ensemble des éléments $\omega_i \in \Omega$ tels que $X(\omega_i) \leq x$
- $\{X = x\}$ l'ensemble image réciproque $X^{-1}(\{x\})$

2) Tribu borélienne sur R

Toute σ-algèbre engendrée par des intervalles ouverts de R est appelée tribu borélienne sur R.

On démontre que tout intervalle I de R peut s'écrire comme réunion, intersection et/ou complémentation d'un nombre fini ou infini dénombrable d'intervalles de la forme $]-\infty, x]$.

On démontre aussi que X est une variable aléatoire si et seulement si pour tout élément B de la tribu borélienne de $\mathcal{B}$ de $R, X^{-1}(B)$ est élément de $\mathcal{A}$.

3) Tribu engendrée par X

Il peut exister plusieurs tribus sur Ω pour lesquelles X soit une variable aléatoire.

On appelle tribu engendrée par X, la tribu contenue dans toutes les autres.

4) Tribu triviale sur Ω

On peut contourner la difficulté, liée au fait que l'image-inverse d'un sous-ensemble de R n'est pas nécessairement un élément de $\mathcal{A}$, en définissant toute variable aléatoire sur un espace probabilisable $(\Omega, \mathcal{P}(\Omega))$, où $\mathcal{P}(\Omega)$ est la tribu triviale sur Ω.

5) Application d'un espace probabilisable dans un autre

Soient deux espaces probabilisables $(\Omega, \mathcal{A})$ et $(\Omega', \mathcal{A}')$.

On peut définir une variable aléatoire X' comme application de l'espace probabilisable $(\Omega, \mathcal{A})$dans l'espace probabilisable $(\Omega', \mathcal{A}')$.

Dans ce cas, l'image réciproque d'un évènement est un évènement, et on dit que X' est à valeurs dans $\boldsymbol{\Omega}'$.

6) Algèbre sur R

Soit un espace probabilisable $(\Omega, \mathcal{A})$.

On démontre que l'ensemble des variables aléatoires définies sur R est une algèbre sur R (laquelle est une sous-algèbre des applications de Ω dans R).

IV. Deux variables aléatoires particulières

1) Variable aléatoire certaine

Soit l'application qui associe à tout élément ω_i de Ω le nombre n.

La variable aléatoire X est alors appelée variable certaine.

2) Variable indicatrice

Soit une épreuve et soit A un évènement (partie de Ω) pouvant ou non être réalisé à la suite de l'épreuve.

Soit X une variable aléatoire :

- qui associe à tout élément $\omega_i \in A$ la valeur 1.
- et qui associe à tout élément $\omega_i \notin A$ la valeur 0.

La variable aléatoire X est alors appelée variable indicatrice de l'évènement A.

V. Variables aléatoires définies sur une même espace probabilisable

Soient deux variables aléatoires X et Y définies sur un même espace probabilisable $(\Omega, \mathcal{A})$.

Les images des ω_i par X ou par Y étant des réels, il est possible de les ordonner et d'effectuer sur eux les opérations classiques (addition et multiplication par exemple).

Il est alors possible de définir pour 2 variables aléatoires X et Y :

- une application somme des 2 v.a X et Y ;
- une application produit des 2 v.a X et Y ;
- le produit d'une variable aléatoire par une constante.

1) Application somme

Par définition, on appelle *somme* des 2 variables aléatoires $\boldsymbol{X}$ et $\boldsymbol{Y}$, la variable aléatoire notée $\boldsymbol{X} + \boldsymbol{Y}$, telle que :

$$(X + Y)(\omega_i) = X(\omega_i) + Y(\omega_i) = x_i + y_i$$

2) Application produit

Par définition, on appelle *produit* de 2 variables aléatoires $\boldsymbol{X}$ et $\boldsymbol{Y}$, la variable aléatoire notée $\boldsymbol{XY}$, telle que :

$$(XY)(\omega_i) = X(\omega_i).Y(\omega_i) = x_i.y_i$$

3) Produit d'une variable aléatoire par une constante

On appelle produit de la variable aléatoire X par la constante a, le produit défini par :

$$(aX)(\omega_i) = aX(\omega_i) = ax_i$$

4) Identité de deux variables aléatoires

Les deux variables aléatoires X et Y sont dites identiques si, pour tout élément ω_i, les réels $X(\omega_i)$ et $Y(\omega_i)$ sont égaux :

X et Y identiques $\Leftrightarrow$ $X(\omega_i) = Y(\omega_i) \quad \forall \omega_i$

Partie B :

VARIABLES ALÉATOIRES RÉELLES DISCRÈTES

I. Rappel de la définition

Une variable aléatoire X est discrète si $X(\Omega)$ est fini ou infini dénombrable.

Dans chaque cas, on pourra alors noter $X(\Omega)$, sous forme d'une suite numérotée de façon strictement croissante :

- $X(\Omega) = x_i$ avec $i = 1, \dots, n$ dans le cas d'une variable aléatoire discrète d'ordre fini ;
- $X(\Omega) = x_i$ avec $i \in N$ dans le cas d'une variable aléatoire discrète d'ordre infini.

II. Loi de probabilité d'une variable aléatoire discrète

1) Définition

a) Soit un espace probabilisé $(\Omega, \mathcal{A}, \mathrm{p})$, une variable aléatoire réelle discrète (d'ordre fini ou infini) X, définie sur $(\Omega, \mathcal{A})$ et un espace probabilisable $(\mathrm{R}, \mathcal{B})$, où $\mathcal{B}$ est une tribu borélienne sur R.

On appelle loi de probabilité de X l'application p_x définie sur $(R, \mathcal{B})$ par :

$$p_x(B) = p\left(X^{-1}(B)\right) \quad \text{avec } B \in \mathcal{B}$$

(p_x est donc une probabilité sur la tribu des boréliens de R).

b) La probabilité p_i affectée à la valeur x_i de la variable aléatoire $(X) = x_i$ est ainsi, par définition, la probabilité affectée à l'évènement $\omega_i \in \mathcal{A}$ correspondant à x_i :

$$\underline{p_i = p(X = x_i) = p_x(\{x_i\}) = p\left(X^{-1}(\{x_i\})\right)}$$

(On écrit souvent $Pr\{X = x_i\}$ au lieu de $p(X = x_i)$.

c) On peut dire aussi que la variable aléatoire X «transporte» la probabilité de $(\Omega, \mathcal{A})$ dans $(R, \mathcal{B})$.

2) Propriétés de l'application

a) $p_x(R) = 1$

$$p_x(R) = p\left(X^{-1}(R)\right) = p(\Omega) = 1$$

Donc :

$$\boxed{p_x(R) = 1}$$

b) Loi de probabilité de la réunion de sous-ensembles de R

Considérons n sous-ensembles de R, S_i, $i = 1, \dots, n$, disjoints deux à deux.

Alors :

$$p_x\left(\bigcup_{i=1}^{n} S_i\right) = p\left(X^{-1}\left(\bigcup_{i=1}^{n} S_i\right)\right) = p\left(\bigcup_{i=1}^{n} X^{-1}(S_i)\right)$$

Les ensembles $X^{-1}(S_i)$ étant disjoints deux à deux, il vient :

$$p_x\left(\bigcup_{i=1}^{n} S_i\right) = \sum_{i=1}^{n} p\left(X^{-1}(S_i)\right) = \sum_{i=1}^{n} p_x(S_i)$$

Donc :

$$\boxed{p_x\left(\bigcup_{i=1}^{n} S_i\right) = \sum_{i=1}^{n} p_x(S_i)}$$

c) Détermination de p_x dans le cas d'une variable aléatoire discrète d'ordre fini

Dans le cas d'une variable aléatoire discrète d'ordre fini, les évènements ω_i sont en nombre fini, ainsi que leurs probabilités correspondantes $p(X = x_i)$.

La donnée de tous les couples $(\omega_i, p(X = x_i))$, qui constitue la distribution de probabilité de la variable X, suffit pour déterminer p_x.

On représente habituellement la distribution de probabilité dans un tableau :

Valeurs x de X	p(X = x_i)
x_1	p_1
-	-
-	-
x_i	p_i
-	-
-	-
x_n	p_n
TOTAL	1

d) Variables aléatoires indépendantes pour p

Soit un espace probabilisé $(\Omega, \mathcal{A}, p)$ et deux variables aléatoires X et Y définies sur $(\Omega, \mathcal{A})$.

L'univers image de Ω par X est $\{x_1, \dots, x_i, \dots, x_m\}$ et l'univers image de Ω par Y est $\{y_1, \dots, y_i, \dots, y_m\}$.

Les deux variables aléatoires X et Y sont dites indépendantes pour p, si et seulement si on a :

$$\boxed{p\Big((X = x_i)\ et\ \big(Y = y_j\big)\Big) = p\Big((X = x_i) \times p\big(Y = y_j\big)\Big)}$$

$$\forall (i, j) \in (\{1, \dots i, \dots, m\} \times \{1, \dots, j, \dots, n\})$$

Plus simplement, l'indépendance pour p s'écrira :

$$\boxed{p_{ij} = p_i p_j}$$

3) Représentation graphique d'une loi de probabilité

On va pouvoir établir un tableau de correspondance entre x_i et p_i, puis construire le diagramme en bâtons de cette correspondance (puisque la loi de probabilité est discrète).

Exemple :

Soit la variable aléatoire définie par la réalisation de k fois pile en lançant six fois une pièce de monnaie.

La probabilité p_k est égale à :

$$p_k = C_6^k \frac{1}{2^6}$$

d'où le tableau de correspondance entre x_k et p_k (loi de probabilité) :

X = k	0	1	2	3	4	5	6
p_y	$\frac{1}{64}$	$\frac{6}{64}$	$\frac{15}{64}$	$\frac{20}{64}$	$\frac{15}{64}$	$\frac{6}{64}$	$\frac{1}{64}$

Graphiquement, cette loi de probabilité peut être représentée par un diagramme en bâtons :

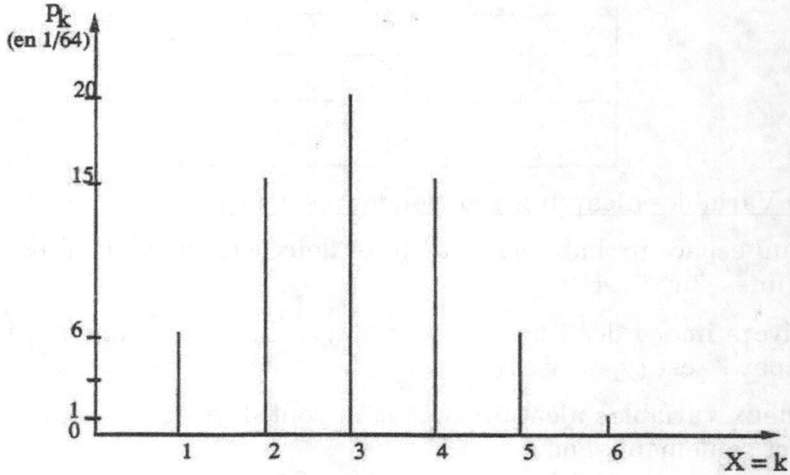

III. Fonction de répartition d'une variable aléatoire discrète

1) Définition

a) Soit un univers probabilisé $(\Omega, \mathcal{A}, p)$ et une variable aléatoire X définie sur $(\Omega, \mathcal{A})$.

Par définition, on appelle fonction de répartition (ou fonction cumulative) de la variable aléatoire X, l'application F de la variable réelle x définie sur R par :

$$\boxed{F(x) = p\left(X^{-1}(]-\infty, x])\right) = p(X \leq x)}$$

avec : $(X \leq x) \in \mathcal{A}$.

Cette fonction représente la probabilité cumulée jusqu'à x.

b) Remarque

En pratique, deux définitions existent, selon que l'inégalité est entendue au sens strict ou au sens large :

– dans les pays anglo-saxons, on définit habituellement $F(x)$

par $F(x) = p(X \leq x)$;

- alors qu'en France, on définit habituellement $F(x)$ par $F(x) = p(X < x)$.

Cette différence a une incidence, dans le cas des variables aléatoires discrètes, sur :

- la définition de la probabilité d'un intervalle ;
- et sur la continuité.

2) Propriétés

a) Variation

La fonction F est une fonction monotone, croissante de 0 à 1.

b) Limites

$$\lim_{x \to -\infty} F(x) = 0 \quad \text{et} \quad \lim_{x \to +\infty} F(x) = 1$$

c) Valeur de $F(x)$ sur $]-\infty, x]$

Écrivons $X(\Omega)$ sous la forme d'une suite strictement croissante de x_i.

La fonction F est constante, sur tout intervalle $]x_i, x_{i+1}]$.

d) Continuité

La continuité est différente, selon la définition de $F(x)$:

- selon la définition anglo-saxonne $F(x) = p(X \leq x)$, F est continue à droite en tout point de R ;
- selon la définition française $F(x) = p(X < x)$, F est continue à gauche en tout point de R.

e) Définition de $p(X = x_i)$ à partir de F

Le saut de la fonction F au point d'abscisse x_i est égal àp_i, avec $p_i = p(X = x_i)$.

Donc, il vient :

$$\boxed{p_i = p(X = x_i) = F(x_{i+1}) - F(x_i)}$$

En conséquence, une loi de probabilité est entièrement définie par sa fonction de répartition F.

3) Graphe de la fonction de répartition F

a) Définition

La fonction de répartition F d'une variable aléatoire discrète X est une fonction en escalier, qui présente des sauts aux points d'abcisse x_i.

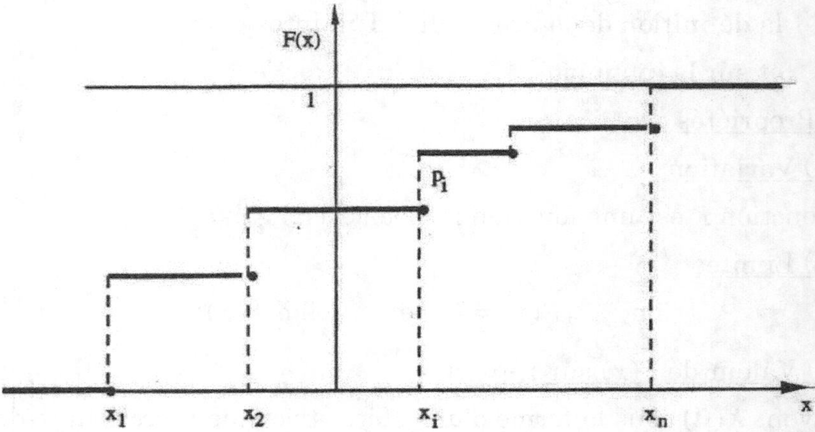

Cette courbe est la courbe cumulative de la variable aléatoire discrète X.

b) Exemple

Reprenons l'exemple précédent, et déterminons $F(x)$.

pour $x \leq 0$ $\quad F(x) = 0$

pour $0 < x \leq 1$ $\quad F(x) = \frac{1}{64}$

pour $1 < x \leq 2$ $\quad F(x) = \frac{1}{64} + \frac{6}{64} = \frac{7}{64}$

pour $2 < x \leq 3$ $\quad F(x) = \frac{1}{64} + \frac{6}{64} + \frac{15}{64} = \frac{22}{64}$

pour $3 < x \leq 4$ $\quad F(x) = \frac{1}{64} + \frac{1}{64} + \frac{15}{64} + \frac{20}{64} = \frac{42}{64}$

pour $4 < x \leq 5$ $\quad F(x) = \frac{1}{64} + \frac{6}{64} + \frac{15}{64} + \frac{20}{64} + \frac{15}{64} = \frac{57}{64}$

pour $5 < x \leq 6$ $\quad F(x) = \frac{1}{64} + \frac{6}{64} + \frac{15}{64} + \frac{20}{64} + \frac{15}{64} + \frac{6}{64} = \frac{63}{64}$

pour $x > 6$ $\quad F(x) = \frac{1}{64} + \frac{6}{64} + \frac{15}{64} + \frac{20}{64} + \frac{15}{64} + \frac{6}{64} + \frac{1}{64} = \frac{64}{64} = 1$

On peut tracer le tableau de correspondance :

X = k	0	1	2	3	4	5	6
p_y	$\frac{1}{64}$	$\frac{6}{64}$	$\frac{15}{64}$	$\frac{20}{64}$	$\frac{15}{64}$	$\frac{6}{64}$	$\frac{1}{64}$

La représentation graphique de cette fonction est alors la suivante :

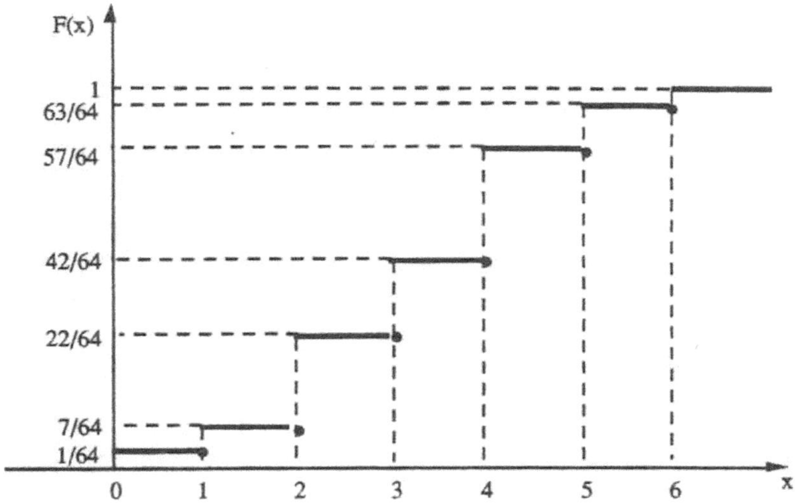

IV. Caractéristiques de tendance centrale d'une variable aléatoire discrète

1) Introduction

a) Nous allons caractériser une variable aléatoire *X* par ses caractéristiques de *tendance centrale* (ainsi que par ses caractéristiques de *dispersion* et de *forme*) ; la démarche va donc être semblable à celle que nous avons suivie pour caractériser une variable statistique.

b) Le vocabulaire utilisé sera identique à celui qui a déjà été vu lors de l'étude des caractéristiques d'une variable statistique à une seule exception près : en calcul de probabilités, la moyenne arithmétique est appelée *espérance mathématique*.

Cette appellation se réfère aux origines du calcul des probabilités où il était question uniquement de jeux de hasard [4].

[4] On peut consulter, à ce sujet, la correspondance échangée entre Blaise Pascal (1623-1662) et Pierre Fermat (1601-1665), autre mathématicien français.

c) Toutes les caractéristiques (de tendance centrale, de dispersion et de forme) qui vont être étudiées, sont toutes des nombres certains attachés à la loi de probabilité suivie par la variable aléatoire considérée.

2) Mode

Le mode d'une variable aléatoire X est la valeur M_0, pour laquelle le diagramme en bâtons présente un maximum.

Une variable aléatoire peut également être polymodale : dans ce cas, il existera un ou plusieurs modes relatifs en plus du mode absolu M_0.

Dans le cas d'une variable aléatoire discrète, la mode M_0 est la valeur de x_i, à laquelle est attachée la plus grande probabilité :

$$\boxed{M_0 = x_i \ : \ p_i \text{ maximum}}$$

3) Quantiles

a) Définition

Soit une variable aléatoire X, dont la fonction de répartition est F.

On appelle quantile d'ordre **α** (avec $0 < \alpha < 1$), la valeur x_α telle que :

$$\boxed{F(x_\alpha) = p(X \leq x_\alpha) = \alpha}$$

Les quantiles sont peu utilisés dans le cas des variables aléatoires discrètes, car :

- ou bien $F(x_\alpha) = \alpha$ possède une infinité de solutions (c'est-à-dire l'intervalle compris entre deux valeurs possibles consécutives x_i et x_{i+1}) ;
- ou bien $F(x_\alpha) = \alpha$ ne possède aucune solution (par exemple les déciles n'existent pas, si la variable aléatoire discrète prend moins de 10 valeurs x_i)

b) Médiane

Compte-tenu de la définition qui précède, la médiane $\mathbf{M_e}$ d'une variable aléatoire X est le quantile d'ordre $\alpha = \frac{1}{2}$:

$$\boxed{F(M_e) = \frac{1}{2}}$$

c) Quartiles

Les quartiles Q_1 et Q_3 sont respectivement les quantiles d'ordre $\frac{1}{4}$ et $\frac{3}{4}$ (en rappelant que $Q_2 = M_e$).

$$\boxed{F(Q_1) = \frac{1}{4}} \quad \text{et} \quad \boxed{F(Q_3) = \frac{3}{4}}$$

4) Espérance mathématique

a) Définition

Considérons un variable aléatoire discrète d'ordre fini X, entièrement décrite par sa distribution de probabilité $\omega_i = p(X = x_i)$.

Par définition, l'espérance mathématique $E(X)$ de la variable aléatoire X est la moyenne pondérée de toutes les valeurs x_i que peut prendre la variable par les probabilités p_i correspondantes :

$$\boxed{E(X) = \sum_{i=1}^{n} p_i x_i}$$

Dans le cas où X est une variable aléatoire discrète d'ordre infini, elle peut prendre une infinité dénombrable de valeurs. L'espérance mathématique $E(X)$ est alors définie de façon analogue par :

$$\boxed{E(X) = \sum_{i \in N} p_i x_i}$$

La somme de cette série n'a un sens que si la série est absolument convergente.

(On écrit aussi souvent $E\{X\}$ au lieu de $E(X)$).

b) Remarque :

Si la variable aléatoire X définit le gain d'une personne dans un jeu de hasard, l'espérance mathématique $E(X)$ représente le gain moyen au cours du jeu :

- si $E(X) > 0$, on a plus de chances de gagner que de perdre ;
- si $E(X) = 0$, le jeu est équitable ;
- si $E(X) < 0$, on a plus de chances de perdre que de gagner.

c) Espérance mathématique d'une variable aléatoire certaine

Soit une variable aléatoire certaine X prenant la valeur k.

$$E(X) = \sum_{i=1}^{n} p_i x_i = \sum_{i=1}^{n} [p(X^{-1}\{k\})].k = k.\sum_{i=1}^{n} p(\Omega)$$

$$E(X) = k \times 1 = k$$

Si $(X = k)$ $\forall i$ $\boxed{E(X) = k}$

On en déduit immédiatement que :

$$\boxed{E[E(X)] = k}$$

d) Variable aléatoire centrée

Par définition, une variable aléatoire X est dite centrée, si son espérance mathématique $E(X)$ est nulle.

On démontre aisément que la variable aléatoire :

$$X - E(X)$$

est une variable centrée.

L'espérance mathématique de cette variable aléatoire est égale à :

$$E[X - E(X)] = \sum_{i=1}^{n} p_i[x_i - E(X)] = \sum_{i=1}^{n} p_i x_i - \sum_{i=1}^{n} p_i \left(\sum_{i=1}^{n} p_i x_i\right)$$

$$E[X - E(X)] = \sum_{i=1}^{n} p_i x_i \left(1 - \left(\sum_{i=1}^{n} p_i\right)\right) = \sum_{i=1}^{n} p_i x_i (1 - 1) = 0$$

Donc :

$$\boxed{E[X - E(X)] = 0}$$

e) Espérance mathématique d'une variable aléatoire indicatrice

Soit p, la probabilité qu'une variable indicatrice I prenne la valeur 1. La probabilité qu'elle prenne la valeur 0 est alors égale à $(1 - p)$.

L'espérance mathématique $E(I)$ de cette variable est alors égale à :

$$E(I) = (p.1) + [(1 - p) \times 0] = p$$

$$\boxed{E(I) = p}$$

On peut également formuler ce résultat en énonçant que la variable aléatoire indicatrice d'un évènement quelconque A a pour espérance mathématique la probabilité de cet évènement :

$$\boxed{E(I(A)) = p(A)}$$

f) Représentation graphique de l'espérance mathématique E(X).

L'espérance mathématique $E(X)$ d'une variable aléatoire X est égale à l'aire algébrique comprise entre la courbe cumulative de cette variable aléatoire et l'axe des ordonnées.

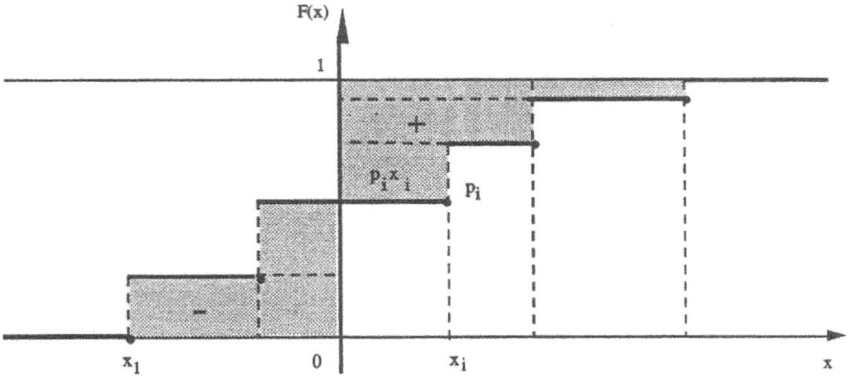

On vérifie bien que $p_i x_i$ est l'aire du rectangle de base $(0, x_i)$ et de hauteur p_i.

Les aires sont comptées négativement à gauche de la droite des ordonnées, et positivement à droite de celle-ci.

Dans le cas d'une variable centrée, les aires négative et positive sont égales en valeur absolue.

g) Linéarité de l'opération espérance mathématique $E(X)$

Le symbole E est un opérateur mathématique qui possède la propriété de linéarité :

On démontre (cf. infra, vecteurs aléatoires discrets) que :

$$\boxed{E(X+Y) = E(X) + E(Y)} \quad \forall X \text{ et } \forall Y$$

Démontrons maintenant que $\forall \lambda \in R$:

$$E(\lambda X) = \lambda E(X)$$

$$E(\lambda X) = \sum_{i=1}^{n} p_i(\lambda x_i) = \lambda \sum_{i=1}^{n} p_i x_i = \lambda E(X)$$

En composant les deux relations ci-dessus (μ étant une autre constante $\in R$), on trouve :

$$\boxed{E(\lambda X + \mu Y) = \lambda . E(X) + \mu . E(Y)}$$

Nous pouvons alors formuler les propriétés suivantes :

- l'ensemble des variables aléatoires définies sur un même espace probabilisé $(\Omega, \mathcal{A}, p)$, dont l'espérance mathématique $E(X)$ existe, est un sous-espace vectoriel de l'espace vectoriel des variables aléatoires définies sur cet espace ;
- l'application $E : X \rightarrow E(X)$ est une forme linéaire sur ce sous-espace.

h) Produit de deux variables aléatoires

Si les variables X et Y sont indépendantes, on démontre que (cf. chapitre 5, partie A, section X, §2) :

$$\boxed{E(XY) = E(X).E(Y)} \qquad \text{si } X \text{ et } Y \text{ sont indépendantes}$$

Si les variables X et Y ne sont pas indépendantes, on démontre que (cf. chapitre 5, partie A, section X, §2) :

$$\boxed{E(XY) = E(X).E(Y) + Cov(X,Y)} \text{ si } X \text{ et } Y \text{ ne sont pas indépendantes}$$

i) Exemple

Reprenons l'exemple déjà étudié : probabilité d'amener k fois pile en lançant six fois une pièce de monnaie.

Déterminons l'espérance mathématique de la variable aléatoire X = réalisation de k fois pile en lançant six fois une pièce de monnaie.

$$m_1 = E(X) = \sum_{i=0}^{6} p_i x_i$$

$$E(X) = \frac{1}{64}[(1 \times 0) + (6 \times 1) + (15 \times 2) + (20 \times 3) + (15 \times 4) + (6 \times 5) + (1 \times 6)] = \frac{1}{64}(0 + 6 + 30 + 60 + 60 + 30 + 6)$$

$$= \frac{1}{64}(192)$$

$$\boxed{E(X) = 3}$$

5) La φ-moyenne

a) Définition

Soit une variable aléatoire discrète X et une fonction φ définie pour tout x_i de l'univers-image de Ω par X ($i = 1..n$ si la variable aléatoire est d'ordre fini ; $i \in N$, si la variable est d'ordre infini), continue et dont l'inverse φ^{-1} est unique.

On appelle φ-moyenne de la variable aléatoire X, le nombre certain M_φ défini par :

$$\boxed{\varphi\langle M_\varphi\rangle = E[\varphi\langle X\rangle]} \quad \Leftrightarrow \quad \boxed{M_\varphi = \varphi^{-1}\{E[\varphi\langle X\rangle]\}}$$

b) Cas particulier où φ est une fonction linéaire

Dans le cas où φ est une fonction linéaire, la φ-moyenne coïncide avec l'espérance mathématique $E(X)$, (compte-tenu de la linéarité de l'opérateur espérance mathématique).

6) Moyennes d'ordre r ou moments simples d'ordre r

a) Définition

La moyenne d'ordre r, (ou moment simple d'ordre r) $m_r(X)$ est la (φ-moyenne correspondant à la puissance r-ième (donc $\varphi(X) = X^r$) :

$$\boxed{m_r(X) = E(X^r)}$$

b) Cas particulier où $r = -1$

Dans le cas où $r = -1$, on définit la moyenne harmonique :

$$\boxed{H(X) = \frac{1}{E\left(\frac{1}{X}\right)}}$$

c) Cas particulier où $r = 0$

Dans le cas où $r = 0$, m_0 est indéterminé.

Mais on montre que $m_r(X)$ tend vers la moyenne géométrique G(X) lorsque $r \to 0$ (par valeurs positives ou négatives).

La moyenne géométrique G joue donc le rôle du moyenne d'ordre zéro :

$$\boxed{G(X) = m_0(X)}$$

d) Cas particulier où $r = 1$

Dans le cas particulier où $r = 1$, nous retrouvons l'espérance mathématique $E(X)$:

$$\boxed{E(X) = m_1(X)}$$

e) Cas particulier où $r = 2$

Si $r = 2$, on obtient la moyenne quadratique Q :

$$\boxed{E\langle X^2\rangle = [m_2\langle X\rangle]^2 = Q^2} \quad \Leftrightarrow \quad \boxed{Q = m_2\langle X\rangle = [E\langle X^2\rangle]^{1/2}}$$

f) Propriétés de m_r

On montre que la moyenne d'ordre r est une fonction croissante de r. On établit ainsi la relation :

$$\boxed{m_{-1}(X) \leq m_0(X) \leq E(X) \leq m_2(X)}$$

V. Caractéristiques de dispersion d'une variable aléatoire discrète

1) Écart absolu moyen

Soit une variable aléatoire X et une constante $a \in R$.

Par définition, l'écart absolu moyen de la variable aléatoire X par rapport à a, e_a, est l'espérance mathématique des valeurs absolues des écarts $(X - a)$:

$$\boxed{e_a(X) = E[|X - a|]}$$

Cette caractéristique est peu utilisée, compte-tenu de la difficulté qu'elle présente sur le plan des calculs.

2) Écart moyen par rapport à l'espérance mathématique

a) On appelle la variable $(X - E(X))$ *variable centrée.*

b) L'écart moyen par rapport à l'espérance mathématique e_m est égal à l'espérance mathématique des écarts à l'espérance mathématique :

$$\boxed{e_m = E[X - E\langle X\rangle]}$$

(ce qui n'est autre que l'espérance mathématique de la variable centrée).

Il n'est d'aucune utilité, car comme nous l'avons montré ; il est toujours nul (c'est-à-dire que l'espérance mathématique de la variable centrée est toujours nulle).

3) Variance d'une variable aléatoire $X, V(X)$

a) Définition

Soit une variable aléatoire discrète X (d'ordre fini ou infini), telle que son espérance mathématique $E(X)$ existe.

Par définition, on appelle variance $V(X)$ de la variable aléatoire X, l'expression :

$$\boxed{V\langle X\rangle = \sum_{i=1}^{n} p_i[x_i - E\langle X\rangle]^2 = E\{[X - E\langle X\rangle]^2\}}$$

La variance peut donc aussi se définir comme "l'espérance mathématique de l'écart moyen quadratique par rapport à l'espérance mathématique".

Remarque :

- $V(X)$ s'écrit aussi $\sigma^2(X)$;
- le symbole V est un opérateur mathématique

b) Théorème de König

Développons la relation de définition de $V(X)$:

$$V(X) = E\{[X - E(X)]^2\} = E\{X^2 - 2X.E(X) + [E(X)]^2\}$$

Par suite de la linéarité de l'opérateur E, on peut écrire :

$$V(X) = [E(X^2)] - 2E(X).E(X) + [E(X)]^2$$

$$\boxed{V(X) = E(X^2) - [E(X)]^2}$$

Cette relation porte le nom de "théorème de König".

La variance $V(X)$ est donc aussi égale à "la différence entre le moment simple d'ordre 2 et le carré du moment simple d'ordre 1".

c) Exemple

Nous reprenons à nouveau l'exemple déjà étudié : probabilité d'amener k fois pile en lançant six fois une pièce de monnaie

Rappelons que :

$$\boxed{E(X) = 3}$$

Calculons maintenant la variance :

$$\sigma^2 = \mu_2 = E\{[X - E\{X\}]^2\} = \sum_{i=1}^{6} p_i(x_i - 3)^2$$

$$\sigma^2 = \frac{1}{64}[1(0-3)^2 + 6(1-3)^2 + 15(2-3)^2 + 20(3-3)^2 + 15(4-3)^2 + 6(5-3)^2 + 1(6-3)^2]$$

$$\sigma^2 = \frac{1}{64}[\langle 1 \times 9\rangle + \langle 6 \times 4\rangle + \langle 15 \times 1\rangle + \langle 20 \times 0\rangle + \langle 15 \times 1\rangle + \langle 6 \times 4\rangle + \langle 1 \times 9\rangle]$$

$$\sigma^2 = \frac{1}{64}[9 + 24 + 15 + 0 + 15 + 24 + 9] = \frac{1}{64}(96)$$

$$\boxed{\sigma^2 = 1{,}5}$$

Vérifions le calcul de σ^2 à partir de $\sigma^2 = m_2 - m_1^2$ (application du théorème de König).

La valeur des moments simples est $m_1 = 3$ et :

$$m_2 = E\{X^2\} = \sum_{i=0}^{6} p_i x_i^2$$

$$m_2 = \frac{1}{64}[(1 \times 0^2) + (6 \times 1^2) + (15 \times 2^2) + (20 \times 3^2) + (15 \times 4^2) + (6 \times 5^2) + (1 \times 6^2)]$$

$$m_2 = \frac{1}{64}[0 + 6 + 60 + 180 + 240 + 150 + 36] = \frac{1}{64}(672) = 10{,}5$$

D'où :

$$\sigma^2 = 10{,}5 - 3^2 = 10{,}5 - 9 = 1{,}5$$

d) Variance d'un variable aléatoire certaine

Nous savons qu'une variable aléatoire certaine X est égale à son espérance mathématique $E(X)$:

$$X = E(X)$$

Déterminons sa variance :

$$V(X) = E\{[X - E\{X\}]^2\} = E(0) = 0$$

Ainsi, toute variable aléatoire certaine est de variance nulle.

$$\boxed{X \text{ certaine} \quad X = E(X) \quad V(X) = 0}$$

e) Variable aléatoire réduite

Une variable aléatoire X est dite réduite, si et seulement si sa variance est égale à l'unité.

Considérons la variable aléatoire :

$$\frac{X}{\sigma(\sigma(X)X)}$$

où :

$$\sigma(X) = [V(X)]^{1/2}$$

Déterminons sa variance :

$$V\left(\frac{X}{\sigma(X)}\right) = \left(\frac{1}{\sigma(X)}\right)^2 .V(X) = \frac{1}{V(x)} .V(X) = 1 \qquad \text{(cf. infra : j) } V(\alpha X)$$

Donc :

$$\boxed{\text{la variable } \frac{X}{\sigma(X)} \text{ est une variable réduite}}$$

f) Variable centrée réduite

Une variable centrée réduite est une variable aléatoire X dont à la fois $E(X) = 0$ et $V(X) = 1$.

Considérons la variable aléatoire :

$$\frac{X - E(X)}{\sigma(X)}$$

Montrons d'abord que cette variable est centrée :

$$E\left\{\frac{X - E(X)}{\sigma(X)}\right\} = E\left\{\frac{1}{\sigma(X)}[X - E(X)]\right\} = \frac{1}{\sigma(X)}[X - E(X)]$$

car $\frac{1}{\sigma(X)}$ est un nombre réel.

Or :

$$E[X - E(X)] = 0$$

Donc :

$$E\left\{\frac{X - E(X)}{\sigma(X)}\right\} = 0$$

Montrons maintenant que cette variable est réduite :

$$V\left\{\frac{X-E(X)}{\sigma(X)}\right\}=V\left\{\frac{1}{\sigma(X)}X-\frac{E(X)}{\sigma(X)}\right\}=V\left[\frac{X}{\sigma(X)}\right]-V\left[\frac{E(X)}{\sigma(X)}\right]$$

Or :

$$V\left[\frac{X}{\sigma(X)}\right]=1$$

et :

$$\frac{E(X)}{\sigma(X)}=\text{Constante} \quad \Rightarrow \quad V\left[\frac{X}{\sigma(X)}\right]=0$$

Donc :

$$\boxed{V\left\{\frac{X-E(X)}{\sigma(X)}\right\}=1}$$

En conclusion :

$$\boxed{\text{la variable aléatoire } \frac{X-E(X)}{\sigma(X)} \text{ est centrée réduite}}$$

g) Variance d'une variable aléatoire indicatrice I

Soit une variable indicatrice I, avec une probabilité de réalisation de l'évènement A égale à p.

Déterminons sa variance :

$$V(I)=E(I^2)-[E(I)]^2=[(1.p)+0(1-p)-[p]^2]$$
$$V(I)=p-p^2=p(1-p)$$
$$\boxed{V(I)=p(1-p)}$$

h) Variance de la somme de deux variables aléatoires

Considérons la variable aléatoire $(X+Y)$ somme des variables aléatoires X et Y.

$$V(X+Y)=E\{[(X+Y)-E(X+Y)]^2\}$$
$$=E\{(X+Y)^2-2(X+Y).E(X+Y)+[E(X+Y)]^2\}$$

$$V(X+Y)=E[(X+Y)^2]-2E(X+Y).E(X+Y)+[E(X+Y)]^2$$
$$V(X+Y)=E[(X+Y)^2]-[E(X+Y)]^2=E[(X+Y)^2]-[E(X)+E(Y)]^2$$
$$V(X+Y)=E[X^2+2XY+Y^2]-[[E(X)]^2+2E(X).E(Y)+[E(Y)]^2]$$
$$V\langle X+Y\rangle=E\langle X^2\rangle+2E\langle XY\rangle+E\langle Y^2\rangle-[E(X)]^2-2E\langle X\rangle.E\langle Y\rangle-[E\langle Y\rangle]^2$$

Cette dernière relation peut encore s'écrire :

$$V(X+Y) = \{E(X^2) - [E(X)]^2\} + \{E(Y^2) - [E(Y)]^2\} + 2E(XY) - 2E(X).E(Y)$$

$$\Updownarrow \qquad\qquad\qquad\qquad \Updownarrow$$

$$V(X) \qquad\qquad\qquad\qquad V(Y)$$

soit encore :

$$V(X+Y) = V(X) + V(Y) + 2[E(XY) - E(X).E(Y)]$$

Deux cas se présentent alors selon que X et Y sont indépendantes ou non :

- 1er cas : $\boldsymbol{X}$ et Y sont indépendantes

alors :

$$E(XY) = E(X).E(Y) \text{ et}$$

$$V(X+Y) = V(X) + V(Y) + 2[E(XY) - E(X).E(Y)]$$

soit :

$$\boxed{V(X+Y) = V(X) + V(Y)} \text{ X et Y indépendantes}$$

- 2ème cas : X et Y ne sont pas indépendantes

alors :

$$E(XY) = E(X).E(Y) + Cov(X,Y)$$

$$V(X+Y) = V(X) + V(Y) + 2[E(X).E(Y) + Cov(X,Y) - E(X).E(Y)]$$

soit :

$$\boxed{V(X+Y) = V(X) + V(Y) + 2Cov(X,Y)} \; X \text{ et } Y \text{ non indépendantes}$$

i) Variance de la différence de deux variables aléatoires

Considérons la variable aléatoire $(X - Y)$, différence des variables aléatoires X et Y.

$$\begin{aligned} V(X-Y) &= E\{[(X-Y) - E(X-Y)]^2\} \\ &= E\{(X-Y)^2 - 2(X-Y).E(X-Y) + [E(X-Y)]^2\} \end{aligned}$$

$$V(X-Y) = E[(X-Y)^2] - 2E(X-Y).E(X-Y) + [E(X-Y)]^2$$

$$V(X-Y) = E[(X-Y)^2] - [E(X-Y)]^2 = E[(X-Y)^2] - \left[E\big(X - E(Y)\big)\right]^2$$

$$V(X-Y) = E[X^2 - 2XY + Y^2] - [[E(X)]^2 - 2E(X).E(Y) + [E(Y)]^2]$$

$$V(X-Y) = E(X^2) - 2E(XY) + E(Y^2) - [E(X)]^2 + 2E(X).E(Y) - [E(Y)]^2$$

Cette dernière relation peut encore s'écrire :

$$V(X-Y) = \underbrace{\{E(X^2) - [E(X)]^2\}}_{V(X)} + \underbrace{\{E(Y^2) - [E(Y)]^2\}}_{V(Y)} - 2E(XY) + 2E(X).E(Y)$$

soit encore :

$$V(X-Y) = V(X) + V(Y) - 2[E(XY) - E(X).E(Y)]$$

Deux cas se présentent à nouveau, selon que X et Y sont indépendantes ou non :

– 1er cas : $\boldsymbol{X}$ et Y sont indépendantes

alors :

$$E(XY) = E(X).E(Y) \text{ et}$$

$$V(X-Y) = V(X) + V(Y) - 2[E(X).E(Y) - E(X).E(Y)]$$

soit :

$$\boxed{V(X-Y) = V(X) + V(Y)} \quad X \text{ et } Y \text{ indépendantes}$$

– 2ème cas : X et Y ne sont pas indépendantes

alors :

$$E(XY) = E(X).E(Y) + Cov(X,Y) \qquad \text{et}$$

$$V(X-Y) = V(X) + V(Y) - 2[E(X).E(Y) + Cov(X,Y) - E(X).E(Y)]$$

soit :

$$\boxed{V(X-Y) = V(X) + V(Y) - 2Cov(X,Y)} \qquad X \text{ et } Y \text{ non indépendantes}$$

j) $V(\alpha X)$

Recherchons la variance du produit d'une variable aléatoire X par une constante α, $V(\alpha X)$:

$$V(\alpha X) = E\{[\alpha X - E(\alpha X)]^2\} = E\{\alpha^2 X^2 - 2\alpha X.E(\alpha X) + [E(\alpha X)]^2\}$$

$$V(\alpha X) = E(\alpha^2 X^2) - 2E(\alpha X).E(\alpha X) + [E(\alpha X)]^2$$

$$V(\alpha X) = E(\alpha^2 X^2) - 2[E(\alpha X)]^2 + [E(\alpha X)]^2 = E(\alpha^2 X^2) - [E(\alpha X)]^2$$

$$V(\alpha X) = \alpha^2 E(X^2) - \alpha^2 [E(X)]^2 = \alpha^2[[E(X^2) - E(X)]^2] = \alpha^2 V(X)$$

Donc :

$$\boxed{V(\alpha X) = \alpha^2 V(X)}$$

4) Écart-type d'une variable aléatoire $X, \sigma(X)$

a) Définition

L'écart-type d'une variable aléatoire $X, \sigma(X)$ est égal à la racine carrée de la variance $V(X)$:

$$\boxed{\sigma(X) = [V(X)]^{1/2}}$$

b) Propriétés

Toutes les propriétés de l'écart-type se déduisent directement de celles de la variance. En conséquence, nous n'allons pas les réexposer en détail.

VI. Moments centrées d'ordre r

1) Moment centré d'ordre r, par rapport à une valeur a

a) Définition

On appelle moment centré d'ordre r d'une variable aléatoire X, par rapport à une valeur $a, a \in R$, la quantité :

$$\boxed{\mu_r(X) = E\{(X-a)^r\}}$$

b) Cas particulier où $a = 0$

Dans le cas où $a = 0$, on retrouve l'expression du moment simple d'ordre r, m_r:

$$\boxed{\mu_r(X) = E\{(X)^r\} = m_r} \qquad \text{si } a = 0$$

2) Moment centré d'ordre r, par rapport à l'espérance mathématique $E(X)$

a) Définition

De façon usuelle, on s'intéressera aux moments centrés d'ordre r, d'une variable aléatoire X, par rapport à l'espérance mathématique $E(X)$:

$$\boxed{\mu_r(X) = E\{[X - E(X)]^r\}}$$

b) Premiers moments centrés

α) $r = 0$

Dans le cas où $r = 0$, il vient :

$$\boxed{\mu_0(X) = 1}$$

β) $r = 1$

On retrouve, pour r = 1, l'écart-moyen par rapport à l'espérance mathématique e_m qui est toujours nul :

$$\boxed{\mu_1(X) = E\{[X - E(X)]^1\} = e_m = 0}$$

γ) $r = 2$

Pour $r = 2$, il vient :

$$\boxed{\mu_2(X) = E\{[X - E(X)]^2\} = V(X)}$$

c'est-à-dire que l'écart-centré d'ordre 2, par rapport à l'espérance mathématique est égal à la variance :

$$\boxed{\mu_2(X) = V(X) = m_2 - m_1^2}$$

δ) $r = 3$

Pour $r = 3$, il vient :

$$\mu_3(X) = E\{[X - E(X)]^3\} = E\{X^3 - 3X^2.E(X) + 3X.[E(X)]^2 - [E(X)]^3\}$$

$$\mu_3(X) = E(X^3) - 3E(X^2).E(X) + 3E(X).[E(X)]^2 - [E(X)]^3$$

$$\mu_3(X) = E(X^3) - [E(X)]^3 - 3E(X).[[E(X)]^2 - [E(X)]^2]$$

$$\Updownarrow$$

$$V(X)$$

$$\mu_3(X) = E(X^3) - [E(X)]^3 - 3E(X).V(X) = m_3 - m_1^3 - 3m_1\mu_2$$

En remplaçant μ_2 par $m_2 - m_1^2$, il vient :

$$\mu_3(X) = m_3 - m_1^3 - 3m_1(m_2 - m_1^2) = m_3 - m_1^3 - 3m_1m_2 + 3m_1^3$$

D'où le résultat :

$$\boxed{\mu_3(X) = m_3 - 3m_1m_2 + 2m_1^3}$$

c) Existence des moments

Si la variable aléatoire X, discrète, est d'ordre fini, les moments simples et centrés d'ordre r quelconque existent toujours.

Dans le cas où la variable aléatoire discrète X est d'ordre infini, les moments simples et centrés d'ordre r n'existent que si les séries qui les définissent sont absolument convergentes.

On démontre que si ces moments existent, moments simples et moments centrés existent jusqu'au même ordre r.

3) Moment factoriel d'ordre r

a) Définition

On appelle *moment factoriel d'ordre r* d'une variable aléatoire $\boldsymbol{X}$, l'espérance mathématique de la quantité $\boldsymbol{X}(\boldsymbol{X}-1)\ldots(\boldsymbol{X}-r+1)$:

$$\boxed{\mu_{[r]}\langle X\rangle = E[X\langle X-1\rangle \ldots \langle X-r+1\rangle]}$$

b) Expression de $\mu_{[r]}(X)$ dans le cas d'une variable aléatoire X discrète

Soit une variable aléatoire discrète $\boldsymbol{X}$, prenant des valeurs entières, positives ou nulles x_i :

$x_i = 0,1, \ldots, n$ (on peut donc supposer que x_i et i coïncident)

$$\mu_{[r]}(X) = \sum_{i=0}^{n} [x_i(x_i-1)\ldots(x_i-r+1)p_i]$$
$$= \sum_{i=r}^{n} [x_i(x_i-1)\ldots(x_i-r+1)p_i]$$

car les r premiers termes sont nuls.

Par ailleurs :

$$[x_i(x_i-1)\ldots(x_i-r+1)] = \frac{x_i!}{(x_i-r)!}$$

D'où l'expression de $\mu_{[r]}(X)$:

$$\boxed{\mu_{[r]}(X) = \sum_{i=r}^{n} \frac{x_i!}{(x_i-r)!} p_i}$$

c) Relations entre moments factoriels et moments simples

α) Principe

On peut calculer aisément les moments simples à partir des moments factoriels et ce d'autant plus facilement que l'opérateur espérance mathématique, qui intervient, est linéaire.

β) cas où $r = 1$

$$\mu_{[1]}(X) = \sum_{i=1}^{n} \frac{x_i!}{(x_i-1)!} p_i = \sum_{i=1}^{n} x_i p_i = E(X) = m_1$$

$$\boxed{\mu_{[1]}(X) = E(X) = m_1} \quad \text{ou} \quad \boxed{m_1 = \mu_{[1]}(X)}$$

γ) cas où $r = 2$

$$\mu_{[2]}(X) = \sum_{i=2}^{n} \frac{x_i!}{(x_i - 2)!} p_i = x_i(x_i - 1)p_i = E[X(X-1)] = m_2 - m_1$$

$$\boxed{\mu_{[2]}(X) = E[X(X-1)] = m_2 - m_1} \quad \text{ou} \quad \boxed{m_2 = \mu_{[2]}(X) + \mu_{[1]}(X)}$$

δ) cas où r = 3

$$\mu_{[3]}(X) = \sum_{i=3}^{n} \frac{x_i!}{(x_i - 3)!} p_i = x_i(x_i - 1)(x_i - 2)p_i =$$

$$\mu_{[3]}(X) = E[X(X-1)(X-2)] = m_3 - 3m_2 + 2m_1$$

et par développement du terme entre crochets :

$$\boxed{\mu_{[3]}(X) = E[X(X-1)(X-2)] = m_3 - 3m_2 + 2m_1}$$

À partir de cette expression nous pouvons également exprimer m_3 par rapport aux moments factoriels d'ordre 1, 2 et 3 :

$$\boxed{m_3 = \mu_{[3]}(X) + 3\mu_{[2]}(X) + \mu_{[1]}(X)}$$

d) Relations entre moments factoriels et moments centrés

À partir des relations donnant, d'une part l'expression des moments centrés en fonction des moments simples, et d'autre part l'expression des moments factoriels en fonction des moments simples, il est possible d'exprimer les moments factoriels en fonction des moments centrés (et réciproquement).

4) Fonction génératrice des moments d'une variable discrète

On appelle fonction génératrice des moments d'une variable aléatoire discrète (à valeurs possibles entières positives ou nulles), l'espérance mathématique de u^x, (où u est un réel positif ou nul) :

$$\boxed{g_x(u) = E(u^x)}$$

On démontre que l'on peut obtenir les moments factoriels d'une variable aléatoire discrète X à partir de la fonction génératrice des moments, et plus précisément, de ses dérivées.

VII. Inégalité de Bienaymé-Tchébicheff

Nous étudierons cette inégalité dans le chapitre traitant de la convergence des variables aléatoires.

Aussi nous contenterons-nous ici de poser le problème que résout cette inégalité : étant donné une variable aléatoire discrète X, d'espérance mathématique $E(X)$ et d'écart-type $\sigma(X)$, et un réel strictement positif t, on cherche à déterminer la probabilité p pour que l'écart $|X - E(X)|$ soit inférieur à $t.\sigma X$.

VIII. Caractéristiques de forme d'une variable aléatoire discrète

En plus de la tendance centrale et de la dispersion autour de celle-ci d'une variable aléatoire discrète, nous pouvons aussi caractériser la forme de celle-ci, en mesurant :

- d'une part son asymétrie
- d'autre part son aplatissement.

1) Coefficients d'asymétrie

Il s'agit de moments centrés d'ordre 3. Nous retiendrons essentiellement :

- le coefficient d'asymétrie β_1 de Pearson :

$$\boxed{\beta_1(X) = \left[\frac{\mu_3(X)}{\sigma^3(X)}\right]^2}$$

- le coefficient d'asymétrie γ_1 de Fisher

Ce coefficient d'asymétrie est le moment d'ordre trois de la variable centrée réduite :

$$\boxed{\gamma_1 = E\left[\left(\frac{X - E(X)}{\sigma}\right)^3\right] = \frac{\mu_3(X)}{\sigma^3(X)}}$$

2) Coefficients d'aplatissement (kurtosis)

Il s'agit de moments centrés d'ordre 4. Nous retiendrons essentiellement :

- le coefficient d'aplatissement β_2 de Pearson :

$$\boxed{\beta_2(X) = E\left[\left(\frac{X - E(X)}{\sigma}\right)^4\right] = \frac{\mu_4(X)}{\sigma^4(X)}}$$

- le coefficient d'aplatissement γ_1 de Fisher :

$$\gamma_1 = \frac{\mu_4(X)}{\sigma^4(X)} - 3$$

3) Remarques

Ces coefficients étant identiques à ceux que nous avons utilisés en statistique descriptive (cf. chapitre 1) nous renvoyons à cette partie du cours pour connaître leur signification en fonction de la valeur qu'ils prennent.

Partie C :

FONCTIONS DE VARIABLES ALÉATOIRES DISCRÈTES

I. Introduction

Les fonctions de variables aléatoires sont des variables aléatoires définies à partir d'autres variables aléatoires par des relations fonctionnelles.

Nous limiterons cette brève étude des fonctions de variables aléatoires discrètes au cas d'une variable aléatoire Y liée fonctionnellement à une variable aléatoire X.

II. Fonction d'une variable aléatoire discrète

1) Définition

Soit un espace probabilisable $(\Omega, \mathcal{A})$, où $\mathcal{A}$ constitue une σ-algèbre de parties de Ω, et une variable aléatoire discrète X (à valeurs finies ou infinies), application de Ω dans R.

Soit une fonction φ.

Par définition, on dira que la variable aléatoire Y :

$$Y = \varphi(X)$$

est la transformée de la variable aléatoire X par la fonction φ.

Y est également une variable aléatoire discrète.

2) Domaine de définition

Ω est l'ensemble de définition de la variable aléatoire X.

L'ensemble de définition Ω' de la variable aléatoire $Y = \varphi(X)$ est l'image par φ de l'ensemble de définition Ω :

$$\Omega' = \varphi(\Omega)$$

On démontre que si Ω est fini (ou infini dénombrable), Ω' est également fini (ou dénombrable).

III. Loi de probabilité de la fonction d'une variable aléatoire discrète

Désignons par Ω_Y, le sous-ensemble de Ω dont les éléments ont pour image le point y de Ω', ce qui s'écrit :

$$\Omega_Y = \varphi^{-1}(y)$$

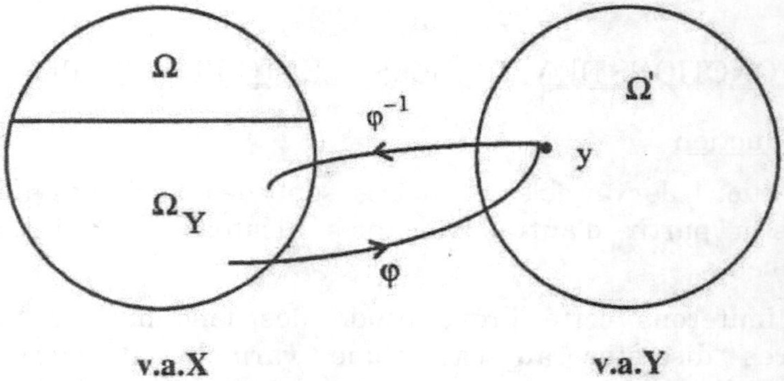

On démontre que la probabilité attachée à la valeur y de Ω' est égale à la probabilité attachée à Ω_Y.

Donc, si X est une variable aléatoire discrète, la variable aléatoire $Y = \varphi(X)$ est une variable aléatoire discrète qui prend les valeurs $y \in \Omega'$ avec les probabilités :

$$\boxed{Pr\{Y = y\} = \sum_{x \in \Omega_Y} Pr\{X = x\}}$$

IV. Quelques exemples de variables aléatoires fonctions d'une variable aléatoire

1) Fonction affine

a) Définition

Si φ est une fonction affine, la variable aléatoire Y est liée fonctionnellement à la variable aléatoire X par :

$$\boxed{Y = aX + b}$$

b) Espérance mathématique

L'espérance mathématique de la variable aléatoire Y est égale à :

$$E(Y) = E(aX + b) = aE(X) + b$$

$$\boxed{E(Y) = aE(X) + b}$$

c) Variance

La variance de la variable aléatoire Y est égale à :

$$V(Y) = V(aX + b) = a^2 V(X)$$

$$\boxed{V(Y) = a^2 V(X)}$$

2) Fonction exponentielle

Si φ est une fonction exponentielle, la variable aléatoire Y est liée fonctionnellement à la variable aléatoire X par :

$$\boxed{Y = exp_a(X)}$$

On se ramènera alors à l'étude de la variable aléatoire X, par l'intermédiaire de la variable auxiliaire $\boldsymbol{Y'} = log_a\, \boldsymbol{Y}$:

$$Y' = log_a(Y) = X$$

V. Moments d'une fonction de variables aléatoires

1) On peut définir les *moments simples d'ordre r* d'une fonction de variables aléatoires.

$$\boxed{m_r[\varphi(X)] = E\{[\varphi(X)]^r\}}$$

ainsi que les moments centrés d'ordre r d'une fonction de variables aléatoires :

$$\boxed{\mu_r[\varphi(X)] = E\{[\varphi(X) - E\{\varphi(X)\}]^r\}}$$

2) Nous verrons une utilisation intéressante des moments simples d'ordre r d'une fonction de variables aléatoires lors de l'étude de l'inégalité de Bienaymé-Tchébicheff (au chapitre 7).

Partie D :
LOIS DISCRÈTES USUELLES

I. Introduction

1) Domaine d'étude

Nous allons étudier, dans cette partie D, les lois de probabilité des variables aléatoires discrètes les plus usuelles :

- loi discrète uniforme
- loi de Bernouilli
- loi binomiale
- loi multinomiale
- loi de Poisson
- loi géométrique
- loi de Pascal
- loi binomiale négative
- loi hypergéométrique

2) Plan d'étude

Pour chacune de ces lois, nous adopterons le plan d'étude suivant :

- définition
- propriétés (dont représentation graphique et fonction de répartition)
- caractéristiques de tendance centrale, de dispersion et de forme
- conditions d'utilisation
- approximation par une autre loi (éventuellement)

II. Loi discrète uniforme

1) Définition

La variable aléatoire discrète uniforme est la variable aléatoire X dont les valeurs possibles sont :

$$x_i = 1,2, \dots, n$$

et dont les probabilités associées sont toutes égales à :

$$p_i = Pr\{X = x_i\} = \frac{1}{n}$$

Cette variable aléatoire suit une loi discrète uniforme.

2) Propriétés

a) Représentation graphique

La représentation graphique par un diagramme en bâtons est la suivante :

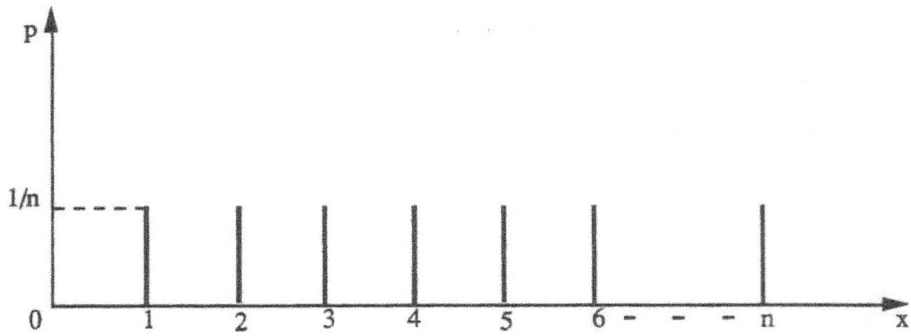

b) Fonction de répartition

La fonction de répartition d'une variable aléatoire discrète uniforme est une fonction en escalier, qui présente des sauts d'amplitude 1/n aux points d'abcisse 1, 2, 3, …, n :

L'allure de la courbe cumulative est donc la suivante :

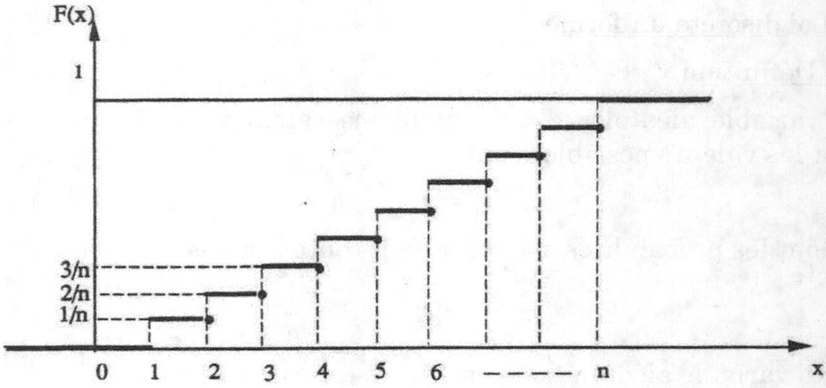

c) Symétrie

La distribution de la variable aléatoire discrète uniforme est symétrique par rapport à $x = \frac{n+1}{2}$, valeur qui est prise par la variable seulement si n est impair.

3) Caractéristiques de tendance centrale

a) Mode

Toutes les fréquences étant égales, toutes les valeurs prises par la variable aléatoire sont modales.

Il y a donc autant de modes que de valeurs x_i.

b) Médiane

La valeur de la médiane est égale à :

$$\boxed{M_e = \frac{n+1}{2}}$$

c) Espérance mathématique $E(X)$

La valeur de l'espérance mathématique $E(X)$ est égale à :

$$E(X) = \sum_{i=1}^{n} p_i x_i = \sum_{i=1}^{n} \frac{1}{n} x_i = \frac{1}{n} \sum_{i=1}^{n} x_i = \frac{1}{n} \times \frac{n(n+1)}{2} = \frac{n+1}{2}$$

$$\boxed{E(X) = \frac{n+1}{2}}$$

d) Moment simple d'ordre 2, m_2

Nous calculons $m_2 = E(X^2)$.

$$m_2 = E(X^2) = \sum_{i=1}^{n} p_i x_i^2 = \sum_{i=1}^{n} \frac{1}{n} \times x_i^2 = \frac{1}{n}\sum_{i=1}^{n} x_i^2 = \frac{1}{n} \times \frac{n(n+1)(2n+1)}{6}$$

$$\boxed{m_2 = E(X^2) = \frac{(n+1)(2n+1)}{6}}$$

4) Caractéristiques de dispersion

a) Variance $V(X)$

Définissons la variance $V(X)$ à partir de théorème de König :

$$V(X) = E(X^2) - [E(X)]^2$$

Il vient alors :

$$V(X) = \frac{(n+1)(2n+1)}{6} - \left(\frac{n+1}{2}\right)^2 = \frac{(n+1)[2(2n+1) - 3(n+1)]}{12}$$

$$V(X) = \frac{(n+1)(4n+2-3n-3)}{12} = \frac{(n+1)(n-1)}{12} = \frac{n^2-1}{12}$$

$$\boxed{V(X) = \frac{n^2-1}{12}}$$

b) Écart-type $\sigma(X)$

Il vient :

$$\boxed{\sigma(X) = \left(\frac{n^2-1}{12}\right)^{1/2}}$$

c) Moments centrés d'ordre impair

La loi discrète uniforme étant symétrique, tous ses moments centrés d'ordre impair sont nuls.

III. Loi de Bernouilli

1) Définition

Soit une variable aléatoire indicatrice I.

I ne peut prendre que les valeurs 0 ou 1 :

- si l'évènement est réalisé elle prend la valeur 1 avec la probabilité p ;
- si l'évènement n'est pas réalisé, elle prend la valeur 0 avec la probabilité $q = 1 - p$.

I suit alors une loi de Bernouilli, notée $\mathcal{B}(1, p)$.

2) Propriétés

a) Représentation graphique

La représentation graphique est un diagramme en bâtons :

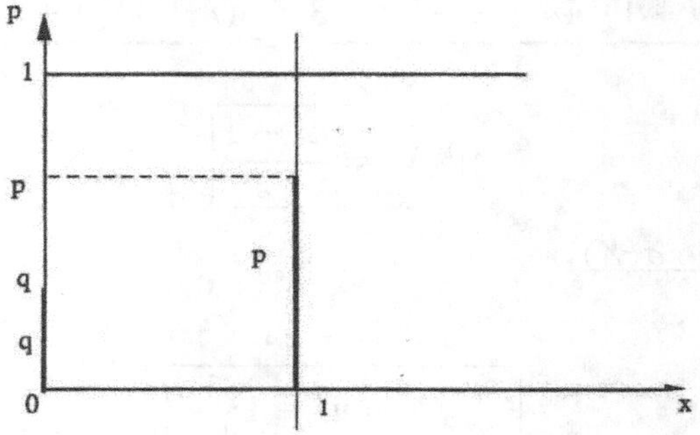

b) Fonction de répartition

La fonction de répartition est une fonction en escalier qui présente un saut au point 0 d'amplitude $q = 1 - p$ et un saut au point 1 d'amplitude p.

L'allure de la courbe cumulative est alors la suivante.

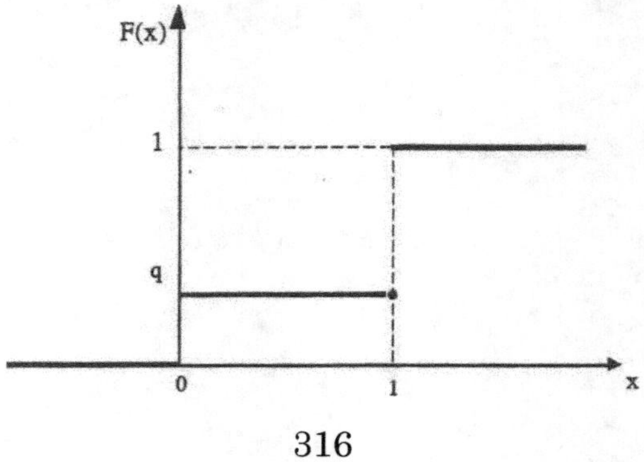

3) Caractéristiques de tendance centrale

a) Mode

Le mode est égal à 0 ou 1 :

- si $p < q \Rightarrow M_0 = 0$
- si $p > q \Rightarrow M_0 = 1$

b) Médiane

La médiane n'a ici aucune signification concrète.

c) Espérance mathématique

L'espérance mathématique $E(I)$ de la variable de Bernouilli est égale à la probabilité p :

$$E(I) = \sum_{i=0}^{1} p_i x_i = [0 \times (1-p)] + [1 \times p] = p$$

$$\boxed{E(I) = p}$$

d) Moments simples d'ordre n

Tout moment simple est égal à la probabilité p, quel que soit son ordre n :

$$E(I^n) = \sum_{i=0}^{1} p_i x_i^n = [(1-p) \times 0] + [p \times (1)^n] = p$$

$$\boxed{E(I^n) = p}$$

4) Caractéristiques de dispersion

a) Variance

La variance de la variable de Bernouilli est égale à :

$$V(I) = E(I^2) - [E(I)]^2 = [(1.p) + 0(1-p)] - [p]^2$$

$$V(I) = p - p^2 = p(1-p) = pq$$

$$\boxed{V(I) = p(1-p) = pq}$$

b) Écart-type

L'écart-type de la variable aléatoire de Bernouilli est alors :

$$\sigma(I) = \left[p\big((1-p)\big)\right]^{1/2} = (pq)^{1/2}$$

IV. Loi binomiale

1) Définition

Considérons, lors d'une certaine épreuve, un évènement qui :

- soit se réalise avec la probabilité p (p = probabilité de succès)
- soit ne se réalise pas avec la probabilité $q = 1 = p$ (q = probabilité d'échec).

La probabilité de k réalisations (succès) de cet évènement, au cours de n répétitions successives indépendantes de la même épreuve, est fournie par la loi de probabilité binomiale :

$$\boxed{Pr\{X = k\} = C_n^k p^k q^{n-k}}$$

On résume cette loi par la notation $\mathcal{B}(n, p)$.

2) Schéma de l'urne

a) Principe

p et q sont schématisés par des boules blanches et des boules noires dans une urne.

Considérons une urne contenant au total N boules. N_p boules sont blanches et N_q boules sont noires (avec $p + q = 1$).

On tire n boules avec remise dans cette urne (on ne modifie donc pas la composition de l'urne).

On cherche la loi de la variable aléatoire X = nombre de boules blanches dans l'échantillon de taille n.

On a une suite de n expériences indépendantes à deux alternatives (succès avec la probabilité p ; échec avec la probabilité $q = 1 - p$).

La loi de probabilité de la variable aléatoire X est une loi binomiale.

b) Exemple

- Une urne contient 30 boules blanches et 20 boules noires ; on extrait 5 boules.
- Étudions cette loi binomiale respectivement pour k = $0, 1, 2, 3, 4$ et 5. C'est-à-dire respectivement, parmi les 5 boules extraites, $0, 1, 2, 3, 4$ et 5 sont blanches) :

$$N = 30 + 20 = 50$$

$$N_p = 30 \quad \Rightarrow \quad \frac{N_p}{N} = \frac{30}{50} = 0{,}6$$

$$N_q = 20 \quad \Rightarrow \quad \frac{N_q}{N} = \frac{20}{50} = 0{,}4$$

La probabilité de $k = 0$ réalisation de l'évènement est

$$Pr\{X = 0\} = C_5^0 p^0 q^{5-0} = \frac{5!}{0!\,5!}(0{,}6)^0(0{,}4)^5 = 1 \times 1 \times 0{,}01024 = 0{,}01024$$

La probabilité de $k = 1$ réalisation de l'évènement est :

$$Pr\{X = 1\} = C_5^1 p^1 q^{5-1} = \frac{5!}{1!\,4!}(0{,}6)^1(0{,}4)^4 = 5 \times 0{,}6 \times 0{,}02560 = 0{,}07680$$

La probabilité de $k = 2$ réalisations de l'évènement est :

$$Pr\{X = 2\} = C_5^2 p^2 q^{5-2} = \frac{5!}{2!\,3!}(0{,}6)^2(0{,}4)^3 = \frac{4 \times 5}{2} \times 0{,}36 \times 0{,}064$$

$$Pr\{X = 2\} = 10 \times 0{,}36 \times 0{,}064 = 0{,}23040$$

La probabilité de $k = 3$ réalisations de l'évènement est :

$$Pr\{X = 3\} = C_5^3 p^3 q^{5-3} = \frac{5!}{3!\,2!}(0{,}6)^3(0{,}4)^2 = 10 \times 0{,}216 \times 0{,}16 = 0{,}34560$$

La probabilité de $k = 4$ réalisations de l'évènement est :

$$Pr\{X = 4\} = C_5^4 p^4 q^{5-4} = \frac{5!}{4!\,1!}(0{,}6)^4(0{,}4)^1 = 5 \times 0{,}1296 \times 0{,}4 = 0{,}25920$$

La probabilité de $k = 5$ réalisations de l'évènement est :

$$Pr\{X = 5\} = C_5^5 p^5 q^{5-5} = \frac{5!}{5!\,0!}(0{,}6)^5(0{,}4)^0 = 1 \times 0{,}7776 \times 1 = 0{,}07776$$

Présentons dans un tableau les valeurs de la densité de probabilité $p_k = f(x)$ et de la fonction de répartition $F(x)$ pour $X = k$.

X = k	0	1	2	3	4	5
Pk= f(x)	0,01024	0,07680	0,23040	0,34560	0,25920	0,07776
F(x)	0,01024	0,08704	0,31744	0,66304	0,92224	1

On pourra également donner une représentation graphique de $f(x)$ et de $F(x)$, respectivement par un diagramme en bâtons et par une courbe en escalier.

c) Représentation graphique

La représentation graphique se fait à l'aide d'un diagramme en bâtons (nous représentons l'exemple ci-dessus) :

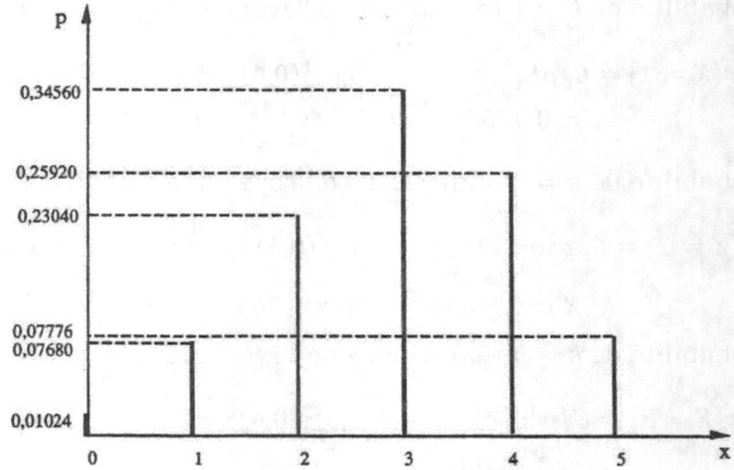

d) Fonction de répartition

La fonction de répartition est la suivante :

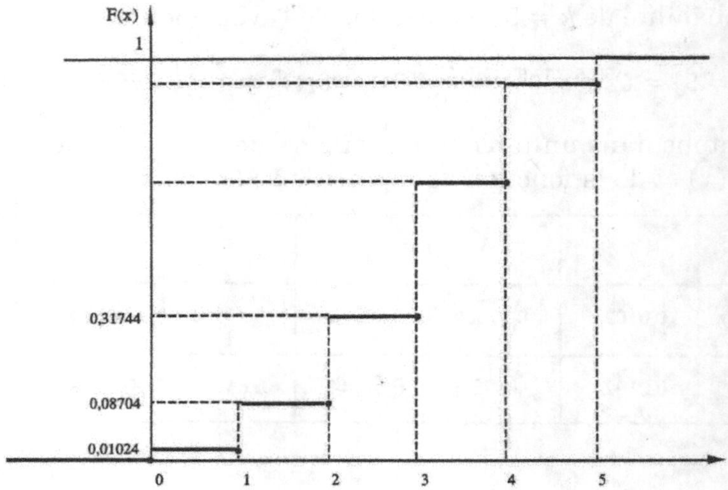

3) Lancer d'une pièce de monnaie

Ici p et q sont schématisés par pile et face.

On va étudier le jeu de pile ou face.

a) Si la pièce est lancée 1 fois, elle a autant de chances de tomber sur le côté pile que le côté face, donc :

$$p = \frac{1}{2} \qquad q = \frac{1}{2}$$

b) Si la pièce est lancée deux fois :

- au premier jet, la pièce peut tomber sur pile ou face.
- au deuxième jet, la pièce peut à nouveau tomber sur pile ou face (quel que soit le résultat obtenu au premier jet) selon le schéma :

1er jet		P			F	
	/		\	/		\
2ème jet	PP		PF	FP		FF

À la fin du 2ème jet, on a donc obtenu l'une des 3 éventualités suivantes :

- obtenir 2 fois pile
- obtenir 2 fois face
- obtenir 1 fois pile et une fois face ou 1 fois face et une fois pile

Puisque les évènements sont indépendants, on peut appliquer le théorème des probabilités composées :

$$Pr\{P,P\} = \frac{1}{2} \times \frac{1}{2} = \frac{1}{4}$$

$$Pr\{F,F\} = \frac{1}{2} \times \frac{1}{2} = \frac{1}{4}$$

$$Pr\{(P,F) \cup (F,P)\} = \left(\frac{1}{2} \times \frac{1}{2}\right) + \left(\frac{1}{2} \times \frac{1}{2}\right) = \frac{1}{4} + \frac{1}{4} = \frac{1}{2}$$

La densité de probabilité est répartie de la manière suivante :

$$\frac{1}{4} + \left(2 \times \frac{1}{4}\right) + \frac{1}{4}$$

ce que l'on peut encore écrire :

$$\left(\frac{1}{2}+\frac{1}{2}\right)^2=\left(\frac{1}{2}\right)^2+2\left(\frac{1}{2}\right)\left(\frac{1}{2}\right)+\left(\frac{1}{2}\right)^2$$

soit :

$$(p+q)^2=p^2+2pq+q^2$$

C'est la formule du binôme de Newton pour $n = 2$.

c) Considérons maintenant n lancers. Les n lancers sont indépendants.

À chaque jet, la pièce tombe :

- soit sur pile avec la probabilité $p=\frac{1}{2}$;
- soit sur face avec la probabilité $q=\frac{1}{2}$.

La densité de probabilité est répartie de la façon suivante :

$$(p+q)^n=C_n^0p^n+C_n^1p^{n-1}q+\cdots+C_n^kp^{n-k}q^k+\cdots+C_n^{n-1}pq^{n-1}+C_n^nq^n$$

soit :

$$(p+q)^n=\sum_{k=0}^{n}C_n^kp^kq^{n-k}=\mathcal{B}(n,p)$$

Le jeu de pile ou face obéit à une loi binomiale.

4) Propriétés

a) La loi binomiale est une loi de probabilité *discrète*, mais *finie*, $k = 0, 1, 2, n$.

b) Elle est appelée loi *binomiale* car pour $k = 1, 2, \dots, n$, les valeurs de $Pr(X = k)$ correspondent aux termes successifs du développement du binôme de Newton $(p+q)^n$:

$$(p+q)^n=C_n^0p^n+C_n^1p^{n-1}q+\cdots+C_n^kp^{n-k}q^k+\cdots+C_n^{n-1}pq^{n-1}+C_n^nq^n$$

où les termes C_n^k sont, rappelons-le, égaux à :

$$C_n^k=\frac{n!}{k!\,(n-k)!}$$

c) Le nombre de réalisations de la variable aléatoire est fini, et est égal au nombre de termes du binôme.

d) Variable de Bernouilli

α) La variable de Bernouilli (cf. section III) constitue un cas particulier de la variable binomiale, à savoir le nombre de réalisations d'un évènement X au cours d'une seule épreuve, où X a la probabilité p d'être réalisé.

Cette remarque permet de noter la loi de Bernouilli ;

$$\boxed{\mathcal{B}(1,p)}$$

β) Par suite, la variable binomiale $\mathcal{B}(n,p)$ peut être considérée comme la somme de n variables de Bernouilli $\mathcal{B}(1,p)$ indépendantes :

$$\boxed{\mathcal{B}(n,p) = \sum_{i=1}^{n} \mathcal{B}_i(1,p)}$$

γ) Il en résulte que la somme de deux variables binomiales indépendantes et de même paramètre p est une variable binomiale de paramètre p :

$$\mathcal{B}(n_1,p) + \mathcal{B}(n_2,p) = \sum_{i=1}^{n_1} \mathcal{B}_i(1,p) + \sum_{i=n_1+1}^{n_1+n_2} \mathcal{B}_i(1,p) = \sum_{i=1}^{n_1+n_2} \mathcal{B}_i(1,p)$$

$$\mathcal{B}(n_1,p) + \mathcal{B}(n_2,p) = \mathcal{B}(n_1 + n_2,p)$$

δ) On démontre que ce résultat peut se généraliser au cas de la somme d'un nombre quelconque de variables binomiales indépendantes de même paramètre p.

ε) On démontre aisément que les variables $\mathcal{B}(n,0)$ et $\mathcal{B}(n,1)$ sont des variables *certaines*.

e) Relation de récurrence caractéristique de la loi binomiale

L'une des caractéristiques de la loi binomiale est l'existence d'une relation simple entre les probabilités se rapportant à deux entiers consécutifs k et $(k+1)$; pour ce faire calculons le rapport $\frac{p_{k+1}}{p_k}$:

$$\frac{p_{k+1}}{p_k} = \frac{C_n^{k+1} p^{k+1} q^{n-(k+1)}}{C_n^k p^k q^{n-k}} = \frac{\frac{n!}{(k+1)!\ (n-k-1)!} p^{k+1} q^{n-k-1}}{\frac{n!}{k!\ (n-k)!} p^k q^{n-k}}$$

$$\frac{p_{k+1}}{p_k} = \frac{n!\,k!\,(n-k)!}{n!\,(k+1)!\,(n-k-1)!}\frac{p^{k+1}}{p^k}\frac{q^{n-k-1}}{q^{n-k}} = \frac{(n-k)}{(k+1)}\frac{p}{q}$$

Il vient donc :

$$\boxed{\frac{p_{k+1}}{p_k} = \frac{(n-k)}{(k+1)}\frac{p}{q}} \quad \Leftrightarrow \quad \boxed{p_{k+1} = \frac{(n-k)}{(k+1)}\frac{p}{q}p_k}$$

Il peut être également intéressant de calculer la probabilité p_{k-1} à partir de p_k ; pour ce faire, calculons le rapport $\frac{p_{k-1}}{p_k}$:

$$\frac{p_{k-1}}{p_k} = \frac{C_n^{k-1}p^{k-1}q^{n-(k-1)}}{C_n^k p^k q^{n-k}} = \frac{\frac{n!}{(k-1)!\,(n-k+1)!}p^{k-1}q^{n-k+1}}{\frac{n!}{k!\,(n-k)!}p^k q^{n-k}}$$

$$\frac{p_{k-1}}{p_k} = \frac{n!\,k!\,(n-k)!}{n!\,(k-1)!\,(n-k+1)!}\frac{p^{k-1}}{p^k}\frac{q^{n-k+1}}{q^{n-k}} = \frac{k}{(n-k+1)}\frac{q}{p}$$

Il vient donc :

$$\boxed{\frac{p_{k-1}}{p_k} = \frac{k}{(n-k+1)}\frac{q}{p}} \quad \Leftrightarrow \quad \boxed{p_{k-1} = \frac{k}{(n-k+1)}\frac{q}{p}p_k}$$

5) Caractéristiques de tendance centrale

a) Mode

Le mode M_0 est l'entier qui vérifie à la fois les relations :

$$\frac{p_{M_0+1}}{p_{M_0}} < 1 \quad \text{et} \quad \frac{p_{M_0-1}}{p_{M_0}} < 1$$

En utilisant les relations établies ci-dessus, il vient :

$$\frac{(n-M_0)}{(M_0+1)}\frac{p}{q} < 1 \quad \text{et} \quad \frac{M_0}{(n-M_0+1)}\frac{q}{p} < 1$$

soit :

$$(n-M_0)p < q(M_0+1) \qquad \text{et} \qquad qM_0 < p(n-M_0+1)$$

ce qui s'écrit encore :

$$np - pM_0 < q(M_0+q) \qquad \text{et} \qquad qM_0 < pn - pM_0 + p$$

ou :

$$np - q < M_0(q+p) \text{ et } \qquad M_0(q+p) < np + p$$

En remarquant que $(p+q) = 1$, il vient :

$$np - q < M_0 \qquad \text{et} \qquad M_0 < np + p$$

soit :

$$\boxed{np - q < M_0 < np + p}$$

Le mode M_0 est donc l'entier compris entre les nombres $(np - q)$ et $(np + p)$, dont la différence est égale à 1. En effet, la relation encadrée ci-dessus peut aussi s'écrire :

$$np - (1 - p) < M_0 < p(n + 1)$$

soit encore :

$$\boxed{p(n + 1) - 1 < M_0 < p(n + 1)}$$

b) Médiane

La médiane M_e se détermine en appliquant sa définition au cas d'une variable discrète. Toutefois, elle n'aura véritablement de signification que si elle correspond à un nombre entier.

c) Espérance mathématique $E(X)$

$$E\{X\} = \sum_{k=0}^{n} k.p_k = \sum_{k=0}^{n} k\left[\frac{n!}{k!\ (n-k)!}p^k q^{n-k}\right]$$

$$E\{X\} = \sum_{k=0}^{n} k\frac{n!}{k!\ (n-k)!}p^k q^{n-k} = np\sum_{k=1}^{n} \frac{k}{k!}\frac{(n-1)!}{(n-k)!}p^{k-1}q^{n-k}$$

(car pour $k = 0$, $\frac{k}{k!}\frac{(n-1)!}{(n-k)!}p^{k-1}q^{n-k} = 0$)

$$E\{X\} = np\sum_{k=1}^{n} \frac{(n-1)!}{(k-1)!\ (n-k)!}p^{k-1}q^{n-k}$$

Or l'expression $\sum_{k=1}^{n} \frac{(n-1)!}{(k-1)!\,(n-k)!}p^{k-1}q^{n-k}$ n'est autre que la somme des densités de probabilités de la loi binomiale $\mathcal{B}(n-1, k-1)$; en effet, pour cette loi, on a :

$$Pr\{X = k - 1\} = C_{n-1}^{k-1}p^{k-1}q^{(n-1)-(k-1)} = C_{n-1}^{k-1}p^{k-1}q^{n-k}$$

et :

$$\sum_{k=1}^{n} C_{n-1}^{k-1}p^{k-1}q^{n-k} = \sum_{k-1=0}^{n-1} C_{n-1}^{k-1}p^{k-1}q^{(n-1)-(k-1)} = 1$$

Donc :

$$\boxed{E\{X\} = np}$$

6) Caractéristiques de dispersion

a) Variance *V(X)*

À partir de l'expression de la variance, en fonction de ses moments simples d'ordre 1 et 2, on démontre que :

$$\boxed{V\{X\} = npq}$$

b) Écart-type $\sigma(X)$

L'écart-type est alors égal à :

$$\boxed{\sigma(X) = (npq)^{1/2}}$$

7) Caractéristiques de forme

a) Coefficient d'asymétrie

On démontre que le coefficient d'asymétrie γ_1 de Fisher est égal à :

$$\boxed{\gamma_1 = \frac{\mu_3}{\sigma^3} = \frac{q-p}{(npq)^{1/2}}}$$

La distribution binomiale est généralement dissymétrique. Mais elle est symétrique dans le cas particulier où $p = q = \frac{1}{2}$, (pour lequel $\gamma_1 = 0$).

Mais on démontre que cette distribution tend à devenir symétrique, lorsque $n \to +\infty$ (on reviendra sur ce résultat lors de l'étude des convergences dans le chapitre 7).

b) Coefficient d'aplatissement

On démontre que le coefficient d'aplatissement de Ficher γ_2 est égal à :

$$\boxed{\gamma_2 = \frac{\mu_4}{\sigma^4} - 3 = \frac{1-6pq}{npq}}$$

On démontre que ce coefficient tend vers zéro quand $n \to +\infty$.

8) Domaine d'application

a) La loi binomiale rend compte de tous les phénomènes répétés de manière indépendante pouvant prendre deux états, tels que : succès ou échec, tout ou rien.

Après n répétitions, l'éventualité de probabilité p a pour espérance mathématique :

$$E\{X\} = np$$

pour variance :

$$V\{X\} = npq$$

et pour écart-type :

$$\sigma(X) = (npq)^{1/2}$$

b) Selon les conditions réalisées, nous montrerons que la loi binomiale $\mathcal{B}(n, p)$ peut faire l'objet de deux approximations possibles :

- par la loi de Poisson (autre loi de probabilité discrète) ;
- par la loi normale (loi de probabilité continue) (cf. chapitre 6).

c) Bien que la loi binomiale soit *tabulée*, ces approximations, lorsqu'elles sont possibles, rendent les calculs plus aisés.

V. La loi multinominale

1) Définition

La loi multinomiale est une généralisation de la loi binomiale : au lieu de considérer la réalisation d'un évènement A avec une probabilité p, on considère la réalisation de j évènements A : $A_1, A_2, \ldots, A_j$ avec les probabilités respectivement $p_1, p_2, \ldots, p_j$, au cours de n épreuves identiques et indépendantes. Les évènements $A_1, A_2, \ldots, A_j$ sont incompatibles et recouvrent l'ensemble fondamental Ω.

On démontre que cette probabilité est égale à :

$$Pr\{A_1 = n_1; A_2 = n_2; \ldots; A_j = n_j\} = \frac{(n_1 + n_2 + \cdots + n_j)!}{n_1!\, n_2! \ldots n_j!} p_1^{n_1} . p_2^{n_2} . \ldots p_j^{n_j}$$

On note cette loi $\mathcal{M}(n; p_1, p_2, \ldots, p_j)$.

2) Schéma de l'urne

Les probabilités $p_1, p_2, \ldots, p_j$ sont schématisées par des boules de couleur 1, 2,..., j dans une urne.

On considère une urne contenant au total N boules réparties selon les proportions $p_1, p_2, \ldots, p_j$, telles que p_1 boules soient de la couleur 1, p_2 boules soient de la couleur 2, ... p_j boules soient de la couleur j, (avec $\sum_{i=1}^{j} p_i = 1$)

On tire n boules avec remise dans cette urne (la composition de l'urne n'est donc pas modifiée).

On obtient alors n_1 boules de la couleur 1, n_2 boules de la couleur 2, ..., n_j boules de la couleur j, (avec $n = n_1 + n_2 + \cdots + n_j$).

La probabilité d'obtention d'un tel échantillon est donnée par la loi multinomiale.

3) Propriétés

a) On retrouve, au travers de cette loi, le schéma général du tirage bernouillien. (cf. chapitre 3, section IX).

b) On démontre que les nombres moyens de fois pour que les évènements $A_1, A_2, \ldots, A_j$ se réalisent pendant $n_1 + n_2 + \cdots + n_j = N$ épreuves sont respectivement

$$Np_1, Np_2, \ldots, Np_j$$

c) On définit j espérances mathématiques et j variances ; les espérances mathématiques et les variances sont égales respectivement à :

$$\boxed{E(A_j) = np_j} \qquad \text{et} \qquad \boxed{V(A_j) = np_jq_j}$$

d) Nous ne dirons rien de plus de cette loi, qui est en fait la loi d'un vecteur aléatoire A (de composantes $A_1, A_2, \dots, A_j$ discret à valeurs dans R^n (cf. infra chapitre 5).

VI. Loi de Poisson

1) Définition

a) Cette loi concerne une variable aléatoire discrète.

On dit qu'une variable aléatoire X obéit à une loi de Poisson, si elle est susceptible de prendre toutes les valeurs entières $0, 1, 2, \ldots, k, \ldots, n, \ldots$, les probabilités associées étant $p_0, p_1, p_2, \ldots, p_k, \ldots, p_n, \ldots$ avec :

$$\boxed{p_k = Pr\{X = k\} = \frac{e^{-\lambda}.\lambda^k}{k!}}$$

λ étant un paramètre positif, et e la base des logarithmes népériens. La constante λ s'appelle le paramètre de la loi, que l'on note $\mathcal{P}(\lambda)$.

b) Vérifions que l'on a bien affaire à une loi de probabilité, c'est-à-dire que $\sum_{k=0}^{\infty} p_k = 1$:

$$\sum_{k=0}^{\infty} p_k = \sum_{k=0}^{\infty} \frac{e^{-\lambda}.\lambda^k}{k!} = e^{-\lambda} \sum_{k=0}^{\infty} \frac{\lambda^k}{k!}$$

Or:

$$\sum_{k=0}^{\infty} \frac{\lambda^k}{k!} = \frac{\lambda^0}{0!} + \frac{\lambda^1}{1!} + \frac{\lambda^2}{2!} + \frac{\lambda^3}{3!} + \cdots + \frac{\lambda^k}{k!} + \cdots$$

$$\sum_{k=0}^{\infty} \frac{\lambda^k}{k!} = 1 + \lambda + \frac{\lambda^2}{2!} + \frac{\lambda^3}{3!} + \cdots + \frac{\lambda^k}{k!} + \cdots$$

Cette série n'est autre que le développement en série entière de la fonction e^{λ}.

Donc :

$$\sum_{k=0}^{\infty} \frac{\lambda^k}{k!} = e^{\lambda}$$

D'où la vérification cherchée :

$$\sum_{k=0}^{\infty} p_k = e^{-\lambda}.e^{\lambda} = 1$$

Il s'agit bien d'une loi de probabilité.

2) Propriétés

a) Représentation graphique

La représentation graphique de la loi de Poisson est un diagramme en bâtons.

b) Fonction de répartition

Le graphe de la fonction de répartition de la loi de Poisson est une courbe en escalier.

c) Variable $\mathcal{P}$ (0)

La variable $\mathcal{P}$ (0) est certaine :

$$\mathcal{P}(0) \to Pr\{X = k\} = \begin{cases} e^{-0}.\dfrac{0^k}{k!} = 0 & \text{pour } k \neq 0 \\ e^{-0}.\dfrac{0^0}{0!} = 1 & \text{pour } k = 0 \end{cases}$$

d) Relation de récurrence caractéristique de la loi de Poisson $\mathcal{P}(\lambda)$

Comme pour la loi binomiale, il existe une relation simple entre les probabilités se rapportant à deux entiers consécutifs k et $(k+1)$. Pour ce faire, calculons le rapport $\frac{p_{k+1}}{p_k}$:

$$\frac{p_{k+1}}{p_k} = \frac{\dfrac{e^{-\lambda}.\lambda^{k+1}}{(k+1)!}}{\dfrac{e^{-\lambda}.\lambda^k}{k!}} = \frac{e^{-\lambda}.\lambda^{k+1}.k!}{e^{-\lambda}.\lambda^k.(k+1)!} = \frac{\lambda}{k+1}$$

Donc :

$$\boxed{\frac{p_{k+1}}{p_k} = \frac{\lambda}{k+1}} \quad \Leftrightarrow \quad \boxed{p_{k+1} = \frac{\lambda}{(k+1)} p_k}$$

Cette relation permet ainsi de calculer toute probabilité à partir de la probabilité se rapportant à l'entier immédiatement inférieur.

Mais il peut être aussi intéressant de calculer la probabilité p_{k-1} à partir de p_k ; pour ce faire, calculons le rapport $\frac{p_{k-1}}{p_k}$:

$$\frac{p_{k-1}}{p_k} = \frac{\dfrac{e^{-\lambda}.\lambda^{k-1}}{(k-1)!}}{\dfrac{e^{-\lambda}.\lambda^k}{k!}} = \frac{e^{-\lambda}.\lambda^{k-1}.k!}{e^{-\lambda}.\lambda^k.(k-1)!} = \frac{k}{\lambda}$$

Donc :

$$\boxed{\frac{p_{k-1}}{p_k} = \frac{k}{\lambda}} \qquad \Leftrightarrow \qquad \boxed{p_{k-1} = \frac{k}{\lambda} p_k}$$

e) Somme de deux variables de Poisson indépendantes

On démontre que la somme de deux variables de Poisson indépendantes est une variable de Poisson :

$$\boxed{\mathcal{P}\ (\lambda_1) + \mathcal{P}\ (\lambda_2) = \mathcal{P}\ (\lambda_1 + \lambda_2)}$$

f) Somme d'un nombre quelconque de variables de Poisson indépendantes

On démontre que le résultat ci-dessus se généralise à un nombre quelconque de variables de Poisson indépendantes :

$$\boxed{\sum_{i=1}^{n} [\mathcal{P}\ (\lambda_i)] = \mathcal{P} \left[\sum_{i=1}^{n} \lambda_i\right]}$$

3) Caractéristiques de tendance centrale

a) Mode

Comme pour la loi binomiale, le mode M_0 est l'entier qui vérifie à la fois les relations

$$\frac{p_{M_0+1}}{p_{M_0}} < 1 \qquad \text{et} \qquad \frac{p_{M_0-1}}{p_{M_0}} < 1$$

En utilisant les relations établies ci-dessus, il vient :

$$\frac{\lambda}{M_0+1} < 1 \qquad \text{et} \qquad \frac{M_0}{\lambda} < 1$$

soit :

$$\lambda < M_0 + 1 \quad \text{et} \qquad M_0 < \lambda$$

d'où :

$$\boxed{\lambda - 1 < M_0 < \lambda}$$

On voit que M_0 est compris entre deux nombres dont la différence est égale à 1. (Dans le cas où λ est entier, on obtient deux valeurs modales $(\lambda - 1)$ et λ).

b) Médiane

En ce qui concerne la médiane, elle n'aura véritablement de signification que si elle correspond à un nombre entier.

c) Espérance mathématique

Par définition :

$$E\{X\} = \sum_i p_i x_i$$

On a donc ici :

$$E\{X\} = \sum_{k=0}^{\infty} k.p_k = \sum_{k=0}^{\infty} k.\frac{e^{-\lambda}.\lambda^k}{k!} = e^{-\lambda}\sum_{k=0}^{\infty}\frac{\lambda^k}{k!}\lambda^k$$

Dans cette somme, le premier terme est nul ($k = 0$) ; on peut donc ne commencer la sommation qu'à partir de $k = 1$:

$$E\{X\} = e^{-\lambda}\sum_{k=1}^{\infty}\frac{\lambda^{k-1}}{(k-1)!}\lambda = \lambda.e^{-\lambda}\sum_{k=1}^{\infty}\frac{\lambda^{k-1}}{(k-1)!} = \lambda.e^{-\lambda}.e^{\lambda} = \lambda$$

Donc :

$$\boxed{E\{X\} = \lambda}$$

L'espérance mathématique de la loi de Poisson est égale au paramètre λ.

d) Moment simple d'ordre 2, m_2

$$m_2 = E\{X^2\} = \sum_{k=0}^{\infty} k^2.p_k$$

Cherchons la valeur de m_2 en fonction du paramètre λ :

$$m_2 = \sum_{k=0}^{\infty} k^2.\frac{e^{-\lambda}.\lambda^k}{k!} = e^{-\lambda}\sum_{k=0}^{\infty}\frac{k}{k!}.\lambda^k.k = e^{-\lambda}\sum_{k=0}^{\infty}\frac{\lambda^{k-1}}{(k-1)!}.\lambda.k$$

(le premier terme de la somme étant nul pour $k = 0$).

Pour simplifier la suite des calculs, posons : $(k-1) = t$; k variant de 1 à $+\infty$, varie de 0 à $+\infty$.

$$m_2 = \lambda.e^{-\lambda}\sum_{t=0}^{\infty}\frac{\lambda^t}{t!}(t+1)$$

$$= \lambda.e^{-\lambda}\sum_{t=0}^{\infty}\left(\frac{t.\lambda^t}{t!} + \frac{\lambda^t}{t!}\right) = \lambda.e^{-\lambda}\left[\sum_{t=0}^{\infty}\frac{t.\lambda^t}{t!} - \sum_{t=0}^{\infty}\frac{\lambda^t}{t!}\right]$$

Or :

$$\sum_{t=0}^{\infty} \frac{t.\lambda^t}{t!} = \lambda.e^{\lambda} \qquad \text{et} \qquad \sum_{t=0}^{\infty} \frac{\lambda^t}{t!} = e^{\lambda}$$

Il vient donc pour m_2 :

$$m_2 = \lambda.e^{-\lambda}[\lambda.e^{\lambda} + e^{\lambda}] = \lambda.e^{-\lambda}[e^{\lambda}.(\lambda + 1)] = \lambda.e^{-\lambda}.e^{\lambda}.(\lambda + 1)$$
$$= \lambda(\lambda + 1)$$

$$\boxed{m_2 = \lambda^2 + \lambda}$$

4) Caractéristiques de dispersion

a) Variance $V(X)$

Par définition :

$$V\{X\} = m_2 - m_1^2$$

avec :

$$m_1 = E\{X\} = \lambda \qquad \text{et} \qquad m_2 = E(X^2) = \lambda^2 + \lambda$$

D'où l'expression de la variance :

$$V\{X\} = (\lambda^2 + \lambda) - (\lambda)^2 = \lambda^2 + \lambda - \lambda^2 = \lambda$$

$$\boxed{V\{X\} = \lambda}$$

La variance de la loi de Poisson est égale au paramètre λ.

b) Écart-type $\sigma(X)$

L'écart-type d'une loi de Poisson est égal à la racine carrée du paramètre λ :

$$\boxed{\sigma\{X\} = \lambda^{1/2}}$$

c) Autres moments centrés

On démontre que :

$$\boxed{\mu_3 = \lambda} \qquad \text{et} \qquad \boxed{\mu_4 = 3\lambda^2 + \lambda}$$

5) Caractéristiques de forme

a) Coefficient d'asymétrie

On démontre que le coefficient d'asymétrie de Fisher γ_1 est égal à :

$$\boxed{\gamma_1 = \frac{1}{\sqrt{\lambda}}}$$

En effet :

$$\gamma_1 = \frac{\mu_3}{\sigma^3} = \frac{\lambda}{\left(\sqrt{\lambda}\right)^3} = \frac{\lambda}{\lambda^{3/2}} = \lambda^{(1-3/2)} = \lambda^{(-1/2)} = \frac{1}{\lambda}$$

Ce coefficient étant positif, la distribution est étalée vers la droite.

Lorsque $\lambda \to +\infty, \gamma_1 \to 0$ et la distribution tend vers une distribution symétrique.

b) Coefficient d'aplatissement

On démontre que le coefficient d'aplatissement γ_2 de Fisher est égal à :

$$\boxed{\gamma_2 = \frac{1}{\lambda}}$$

En effet :

$$\gamma_2 = \frac{\mu_4}{\mu_2^2} - 3 = \frac{3\lambda^2 + \lambda}{\lambda^2} - 3 = \frac{3\lambda^2 + \lambda - 3\lambda^2}{\lambda^2} = \frac{\lambda}{\lambda^2} = \frac{1}{\lambda}$$

Lorsque $\lambda \to 0, \gamma_2 \to 0$.

6) Domaine d'application

a) La loi de Poisson est aussi appelée *loi des petites probabilités.*

On utilise cette loi pour représenter des phénomènes rares, tels que : nombre d'accidents, nombre de pannes, nombre de déchets dans une fabrication,...

b) Dans certaines conditions, la loi de Poisson tend vers la loi normale (cf. chapitre 6).

c) Calcul numérique

Cette loi est d'un calcul assez aisé pour les petites valeurs de k.

Elle est également tabulée, pour certaines valeurs du paramètre λ.

d) Exemple

Étudions la loi des accidents sur les autoroutes rendue par la loi de Poisson de paramètre $\lambda = 1$.

$$Pr\{X = k\} = \frac{e^{-\lambda}.\lambda^k}{k!} = \frac{e^{-1}.1^k}{k!} \quad avec\ k = 0,1,2,3,\ldots$$

Le nombre de voitures qui peuvent avoir un accident est :

$Pr\{X = 0\} = e^{-1} = 0,3679 \quad Pr\{X = 1\} = \frac{e^{-1}.1^1}{1!} = 0,3679 \quad Pr\{X = 2\} =$

$$\frac{e^{-1}.1^2}{2!} = 0{,}1839$$

$Pr\{X = 3\} = \frac{e^{-1}.1^3}{3!} = 0{,}0613$ $\quad Pr\{X = 4\} = \frac{e^{-1}.1^4}{4!} = 0{,}0153$ $\quad Pr\{X = 5\} = \frac{e^{-1}.1^5}{5!} = 0{,}0031$

Étudions maintenant la probabilité pour qu'il y ait plus de 3 accidents.

Nous allons d'abord définir la probabilité de l'évènement contraire. Ne pas avoir plus de 3 accidents consiste : soit à avoir 0 accident, soit à avoir 1 accident, soit à avoir 2 accidents, soit à avoir 3 accidents. L'application du théorème des probabilités totales donne alors

$$Pr\{X \leq 3\} = Pr\{X = 0\} + Pr\{X = 1\} + Pr\{X = 2\} + Pr\{X = 3\}$$

$$Pr\{X \leq 3\} = 0{,}3679 + 0{,}3679 + 0{,}1839 + 0{,}0613 = 0{,}9810$$

D'où :

$$Pr\{X > 3\} = 1 - 0{,}9810 = 0{,}0190$$

$$\boxed{Pr\{X > 3\} = 0,0190}$$

7) Approximation de la loi binomiale par la loi de Poisson

Il existe deux approximations possibles de la loi binomiale : par la loi de Poisson et par la loi normale. Nous étudions ici l'approximation par la loi de Poisson.

a) Définition

Si les conditions suivantes pour n et p sont réalisées :

- n est grand (> 25)
- p est voisin de zéro
- q est voisin de l'unité

(c'est-à-dire dans le cas de la réalisation d'évènements rares), la loi binominale $B\ (n, p)$ peut être approximée par une loi Poisson $P\ (\lambda)$:

$$\boxed{Pr\{X = k\} = C_n^k p^k q^{n-k} \approx \frac{e^{-\lambda}.\lambda^k}{k!}}$$

dont le paramètre λ est défini par :

$$\boxed{\lambda = np}$$

b) Démonstration

$$\mathcal{B}(n,p) = p_k = C_n^k p^k q^{n-k} = \frac{n!}{k!\ (n-k)!} p^k q^{n-k}$$

et :

$$p_{k-1} = \frac{n!}{(k-1)!\ [n-(k-1)]!} p^{k-1} q^{n-k+1}$$

Formons le rapport $\frac{p_k}{p_{k-1}}$:

$$\frac{p_k}{p_{k-1}} = \frac{(k-1)!}{k!} \frac{[n-k+1]!}{(n-k)!} \frac{p^k}{p^{k-1}} \frac{q^{n-k}}{q^{n-k+1}} = \frac{p}{k} \frac{(n-k+1)}{q}$$
$$= \frac{np}{k} \frac{(n-k+1)}{nq}$$

ce qui peut encore s'écrire :

$$\frac{p_k}{p_{k-1}} = \frac{np}{k} \frac{\left(1 - \frac{k-1}{n}\right)}{q}$$

Si n est grand, $\frac{k-1}{n}$ est petit devant 1, donc négligeable. Alors :

$$\frac{p_k}{p_{k-1}} \approx \frac{np}{k} \frac{1}{q}$$

Si, de plus, p est petit, $q = 1 - p$ est grand, donc voisin de 1, et :

$\frac{p_k}{p_{k-1}} \approx \frac{np}{k}$ soit : $p_{k=} \frac{np}{k} p_{k-1}$

On pose $np = \lambda$. Il vient :

$$p_{k=} \frac{\lambda}{k} p_{k-1}$$

ce qui définit une équation de récurrence, que nous allons résoudre :

Pour $k = 1$ $\quad p_1 = \frac{\lambda}{1} p_0 = \frac{\lambda^1}{1!} p_0$

Pour $k = 2$ $\quad p_2 = \frac{\lambda}{2} p_1 = \frac{\lambda}{2} \frac{\lambda}{1} p_0 = \frac{\lambda^2}{2!} p_0$

Pour $k = 3$ $\quad p_3 = \frac{\lambda}{3} p_2 = \frac{\lambda}{2} \frac{\lambda^2}{2!} p_0 = \frac{\lambda^3}{3!} p_0$

$$p_k = \frac{\lambda^k}{k!} p_0 \qquad k = 0, \ldots, \infty$$

Sommons p_k de 0 à l'infini :

$$\sum_{k=0}^{\infty} p_k = 1 = \sum_{k=0}^{\infty} \frac{\lambda^k}{k!} p_0 = p_0 \left(\sum_{k=0}^{\infty} \frac{\lambda^k}{k!} \right) = p_0 \left[1 + \frac{\lambda^1}{1!} + \frac{\lambda^2}{2!} + \cdots + \frac{\lambda^k}{k!} + \cdots \right]$$
$$= p_0 . e^{\lambda}$$

$$1 = p_0 . e^{\lambda} \quad \Leftrightarrow \quad p_0 = e^{-\lambda}$$

En remplaçant p_0 par $e^{-\lambda}$ dans l'expression de p_k, il vient :

$$p_k = \frac{\lambda^k}{k!} p_0 = p_k = \frac{\lambda^k}{p!} e^{-\lambda}$$

ce qui n'est autre qu'une loi de Poisson $\mathcal{P}(\lambda = np)$.

c) <u>Approximation par la loi normale</u>

(Cette approximation sera étudiée dans le chapitre 6, après l'étude de la loi normale).

VII. Loi géométrique

1) Définition

La loi géométrique notée $G(p)$, est la loi de la variable aléatoire X égale au nombre de tirages nécessaires pour obtenir l'apparition d'un évènement A qui a la probabilité p d'apparaître à chaque tirage, les tirages constituant des épreuves identiques et indépendantes.

2) Schéma de l'urne

a) Soit une urne contenant des boules blanches en proportion p, et des boules noires en proportion $q = (1 - p)$. On effectue une suite de tirages avec remise.

Soit X la variable aléatoire égale au nombre de tirages nécessaires pour obtenir une boule blanche.

b) Les tirages étant effectués avec remise, la composition de l'urne n'est pas modifiée au cours du tirage.

c) Si l'on tire une boule blanche au premier tirage, la probabilité de réalisation de l'évènement cherché est p :

$$p_1 = Pr(X = 1) = p$$

d) Si l'on tire une boule blanche pour la première fois au second tirage, cela signifie que l'on avait obligatoirement tiré une boule noire au premier tirage avec la probabilité $q = 1 - p$.

Ces deux tirages étant indépendants, appliquons l'axiome des probabilités composées.

Il vient :

$$p_2 = Pr(X = 2) = \left(\begin{matrix} 1 \text{ } blanche \text{ } au \text{ } 2° \text{ } tirage \\ / \text{ } 1 \text{ } noire \text{ } au \text{ } 1° \text{ } tirage \end{matrix} \right) = q.p$$

e) Effectuons maintenant le raisonnement au rang k :

Tirer pour la première fois une boule blanche au k-ième tirage avec la probabilité p, signifie que l'on a tiré préalablement $(k - 1)$ boules noires au cours des $(k - 1)$ premiers tirages, avec la probabilité q à chaque tirage.

La probabilité cherchée est alors :

$$\boxed{p_k = Pr(X = k) = q^{k-1}.p}$$

Cette loi est la loi géométrique $G(p)$.

Ce nom provient de ce que les probabilités p_k sont les termes de la progression géométrique $p(1 + q + \ldots + \ldots.) = 1$.

Remarquons qu'ici les valeurs de k sont supérieures ou égales à 1, et c'est la raison pour laquelle on note encore cette loi $G_{N^*}(p)$. Si l'on avait voulu exprimer le nombre de tirages nécessaires avant l'apparition de l'évènement A, on aurait trouvé de façon analogue $q_k = q^k.p$. et on noterait alors la loi $G_N(p)$, puisque $k = 0$ deviendrait une valeur possible.

3) Propriétés

a) Présentation graphique

La représentation graphique de la loi géométrique est un diagramme en bâtons.

b) Fonction de répartition

Le graphe de la fonction de répartition de la loi géométrique est une courbe en escalier.

c) Ensemble de définition

L'ensemble de définition de la loi géométrique est l'ensemble des entiers positifs :

$$k = 1, 2, \ldots$$

d) Relation de récurrence caractéristique de la loi géométrique

Il existe une relation simple entre les probabilités se rapportant à deux entiers consécutifs k et $(k+1)$. Calculons le rapport $\frac{p_{k+1}}{p_k}$:

$$\frac{p_{k+1}}{p_k} = \frac{p.q^k}{p.q^{k-1}} = q$$

Donc :

$$\boxed{\frac{p_{k+1}}{p_k} = q} \quad \Leftrightarrow \quad \boxed{p_{k+1} = q.p_k}$$

Nous pouvons également déterminer la relation existant entre p_{k-1} et p_k.

Calculons le rapport $\frac{p_{k-1}}{p_k}$:

$$\frac{p_{k-1}}{p_k} = \frac{p.q^{k-2}}{p.q^{k-1}} = \frac{1}{q}$$

Donc :

$$\boxed{\frac{p_{k-1+1}}{p_k} = \frac{1}{q}} \quad \Leftrightarrow \quad \boxed{p_{k-1} = \frac{1}{q}.p_k}$$

4) Caractéristiques de tendance centrale

a) Espérance mathématique $E(X)$

Par définition, l'espérance mathématique $E(X)$ est égale à :

$$E(X) = \sum_{k=1}^{\infty} p_k.k = \sum_{k=1}^{\infty} k.q^{k-1}.p = p\sum_{k=1}^{\infty} k.q^{k-1}$$

On constate que :

$$\sum_{k=1}^{\infty} k.q^{k-1} = \frac{d}{dq}\left(\sum_{k=0}^{\infty} q^k\right)$$

Le terme entre parenthèses est une série géométrique de raison $q < 1$:

$$\sum_{k=0}^{\infty} q^k = 1 + q + q^2 + \cdots$$

qui converge vers :

$$\frac{1}{1-q}$$

Il vient alors :

$$\frac{d}{dq}\left(\frac{1}{1-q}\right) = \frac{1}{(1-q)^2} = \frac{1}{p^2}$$

La valeur de l'espérance mathématique $E(X)$ est donc :

$$E(X) = p.\frac{1}{p^2} = \frac{1}{p}$$

$$\boxed{E(X) = \frac{1}{p}}$$

b) Moment simple d'ordre 2, m_2

Pour calculer le moment simple m_2, calculons d'abord le moment factoriel d'ordre 2, $E[X(X-1)]$:

$$E[X(X-1)] = \sum_{k=1}^{\infty} k(k-1)q^{k-1}p = pq\sum_{k=2}^{\infty} k(k-1)q^{k-2}$$

On remarque que la quantité sommée est la dérivée seconde de la quantité $\frac{1}{1-q}$.

Donc:

$$E[X(X-1)] = pq\frac{d^2}{dq^2}\left(\frac{1}{1-q}\right) = pq\frac{2}{(1-q)^3} = pq\frac{2}{p^3} = \frac{2q}{p^2}$$

$$\boxed{E[X(X-1)] = \frac{2q}{p^2}}$$

Le moment simple d'ordre 2, m_2, se détermine aisément en rappelant que :

$$E[X(X-1)] = E(X^2) - E(X)$$

Donc il vient :

$$E(X^2) = E[X(X-1)] + E(X) = \frac{2q}{p^2} + \frac{1}{p} = \frac{2q+p}{p^2}$$

$$\boxed{E(X^2) = \frac{2q+p}{p^2}}$$

5) Caractéristiques de dispersion

a) Variance $V(X)$

Définissons la variance $V(X)$ à partir des moments simple d'ordres 1 et 2 :

$V(X) = E(X^2) - [E(X)]^2$

Il vient alors :

$$V(X) = \frac{2q+p}{p^2} - \left(\frac{1}{p}\right)^2 = \frac{2q+p}{p^2} - \frac{1}{p^2} = \frac{2q-(1-p)}{p^2} = \frac{2q-q}{p^2} = \frac{q}{p^2}$$

$$\boxed{V(X) = \frac{q}{p^2}}$$

b) Écart-type $\sigma\,(X)$

La valeur de l'écart-type $\sigma\,(X)$ est alors :

$$\boxed{\sigma(X) = \frac{\sqrt{q}}{p}}$$

VIII. Loi de Pascal

1) Définition

La loi de Pascal, notée $R(r,p)$, est la loi de la variable aléatoire X égale au nombre de tirages nécessaires pour obtenir r fois l'apparition d'un évènement A, qui a la probabilité p d'apparaître à chaque tirage, les tirages, constituant des épreuves identiques et indépendantes.

2) Schéma de l'urne

a) Soit une urne contenant une proportion p de boules blanches et une proportion $q = (1 - p)$ de boules noires.

On effectue une suite de tirages avec remise.

Soit X la variable aléatoire égale au nombre de tirages nécessaires k pour obtenir r boules blanches.

b) Les tirages étant effectués avec remise, la composition de l'urne n'est pas modifiée au cours du tirage.

c) Par application de l'axiome des probabilités composées, on démontre que la probabilité cherchée est égale à :

$$\boxed{Pr\{X = k\} = C_{k-1}^{r-1} p^r q^{k-r}}$$

3) Propriétés

a) Représentation graphique

La représentation graphique de la loi de Pascal est un diagramme en bâtons.

b) Fonction de répartition

Le graphe de la fonction de répartition de la loi de Pascal est une courbe en escalier.

c) Ensemble de définition

L'ensemble de définition de la loi de Pascal est l'ensemble des entiers à partir de r :

$$r, r + 1, \ldots$$

d) Variable $R(r,1)$

Si l'on fait $p = 1$, la variable $R(r,1)$ est une variable certaine :

$$Pr\{X = k\} = C_{k-1}^{r-1} 1^r 0^{k-r} = C_{k-1}^{r-1}.1.0 = 0 \quad pour\ k > r\ et\ Pr\{X = r\} = 1$$

e) Comparaison avec la loi binomiale

Dans le cas de la loi binomiale, le nombre total d'épreuves n est fixé et certain. C'est le nombre de réalisations k de l'évènement A qui est aléatoire ($B(n,p)$).

Dans le cas de la loi de Pascal, le nombre de réalisations de l'évènement A, r, est fixé et certain. C'est le nombre total d'épreuves k qui est aléatoire ($R(r,p)$).

f) Relation de récurrence caractéristique de la loi de Pascal

α) Il existe une relation simple entre les probabilités se rapportant à deux entiers consécutifs k et $(k+1)$. Formons le rapport $\frac{p_{k+1}}{p_k}$:

$$\frac{p_{k+1}}{p_k} = \frac{C_k^{r-1}\, p^r q^{k+1-r}}{C_{k-1}^{r-1}\, p^r q^{k-r}} = \frac{\dfrac{k!}{(r-1)!\,(k-r+1)!} p^r q^{k+1-r}}{\dfrac{(k-1)!}{(r-1)!\,(k-1-r+1)!} p^r q^{k-r}}$$

$$\frac{p_{k+1}}{p_k} = \frac{k!\,(r-1)!\,(k-r)!}{(k-1)!\,(r-1)!\,(k-r+1)!} \frac{p^r}{p^r} \frac{q^{k+1-r}}{q^{k-r}} = \frac{k}{(k-r+1)} q$$

Donc :

$$\boxed{\frac{p_{k+1}}{p_k} = \frac{k}{(k-r+1)} q} \quad \Leftrightarrow \quad \boxed{p_{k+1} = \frac{k}{(k-r+1)} q.p_k}$$

β) En formant le rapport $\frac{p_{k-1}}{p_k}$ nous trouvons également une relation simple existant entre p_{k-1} et p_k :

$$\frac{p_{k-1}}{p_k} = \frac{C_{k-2}^{r-1}\, p^r q^{k-r-1}}{C_{k-1}^{r-1}\, p^r q^{k-r}} = \frac{\dfrac{(k-2)!}{(r-1)!\,(k-2-r+1)!} p^r q^{k-r-1}}{\dfrac{(k-1)!}{(r-1)!\,(k-1-r+1)!} p^r q^{k-r}}$$

$$\frac{p_{k-1}}{p_k} = \frac{(k-2)!\,(r-1)!\,(k-r)!}{(k-1)!\,(r-1)!\,(k-r-1)!} \frac{p^r}{p^r} \frac{q^{k-r-1}}{q^{k-r}} = \frac{(k-r)}{(k-1)} \frac{1}{q}$$

Donc :

$$\boxed{\frac{p_{k-1}}{p_k} = \frac{(k-r)}{(k-1)} \frac{1}{q}} \quad \Leftrightarrow \quad \boxed{p_{k-1} = \frac{(k-r)}{(k-1)} \frac{1}{q} p_k}$$

4) Caractéristiques de tendance centrale

a) Mode

Le mode M_0 est l'entier qui vérifie à la fois les relations :

$$\frac{p_{M_0+1}}{p_{M_0}} < 1 \quad \text{et} \quad \frac{p_{M_0-1}}{p_{M_0}} < 1$$

En utilisant les relations établies ci-dessus, il vient :

$$\frac{M_0}{M_0-r+1} q < 1 \text{ et } \frac{(M_0-r)}{(M_0-1)} \frac{1}{q} < 1$$

soit :

$$M_0\, q < M_0 - r + 1 \quad \text{et} \quad M_0 - r < M_0\, q - q$$

ou :

$$r - 1 < M_0(1-q) \quad \text{et} \quad M_0(1-q) < r - q$$

$$\frac{r-1}{1-q} < M_0 \quad \text{et} \quad M_0 < \frac{r-q}{1-q}$$

d'où :

$$\boxed{\frac{r-1}{p} < M_0 < \frac{r-q}{p}}$$

M_0 est compris entre deux nombres dont la différence est égale à 1.

En effet :

$$\frac{r-q}{p} - \frac{r-1}{p} = \frac{r-q-r+1}{p} = \frac{1-q}{p} = \frac{p}{p} = 1$$

Si ces deux nombres sont entiers chacun constitue un mode.

b) Espérance mathématique

Par définition, l'espérance mathématique $E(X)$ de la loi de Pascal est égale à :

$$E(X) = \sum_{k=1}^{\infty} p_k . k = \sum_{k=1}^{\infty} k . C_{k-1}^{r-1} . p^r . q^{k-r}$$

Par une démarche analogue à celle qui a été suivie dans le cas de la loi géométrique, il vient :

$$\boxed{E(X) = r\frac{1}{p}}$$

c) Moment simple d'ordre 2

On démontre que le moment simple d'ordre 2, m_2, est égal à :

$$\boxed{m_2 = E(X^2) = \frac{rq + r^2}{p^2}}$$

5) Caractéristiques de dispersion

a) Variance

Définissons la variance $V(X)$ à partir des moments simples d'ordre 1 et 2 :

$$V(X) = E(X^2) - [E(X)]^2$$

Il vient alors :

$$V(X) = \frac{rq + r^2}{p^2} - \left(r\frac{1}{p}\right)^2 = \frac{rq + r^2 - r^2}{p^2} = \frac{rq}{p^2}$$

$$\boxed{V(X) = r\frac{q}{p^2}}$$

b) L'écart-type $\sigma(X)$

La valeur de l'écart-type est alors :

$$\boxed{\sigma(X) = \frac{\sqrt{rq}}{p}}$$

IX. Loi binomiale négative

1) Définition

On appelle variable binomiale négative la variable aléatoire X :

$$X = R(r,p) - r$$

Cette loi comporte également les deux paramètres r et p. Elle est la loi du nombre d'insuccès obtenus avant la réalisation du r-ième succès.

Son expression est :

$$\boxed{Pr\{X = k\} = C_{r+k-1}^{r-1} p^r q^k}$$

2) Propriétés

a) Représentation graphique

La représentation graphique de la loi binomiale négative est un diagramme en bâtons.

b) Fonction de répartition

Le graphe de la fonction de répartition de la loi binomiale négative est une courbe en escalier.

c) Ensemble de définition

L'ensemble de définition de la loi binomiale négative est l'ensemble des entiers non négatifs : $0, 1, 2, \ldots$.

d) Relation de récurrence caractéristique de la loi binomiale négative

Il existe une relation simple entre les probabilités se rapportant à deux entiers consécutifs k et $(k+1)$. Formons le rapport $\frac{p_{k+1}}{p_k}$:

$$\frac{p_{k+1}}{p_k} = \frac{C_{r+k}^{r-1}\, p^r q^{k+1}}{C_{r+k-1}^{r-1}\, p^r q^k} = \frac{\frac{(r+k)!}{(r-1)!\,(r+k-r+1)!} p^r q^{k+1}}{\frac{(r+k-1)!}{(r-1)!\,(r+k-1-r+1)!} p^r q^k}$$

$$\frac{p_{k+1}}{p_k} = \frac{(r+k)!\,(r-1)!\,(k)!}{(r+k-1)!\,(r-1)!\,(k+1)!} \frac{p^r}{p^r} \frac{q^{k+1}}{q^k} = \frac{r+k}{k+1} q$$

Donc :

$$\boxed{\frac{p_{k+1}}{p_k} = \frac{r+k}{k+1} q} \quad \Leftrightarrow \quad \boxed{p_{k+1} = \frac{r+k}{k+1} q.p_k}$$

Nous trouvons également une relation simple existant entre p_{k-1} et p_k.

Formons le rapport $\frac{p_{k-1}}{p_k}$:

$$\frac{p_{k-1}}{p_k} = \frac{C_{r+k-2}^{r-1}\, p^r q^{k-1}}{C_{r+k-1}^{r-1}\, p^r q^k} = \frac{\frac{(r+k-2)!}{(r-1)!\,(r+k-2-r+1)!} p^r q^{k-1}}{\frac{(r+k-1)!}{(r-1)!\,(r+k-1-r+1)!} p^r q^k}$$

$$\frac{p_{k-1}}{p_k} = \frac{(r+k-2)!\,(r-1)!\,(k)!}{(r+k-1)!\,(r-1)!\,(k-1)!} \frac{p^r}{p^r} \frac{q^{k-1}}{q^k} = \frac{k}{(r+k-1)} \frac{1}{q}$$

Donc :

$$\boxed{\frac{p_{k-1}}{p_k} = \frac{k}{(r+k-1)} \frac{1}{q}} \quad \Leftrightarrow \quad \boxed{p_{k-1} = \frac{k}{(r+k-1)} \frac{1}{q} p_k}$$

3) Caractéristiques de tendance centrale

a) Mode

Le mode M_0 est l'entier qui vérifie à la fois les relations :

$$\frac{p_{M_0+1}}{p_{M_0}} < 1 \quad \text{et} \quad \frac{p_{M_0-1}}{p_{M_0}} < 1$$

En utilisant les relations établies ci-dessus, il vient :

$$\frac{r+M_0}{M_0+1} q < 1 \quad \text{et} \quad \frac{M_0}{(r+M_0-1)} \frac{1}{q} < 1$$

soit :

$$rq + M_0\, q < M_0 + 1 \quad \text{et} \quad M_0 < rq + M_0\, q - q$$

ou :

$$rq - 1 < M_0(1-q) \text{ et } \quad M_0(1-q) < rq - q$$

$$\frac{rq-1}{1-q} < M_0 \quad \text{et} \quad M_0 < \frac{rq-q}{1-q}$$

d'où :

$$\boxed{\frac{rq-1}{p} < M_0 < \frac{rq-q}{p}}$$

M_0 est compris entre deux nombres dont la différence est égale à 1.

En effet :

$$\frac{rq-q}{p}-\frac{rq-1}{p}=\frac{rq-q-rq+1}{p}=\frac{1-q}{p}=\frac{p}{p}=1$$

b) Espérance mathématique

Par définition, l'espérance mathématique $E(X)$ de la variable aléatoire binomiale négative est égale à :

$$E(X)=\sum_{k=0}^{\infty} p_k . k=\sum_{k=0}^{\infty} C_{r+k-1}^{r-1} . p^r . q^k . k$$

Par une démarche analogue à celle qui a été suivie dans le cas de la loi géométrique, il vient :

$$\boxed{E(X)=r\frac{q}{p}}$$

c) Moment simple d'ordre 2

On démontre que le moment simple d'ordre 2, m_2, est égal à :

$$\boxed{m_2=E(X^2)=\frac{rq(1+rq)}{p^2}}$$

4) Caractéristiques de dispersion

a) Variance

$$V(X)=E(X^2)-[E(X)]^2$$

soit ici :

$$V(X)=\frac{rq(1+rq)}{p^2}-\left(r\frac{q}{p}\right)^2=\frac{rq+r^2q^2-r^2q^2}{p^2}=\frac{rq}{p^2}$$

$$\boxed{V(X)=r\frac{q}{p^2}}$$

b) L'écart-type $\sigma(X)$

La valeur de l'écart-type est alors :

$$\boxed{\sigma(X)=\frac{\sqrt{rq}}{p}}$$

X. Loi hypergéométrique

1) Définition

Considérons, lors d'une certaine épreuve, un évènement qui :

- soit se réalise avec la probabilité p (p = probabilité de succès) ;
- soit ne se réalise pas avec la probabilité $q = 1 - p$, (q = probabilité d'échec).

Le probabilité de k réalisations (succès) de cet évènement, au cours de n répétitions successives non indépendantes de la même épreuve est fournie par la loi hypergéométrique.

2) Schéma de l'urne

a) Principe

Considérons une urne contenant au total N boules, se répartissant en Np boules blanches et Nq boules noires, où p et q représentent respectivement la proportion de boules blanches et la proportion de boules noires dans l'urne.

On prélève un échantillon de cette urne par tirage sans remise de n boules. En conséquence, on modifie la composition de l'urne qui varie à chaque tirage, et les tirages ne sont donc pas indépendants.

On cherche la loi de la variable aléatoire X = nombre de boules blanches k dans l'échantillon de taille n.

On a une suite de n expériences non indépendantes, à deux alternatives.

La loi de probabilité de la variable aléatoire X est la loi hypergéométrique :

$$\boxed{Pr\{X = k\} = \frac{C_{Np}^{k} C_{Nq}^{n-k}}{C_{N}^{n}}}$$

Cette loi est notée de manière résumée par $\mathcal{H}(N, n, p)$.

b) Exemple

Reprenons l'exemple étudié avec la loi binomiale : on extrait 5 boules, cette fois sans remise, d'une urne qui contient $N = 50$ boules, réparties en $Np = 30$ boules blanches et $Nq = 20$ boules noires.

Étudions la loi hypergéométrique respectivement pour $k = 0, 1, 2, 3, 4, \text{et } 5$, car $max.(0, n - Nq) \leq k \leq min\,(n, Np)$ c'est-à-dire : $max\,(0, -15) \leq k \leq min\,(5, 30) \Leftrightarrow 0 \leq k \leq 5$.

Déterminons tout d'abord les valeurs de p et q :

$$p = \frac{Np}{N} = \frac{30}{50} = \frac{3}{5} = 0{,}6 \qquad \text{et} \qquad q = \frac{Nq}{N} = \frac{20}{50} = \frac{2}{5} = 0{,}4$$

La probabilité de $k = 0$ réalisation de l'évènement est :

$$Pr\{X = 0\} = \frac{C_{30}^{0}\, C_{20}^{5-0}}{C_{50}^{5}} = \frac{\frac{30!}{0!\,30!} \times \frac{20!}{5!\,15!}}{\frac{50!}{5!\,45!}} = \frac{5!\,20!\,45!}{5!\,15!\,50!} = \frac{16.17.18.19.20}{46.47.48.49.50}$$

$$= 0{,}00732$$

$$Pr\{X = 1\} = \frac{C_{30}^{1}\, C_{20}^{4}}{C_{50}^{5}} = \frac{\frac{30!}{1!\,29!} \times \frac{20!}{4!\,16!}}{\frac{50!}{5!\,45!}} = \frac{5!\,20!\,30!\,45!}{4!\,16!\,29!\,50!} = \frac{5.17.18.19.20.30}{46.47.48.49.50}$$

$$= 0{,}06860$$

$$Pr\{X = 2\} = \frac{C_{30}^{2}\, C_{20}^{3}}{C_{50}^{5}} = \frac{\frac{30!}{2!\,28!} \times \frac{20!}{3!\,17!}}{\frac{50!}{5!\,45!}} = \frac{5!\,20!\,30!\,45!}{2!\,3!\,17!\,28!\,50!} = \frac{4.5.18.19.20.29.30}{2.46.47.48.49.50}$$

$$= 0{,}23405$$

$$Pr\{X = 3\} = \frac{C_{30}^{3}\, C_{20}^{2}}{C_{50}^{5}} = \frac{\frac{30!}{3!\,27!} \times \frac{20!}{2!\,18!}}{\frac{50!}{5!\,45!}} = \frac{5!\,20!\,30!\,45!}{2!\,3!\,18!\,27!\,50!} = \frac{4.5.19.20.28.29.30}{46.47.48.49.50}$$

$$= 0{,}36408$$

$$Pr\{X = 4\} = \frac{C_{30}^{4}\, C_{20}^{1}}{C_{50}^{5}} = \frac{\frac{30!}{4!\,26!} \times \frac{20!}{1!\,19!}}{\frac{50!}{5!\,45!}} = \frac{5!\,20!\,30!\,45!}{1!\,4!\,19!\,26!\,50!} = \frac{5.20.27.28.29.30}{46.47.48.49.50}$$

$$= 0{,}25869$$

$$Pr\{X = 5\} = \frac{C_{30}^{5}\, C_{20}^{0}}{C_{50}^{5}} = \frac{\frac{30!}{5!\,25!} \times \frac{20!}{0!\,20!}}{\frac{50!}{5!\,45!}} = \frac{5!\,30!\,45!}{5!\,25!\,50!} = \frac{26.27.28.29.30}{46.47.48.49.50} = 0{,}06726$$

Présentons dans un tableau les valeurs de p_k et de la fonction de répartition $F(X)$ pour $X = k$:

X = k	0	1	2	3	4	5
pk	0,007 32	0,068 60	0,234 05	0,364 08	0,258 69	0,067 26
F(X)	0,007 32	0,075 92	0,309 97	0,674 05	0,932 74	1

3) Propriétés

a) Représentation graphique

La représentation graphique de la loi hypergéométrique est un diagramme en bâtons.

b) Fonction de répartition

Le graphe de la fonction de répartition est une courbe en escalier.

c) Domaine de définition

Le domaine de définition de la loi hypergéométrique est l'ensemble des entiers k qui satisfont à la relation :

$$max\ (0, n - Nq) \leq k \leq min\ (n, Np)$$

$$\Updownarrow \qquad\qquad\qquad\qquad \Updownarrow$$

nombre de boules noires de l'urne   nombre de boules blanches de l'urne

d) Paramètres de la loi hypergéométrique

La loi hypergéométrique comprend 3 paramètres :

N (nombre total de boules de l'urne), n (taille de l'échantillon) et p (probabilité de succès).

e) Comparaison avec la loi binomiale

On constate que la loi hypergéométrique et la loi binomiale se rapportent toutes les deux au même type d'épreuve et au même type d'évènement. Mais :

- dans le cas de la loi binomiale, le tirage est avec remise.
- dans le cas de la loi hypergéométrique, le tirage est sans remise.

On verra d'ailleurs à la fin de cette section, que sous certaines conditions, la loi hypergéométrique peut être approximée par une loi binomiale.

f) Variables certaines

La variable hypergéométrique devient une variable certaine dans 3 cas :

- lorsque $p = 0$: $\mathcal{H}\,(N, n, 0) = Cte$
- lorsque $p = 1$: $\mathcal{H}\,(N, n, 1) = Cte$
- lorsque $n = N$: $\mathcal{H}\,(N, N, p) = Cte.$

g) Relation de récurrence caractéristique de la loi hypergéométrique

Il existe une relation simple entre les probabilités se rapportant à deux entiers consécutifs k et $(k+1)$. Pour cela formons le rapport $\frac{p_{k+1}}{p_k}$:

$$\frac{p_{k+1}}{p_k} = \frac{\dfrac{C_{Np}^{k+1}.\,C_{Nq}^{n-(k+1)}}{C_N^n}}{\dfrac{C_{Np}^{k}.\,C_{Nq}^{n-k}}{C_N^n}} = \frac{C_{Np}^{k+1}.\,C_{Nq}^{n-(k+1)}}{C_{Np}^{k}.\,C_{Nq}^{n-k}}$$

$$\frac{p_{k+1}}{p_k} = \frac{\dfrac{(Np)!}{(k+1)!\,(Np-k-1)!} \times \dfrac{(Nq)!}{(n-k-1)!\,(Nq-n+k+1)!}}{\dfrac{(Np)!}{k!\,(Np-k)!} \times \dfrac{(Nq)!}{(n-k)!\,(Nq-n+k)!}}$$

$$\frac{p_{k+1}}{p_k} = \frac{k!\,(Np-k)!\,(n-k)!\,(Nq-n+k)!}{(k+1)!\,(Np-k-1)!\,(n-k-1)!\,(Nq-n+k+1)!}$$

$$\frac{p_{k+1}}{p_k} = \frac{(Np-k)(n-k)}{(k+1)(Nq-n+k+1)}$$

Donc :

$$\boxed{\frac{p_{k+1}}{p_k} = \frac{(Np-k)(n-k)}{(k+1)(Nq-n+k+1)}} \quad \Leftrightarrow \quad \boxed{p_{k+1} = \frac{(Np-k)(n-k)}{(k+1)(Nq-n+k+1)}\,p_k}$$

Nous trouvons également une relation simple existant entre p_{k-1} et p_k.

Formons le rapport $\frac{p_{k-1}}{p_k}$:

$$\frac{p_{k-1}}{p_k} = \frac{\frac{C_{Np}^{k-1} C_{Nq}^{n-(k-1)}}{C_N^n}}{\frac{C_{Np}^{k} C_{Nq}^{n-k}}{C_N^n}} = \frac{C_{Np}^{k-1} . C_{Nq}^{n-(k-1)}}{C_{Np}^{k} . C_{Nq}^{n-k}}$$

$$= \frac{\frac{(Np)!}{(k-1)!\,(Np-k+1)!} \times \frac{(Nq)!}{(n-k+1)!\,(Nq-n+k-1)!}}{\frac{(Np)!}{k!\,(Np-k)!} \times \frac{(Nq)!}{(n-k)!\,(Nq-n+k)!}}$$

$$\frac{p_{k+1}}{p_k} = \frac{k!\,(Np-k)!\,(n-k)!\,(Nq-n+k)!}{(k-1)!\,(Np-k+1)!\,(n-k+1)!\,(Nq-n+k-1)!}$$

$$= \frac{k(Nq-n+k)}{(Np-k+1)(n-k+1)}$$

Donc :

$$\boxed{\frac{p_{k-1}}{p_k} = \frac{k(Nq-n+k)}{(Np-k+1)(n-k+1)}} \quad \Leftrightarrow \quad \boxed{p_{k-1} = \frac{k(Nq-n+k)}{(Np-k+1)(n-k+1)} p_k}$$

4) Caractéristiques de tendance centrale

a) Mode

Le mode M_0 est l'entier qui vérifie à la fois les relations :

$$\frac{p_k+1}{p_k} < 1 \qquad \text{et} \qquad \frac{p_k-1}{p_k} < 1$$

soit ici, avec les relations que l'on vient d'établir :

$$\frac{(Np-M_0)(n-M_0)}{(M_0+1)(Nq-n+M_0+1)} < 1 \qquad \text{et} \qquad \frac{M_0(Nq-n+M_0)}{(Np-M_0+1)(n-M_0+1)} < 1$$

La résolution de la 1ère inéquation donne :

$$M_0^2 - M_0(Np+n) + Nnp < M_0^2 + M_0(Nq-n+2) - Nq + n - 1$$

soit :

$$M_0(Nq - n + 2 + Np + n) > Nnp - Nq + n - 1$$

$$M_0[N(p+q)+2] > Nnp - Nq + n - 1$$

Donc :

$$\boxed{M_0 > \frac{Nnp - Nq + n - 1}{N+2}}$$

La résolution de la 2ème inéquation donne maintenant :

$$M_0^2 + M_0(Nq - n) < M_0^2 - M_0(Np + n + 2) + Nnp + Np - n + 1$$

soit :

$$M_0(Nq - n + Np + n + 2) < Nnp + Np + n + 1$$

$$M_0[N(p + q) + 2 < Nnp + Np + n + 1]$$

Donc :

$$M_0 < \frac{Nnp + Np + n + 1}{N + 2}$$

Le résultat cherché est alors :

$$\boxed{\frac{Nnp - Nq + n - 1}{N + 2} < M_0 < \frac{Nnp + Np + n + 1}{N + 2}}$$

M_0 est compris entre deux termes dont la différence est égale à 1, ce que l'on vérifie aisément :

$$\frac{Nnp + Np + n + 1}{N + 2} - \frac{Nnp - Nq + n - 1}{N + 2} = \frac{N(p + q) + 2}{N + 2} = \frac{N + 2}{N + 2} = 1$$

b) Espérance mathématique $E(X)$

On démontre que l'espérance $E(X)$ est égale à np :

$$\boxed{E(X) = np}$$

Ainsi l'espérance mathématique de la loi hypergéométrique est égale à l'espérance mathématique de la loi binomiale et est indépendante de la taille de l'urne N.

c) Moment simple d'ordre 2, m_2

On démontre que le moment simple d'ordre 2, m_2, est égal à :

$$\boxed{m_2 = E(X^2) = np\left(np + q\frac{N - n}{N - 1}\right)}$$

Cette relation peut encore s'écrire :

$$m_2 = np\left(\frac{Nnp + Nq - n}{N - 1}\right)$$

5) Caractéristiques de dispersion

a) Variance $V(X)$

À partir de la relation :

$$V(X) = E(X^2) - [E(X)]^2$$

il vient :

$$V(X) = np\left(np + q\frac{N-n}{N-1}\right) - (np)^2 = n^2p^2 + npq\frac{N-n}{N-1} - n^2p^2$$

soit :

$$\boxed{V(X) = npq\frac{N-n}{N-1}}$$

On remarque que la variance de la loi hypergéométrique est égale à la variance de la loi binomiale multipliée par la quantité $\frac{N-n}{N-1}$ (la variance de la loi hypergéométrique est ainsi inférieure à la variance de la loi binomiale).

Cette quantité porte le nom de facteur d'exhaustivité.

Son inverse $\frac{N-1}{N-n}$ s'appelle coefficient d'exhaustivité.

b) Écart-type $\sigma(X)$

L'écart-type $\sigma(X)$ de la loi hypergéométrique est alors égal à :

$$\boxed{\sigma(X) = \left(npq\frac{N-n}{N-1}\right)^{1/2}}$$

6) Approximation de la loi hypergéométrique par la loi binomiale

a) Comportement asymptotique

Supposons n et p fixés, et étudions le comportement de la loi hypergéométrique lorsque $N \to +\infty$:

$$\mathcal{H}(N,n,p) = \frac{C_{Np}^k C_{Nq}^{n-k}}{C_N^n} \text{avec} \quad N \to +\infty$$

On démontre, dans ces conditions que la quantité :

$$\frac{C_{Np}^k C_{Nq}^{n-k}}{C_N^n}$$

tend vers la quantité :

$$C_n^k p^k q^{n-k}$$

ce qui signifie que l'on peut approximer la loi hypergéométrique $\mathcal{H}(N,n,p)$ par la loi binomiale $\mathcal{B}(n,p)$ quand N devient très grand.

b) Conséquence pratique

α) La conséquence pratique immédiate que l'on en tire est le fait que l'on peut appliquer la loi binomiale (à 2 paramètres) au lieu de la loi hypergéométrique (à 3 paramètres), lorsque l'on effectue des *sondages* en prélevant des échantillons *de manière exhaustive* (contrôles de fabrication, enquêtes,...), *à condition que* la *taille n* de l'échantillon soit *faible* par rapport à la taille N de la population.

En pratique, on retiendra : $\frac{n}{N} < 0{,}10$.

(On appelle la quantité $\frac{n}{N}$ taux de sondage).

β) Une autre conséquence pratique que l'on tire de cette approximation de la loi hypergéométrique par la loi binomiale est que "la loi du nombre k de boules blanches contenues dans un échantillon de taille n prélevé de manière exhaustive dans une urne de taille N, avec $N \gg n$, *ne dépend pratiquement pas* de la taille de l'urne".

La qualité de l'information obtenue, par exemple en contrôle de qualité ou dans un sondage, ne dépend que de la taille de l'échantillon n et non de celle de la population N (et a fortiori du taux de sondage $\frac{n}{N}$).

Ainsi si l'on recherche le nombre de pièces défectueuses dans une fabrication, on a autant de précision sur la proportion p de pièces défectueuses contenues dans un échantillon de taille $n = 100$, que cet échantillon provienne d'une population $N = 10\,000$ ou même $N = 100\,000$.

De même, et cela peut surprendre a priori, on pourra retenir une taille d'échantillon identique, par exemple $n = 1000$ (ce que pratiquent les instituts de sondage !) qu'il s'agisse de faire une enquête dans un pays de $N = 10\,000\,000$ habitants ou dans un pays de $N = 100\,000\,000$ habitants !

7) Approximation de la loi hypergéométrique par la loi de Poisson

a) Dans le cas où *p est petit, n est grand,* et *N est grand par rapport à n,* on démontre que l'on peut approximer la loi hypergéométrique :

$$\mathcal{H}(N,n,p) = \frac{C_{Np}^{k} C_{Nq}^{n-k}}{C_N^n}$$

par une loi de Poisson $\mathcal{P}(\lambda)$, de paramètre $\lambda = np$:

$$\mathcal{P}(\lambda) = \frac{e^{-\lambda}.\lambda^k}{k!} = \frac{e^{-np}.(np)^k}{k!} = \mathcal{P}(np)$$

b) (On montrera dans le chapitre 6, que lorsque l'on est placé dans le cas où p n'est ni trop petit ni trop grand, n est grand et N est grand par rapport à n, on peut approximer la loi hypergéométrique par une loi normale).

XI. Tables statistiques

Nous rappelons, qu'en ce qui concerne les lois de probabilités discrètes, les deux plus usuelles, loi binomiale et loi de Poisson ont été tabulées :

- la loi binomiale est tabulée pour des échantillons de taille : $n = 5$ $(0 < k < 4)$, $n = 10$ $(0 < k < 6)$, $n = 15$ $(0 < k < 7)$, $n = 20$ $(0 < k < 9$, $n = 30$ $(0 < k < 11)$, $n = 40$ $(0 < k < 13)$ et $n = 50$ $(0 < k < 15)$; pour lesquels on trouve p_k et $\sum p_k$;
- la loi de Poisson est tabulée :
  - pour $0,1 \leq \lambda \leq 1,0$ par pas de 0,1 ;
  - pour $1,0 \leq \lambda \leq 10,0$ par pas de 0,5 et ;
  - pour $10 \leq \lambda \leq 18$ par pas de 1, en indiquant p_k et $\sum p_k$.

On trouvera, à la fin du tome 3, une table de la loi de Poisson.

Mais il existe maintenant des calculatrices qui ont ces fonctions en mémoire (ce qui permet de les calculer pour toute valeur des paramètres).

XII- TABLEAU RÉSUMÉ DES PRINCIPALES LOIS DE PROBABILITÉ DISCRÈTES

Lois de probabilité	Evénements	Domaines de définition $X(\Omega)$	$Pr\{X=k\}$	$E(X)$	$V(X)$	Approximation
Discrète uniforme	Toutes les valeurs possibles ont la même probabilité	$1, \ldots, n$	$\frac{1}{n}$	$\frac{n+1}{2}$	$\frac{n^2-1}{12}$	-
Bernouilli	Pr de la variable indicatrice : 1 avec $p_k = p$; 0 avec $p_k = q$	$\{0, 1\}$	$\mathcal{B}(1,p) = $ ou $\begin{cases} p \\ 1-p \end{cases}$	p	pq	-
Binomiale	k succès au cours de n épreuves indépendantes	$[0,1, \ldots, n]$	$\mathcal{B}(n,p) = C_n^k p^k q^{n-k}$	np	npq	Loi de Poisson: si $\begin{cases} n \geq 25 \\ p \approx 0 \\ q \approx 1 \end{cases}$; Loi normale: si $\begin{cases} \text{n grand } (n \geq 10) \\ \text{p ni trop petit ni trop grand } (npq \geq 3) \end{cases}$ (cf. séquence 6)
Multinomiale	j événements de prob. $p_1, \ldots p_j$ au cours de n épreuves indépendantes (généralisati. B(n,p))	$\Sigma ni = n$	$\mathcal{M}(n ; p_1, \ldots p_j \ldots) = \frac{(\Sigma n_i)!}{\Pi(n_i!)} \Pi p_i^{n_i}$	$E(A_j) = np_j$	$V(A_j) = n\, p_j q_j$	Loi de Poisson: si $\begin{cases} n \to +\infty \\ p_i \to 0 \end{cases}$ (non étudié ici) ; Loi normale: si $\begin{cases} n \to +\infty \\ p_i \text{ fixes} \end{cases}$ (cf séquence 6)

Poisson	Occurrence d'un phénomène rare (panne, accident, déchet,...)	$0,1,\ldots = \mathbb{N}$	$\mathcal{P}(\lambda) = \frac{e^{-\lambda}.\lambda^{k}}{k!}$	λ	λ	<u>Loi normale</u> (Cf. séquence 6) si $\lambda \to +\infty$ (en pratique $\lambda \geq 15$)
Géométrique	Nombre k de tirages nécessaires pour obtenir l'apparition d'un événement A (tirages indépendants)	$1, 2, \ldots = \mathbb{N}^*$	$\mathcal{G}\langle p\rangle = pq^{k-1}$	$\frac{1}{p}$	$\frac{q}{p^2}$	–
Pascal	Nombre k de tirages nécessaires pour obtenir r fois l'apparition d'un événement A (tirages indépendants)	$r, r+1, \ldots$	$\mathcal{R}(r,p) = C_{k-1}^{r-1} p^r q^{k-r}$	$r\frac{1}{p}$	$r\frac{q}{p^2}$	–
Binomiale négative	Nombre k d'insuccès obtenus avant la réalisation de r-ième succès (épreuves indépendantes)	$0, 1, \ldots = \mathbb{N}$	$\mathcal{R}(r,p)\text{-}r = C_{r+k-1}^{r-1} p^r q^k$	$r\frac{q}{p}$	$r\frac{q}{p^2}$	<u>Loi normale</u> : Si $\begin{cases} p \text{ fixe} \\ r \to +\infty \end{cases}$ <u>Loi γ_ν</u> : si $p \to 0$, $k \to +\infty$, r fixe (non étudiées ici)
Hypergéométrique	k succès au cours de n épreuves non indépendantes	$\max(0, n - Nq) \leq k \leq \min(n, Np)$	$\mathcal{H}(N, n, p) = \frac{C_{Np}^{k}\, C_{Nq}^{n-k}}{C_N^n}$	np	$npq\frac{N-n}{N-1}$	<u>Loi binomiale</u> : si $\begin{cases} N \to +\infty \\ n, p \text{ fixés} \end{cases}$ <u>Loi de Poisson</u> : si $\begin{cases} p \text{ petit} \\ n \text{ grand} \\ N >> n \end{cases}$
						<u>Loi normale</u> (cf. séquence 6) si $\begin{cases} p \text{ ni trop petit, ni trop grand} \\ n \text{ grand} \\ N >> n \end{cases}$

Partie E :
EXERCICES AUTOCORRECTIFS

I. Il naît en France, chaque année 400 enfants atteints d'une maladie rare.

1) Déterminer quelle est la loi du nombre k de tels enfants nés durant une année '

2) Quelle est la probabilité pour qu'aucun enfant ne naisse atteint de cette maladie au cours de toute l'année ?

II. En reprenant les données de l'exercice I (et en supposant que vous ayez déjà fait cet exercice), on demande :

1) a) d'étudier la loi binomiale qui représente la loi de la variable aléatoire étudiée (on se limitera à $k = 6$).

b) tracer sa représentation graphique

c) déterminer sa fonction de répartition et tracer sa représentation graphique

2) a) d'étudier la loi Poisson qui représente la loi de la variable aléatoire étudiée (on se limitera à $k = 6$).

b) tracer sa représentation graphique

c) déterminer sa fonction de répartition et tracer sa représentation graphique.

III. On lance un dé au hasard. On considère que cette épreuve est un succès si l'on obtient l'un des points 3 ou 6.

1) Quelle est la probabilité de l'évènement E ?

2) En supposant que l'on effectue $n = 10\,000$ lancers, calculer le mode, l'espérance mathématique, la variance et l'écart-type de la loi de probabilité.

IV. En reprenant les données du l'exercice III, on cherche maintenant le nombre de tirages nécessaires pour obtenir l'apparition d'un 3 ou d'un 6.

1) Quelle est la loi de probabilité de l'évènement décrit ?

2) Déterminer les caractéristiques de tendance centrale et de dispersion que vous connaissez concernant cette loi.

V. En reprenant les données de l'exercice III, on cherche maintenant à déterminer le nombre de tirages nécessaires pour obtenir r fois l'apparition de l'évènement "obtenir un 3 ou un 6".

1) Déterminer la loi de probabilité de l'évènement obtenir un 3 ou un 6.

2) Calculer les valeurs caractéristiques de cette loi (vous fixerez vous-même une valeur aux paramètres).

VI. En reprenant les données de l'exercice III, on cherche cette fois à déterminer le nombre k d'insuccès obtenus avant la réalisation du r-ième succès, c'est-à-dire obtenir un 3 ou un 6.

1) Déterminer la loi de probabilité de cet évènement.

2) En attribuant vous-même une valeur aux paramètres, calculer les différentes valeurs caractéristiques de cette loi.

VII. Une urne contient 20 boules réparties en 12 boules blanches et 8 boules noires. On tire en une seule fois 3 boules de l'urne.

1) Quelle est la loi de probabilité de l'évènement indiqué ?

2) a) Exprimer numériquement cette loi de probabilité

b) Donner sa représentation graphique

3) Calculer ses valeurs caractéristiques.

4) On refait la même expérience dans une urne contenant 200 boules

a) Par quelle loi peut-on approximer la loi établie ci-dessus ?

b) Étudier cette loi et calculer ses valeurs caractéristiques.

SOLUTIONS

I. 1) On peut considérer qu'un enfant naît avec cette maladie avec la probabilité p ou ne naît pas avec cette maladie avec la probabilité q, ce qui conduirait à choisir une loi binomiale comme étant la loi de la variable aléatoire cherchée X = nombre d'enfants naissant avec cette maladie.

Mais il est plus opportun de considérer que la loi de la variable aléatoire X est celle d'un évènement rare, ce qui conduit à choisir la loi de Poisson.

2) a) Nous allons d'abord mener cette étude avec la loi binomiale. Puis nous montrerons que le choix de la loi de Poisson constitue une bonne approximation.

Le nombre moyen d'enfants naissant chaque jour avec cette maladie est (en considérant qu'une année comprend 365 jours) égal à l'espérance mathématique $E(X)$ de la loi binomiale, soit :

$$E(X) = np = \frac{400}{365} = 1{,}096$$

L'observation ayant été faite sur une année, cela revient à dire que l'on a réalisé $n = 365$ épreuves successives indépendantes.

On peut donc déterminer la valeur de p :

$$\lambda p = \frac{np}{n} = \frac{1{,}096}{365} = 0{,}003$$

La loi cherchée $\mathcal{B}(n, p)$ est alors égale à :

$$\boxed{\mathcal{B}(365; 0{,}003) = C_{365}^{k}(0{,}003)^{k}(0{,}997)^{365-k}}$$

b) Pour qu'aucun enfant atteint de cette maladie ne naisse au cours de toute l'année, il faut que $k = 0$.

Il vient alors :

$$Pr\{X = 0\} = C_{365}^{0}(0{,}003)^{0}(0{,}997)^{365-0} = (0{,}997)^{365} = 0{,}334$$

$$\boxed{Pr\{X = 0\} = 0{,}334}$$

3) a) Si l'on considère maintenant que le phénomène étudié obéit à une loi de Poisson, cette loi doit avoir même espérance mathématique que celle de la loi binomiale étudiée ci-dessus :

Donc :

La loi cherchée $\mathcal{P}(\lambda)$ est alors égale à :

$$\boxed{\mathcal{P}(1{,}096) = \frac{e^{-1{,}096}.\,(1{,}096)^k}{k!}}$$

b) La probabilité pour qu'aucun enfant atteint de cette maladie ne naisse au cours de l'année est alors égale à :

$$Pr\{X = 0\} = \frac{e^{-1{,}096}.\,(1{,}096)^0}{0!} = e^{-1{,}096} = 0{,}334$$

$$\boxed{Pr\{X = 0\} = 0{,}334}$$

On constate qu'à 10^{-3} près, les résultats obtenus à partir des deux lois sont identiques.

Si l'on détermine les résultats numériques à 10^{-6} près, on trouve alors :

- loi binomiale $Pr\{X = 0\} = 0{,}333\,989$
- loi de Poisson $Pr\{X = 0\} = 0{,}334\,242$

soit une différence de 253 dix millièmes.

__II__. La loi binomiale étudiée est la loi :

$$\boxed{\mathcal{B}(365; 0{,}003) = C_{365}^{k}(0{,}003)^k(0{,}997)^{365-k}}$$

1) Cette loi a pour espérance mathématique :

$$E(X) = np = 1{,}096$$

La variance $V(X)$ est égale à :

$$V(X) = npq = 365\ (0{,}003)(0{,}997) = 1{,}092$$

$$\boxed{V(X) = 1{,}092}$$

et son écart-type $\sigma(X)$ est égal à :

$$\sigma(X) = (1{,}092)^{1/2} = 1{,}045$$

$$\boxed{\sigma(X) = 1{,}045}$$

2) Les différentes valeurs prises par cette loi pour $0 \leq k \leq 6$ sont les suivantes :

$$Pr\{X = 0\} = C_{365}^{0}(0{,}003)^0(0{,}997)^{365} = \frac{365!}{0!\,365!} \times 0{,}003^0 \times 0{,}997^{365}$$
$$= 0{,}333\,99$$

$$Pr\{X=1\}=C_{365}^{1}(0{,}003)^{1}(0{,}997)^{364}=\frac{365!}{1!\,364!}\times 0{,}003^{1}\times 0{,}997^{364}$$
$$=0{,}366\,82$$

$$Pr\{X=2\}=C_{365}^{2}(0{,}003)^{2}(0{,}997)^{363}=\frac{365!}{2!\,363!}\times 0{,}003^{2}\times 0{,}997^{363}$$
$$=0{,}200\,89$$

$$Pr\{X=3\}=C_{365}^{3}(0{,}003)^{3}(0{,}997)^{362}=\frac{365!}{3!\,362!}\times 0{,}003^{3}\times 0{,}997^{362}$$
$$=0{,}073\,14$$

$$Pr\{X=4\}=C_{365}^{4}(0{,}003)^{4}(0{,}997)^{361}=\frac{365!}{4!\,361!}\times 0{,}003^{4}\times 0{,}997^{361}$$
$$=0{,}019\,92$$

$$Pr\{X=5\}=C_{365}^{5}(0{,}003)^{5}(0{,}997)^{360}=\frac{365!}{5!\,360!}\times 0{,}003^{5}\times 0{,}997^{360}$$
$$=0{,}004\,33$$

$$Pr\{X=6\}=C_{365}^{6}(0{,}003)^{6}(0{,}997)^{359}=\frac{365!}{6!\,359!}\times 0{,}003^{6}\times 0{,}997^{359}$$
$$=0{,}000\,78$$

On constate que la probabilité devient proche de zéro à partir de $k=5$.

Nous pouvons rassembler ces données, ainsi que les probabilités cumulées, dans un tableau :

X = k	Pr{X = k}	$\sum_{i=0}^{k} Pr\{X=k\}$
0	0, 333 99	0, 333 99
1	0, 366 82	0, 700 81
2	0, 200 89	0, 901 70
3	0, 073 14	0, 974 84
4	0, 019 92	0, 994 76
5	0, 004 33	0, 999 09
6	0, 000 78	0, 999 87
Σ	0, 999 87	

La représentation graphique de cette loi est alors :

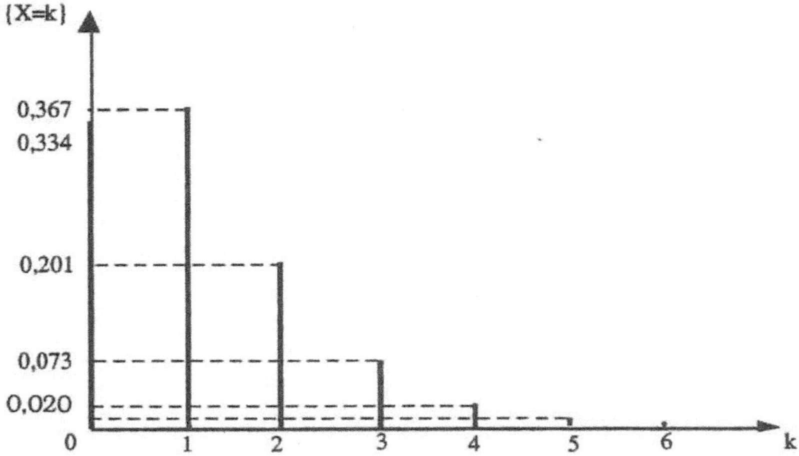

La représentation graphique de la fonction de répartition est la suivante :

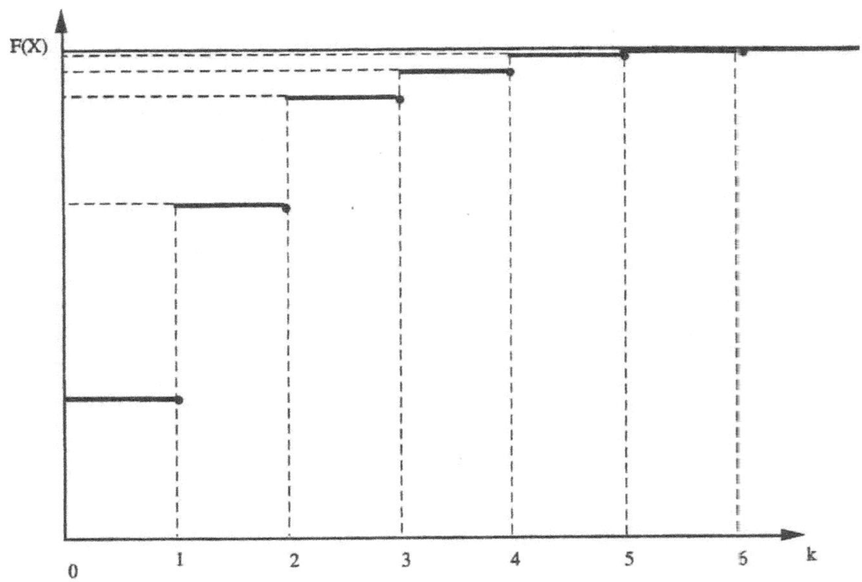

3) La loi de Poisson qui représente la loi de la variable aléatoire étudiée est :

$$\mathcal{P}(1{,}096) = \frac{e^{-1{,}096}.(1{,}096)^k}{k!}$$

Cette loi a pour espérance mathématique E(X)

$$E(X) = \lambda = 1{,}096$$

et pour variance $V(X)$

V(X) = λ = 1,096

Son écart-type $\sigma(X)$ est alors égal à :

$$\sigma(X) = (1{,}096)^{1/2} = 1{,}047$$

$$\boxed{\sigma(X) = 1{,}047}$$

4) Les différentes valeurs prises par cette loi pour $0 \leq k \leq 6$ sont des suivantes :

$$Pr\{X = 0\} = \frac{e^{-1{,}096}.(1{,}096)^0}{0!} = e^{-1{,}096} = 0{,}334\ 21$$

$$Pr\{X = 1\} = \frac{e^{-1{,}096}.(1{,}096)^1}{0!} = \frac{e^{-1{,}096} \times (1{,}096)^1}{1} = 0{,}366\ 29$$

$$Pr\{X = 2\} = \frac{e^{-1{,}096}.(1{,}096)^2}{0!} = \frac{e^{-1{,}096} \times (1{,}096)^2}{2} = 0{,}200\ 73$$

$$Pr\{X = 3\} = \frac{e^{-1{,}096}.(1{,}096)^3}{0!} = \frac{e^{-1{,}096} \times (1{,}096)^3}{6} = 0{,}073\ 33$$

$$Pr\{X = 4\} = \frac{e^{-1{,}096}.(1{,}096)^4}{0!} = \frac{e^{-1{,}096} \times (1{,}096)^4}{24} = 0{,}020\ 09$$

$$Pr\{X = 5\} = \frac{e^{-1{,}096}.(1{,}096)^5}{0!} = \frac{e^{-1{,}096} \times (1{,}096)^5}{120} = 0{,}004\ 40$$

$$Pr\{X = 6\} = \frac{e^{-1{,}096}.(1{,}096)^6}{0!} = \frac{e^{-1{,}096} \times (1{,}096)^6}{720} = 0{,}000\ 80$$

On constate que les valeurs obtenues sont très proches des valeurs calculées avec la loi binomiale.

Nous rassemblons ces données dans un tableau, (en y faisant figurer aussi les valeurs obtenues avec la loi binomiale) :

X = k	Pr{X=k} (loi de Poisson)	Pr{X=k} (loi binomiale)	Ecart $P(\lambda)$-$B(n,p)$
0	0, 334 21	0, 333 99	+ 0, 000 22
1	0, 366 29	0, 366 82	- 0, 000 53
2	0, 200 73	0, 200 89	- 0, 000 16
3	0, 073 33	0, 073 14	+ 0, 000 19
4	0, 020 09	0, 019 92	+ 0, 000 17
5	0, 004 40	0, 004 33	+ 0, 000 07
6	0, 000 80	0, 000 78	+ 0, 000 02
Σ	0, 999 85	0, 999 87	

Compte tenu de la précision d'une représentation graphique, celle-ci est semblable à celle effectuée avec les données de la loi binomiale.

La fonction de répartition est la suivante (nous faisons également figurer les valeurs obtenues avec la loi binomiale) :

X = k	ΣPr{X=k} (loi de Poisson)	ΣPr{X=k} (loi binomiale)	Ecart $\sum P(\lambda) - \sum B(n, p)$
0	0, 334 21	0, 333 99	+ 0, 000 22
1	0, 700 50	0, 700 81	- 0, 000 31
2	0, 901 23	0, 901 70	- 0, 000 47
3	0, 974 56	0, 974 84	- 0, 000 28
4	0, 994 65	0, 994 76	- 0, 000 11
5	0, 999 05	0, 999 09	- 0, 000 04
6	0, 999 85	0, 999 87	- 0, 000 02

La représentation graphique de la fonction de répartition est semblable à celle effectuée avec les données de la loi binomiale (les différences sont au plus de l'ordre de 10^{-4}).

III. 1) L'évènement cherché est la réunion de deux évènements incompatibles. Donc la probabilité de cet évènement $Pr\{X\}$ est égale à :

$$p = Pr\{X\} = \frac{1}{6} + \frac{1}{6} = \frac{2}{6} = \frac{1}{3}$$

L'épreuve lancer de dé consiste en une succession de lancers, qui sont des épreuves successives et indépendantes, pour lesquels on a une probabilité p de succès et une probabilité q d'échec.

La loi de probabilité de cette variable est donc une loi binomiale $\mathcal{B}(n, p)$:

$$\boxed{\mathcal{B}(n, p) = \mathcal{B}\left(n, \frac{1}{3}\right) = C_n^k \left(\frac{1}{3}\right)^k \left(\frac{2}{3}\right)^{n-k}}$$

2) a) On effectue $n = 10\,000$ lancers. La loi de probabilité est alors :

$$\mathcal{B}(n, p) = \mathcal{B}\left(10\,000, \frac{1}{3}\right) = C_{10\,000}^k \left(\frac{1}{3}\right)^k \left(\frac{2}{3}\right)^{n-k}$$

b) Le mode M_0 est l'entier qui vérifie la relation :

$$p\,(n+1) - 1 < M_0 < p\,(n+1)$$

soit ici :

$$\left(\frac{1}{3}\right)(10\,001) - 1 < M_0 < \left(\frac{1}{3}\right)(10\,001)$$

$$3332{,}67 < M_0 < 333{,}67$$

Donc :

$$\boxed{M_0 = 3333}$$

c) L'espérance mathématique $E(X)$ de la loi binomiale est égale à :

$$E(X) = np = 10\,000 \times \frac{1}{3} = 3333{,}33$$

$$\boxed{E(X) = 3333{,}33}$$

d) La variance $V(X)$ est égale à :

$$V(X) = npq = 10\,000 \times \frac{1}{3} \times \frac{2}{3} = 2222{,}22$$

e) L'écart-type $\sigma(X)$ vaut alors :

$$\sigma(X) = 2222{,}22^{1/2} = 47{,}14$$

$$\boxed{\sigma(X) = 47{,}14}$$

IV. 1) L'épreuve consiste en le lancer d'un dé. L'évènement est le nombre de tirages nécessaires pour obtenir un succès, c'est-à-dire l'apparition d'un 3 ou d'un 6, ces épreuves étant indépendantes.

La loi de probabilité de cet évènement est alors la loi géométrique $\mathcal{G}(p)$:

$$\boxed{\mathcal{G}(p) = pq^{k-1}}$$

On peut préciser la valeur de p et de q.

L'évènement qui constitue un succès, est la réunion de deux évènements indépendants, chacun de probabilité 1/6.

Donc :

$$p = \frac{1}{3} \quad \text{et} \quad q = \frac{2}{3}$$

Plus précisément, la loi $\mathcal{G}(p)$ est :

$$\boxed{\mathcal{G}(p) = \mathcal{G}\left(\frac{1}{3}\right) = \frac{1}{3}\cdot\left(\frac{2}{3}\right)^{k-1}}$$

2) Les caractéristiques de tendance centrale sont essentiellement l'espérance mathématique $E(X)$, et le moment simple d'ordre 2, m_2.

a) L'espérance mathématique $E(X) = \frac{1}{p}$.

Donc:

$$E(X) = \frac{1}{\frac{1}{3}} = 3 \qquad \boxed{E(X) = 3}$$

b) m_2 est égal à :

$$m_2 = E(X^2) = \frac{2q + p}{p^2}$$

Donc :

$$m_2 = E(X^2) = \frac{2\left(\frac{2}{3}\right) + \frac{1}{3}}{\left(\frac{1}{3}\right)^2} = \frac{\frac{5}{3}}{\frac{1}{9}} = \frac{5 \times 9}{3 \times 1} = \frac{45}{3} = 15$$

$$\boxed{m_2 = 15}$$

c) la variance $V(X)$ est égale à :

$$V(X) = \frac{q}{p^2}$$

soit, en remplaçant p et q par leurs valeurs :

$$V(X) = \frac{\frac{2}{3}}{\left(\frac{1}{3}\right)^2} = \frac{2}{3} \times 9 = \frac{18}{3} = 9$$

(On vérifie bien que $V(X) = E(X^2) = [E(X)]^2 \Leftrightarrow V(X) = 15 - 3^2 = 15 - 9 = 6$).

d) L'écart-type $\sigma(X)$ est alors égal à :

$$\sigma(X) = 6^{1/2} = 2{,}45 \qquad \boxed{\sigma(X) = 2{,}45}$$

V. 1) L'épreuve consiste à lancer un dé. Plusieurs lancers successifs constituent une succession d'épreuves indépendantes.

On cherche le nombre de tirages nécessaires pour obtenir r fois un 3 ou un 6.

La loi de probabilité de cet évènement est la loi de Pascal $\mathcal{R}(r,p)$:

$$\boxed{\mathcal{R}(r,p) = C_{k-1}^{r-1} p^r q^{k-r}}$$

soit ici :

$$\boxed{\mathcal{R}(r,p) = \mathcal{R}\left(r,\frac{1}{3}\right) = C_{k-1}^{r-1}\left(\frac{1}{3}\right)^r \left(\frac{2}{3}\right)^{k-r}}$$

car p est la probabilité de la réunion de deux évènements indépendants qui ont chacun pour probabilité $\frac{1}{6}$.

2) a) Choisissons $r = 3$. Nous allons calculer les premières valeurs obtenues pour $k = 3, k = 4, k = 5$ et $k = 6$ (en effet k doit être au moins égal à 3 pour avoir une signification).

Pour $k = 3$, il vient :

$$\mathcal{R}\left(3,\frac{1}{3}\right) = C_{3-1}^{3-1}\left(\frac{1}{3}\right)^3 \left(\frac{2}{3}\right)^{3-3} = C_2^2 \left(\frac{1}{3}\right)^3 \left(\frac{2}{3}\right)^0 = \frac{2!}{0!\,2!}.\left(\frac{1}{3}\right)^3 .1 = 0{,}037\,04$$

Pour $k = 4$, il vient :

$$\mathcal{R}\left(3,\frac{1}{3}\right)=C_{4-1}^{3-1}\left(\frac{1}{3}\right)^{3}\left(\frac{2}{3}\right)^{4-3}=C_{3}^{2}\left(\frac{1}{3}\right)^{3}\left(\frac{2}{3}\right)^{1}=\frac{3!}{2!\,1!}.\left(\frac{1}{3}\right)^{3}.\left(\frac{2}{3}\right)^{1}$$
$$=0{,}074\,07$$

Pour $k=5$, il vient :

$$\mathcal{R}\left(3,\frac{1}{3}\right)=C_{5-1}^{3-1}\left(\frac{1}{3}\right)^{3}\left(\frac{2}{3}\right)^{5-3}=C_{4}^{2}\left(\frac{1}{3}\right)^{3}\left(\frac{2}{3}\right)^{2}=\frac{4!}{2!\,2!}.\left(\frac{1}{3}\right)^{3}.\left(\frac{2}{3}\right)^{2}$$
$$=0{,}098\,77$$

Pour $k=6$, il vient :

$$\mathcal{R}\left(3,\frac{1}{3}\right)=C_{6-1}^{3-1}\left(\frac{1}{3}\right)^{3}\left(\frac{2}{3}\right)^{6-3}=C_{5}^{2}\left(\frac{1}{3}\right)^{3}\left(\frac{2}{3}\right)^{3}=\frac{5!}{2!\,3!}.\left(\frac{1}{3}\right)^{3}.\left(\frac{2}{3}\right)^{3}$$
$$=0{,}109\,74$$

b) Nous constatons que les valeurs des probabilités croissent avec k pour les premières valeurs de k.

Il est alors intéressant de déterminer le mode M_0, qui correspond à la valeur de k, pour laquelle $Pr\{X=k\}$ a la valeur la plus grande.

Le mode M_0 est l'entier donné par la relation :

$$\frac{r-1}{p}<M_0<\frac{r-q}{p}$$

soit ici :

$$\frac{3-1}{\frac{1}{3}}<M_0<\frac{3-\frac{2}{3}}{\frac{1}{3}} \qquad \Leftrightarrow \qquad 6<M_0<7$$

Le nombre M_0 étant compris entre deux entiers 6 et 7, ils constituent tous les deux une valeur modale :

$$\boxed{M_0^{(1)}=6} \qquad \text{et} \qquad \boxed{M_0^{(2)}=7}$$

Vérifions le pour $k=7$:

$$\mathcal{R}\left(3,\frac{1}{3}\right)=C_{6}^{2}\left(\frac{1}{3}\right)^{3}\left(\frac{2}{3}\right)^{7-3}=\frac{6!}{2!\,4!}.\left(\frac{1}{3}\right)^{3}.\left(\frac{2}{3}\right)^{4}=0{,}109\,74$$

c) L'espérance mathématique $E(X)$ est égale à :

$$E(X)=r\frac{1}{p}$$

soit ici :

$$E(X) = 3 \times \frac{1}{\frac{1}{3}} = 9 \qquad \boxed{E(X) = 9}$$

d) Le moment simple d'ordre 2, m_2 est égal à :

$$m_2 = E(X^2) = \frac{rq + r^2}{p^2} = \frac{\left(3 \times \frac{2}{3}\right) + 3^2}{\left(\frac{1}{3}\right)^2} = \frac{2 + 9}{\frac{1}{9}} = 99$$

$$\boxed{m_2 = E(X^2) = 99}$$

e) La variance $V(X)$ est égale à :

$$V(X) = r\frac{q}{p^2}$$

soit ici :

$$V(X) = 3 \times \frac{\frac{2}{3}}{\left(\frac{1}{3}\right)^2} = 3 \times \frac{2}{3} \times 9 = 18 \quad \boxed{V(X) = 18}$$

On vérifie bien que $V(X) = E(X^2) - [E(X)]^2$:

$$V(X) = 99 - (9)^2 = 99 - 81 = 18.$$

f) La valeur de l'écart-type σ est alors égale à :

$$\sigma(X) = \sqrt{18} = 4{,}24 \qquad \boxed{\sigma(X) = 4{,}24}$$

VI. 1) L'épreuve consiste à lancer un dé plusieurs fois de suite. Ces épreuves successives sont indépendantes.

On cherche le nombre k d'insuccès obtenus avant la réalisation du r-ième succès.

La loi de probabilité de cet évènement est la loi binomiale négative $\mathcal{R}(r, p) - r$, c'est-à-dire :

$$\boxed{\mathcal{R}(r, p) - r = C_{r+k-1}^{r-1} p^r q^k}$$

et plus précisément, en remarquant que $p = \frac{1}{3}$ (probabilité de la réunion de deux évènements indépendants qui ont chacun une probabilité égale à $\frac{1}{6}$:

$$\boxed{\mathcal{R}(r, p) - r = \mathcal{R}\left(r, \frac{1}{3}\right) - r = C_{r+k-1}^{r-1} \left(\frac{1}{3}\right)^r \left(\frac{2}{3}\right)^k}$$

2) a) En vue de déterminer les différentes valeurs caractéristiques de cette loi, considérons que $r = 3$.

Il vient alors :

$$\mathcal{R}\left(3, \frac{1}{3}\right) - 3 = C_{3+k-1}^{3-1}\left(\frac{1}{3}\right)^3\left(\frac{2}{3}\right)^k = C_{k+2}^{2}\left(\frac{1}{3}\right)^3\left(\frac{2}{3}\right)^k$$

b) Calculons les premières valeurs, pour $0 < k < 6$:

$k = 0$ $\mathcal{R}\left(3, \frac{1}{3}\right) - 3 = C_2^2\left(\frac{1}{3}\right)^3\left(\frac{2}{3}\right)^0 = \left(\frac{1}{3}\right)^3 = \frac{1}{27} = 0{,}037\,04$

$k = 1$ $\mathcal{R}\left(3, \frac{1}{3}\right) - 3 = C_3^2\left(\frac{1}{3}\right)^3\left(\frac{2}{3}\right)^1 = 3 \times \left(\frac{1}{27}\right) \times \left(\frac{2}{3}\right) = 0{,}074\,07$

$k = 2$ $\mathcal{R}\left(3, \frac{1}{3}\right) - 3 = C_4^2\left(\frac{1}{3}\right)^3\left(\frac{2}{3}\right)^2 = 6 \times \left(\frac{1}{27}\right) \times \left(\frac{4}{9}\right) = 0{,}098\,77$

$k = 3$ $\mathcal{R}\left(3, \frac{1}{3}\right) - 3 = C_5^2\left(\frac{1}{3}\right)^3\left(\frac{2}{3}\right)^3 = 10 \times \left(\frac{1}{27}\right) \times \left(\frac{8}{27}\right) = 0{,}109\,74$

$k = 4$ $\mathcal{R}\left(3, \frac{1}{3}\right) - 3 = C_6^2\left(\frac{1}{3}\right)^3\left(\frac{2}{3}\right)^4 = 15 \times \left(\frac{1}{27}\right) \times \left(\frac{16}{81}\right) = 0{,}109\,74$

$k = 5$ $\mathcal{R}\left(3, \frac{1}{3}\right) - 3 = C_7^2\left(\frac{1}{3}\right)^3\left(\frac{2}{3}\right)^5 = 21 \times \left(\frac{1}{27}\right) \times \left(\frac{32}{243}\right) = 0{,}102\,42$

$k = 6$ $\mathcal{R}\left(3, \frac{1}{3}\right) - 3 = C_8^2\left(\frac{1}{3}\right)^3\left(\frac{2}{3}\right)^6 = 28 \times \frac{1}{27} \times \frac{64}{729} = 0{,}091\,04$

c) Nous constatons d'ores et déjà qu'il existe deux modes :

$$\boxed{M_0^{(1)} = 3} \qquad \text{et} \qquad \boxed{M_0^{(2)} = 4}$$

Vérifions ce résultat, sachant que le mode M_0 est l'entier qui vérifie la relation :

$$\frac{rq - 1}{p} < M_0 < \frac{rq - q}{p}$$

soit ici :

$$\frac{\left(3 \times \frac{2}{3}\right) - 1}{\frac{1}{3}} < M_0 < \frac{\left(3 \times \frac{2}{3}\right) - \frac{2}{3}}{\frac{1}{3}} \qquad \Leftrightarrow \qquad 3 < M_0 < 4$$

Ces deux nombres étant entiers, ils représentent chacun un mode et on vérifie bien :

$$M_0^{(1)} = 3 \qquad \text{et} \qquad M_0^{(2)} = 4$$

d) L'espérance mathématique $E(X)$ est égale à :

$$E(X) = r\frac{q}{p}$$

soit ici :

$$E(X) = 3 \times \frac{\frac{2}{3}}{\frac{1}{3}} = 3 \times \frac{2}{3} \times \frac{3}{1} = 3 \times 2 = 6 \qquad \boxed{E(X) = 6}$$

e) Le moment simple d'ordre 2, m_2 est égal à :

$$m_2 = E(X^2) = \frac{rq(1+rq)}{p^2} = \frac{\left(3 \times \frac{2}{3}\right) \times \left[1 + \left(3 \times \frac{2}{3}\right)\right]}{\left(\frac{1}{3}\right)^2} = \frac{2 \times 3}{\frac{1}{9}} = 54$$

$$\boxed{m_2 = E(X^2) = 54}$$

f) La valeur de la variance $V(X)$ est donnée par la relation :

$$V(X) = r\frac{q}{p^2}$$

Il vient donc :

$$V(X) = 3 \times \frac{\frac{2}{3}}{\left(\frac{1}{3}\right)^2} = 3 \times \frac{2}{3} \times 9 = 18 \qquad \boxed{V(X) = 18}$$

(On vérifie la valeur obtenue à partir de la valeur de la variance en fonction des moments simples m_1 et m_2 :

$$V(X) = E(X^2) - [E(X)]^2 = 54 - (6)^2 = 54 - 36 = 18$$

<u>VII</u>. 1) L'évènement consiste à tirer en une seule fois 5 boules de l'urne. Il est équivalent de dire que l'on tire une première boule, puis une seconde sans avoir remis la première dans l'urne, puis une troisième sans avoir remis la seconde dans l'urne.

Il s'agit alors d'un tirage exhaustif, d'effectif trois. De ce fait les tirages ne sont pas indépendants et la composition de l'urne varie à chaque tirage.

De ce fait, la loi de l'évènement "tirer en une seule fois 3 boules de l'urne" est la loi hypergéométrique :

$$\boxed{\mathcal{H}(\mathrm{N}, \mathrm{n}, \mathrm{p})}$$

où $N = 20$ (nombre total de boules dans l'urne), $n = 3$ (taille de l'échantillon) et p est la probabilité de succès. On peut donc aussi écrire :

$$\boxed{\mathcal{H}(N,n,p) = \mathcal{H}(20,3,p)}$$

soit de façon explicite :

$$\mathcal{H}(20,3,\mathrm{p}) = \frac{C_{Np}^{k} C_{Nq}^{3-k}}{C_{20}^{3}} = \frac{C_{12}^{k} C_{8}^{3-k}}{C_{20}^{3}}$$

en remarquant que $Np = 12$ (nombre de boules blanches dans l'urne) et $Nq = 8$ (nombres de boules noires dans l'urne).

Donc :

$$\boxed{\mathcal{H}(20,3,\mathrm{p}) = \frac{C_{12}^{k} C_{8}^{3-k}}{C_{20}^{3}}}$$

2) a) En vue de calculer les différentes valeurs prises par $\mathcal{H}$ en fonction des valeurs de k, explicitons les valeurs de p et q :

- nous connaissons les valeurs de $N = 20$ et de $Np = 12$; donc :

$$p = \frac{Np}{N} = \frac{12}{20} = 0{,}6 \qquad \boxed{p = 0{,}6}$$

- de même nous connaissons les valeurs de $N = 20$ et de $Nq = 8$; donc :

$$q = \frac{Nq}{N} = \frac{8}{20} = 0{,}4 \qquad \boxed{q = 0{,}4}$$

b) Nous allons calculer les valeurs pries par $\mathcal{H}(20,3,0{,}6)$ pour $max\,(0, n - Nq) \leq k \leq min\,(n, Np)$, c'est à dire :

$$max\,(0,(3-(20\times 0{,}4)) < k < min\,(3,(20\times 0{,}6))$$

soit :

$$\boxed{0 \leq k \leq 3}$$

en désignant par k le nombre de boules blanches obtenues.

Il vient :

$k = 0$ $\quad \mathcal{H}(20,3,0{,}6) = \dfrac{C_{12}^{0}\,C_{8}^{3}}{C_{20}^{3}} = \dfrac{\frac{12!}{0!\,12!}\times\frac{8!}{3!\,5!}}{\frac{20!}{3!\,17!}} = \dfrac{56}{1140} = 0{,}049\,12$

$k = 1$ $\quad \mathcal{H}(20,3,0{,}6) = \dfrac{C_{12}^{1}\,C_{8}^{2}}{C_{20}^{3}} = \dfrac{\frac{12!}{1!\,11!}\times\frac{8!}{2!\,6!}}{\frac{20!}{3!\,17!}} = \dfrac{336}{1140} = 0{,}294\,74$

$k = 2 \qquad \mathcal{H}(20,3,0{,}6) = \frac{C_{12}^2\, C_8^1}{C_{20}^3} = \frac{\frac{12!}{2!\,10!} \times \frac{8!}{1!\,7!}}{\frac{20!}{3!\,17!}} = \frac{528}{1140} = 0{,}463\ 16$

$k = 3 \qquad \mathcal{H}(20,3,0{,}6) = \frac{C_{12}^3\, C_8^0}{C_{20}^3} = \frac{\frac{12!}{3!\,9!} \times \frac{8!}{0!\,8!}}{\frac{20!}{3!\,17!}} = \frac{220}{1140} = 0{,}192\ 98$

Il s'agit d'un système complet d'évènements car $\sum_{k=0}^{3} p_k = 1$:

$$0{,}049\ 12 + 0{,}294\ 74 + 0{,}463\ 16 + 0{,}192\ 98 = 1$$

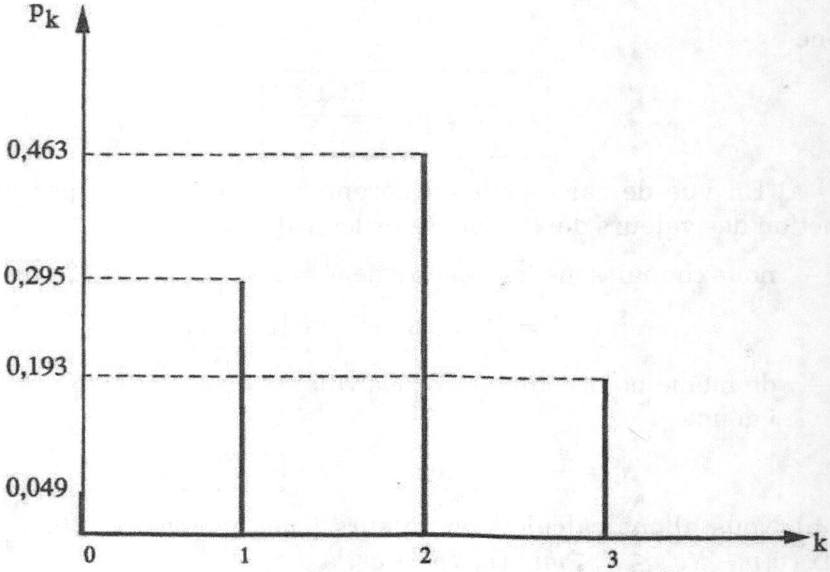

c) La représentation graphique de cette loi discrète est diagramme en bâtons.

3) a) Déterminons par le calcul, le mode M_0 de cette loi. Il est donné par la relation

$$\frac{Nnp - Nq + n - 1}{N + 2} < M_0 < \frac{Nnp + Np + n + 1}{N + 2}$$

soit ici :

$$\frac{(20 \times 3 \times 0{,}6) - (20 \times 0{,}4) + 3 - 1}{22} < M_0 < \frac{(20 \times 3 \times 0{,}6) + (20 \times 0{,}6) + 3 + 1}{22}$$

$$\frac{30}{22} < M_0 < \frac{52}{22} \quad \Leftrightarrow \quad 1{,}36 < M_0 < 2{,}36$$

Donc :

$$\boxed{M_0 = 2}$$

valeur que l'on avait déjà déterminée à partir de la représentation graphique.

b) L'espérance mathématique de la loi hypergéométrique est égale à :

$$E(X) = np$$

soit ici :

$$E(X) = 3 \times 0{,}6 = 1{,}8 \qquad \boxed{E(X) = 1{,}8}$$

c) Le moment d'ordre 2, m_2, est donné par la relation :

$$m_2 = E(X^2) = np\left(np + q\frac{N-n}{N-1}\right)$$

soit, en remplaçant les paramètres par leurs valeurs numériques :

$$m_2 = E(X^2) = (3 \times 0{,}6)\left\{(3 \times 0{,}6) + \left[(0{,}4) \times \frac{20-3}{20-1}\right]\right\}$$
$$= 1{,}8 \times \left[1{,}8 + \left(0{,}4 \times \frac{17}{19}\right)\right]$$

$$m_2 = 1{,}8 \times (1{,}8 + 0358) = 3{,}884 \ \boxed{m_2 = 3{,}884}$$

d) La variance $V(X)$ a pour valeur :

$$V(X) = npq\frac{N-n}{N-1} = (3 \times 0{,}6 \times 0{,}4) \times \frac{20-3}{20-1} = 0{,}72 \times \frac{17}{19} = 0{,}644$$
$$V(X) = 0{,}644$$

e) L'écart-type $\sigma(X)$ a pour valeur :

$$\sigma(X) = (0{,}644)^{1/2} = 0{,}8 \qquad \boxed{\sigma(X) = 0{,}8}$$

4) a) On se trouve maintenant dans la situation où n et p sont fixés et où N devient grand.

On peut alors approximer la loi hypergéométrique par la loi binomiale :

$$\mathcal{H}(200; 3; 0{,}6) \to \mathcal{B}(3; 0{,}6)$$

c'est-à-dire :

$$\boxed{\mathcal{B}(3; 0{,}6) = C_3^k(0{,}6)^k(0{,}4)^{3-k}}$$

b) Calculons les différentes valeurs de cette loi pour $0 \leq k \leq 3$, puisque $0 \leq k \leq n$:

$k = 0 \;\; Pr\{X = 0\} = C_3^0(0{,}6)^0(0{,}4)^3 = \frac{3!}{0!\,3!} \times 0{,}6^0 \times 0{,}4^3 = 0{,}064\ 00$

$k = 1 \;\; Pr\{X = 1\} = C_3^1(0{,}6)^1(0{,}4)^2 = \frac{3!}{1!\,(3-1)!} \times 0{,}6^1 \times 0{,}4^2 = 3 \times 0{,}6 \times 0{,}16 = 0{,}288\ 00$

$k = 2 \;\; Pr\{X = 2\} = C_3^2(0{,}6)^2(0{,}4)^1 = \frac{3!}{2!(3-2)!} \times 0{,}6^2 \times 0{,}^1 = 3 \times 0{,}36 \times 0{,}4 = 0{,}432\ 00$

$k = 3 \;\; Pr\{X = 3\} = C_3^3(0{,}6)^3(0{,}4)^0 = \frac{3!}{3!(3-3)!} \times 0{,}6^3 \times 0{,}4^0 = 1 \times 0{,}216 \times 1 = 0{,}216\ 00$

Portons dans un tableau ces valeurs et les valeurs obtenues pour $N = 200$ avec la loi hypergéométrique (pour lesquelles nous inscrivons directement les résultats) :

X = k	Pr {X=k} loi binomiale	Pr {X=k} loi hypergéométrique	Ecart $\mathcal{B}$ (n,p) - $\mathcal{H}$ (N,n,p)
0	0,064 00	0,062 56	+ 0,001 44
1	0,288 00	0,288 72	- 0,000 72
2	0,432 00	0,434 90	- 0,002 90
3	0,216 00	0,213 83	+ 0,002 17
Σ	1,000 00	1,000 00	

On constate que déjà avec $N = 200$, on obtient une excellente approximation.

c) Calculons maintenant la moyenne et la variance pour la loi binomiale $\mathcal{B}$ (3 ; 0,6) et pour la loi multinomiale $\mathcal{H}(200; 3; 0{,}6)$:

Valeur caractéristique \ Loi	$\mathcal{B}$ (3 ; 0,6)	$\mathcal{H}$(200 ; 3 ; 0,6)
E(X) =	np = 1,8	np = 1,8
V(X) =	npq = 0,720	$npq\,\frac{N-n}{N-1} = 0{,}713$

Les espérances mathématiques sont identiques.

Quant à la variance, celle de la loi hypergéométrique est proche de celle de la loi binomiale ($V(X) = 0{,}713$ avec $N = 200$, alors que $V(X) = 0{,}644$ avec $N = 20$, ce qui montre bien qu'elle tend vers la variance de la loi binomiale quand $N \to +\infty$.

Chapitre 5 : *VECTEURS ALÉATOIRES DISCRETS*

INTRODUCTION

I - CONSEILS PÉDAGOGIQUES

Nous venons d'étudier les variables aléatoires discrètes, qui sont une application de Ω dans R.

Nous allons maintenant élargir cette notion en étudiant les vecteurs aléatoires discrets qui sont des applications de Ω dans R^n. Une place importante sera tenue, au niveau des applications, par les couples de variables aléatoires, qui sont des applications de Ω dans R^2.

Une analogie pourra être notée avec les séries statistiques à deux variables, car nous allons retrouver des notions étudiées dans le chapitre 2 : lois marginales, lois conjointes, lois d'une somme et d'un produit, loi conditionnée, covariance...

Nous reviendrons sur la loi multinomiale, présentée dans le chapitre 4, puisqu'il s'agit de la loi d'un vecteur aléatoire.

Ce chapitre constitue donc une extension des notions présentées dans le chapitre 4.

II. PLAN DU CHAPITRE

Partie A :

VECTEURS ALÉATOIRES DISCRETS A 2 DIMENSIONS

I. Définition d'une variable aléatoire à 2 dimensions

II. Loi de probabilité d'un couple de variables aléatoires

1) Définition

2) Loi conjointe

3) Distribution de probabilités

4) Exemple

III. Lois marginales

1) Définition

2) Détermination des lois marginales

3) Loi marginale de X

4) Loi marginale de Y

IV. Lois conditionnelles

1) Loi conditionnelle de X

2) Loi conditionnelle de Y

3) Relations entre espérances mathématiques et variances, marginales et conditionnelles.

V. Fonctions de répartition

1) Fonction de répartition d'un couple de variables aléatoires

2) Fonctions de répartition des variables marginales

3) Fonctions de répartition des variables conditionnelles

VI. Indépendance de deux variables aléatoires

1) Définition

2) Propriétés découlant de la définition

VII. Fonction d'un couple de variables aléatoires discrètes

1) Définition

2) Domaine de définition

3) Loi de probabilité de la fonction d'un couple de variables aléatoires discrètes

4) Loi de la somme de deux variables aléatoires discrètes indépendantes

5) Loi du produit de deux variables aléatoires discrètes indépendantes

6) Liaison fonctionnelle

7) Loi conditionnée

VIII. Caractéristiques de tendance centrale d'un couple de variables aléatoires

1) Espérance mathématique

2) Moments simples (non centrés)

IX. Caractéristiques de dispersion d'un couple de variables aléatoires

1) Variance

2) Moments centrés

X. Caractéristiques de corrélation d'un couple de variables aléatoires

1) Introduction

2) Covariance d'un couple de variables aléatoires réelles

3) Coefficient de corrélation linéaire entre les variables aléatoires X et Y.

Partie B:

VECTEURS ALÉATOIRES DISCRETS A N DIMENSIONS

I. Définition d'une variable aléatoire à *n* dimensions

II. Loi de probabilité d'une variable aléatoire à *n* dimensions

1) Définition

2) Loi conjointe

3) Distribution de probabilités

III. Lois marginales

1) Définition

2) Espérances mathématiques et variances

IV. Lois conditionnelles

1) Définition

2) Espérances mathématiques et variances

V. Fonctions de répartition

1) Fonction de répartition d'un vecteur à n dimensions

2) Fonctions de répartition des variables marginales

3) Fonctions de répartition des variables conditionnelles

VI. Indépendance dans le cas d'une variable aléatoire à *n* dimensions

1) Indépendance totale

2) Indépendance partielle

VII. Fonction d'un vecteur aléatoire à *n* dimensions

1) Définition

2) Domaine de définition

3) Loi de probabilité de V

4) Loi de la somme de n variables aléatoires discrètes indépendantes

5) Loi du produit de n variables aléatoires discrètes indépendantes

6) Liaison fonctionnelle

7) Loi conditionnée

VIII. Caractéristiques de tendance centrale d'un vecteur aléatoire à *n* dimensions

1) Espérance mathématique

2) Moments simples (non centrés)

IX. Caractéristiques de dispersion d'un vecteur aléatoire à *n* dimensions

1) Variance

2) Moments centrés

X. Caractéristiques de corrélation d'un vecteur aléatoire à *n* dimensions

Partie C :

EXERCICES AUTOCORRECTIFS

Partie A :

VECTEURS ALÉATOIRES DISCRETS A 2 DIMENSIONS

I. Définition d'une variable aléatoire à 2 dimensions

1) Soit un espace probabilisable $(\Omega, \mathcal{A})$, où $\mathcal{A}$ constitue une σ-algèbre de parties de Ω (sous-ensemble non vide fermé de l'ensemble des parties de Ω, $\mathcal{P}(\Omega)$).

Les éléments de Ω sont désignés par ω_i.

Soit V une application de Ω dans R^2.

V associe à chaque élément ω_i de Ω un couple de nombres réels que l'on désignera par $\left(X(\omega_i), Y(\omega_i)\right) = V(\omega_i)$.

L'ensemble des $V(\omega_i) = \left(X(\omega_i), Y(\omega_i)\right)$ constitue l'univers-image de Ω par V, lequel est un sous-ensemble de R^2. (L'ensemble des valeurs possibles du couple (X, Y) est ainsi un ensemble fini ou infini dénombrable de points du plan).

2) Réciproquement, à tout sous-ensemble S^2 de R^2, on peut associer un événement appartenant à $\mathcal{P}(\Omega)$, mais non nécessairement à $\mathcal{A} \subset \mathcal{P}(\Omega)$, par l'application inverse V^{-1}[5].

Désignons par $V^{-1}(S^2)$ cet événement, partie de Ω, image-inverse d'un sous-ensemble de R^2.

3) L'application V est dite variable aléatoire à 2 dimensions ou couple de variables aléatoires réelles si, pour tout sous-ensemble S^2 de R^2, l'ensemble $V^{-1}(S^2)$ est élément de $\mathcal{A}$:

$$V^{-1}\,(S^2) \in \mathcal{A}$$

4) Tribu borélienne sur R^2

Rappelons que l'on appelle tribu borélienne sur R toute σ-algèbre engendrée par des intervalles ouverts de R.

Si l'on munit R de la tribu borélienne, on peut munir R^2 de la tribu-produit des tribus boréliennes, qui est alors la tribu borélienne de R^2.

On démontre, que V est une variable aléatoire, si et seulement si, pour tout élément B de la tribu borélienne $\mathcal{B}$ de R^2, $V^{-1}(B)$ est

[5] On fera une remarque analogue à celle qui a été faite lors de la définition d'une variable aléatoire, à savoir que V devrait être bijective.

élément de $\mathcal{A}$.

5) On se limitera au cas de vecteurs aléatoires discrets, c'est-à-dire que si l'on pose $V = (X, Y)$, X et Y étant chacun une variable aléatoire discrète, on dira que V est un vecteur aléatoire discret.

6) Exemple :

Soit l'épreuve consistant à jeter simultanément 2 dés X et Y.

On considère l'application V, qui à chaque lancer associe le couple $\left(X(\omega_i), Y(\omega_i)\right) = V(\omega_i)$, où $X(\omega_i)$ est le nombre apparaissant sur la face supérieure du 1er dé et $Y(\omega_i)$ est le nombre apparaissant sur la face supérieure du 2ème dé.

Ω comprend 36 éléments que l'on peut représenter de la manière suivante :

1er dé X \ 2ème dé Y	1	2	3	4	5	6
1	(1,1)	(1,2)	(1,3)	(1,4)	(1,5)	(1,6)
2	(2,1)	(2,2)	(2,3)	(2,4)	(2,5)	(2,6)
3	(3,1)	(3,2)	(3,3)	(3,4)	(3,5)	(3,6)
4	(4,1)	(4,2)	(4,3)	(4,4)	(4,5)	(4,6)
5	(5,1)	(5,2)	(5,3)	(5,4)	(5,5)	(5,6)
6	(6,1)	(6,2)	(6,3)	(6,4)	(6,5)	(6,6)

II. Loi de probabilité d'un couple de variables aléatoires

1) Définition

a) Soit un espace probabilisé $(\Omega, \mathcal{A}, p)$, un couple de variables aléatoires réel discret (d'ordre fini ou infini) $V = (X, Y)$, défini sur $(\Omega, \mathcal{A})$ et un espace probabilisable $(R^2, \mathcal{B})$ où $\mathcal{B}$ est une tribu borélienne sur R^2.

On appelle loi de probabilité de V, l'application p_v définie sur $(R, \mathcal{B})$ par :

$p_v\,(B) \; = \; p\,(V^{-1}(B))$ avec $B \in \mathcal{B}$

(p_v est donc une probabilité sur la tribu des boréliens de R^2).

<u>b)</u> La probabilité p_{ij} affectée au couple de valeurs (x_i, y_j) du couple de variables aléatoires $V = (X = x_i, Y = y_j)$ est ainsi, par définition, la probabilité affectée à l'événement $\omega_i \in \mathcal{A}$, correspondant à (x_i, y_j) :

$$p_{ij} = p(X = x_i, Y = y_j) = p_v(\{x_i, y_j\}) = p\left(V^{-1}(\{x_i, y_j\})\right)$$

<u>c)</u> Comme dans le cas d'une variable aléatoire, on écrit souvent

$Pr\{X = x_i, Y = y_j\}$ au lieu de $p\ (X = x_i, Y = y_j)$.

L'usage veut également que l'on note le plus souvent :

$$Pr\{X = x_i, Y = y_j\}$$

alors que l'on devrait noter en toute rigueur : $Pr\{X = x_i \ et \ Y = y_j\}$

<u>2) Loi conjointe</u>

La loi de probabilité du couple de variables aléatoires V est encore appelée loi conjointe des variables aléatoires X et Y.

<u>3) Distribution de probabilités</u>

Dans le cas d'un couple de variables aléatoires discrètes d'ordre fini, les événements ω_i sont en nombre fini, ainsi que leurs probabilités correspondantes $Pr\{X = x_i, Y = y_j\}$.

La donnée de tous les couples $(\omega_i, Pr\{X = x_i, Y = y_j\})$ constitue la distribution de probabilités du couple de variables aléatoires $V = (X, Y)$. Elle suffit pour déterminer la loi de probabilité du couple de variables aléatoires $V = (X, Y)$.

On représente habituellement la distribution de probabilités dans un tableau à double entrée :

X \ Y	0	1	2	...	...	n
0	$p_{0,0}$	$p_{0,1}$	$p_{0,2}$	...	...	$p_{0,n}$
1	$p_{1,0}$	$p_{1,1}$	$p_{1,2}$	...	...	$p_{1,n}$
2	$p_{2,0}$	$p_{2,1}$	$p_{2,2}$	...	...	$p_{2,n}$
...	...	...	...	...	...	...
...	...	...	...	...	...	...
m	$p_{m,0}$	$p_{m,1}$	$p_{m,2}$	...	...	$p_{m,n}$

4) Exemple

Reprenons l'exemple précédent.

Les tirages étant équiprobables, la loi conjointe de (X, Y) est la loi discrète uniforme sur $[1, 2, 3, 4, 5, 6]^2$.

La probabilité d'un événement quelconque est alors :

$$p_i = Pr\{\mathrm{X} = \mathrm{x_i}, \mathrm{Y} = \mathrm{y_j}\} = \frac{1}{36}$$

On présente les différentes probabilités dans un tableau à double entrée :

X \ Y	0	1	2	3	4	5	6
0	$\frac{1}{36}$	$\frac{1}{36}$	$\frac{1}{36}$	$\frac{1}{36}$	$\frac{1}{36}$	$\frac{1}{36}$	$\frac{1}{36}$
1	$\frac{1}{36}$	$\frac{1}{36}$	$\frac{1}{36}$	$\frac{1}{36}$	$\frac{1}{36}$	$\frac{1}{36}$	$\frac{1}{36}$
2	$\frac{1}{36}$	$\frac{1}{36}$	$\frac{1}{36}$	$\frac{1}{36}$	$\frac{1}{36}$	$\frac{1}{36}$	$\frac{1}{36}$
3	$\frac{1}{36}$	$\frac{1}{36}$	$\frac{1}{36}$	$\frac{1}{36}$	$\frac{1}{36}$	$\frac{1}{36}$	$\frac{1}{36}$
4	$\frac{1}{36}$	$\frac{1}{36}$	$\frac{1}{36}$	$\frac{1}{36}$	$\frac{1}{36}$	$\frac{1}{36}$	$\frac{1}{36}$
5	$\frac{1}{36}$	$\frac{1}{36}$	$\frac{1}{36}$	$\frac{1}{36}$	$\frac{1}{36}$	$\frac{1}{36}$	$\frac{1}{36}$
6	$\frac{1}{36}$	$\frac{1}{36}$	$\frac{1}{36}$	$\frac{1}{36}$	$\frac{1}{36}$	$\frac{1}{36}$	$\frac{1}{36}$

Chaque probabilité se trouve à l'intersection d'une ligne et d'une colonne. Par exemple $Pr\{X = 3, Y = 2\}$ se trouve à l'intersection de la $3^{\text{ème}}$ ligne et de la $2^{\text{ème}}$ colonne.

On vérifie bien sur cet exemple que $\sum_{i=1}^{6}\sum_{j=1}^{6} p_{ij} = 1$.

III. Lois marginales

1) Définition

On appelle lois marginales respectivement des variables aléatoires X et Y, les lois de probabilité respectives de X et de Y.

2) Détermination des lois marginales

a) On commence par présenter dans un tableau les probabilités qui représentent la loi conjointe du couple V = (X, Y). Ensuite,

- on totalise les probabilités p_{ij} suivant l'indice j (c'est-à-dire que cette totalisation se rapporte à la ligne i) et l'on obtient la probabilité $p_{i.}$ qui est relative à la variable marginale X ;
- de même, on totalise les probabilités p_{ij} suivant l'indice i (c'est-à-dire que cette totalisation se rapporte à la colonne j) et l'on obtient ainsi la probabilité $p_{.j}$ qui est relative à la variable marginale Y.

b) Cela revient à ajouter une colonne et une ligne au tableau :

									loi marginale de X
	X \ Y	0	1	2	...	j	...	n	Σ_j
	0	$p_{0,0}$	$p_{0,1}$	$p_{0,2}$	...	$p_{0,j}$	...	$p_{0,n}$	$p_{0,.}$
	1	$p_{1,0}$	$p_{1,1}$	$p_{1,2}$	...	$p_{1,j}$	...	$p_{1,n}$	$p_{1,.}$
	2	$p_{2,0}$	$p_{2,1}$	$p_{2,2}$	...	$p_{2,j}$	...	$p_{2,n}$	$p_{2,.}$
	...	...	...	...	...	...	...	...	...
	i	$p_{i,0}$	$p_{i,1}$	$p_{i,2}$	...	$p_{i,j}$	...	$p_{i,n}$	$p_{i,.}$
	...	...	...	...	...	...	...	...	...
	m	$p_{m,0}$	$p_{m,1}$	$p_{m,2}$	...	$p_{m,j}$	...	$p_{m,n}$	$p_{m.}$
loi marginale de Y	Σ_i	$p_{.,0}$	$p_{.,1}$	$p_{.,2}$	...	$p_{.,j}$	...	$p_{.,n}$	$p_{.,.}$

c) On vérifie que :

$$\boxed{\sum_i \sum_j p_{ij} = \sum_i p_{i.} = \sum_j p_{.j} = p_{..} = 1}$$

3) Loi marginale de X

a) Les éléments de la dernière colonne constituent la distribution de probabilité de la variable aléatoire marginale X.

b) Nous pouvons alors calculer l'espérance mathématique et la variance de cette variable aléatoire :

$$\boxed{E(X) = \sum_{i=1}^{m} p_{i.} x_i} \quad \text{et} \quad \boxed{V(X) = \sum_{i=1}^{m} p_{i.}\left(x_i - E(X)\right)^2}$$

4) Loi marginale de Y

a) De même, les éléments de la dernière ligne constituent la distribution de probabilité de la variable aléatoire marginale Y.

b) Nous pouvons également calculer l'espérance mathématique et la variance de cette variable aléatoire :

$$\boxed{E(Y) = \sum_{j=1}^{n} p_{.j} y_j} \quad \text{et} \quad \boxed{V(Y) = \sum_{j=1}^{n} p_{.j}\left(y_j - E(Y)\right)^2}$$

5) Exemple

a) Soit un couple de variables aléatoires V(X, Y) dont la loi de probabilité conjointe est présentée dans le tableau suivant :

X \ Y	0	1	2
0	$\frac{8}{60}$	$\frac{4}{60}$	$\frac{4}{60}$
1	$\frac{12}{60}$	$\frac{6}{60}$	$\frac{6}{60}$
2	$\frac{10}{60}$	$\frac{5}{60}$	$\frac{5}{60}$

On va déterminer les lois marginales des variables aléatoires X et Y, puis on va calculer, pour chacune de ces lois, son espérance mathématique et sa variance.

b) Pour déterminer les lois marginales des variables aléatoires X et Y, on totalise les probabilités p_{ij} suivant l'indice j et on obtient la probabilité $p_{i.}$ relative à la variable marginale X, puis on totalise les probabilités p_{ij} suivant l'indice i et on obtient la probabilité $p_{.j}$ relative à la variable marginale Y :

X \ Y	0	1	2	loi de X
0	$\frac{8}{60}$	$\frac{4}{60}$	$\frac{4}{60}$	$\frac{16}{60}$
1	$\frac{12}{60}$	$\frac{6}{60}$	$\frac{6}{60}$	$\frac{24}{60}$
2	$\frac{10}{60}$	$\frac{5}{60}$	$\frac{5}{60}$	$\frac{20}{60}$
loi de Y	$\frac{30}{60}$	$\frac{15}{60}$	$\frac{15}{60}$	1

c) Pour calculer l'espérance mathématique et la variance de la variable aléatoire X, nous allons présenter les calculs dans un tableau :

X	$p_{i.}$	$p_{i.}\,x_i$	$x_i - E(X)$	$[x_i - E(X)]^2$	$p_{i.}\,[x_i - E(X)]^2$
0	$\frac{16}{60}$	0	- 1, 07	1, 1378	0, 3034
1	$\frac{24}{60}$	$\frac{24}{60}$	- 0, 07	0, 0044	0, 0018
2	$\frac{20}{60}$	$\frac{40}{60}$	+ 0, 93	0, 8711	0, 2904
Σ	1	$\frac{64}{60}$			0, 5956

Il vient alors :

$$E(X) = \sum_{i=0}^{2} p_{i.}x_i = \frac{64}{60} = 1{,}07 \qquad \boxed{E(X) = 1{,}07}$$

$$V(X) = \sum_{i=0}^{2} p_{i.}[x_i - E(X)]^2 = 0{,}5956 = 0{,}60 \qquad \boxed{V(X) = 0{,}60}$$

Nous effectuons la même démarche pour calculer l'espérance mathématique et la variance de la variable aléatoire Y :

Y	$p_{.j}$	$p_{.j}\,y_j$	y_j - E(Y)	$[y_j - E(Y)]^2$	$p_{.j}\,[y_j - E(Y)]^2$
0	$\frac{30}{60}$	0	- 0, 75	0, 5625	0, 281 25
1	$\frac{15}{60}$	$\frac{15}{60}$	+ 0, 25	0, 0625	0, 015 63
2	$\frac{15}{60}$	$\frac{30}{60}$	+ 1, 25	1, 5625	0, 390 63
Σ	1	$\frac{45}{60}$			0, 687 50

Il vient alors :

$E(Y) = \sum_{j=0}^{2} p_{.j} y_j = \frac{45}{60} = 0{,}75$ $\boxed{E(Y) = 0{,}75}$

$V(Y) = \sum_{j=0}^{2} p_{.j} \left[y_j - E(Y)\right]^2 = 0{,}6875 = 0{,}69$ $\boxed{V(Y) = 0{,}69}$

IV. Lois conditionnelles

1) Loi conditionnelle de *X*

a) Considérons, par exemple, la j-ième colonne du tableau. Elle contient les éléments permettant de déterminer la distribution de probabilité de la variable conditionnelle $(X/Y = y_j)$.

Par application de l'axiome des probabilités composées, la probabilité p_i^j de la variable conditionnelle X liée par $Y = y_j$ est (en supposant que $p_{.j} \neq 0$) :

$$\boxed{p_i^j = Pr\{X = x_i/Y = y_j\} = \frac{Pr\{(X = x_i) \cap (Y = y_j)\}}{Pr\{Y = y_j\}} = \frac{p_{ij}}{p_{.j}}}$$

Les différentes valeurs calculées peuvent être présentées dans un tableau :

$X/Y=y_j$	p_i^j
x_1	$\frac{p_{1j}}{p_{.j}}$
x_2	$\frac{p_{2j}}{p_{.j}}$
⋮	⋮
x_i	$\frac{p_{ij}}{p_{.j}}$
⋮	⋮
x_m	$\frac{p_{mj}}{p_{.j}}$
Σ	1

<u>b)</u> Il est alors possible de calculer l'espérance mathématique $E(X/Y=y_j)$ et la variance $V(X/Y=y_j)$ de cette variable aléatoire :

$$\boxed{E(X/Y=y_j)=\frac{1}{p_{.j}}\sum_{i=1}^{m}p_{ij}x_i=\sum_{i=1}^{m}p_i^j x_i}$$

et

$$\boxed{V(X/Y=y_j)=\frac{1}{p_{.j}}\sum_{i=1}^{m}p_{ij}\big(x_i-E(X/Y=y_j)\big)^2}$$

$$\boxed{V(X/Y=y_j)=\sum_{i=1}^{m}p_i^j\big(x_i-E(X/Y=y_j)\big)^2}$$

<u>2) Loi conditionnelle de Y</u>

<u>a)</u> Considérons, maintenant, la i-ème ligne du tableau. Elle contient les éléments permettant de déterminer la distribution de probabilités de la variable conditionnelle $(Y/X=x_i)$:

Par application de l'axiome des probabilités composées, la probabilité p_j^i de la variable conditionnelle Y liée par $X=x_i$ est (en supposant que $p_{i.}\neq 0$) :

$$p_j^i = Pr\{Y = y_j / X = x_i\} = \frac{Pr\{(Y = y_j) \cap (X = x_i)\}}{Pr\{X = x_i\}} = \frac{p_{ij}}{p_{i.}}$$

Les différentes valeurs calculées peuvent être présentées dans un tableau :

$Y / X = x_i$	p_j^i
y_1	$\frac{p_{i1}}{p_{i.}}$
y_2	$\frac{p_{i2}}{p_{i.}}$
⋮	⋮
y_j	$\frac{p_{ij}}{p_{i.}}$
⋮	⋮
y_n	$\frac{p_{in}}{p_{i.}}$
Σ	1

b) Il est alors possible de calculer l'espérance mathématique $E(Y/X = x_i)$ et la variance $V(Y/X = x_i)$ de cette variable aléatoire :

$$E(Y/X = x_i) = \frac{1}{p_{i.}} \sum_{j=1}^{n} p_{ij} y_j = \sum_{j=1}^{n} p_i^j y_j$$

et

$$V(Y/X = x_i) = \frac{1}{p_{i.}} \sum_{j=1}^{n} p_{ij} \left(y_j - E(Y/X = x_i)\right)^2$$

$$V(Y/X = x_i) = \sum_{j=1}^{n} p_j^i \left(y_j - E(Y/X = x_i)\right)^2$$

3) Relations entre espérances mathématiques et variances, marginales et conditionnelles

On retrouve, comme en statistique (cf. chapitre 2, partie A, section I, paragraphe 5), d'une part une relation entre espérances mathématiques marginales et espérances mathématiques conditionnelles, d'autre part entre variances marginales et variances conditionnelles.

a) Espérances mathématiques marginales et espérances mathématiques conditionnelles

Les espérances mathématiques marginales peuvent être exprimées en fonction des espérances mathématiques conditionnelles par les relations suivantes :

$$\boxed{E(X) = \sum_{j=1}^{n} p_{.j}\, E(X/Y = y_j)} \quad \text{et} \quad \boxed{E(Y) = \sum_{i=1}^{m} p_{i.}\, E(Y/X = x_i)}$$

c'est-à-dire que les espérances mathématiques marginales sont égales aux espérances mathématiques des espérances conditionnelles pondérées par les probabilités marginales de la variable de liaison.

b) Variances marginales et variances conditionnelles

De même, il est possible d'exprimer les variances marginales en fonction des variances conditionnelles :

$$\boxed{V(X) = \sum_{j=1}^{n} p_{.j}\, V(X / Y = y_j) + \sum_{j=1}^{n} p_{.j}[E(X / Y = y_j) - E(X)]^2}$$

et

$$\boxed{V(Y) = \sum_{i=1}^{m} p_{i.}\, V(Y/X = x_i) + \sum_{i=1}^{m} p_{i.}[E(Y/X = x_i) - E(Y)]^2}$$

c'est-à-dire que les variances marginales sont égales à la somme de l'espérance mathématique des variances conditionnelles et de la variance des espérances mathématiques conditionnelles.

4) Exemple

a) Nous reprenons les données de l'exemple présenté à la fin de l'étude des lois marginales : soit un couple de variables aléatoires dont la loi de probabilité conjointe est la suivante :

X \ Y	0	1	2
0	$\frac{8}{60}$	$\frac{4}{60}$	$\frac{4}{60}$
1	$\frac{12}{60}$	$\frac{6}{60}$	$\frac{6}{60}$
2	$\frac{10}{60}$	$\frac{5}{60}$	$\frac{5}{60}$

Nous allons préciser les distributions conditionnelles, puis calculer, pour chacune de ces distributions, son espérance mathématique.

b) Les distributions conditionnelles du couple de variables aléatoires V = (X, Y) sont :

$$X/Y = 0,\ X/Y = 1 \text{ et } X/Y = 2 \text{ d'une part}$$

$$Y/X = 0,\ Y/X = 1 \text{ et } Y/X = 2 \text{ d'autre part}$$

Leurs espérances mathématiques sont données par les relations :

$$E(X\ /\ Y = y_j) = \sum_{i=1}^{m} \frac{p_{ij}}{p_{.j}} x_i = \sum_{i=1}^{m} p_i^j x_i$$

et

$$E(Y\ /\ X = x_i) = \sum_{j=1}^{n} \frac{p_{ij}}{p_{i.}} y_j = \sum_{j=1}^{n} p_j^i y_j$$

Nous allons calculer d'abord $E(X/Y = y_j)$.

Nous présentons les calculs dans le tableau suivant en y faisant figurer les probabilités $p_i^j = \frac{p_{ij}}{p_{.j}}$:

	E (X/Y = 0)		E (X/Y = 1)		E(X/Y = 2)	
x_i	p_i^0	$p_i^0\ x_i$	p_i^1	$p_i^1\ x_i$	p_i^2	$p_i^2\ x_i$
0	$\frac{8}{30}$	0	$\frac{4}{15}$	0	$\frac{4}{15}$	0
1	$\frac{12}{30}$	$\frac{12}{30}$	$\frac{6}{15}$	$\frac{6}{15}$	$\frac{6}{15}$	$\frac{6}{15}$
2	$\frac{10}{30}$	$\frac{20}{30}$	$\frac{5}{15}$	$\frac{10}{15}$	$\frac{5}{15}$	$\frac{10}{15}$
Σ	1	$\frac{32}{30}$	1	$\frac{16}{15}$	1	$\frac{16}{15}$

Le calcul préalable des $p_{.j}$ donne, rappelons-le :

Y	0	1	2
$p_{.j}$	$\frac{30}{60}$	$\frac{15}{60}$	$\frac{15}{60}$

D'où les résultats cherchés :

$$E(X\,/\,Y = 0) = \frac{32}{30} = 1{,}07 \qquad E(X/Y = 1) = \frac{16}{15} = 1{,}07$$

$$E(X/Y = 2) = \frac{16}{15} = 1{,}07$$

Nous calculons maintenant $E\,(Y/X = x_i)$. Pour ce faire, nous faisons figurer dans le tableau de calcul les probabilités $p_j^i = \frac{p_{ij}}{p_{i.}}$:

Rappelons au préalable la valeur des $p_{i.}$:

Y	0	1	2
$p_{i.}$	$\frac{16}{60}$	$\frac{24}{60}$	$\frac{20}{60}$

Il vient alors :

	E (Y/X = 0)		E (Y/X = 1)		E (Y/X = 2)	
y_j	p_j^0	$p_j^0\, y_j$	p_j^1	$p_j^1\, y_j$	p_j^2	$p_j^2\, y_j$
0	$\frac{8}{16}$	0	$\frac{12}{24}$	0	$\frac{10}{20}$	0
1	$\frac{4}{16}$	$\frac{4}{16}$	$\frac{6}{24}$	$\frac{6}{24}$	$\frac{5}{20}$	$\frac{5}{20}$
2	$\frac{4}{16}$	$\frac{8}{16}$	$\frac{6}{24}$	$\frac{12}{24}$	$\frac{5}{20}$	$\frac{10}{20}$
Σ	1	$\frac{12}{16}$	1	$\frac{18}{24}$	1	$\frac{15}{20}$

D'où les résultats cherchés :

$$E(Y/X = 0) = \frac{12}{16} = 0{,}75 \qquad E(Y/X = 1) = \frac{18}{24} = 0{,}75$$

$$E(Y/X = 2) = \frac{15}{20} = 0{,}758$$

V. Fonctions de répartition

1) Fonction de répartition d'un couple de variables aléatoires

a) Définition

Soient un univers probabilisé $((\Omega, \mathcal{A}, p)$ et un couple de variables aléatoires $V = (X, Y)$ défini sur $(\Omega, \mathcal{A})$.

Par définition, la fonction de répartition d'un couple de variables aléatoires $V = (X, Y)$ est l'application F définie sur R par :

$$\boxed{F(x, y) = Pr\{X \leq x, Y \leq y\} = \sum_{x_i<x} \sum_{y_j<y} Pr\{X = x_i, Y = y_j\}}$$

avec $(X \leq x) \in \mathcal{A}$ et $(Y \leq y) \in \mathcal{A}$.

b) Propriétés

Les propriétés de cette fonction sont celles qui ont été étudiées dans le cas d'une variable aléatoire discrète.

c) Exemple

Reprenons les données de l'exemple étudié en I-6) et II-4). Déterminons $F(2, 3)$.

$$F(2,3) = Pr\{X \leq 2, Y \leq 3\} = \sum_{x_i<2} \sum_{y_j<3} Pr\{X = 2, Y = 3\}$$

$$F(2,3) = \Pr\{X = 1, Y = 1\} + \Pr\{X = 1, Y = 2\} + \Pr\{X = 1, Y = 3\} + Pr\{X = 2, Y = 1\} + Pr\{X = 2, Y = 2\} + Pr(X = 2, Y = 3\}$$

$$F(2,3) = \frac{1}{36} \times 6 = \frac{6}{36} = \frac{1}{6}$$

Donc :

$$\boxed{F(2,3) = Pr\{X \leq 2, Y \leq 3\} = \frac{1}{6}}$$

2) Fonctions de répartitions des variables marginales

a) Fonction de répartition de la variable marginale *X*

Par définition, la fonction de répartition de la variable marginale X, que l'on désignera par $F(x.)$ est égale à :

$$\boxed{F(x.) = Pr\,\{X \leq x\}}$$

b) Fonction de répartition de la variable marginale Y

Par définition, la fonction de répartition de la variable marginale Y, que l'on désignera par $F(.y)$ est égale à :

$$F(.y) = Pr\{Y \leq y\}$$

c) Propriétés

Les propriétés de ces fonctions de répartition sont celles qui ont été étudiées dans le cas d'une variable aléatoire discrète.

3) Fonctions de répartition des variables conditionnelles

a) Fonction de répartition de la variable conditionnelle $Y / X = x_i$

On définira également la fonction de répartition de la variable conditionnelle $Y / X = x_i$ que l'on notera $F(y/X = x_i)$ par :

$$\boxed{F(y / X = x_i) = Pr\{Y \leq y / X \leq x_i\}}$$

b) Fonction de répartition de la variable conditionnelle $X / Y = y_j$

La fonction de répartition de la variable conditionnelle $X/Y = y_j$, que l'on notera $F(x/Y = y_j)$ est, par définition :

$$\boxed{F\left(x / Y = y_j\right) = Pr\left\{X \leq x / Y \leq y_j\right\}}$$

c) Propriétés

Les propriétés de ces fonctions de répartition sont également celles qui ont été étudiées dans le cas d'une variable aléatoire discrète.

VI. Indépendance de 2 variables aléatoires

1) Définition

Soient 2 variables aléatoires X et Y.

Ces 2 variables sont dites indépendantes, si pour tout couple (i, j), la relation suivante est vérifiée :

$$\boxed{p_{ij} = p_{i.} \times p_{.j}}$$

ce qui signifie que les événements $(X = x_i)$ et $(Y = y_j)$ sont indépendants en probabilité.

2) Propriétés découlant de la définition

a) Du fait de l'indépendance :

– les distributions marginales $(X/Y = y_j)$ sont identiques à la distribution marginale X : cela signifie que les colonnes du tableau à double entrée sont proportionnelles entre elles et proportionnelles à la colonne marginale.

- les distributions marginales $(Y/X = x_i)$ sont identiques à la distribution marginale Y : cela signifie que les lignes du tableau à double entrée sont proportionnelles entre elles et proportionnelles à la ligne marginale.

De ce fait, l'indépendance est une propriété réciproque.

b) Si les variables X et Y sont indépendantes, on a :

$$\boxed{Pr\{X = x_i, Y = y_j\} = Pr\{X = x_i\} \times Pr\{Y = y_j\}}$$

c'est-à-dire que la probabilité de la réalisation simultanée de 2 événements indépendants est égale au produit des probabilités de chacun de ces événements.

c) Déduction de la loi conjointe à partir des lois marginales

Soient deux variables aléatoires X et Y indépendantes.

Dans ce cas il est possible de déduire la loi conjointe à partir des lois marginales : pour trouver la probabilité située à l'intersection de la ligne i et de la colonne j, on fait le produit :

$$\boxed{p_{i.} \times p_{.j} = p_{ij}}$$

Cette relation constitue une condition nécessaire et suffisante d'indépendance.

d) Exemple

Reprenons l'exemple sur lequel nous avons déjà travaillé.

Soit un couple de variables aléatoires $V = (X, Y)$, dont la loi de probabilité conjointe est présentée dans le tableau suivant :

X \ Y	0	1	2
0	$\frac{8}{60}$	$\frac{4}{60}$	$\frac{4}{60}$
1	$\frac{12}{60}$	$\frac{6}{60}$	$\frac{6}{60}$
2	$\frac{10}{60}$	$\frac{5}{60}$	$\frac{5}{60}$

Montrer que les 2 variables aléatoires X et Y sont indépendantes.

a) Si les 2 variables aléatoires X et Y sont indépendantes on vérifie :

- d'une part que les colonnes du tableau sont proportionnelles entre elles et proportionnelles à la colonne marginale.
- d'autre part que les lignes du tableau sont proportionnelles entre elles et proportionnelles à la ligne marginale.

On constate que ces propriétés sont bien vérifiées ; il en résulte que les variables aléatoires X et Y sont bien indépendantes entre elles.

b) Du fait de l'indépendance :

$$Pr\,\{X = x_i, Y = y_j\} \;=\; Pr\,\{X = x_i\} \times Pr\,\{Y = y_j\}$$

Vérifions-le, par exemple, pour $X = 1$ et $Y = 2$:

$$Pr\{X = 1, Y = 2\} = \frac{6}{60} = \frac{1}{10}$$

$$Pr\{X = 1\} \times Pr\{Y = 2\} = \frac{24}{60} \times \frac{15}{60} = \frac{360}{3600} = \frac{6}{60} = \frac{1}{10}$$

Donc :

$$Pr\,\{X = 1, Y = 2\} = Pr\,\{X = 1\} \times Pr\,\{Y = 2\}$$

VII. Fonction d'un couple de variables aléatoires discrètes

1) Définition

Soit un espace probabilisable $(\Omega, \mathcal{A})$ où $\mathcal{A}$ constitue une σ-algèbre de parties de Ω, et un couple de variables aléatoires discret $V = (X, Y)$ (à valeurs finies ou infinies), application de Ω dans R^2.

Soit une fonction φ.

Par définition, on dira que la variable aléatoire W :

$$W =< \varphi(V) = \varphi(X, Y)$$

est la transformée du couple de variables aléatoires V par la fonction φ.

W est également une variable aléatoire discrète. W est une variable aléatoire unidimensionnelle.

2) Domaine de définition

L'ensemble de définition du couple de variables aléatoires V est un domaine de R^2.

L'ensemble de définition de la variable aléatoire unidimensionnelle $W = \varphi(V)$ est l'image par φ de l'ensemble de définition de la variable aléatoire V ; c'est un domaine de R.

3) Loi de probabilité de la fonction d'un couple de variables aléatoires discrètes.

a) Par un raisonnement analogue à celui qui a été mené pour une fonction d'une variable aléatoire discrète, on démontre que :

$$\boxed{Pr\{W = w\} = \sum_{v \in \Omega_W} Pr\{V = v\}}$$

b) Nous limiterons ici notre étude :

- à la loi de la somme de 2 variables aléatoires discrètes ;
- à la loi du produit de 2 variables aléatoires discrètes.

4) Loi de la somme de 2 variables aléatoires discrètes indépendantes.

a) Définition

Soit un espace probabilisé $(\Omega, \mathcal{A}, p)$ et soient deux variables aléatoires réelles discrètes indépendantes définies sur cet ensemble, X et Y.

La probabilité de la somme des variables aléatoires X et Y est déterminée par :

$$\boxed{Pr\,\{X + Y = k\} = \Sigma\, Pr\,\{X = x_i\}\, Pr\{Y = y_j\}}$$

la sommation étant prise sur les x_i et les y_j, telle que $x_i + y_j = k$.

b) Exemple

Reprenons les données de l'exemple étudié précédemment :

X \ Y	0	1	2
0	$\frac{8}{60}$	$\frac{4}{60}$	$\frac{4}{60}$
1	$\frac{12}{60}$	$\frac{6}{60}$	$\frac{6}{60}$
2	$\frac{10}{60}$	$\frac{5}{60}$	$\frac{5}{60}$

Calculons successivement les probabilités :

$Pr\{X+Y=0\}$, $Pr\{X+Y=1\}$, $Pr\{X+Y=2\}$, $Pr\{X+Y=3\}$ et $Pr\{X+Y=4\}$.

Il vient :

$$Pr\{X+Y=0\} = Pr\{X=0\}.Pr\{Y=0\} = \frac{8}{60}$$

$$Pr\{X+Y=1\} = Pr\{X=0\}.Pr\{Y=1\} + Pr\{X=1\}.Pr\{Y=0\}$$
$$= \frac{4}{60} + \frac{12}{60} = \frac{16}{60}$$

$$Pr\{X+Y=2\}$$
$$= [Pr\{X=0\}.Pr\{Y=2\}] + [Pr\{X=1\}.Pr\{Y=1\}]$$
$$+ [Pr\{X=2\}.Pr\{Y=0\}] = \frac{4}{60} + \frac{6}{60} + \frac{10}{60} = \frac{20}{60}$$

$$Pr\{X+Y=3\} = [Pr\{X=1\}.Pr\{Y=2\} + [Pr\{X=2\}.Pr\{Y=1\}]$$
$$= \frac{6}{60} + \frac{5}{60} = \frac{11}{60}$$

$$Pr\{X+Y=4\} = Pr\{X=2\}.Pr\{Y=2\} = \frac{5}{60}$$

On remarque que les probabilités cherchées constituent un système complet d'événements :

$$\sum_{k=0}^{4} Pr\{X+Y=k\} = 1$$

5) Loi du produit de deux variables aléatoires discrètes indépendantes

a) Définition

Soit un espace probabilisé $(\Omega, \mathcal{A}, p)$ et soient deux variables aléatoires réelles discrètes indépendantes définies sur cet ensemble, X et Y.

La probabilité du produit des variables aléatoires X et Y est déterminée par :

$$\boxed{Pr\,\{X.Y = k\} = \Sigma\, Pr\,\{X = x_i\}\, Pr\{Y = y_j\}}$$

la sommation étant prise sur les x_i, et les y_j telle que $x_i\, y_j = k$.

b) Exemple

Reprenons les données de l'exemple précédent, et calculons successivement :

$$Pr\,(XY) = 0, Pr\,\{XY = 1\}, Pr\,\{XY = 2\} \text{ et } Pr\{XY = 4\}$$

Il vient :

$$Pr\,\{XY = 0\} = PrX\{= 0\}\,.\,Pr\{Y = 0\} + Pr\{X = 0\}.\,Pr(Y = 1\} + Pr\{X = 0\}.\,Pr\{Y = 2\}$$

$$+ Pr\{X = 1\}.\,Pr\,\{Y = 0\} + Pr\,\{X = 2\}\,.\,Pr\,\{Y = 0\}$$

$$= \frac{8}{60} + \frac{4}{60} + \frac{4}{60} + \frac{12}{60} + \frac{10}{60} = \frac{38}{60}$$

$$Pr\,\{XY = 1\} = Pr\{X = 1\}.\,Pr\{Y = 1\} = \frac{6}{60}$$

$$Pr\{XY = 2) = [Pr\{X = 1\}.\,Pr\{Y = 2)] + [Pr\{X = 2\}.\,Pr\{Y = 1\}]$$

$$= \frac{6}{60} + \frac{5}{60} = \frac{11}{60}$$

$$Pr\,\{XY = 4\} = Pr\,\{X = 2\}.\,Pr\,\{Y = 2\} = \frac{5}{60}$$

On remarque que les probabilités cherchées constituent également un système complet d'événements :

$$\sum_{k=0}^{2} Pr\{XY = k\} + Pr\{XY = 4\} = 1$$

6) Liaison fonctionnelle

Soit un espace probabilisé $(\Omega, \mathcal{A}, p)$ et soient deux variables aléatoires réelles discrètes X et Y définies sur cet ensemble.

a) Par définition, la variable aléatoire Y est liée fonctionnellement à la variable aléatoire X, si les variables aléatoires $Y/X = x_i$ sont des variables certaines.

Il vient alors :

$$Y / X = x_i = \mathcal{C}[\varphi(x_i)]$$

et

$$\boxed{Pr\{Y = \varphi(x_i), X = x_i\} = Pr\{X = x_i\} = p_{i.}}$$

b) On peut aussi définir une liaison fonctionnelle entre les variables aléatoires X et Y : X est liée fonctionnellement à Y si les variables aléatoires $X/Y = y_j$ sont des variables certaines.

Il vient alors :

$$X / Y = y_j = \mathcal{C}[\psi(y_j)]$$

et

$$\boxed{Pr\{X = \psi(y_j), Y = y_j\} = Pr\{Y = y_j\} = p_{.j}}$$

c) Dans le cas où les variables X et Y sont en correspondance biunivoque, on dit que la liaison entre ces variables est réciproque.

7) Loi conditionnée

Soient un espace probabilisé $(\Omega, \mathcal{A}, p)$, une variable aléatoire X réelle, discrète, définie sur cet ensemble et un événement $A \in \mathcal{A}$ (avec $Pr\,\{A\} \neq 0$).

Par définition, on appelle loi de probabilité de X conditionnée par A la loi de probabilité définie par :

$$\boxed{Pr\{X = x \,/\, A\} = \frac{Pr\{(X = x) \cap A\}}{Pr\{A\}}}$$

VIII. Caractéristiques de tendance centrale d'un couple de variables aléatoires

1) Espérance mathématique

a) $E\,[\varphi\,(X, Y)]$

Soit V une variable aléatoire à 2 dimensions dont les composantes sont X et Y, et soit φ une fonction qui associe à tout point $v = (x, y)$ un point w :

$$W = \varphi\,(x, y)$$

On démontre que l'espérance mathématique $E[\varphi(X,Y)]$ est donnée par la relation :

$$\boxed{E[\varphi(X,Y)] = \sum_{x} \sum_{y} [\varphi(x,y)\ Pr\{X = x\}.Pr\{Y = y/X = x\}]}$$

b) E(X + Y)

On démontre (voir ci-après) que :

$$\boxed{E(X+Y) = E(X) + E(Y)} \quad \forall X \text{ et } \forall Y$$

c) $E(XY)$

On démontre que :

$\boxed{(XY) = E(X).E(Y)}$ si les variables X et Y sont indépendantes ;

$\boxed{E(XY) = E(X).E(Y) + Cov\ (X,Y)}$ si les variables X et Y ne sont pas indépendantes.

(L'étude de $Cov\ (X,Y)$ est faite ci-après).

d) Linéarité de l'opérateur espérance mathématique

α) Les propriétés de linéarité de l'opérateur espérance mathématique $E(X)$ ont déjà été exposées dans le chapitre 4 (section IV, paragraphe 4).

β) Démontrons ici, que l'espérance mathématique de la somme de deux variables aléatoires est égale à la somme des espérances mathématiques de chacune des variables :

$$E(X+Y) = \sum_{i} \sum_{j} \left(p_{ij}(x_i + y_j)\right) = \sum_{i} \sum_{j} (p_{ij}x_i + p_{ij}y_j)$$

$$E(X+Y) = \sum_{i} p_{i.}x_i + \sum_{j} p_{.j}y_j = E(X) + E(Y)$$

Donc :

$$\boxed{E(X+Y) = E(X) + E(Y)}$$

2) Moments simples (non centrés)

a) La notion de moments s'étend aux variables à plusieurs dimensions, et en particulier aux variables à 2 dimensions.

b) Par définition le moment simple d'ordre respectivement r et s est (en supposant que l'espérance mathématique existe) :

$$\boxed{m_{rs} = E(X^r Y^s)}$$

c) On obtient les moments simples marginaux, en faisant $r = 0$ ou $s = 0$:

$$m_{r0} = E(X^r Y^0) = E(X^r) = m_r(X) \qquad \boxed{m_{r0} = m_r(X)}$$

et

$$m_{0s} = E(X^0 Y^s) = E(Y^s) = m_s(Y) \boxed{m_{0s} = m_s(Y)}$$

IX. Caractéristiques de dispersion d'un couple de variables aléatoires

1) Variance

a) Définition

La variance $V(X,Y)$ d'un couple de variables aléatoires X et Y est par définition égale à :

$$\boxed{V(X,Y) = E\,\{[X - E(X))]^2\,[Y - E(Y)]^2\}}$$

Cette définition suppose que $E(X)$ et $E(Y)$ existent.

b) $V(X+Y)$

cf. chapitre 4, partie B, section V, § 3.

c) $V(X-Y)$

cf. chapitre 4, partie B, section V, § 3.

2) Moments centrés

a) Par définition, le moment centré d'ordre respectivement r et s, μ_{rs}, est (en supposant toujours que les espérances mathématiques existent) :

$$\boxed{\mu_{rs} = E\,\{[X - E(X))]^r\,[Y - E(Y)]^s\}}$$

b) On obtient les moments centrés marginaux, en faisant $r = 0$ ou $s = 0$:

$$\mu_{r0} = E\,\{[X - E(X))]^r\,[Y - E(Y)]^0\} = E\{[X - E(X)]^r\} = \mu_r(X)$$

et

$$\mu_{0s} = E\,\{[X - E(X))]^0\,[Y - E(Y)]^s\} = E\{[Y - E(Y)]^s\} = \mu_s(Y)$$

Donc :

$$\boxed{\mu_{r0} = \mu_r(X)} \qquad \text{et} \qquad \boxed{\mu_{0s} = \mu_s(Y)}$$

c) Dans le cas particulier du moment centré d'ordre 2, 2, on retrouve bien les variances marginales si $r = 0$ ou si $s = 0$:

- si $r = 0$ $\qquad V(X,Y) = V(Y)$
- si $s = 0$ $\qquad V(X,Y) = V(X)$

X. Caractéristiques de corrélation d'un couple de variables aléatoires

1) Introduction

Ainsi que nous l'avons fait avec deux séries statistiques en statistique descriptive, nous allons étudier ici le degré de cohérence existant entre les valeurs possibles de deux variables aléatoires X et Y.

Pour ce faire, nous allons étudier successivement la covariance et la corrélation linéaire.

2) Covariance d'un couple de variables aléatoires réelles

a) Définition

Soient 2 variables aléatoires réelles discrètes X et Y, et $E(X)$ et $E(Y)$ leurs espérances mathématiques respectives.

Par définition, on appelle covariance du couple (X,Y), que l'on note $Cov\,(X,Y)$, le moment centré d'ordre 1 et 1 :

$$\boxed{Cov\,(X,Y) = \mu_{11} = E\,\{[X - E(X)]\,[Y - E(Y)]\}}$$

La covariance du couple (X,Y) étant une grandeur liée à ce couple, il faut en connaître la loi conjointe pour pouvoir la déterminer.

b) Généralisation du théorème de König

α) Développons la relation de définition de $Cov\,(X,Y)$:

$$Cov\,(X,Y) = E\,\{[X - E(X)]\,[Y - E(Y)]\}$$
$$= E\,\{XY - X\,E(Y) - Y\,E(X) + E(X)\,E(Y)\}$$

en utilisant les propriétés de linéarité de l'opérateur E.

Il vient alors :

$$Cov\,(X,Y) = E(XY) - E(X)\,E(Y) - E(Y)\,E(X) + E(X)\,E(Y)$$

soit :

$$\boxed{Cov\,(X,Y) = E(XY) - E(X)\,E(Y)}$$

Ainsi la covariance du couple de variables aléatoires (X,Y) est égale à la différence entre l'espérance mathématiques $E(X,Y)$ du produit des variables aléatoires X et Y et le produit des espérances mathématiques de ces variables aléatoires $E(X)\,E(Y)$.

ß) Cette relation permet également d'exprimer dans le cas général que :

$$\boxed{E(X,Y) \;=\; E(X)\,E(Y) + Cov\,(X,Y)}$$

c) Symétrie de la covariance

La covariance d'un couple de variables aléatoires (X,Y) est une relation symétrique :

$$\boxed{Cov\,(X,Y) = Cov\,(Y,X)}$$

En effet :

$$Cov\,(Y,X) = E\,\{[Y - E\,(Y)]\,[X - E(X)]\}$$
$$=\; E\,\{YX - XE(Y) - YE(X) + E(Y)\,E(X)\}$$
$$=\; E(YX) - E(X)\,E\,(Y) - E(Y)\,E(X) + E(Y)\,E(X)$$
$$=\; E(YX) - E(X)\,E(Y) = E(XY) - E(X)\,E(Y) = \mu_{11}$$

d) Cov $(X,Y) = 0$

Lorsque la covariance du couple (X,Y) est nulle :

$$Cov\,(X,Y) = 0$$

on dit, par définition, que les variables aléatoires X et Y sont sans corrélation linéaire (cf. § 3 ci-dessous).

e) Covariance de 2 variables X et Y indépendantes

α) Lorsque les 2 variables aléatoires X et Y sont indépendantes, la covariance du couple (X, Y) est nulle.

β) Mais Cov (X, Y) = 0 est une condition nécessaire mais non suffisante d'indépendance entre les deux variables aléatoires X et Y. La réciproque n'est donc pas vraie.

γ) Lorsque 2 variables aléatoires X et Y sont indépendantes, les moments simples d'ordre r et s et les moments centrés d'ordre r et s sont égaux au produit des moments marginaux correspondants :

$$\boxed{m_{rs} = m_r(X).m_s(Y)} \quad \text{et} \quad \boxed{\mu_{rs} = \mu_r(X).\mu_s(Y)}$$

δ) On démontre que les relations :

$$\boxed{m_{rs} = m_{r0}.m_{0s}} \quad \text{ou} \quad \boxed{\mu_{rs} = \mu_{r0}.\mu_{0s}}$$

constituent une condition nécessaire et suffisante pour que les variables aléatoires X et Y soient indépendantes.

ε) $E(XY) = E(X)\,E(Y)$

Si les variables X et Y sont indépendantes :

$$Cov\,(X,Y) = 0 \Leftrightarrow E(XY) - E(X)\,E(Y) = 0 \Leftrightarrow \boxed{E(XY) = E(X)\,E(Y)}$$

f) Autres propriétés

α) $Cov\,(X,X)$

$$Cov\,(X,X) = E(XX) - E(X)\,E(X) = E(X^2) - [E(X)]^2 = V(X)$$

Donc :

$$\boxed{Cov\,(X,X) = V(X) \geq 0}$$

β) $Cov\,(Y,Y)$

De même :

$$Cov\,(Y,Y) = E(YY) - E(Y)\,E(Y) = E(Y^2) - [E(Y)]^2 = V(Y)$$

Donc :

$$\boxed{Cov\,(Y,Y) = V(Y) \geq 0}$$

γ) $Cov\,(\alpha X_1 + \beta X_2, Y)$

$$Cov\,(\alpha X_1 + \beta X_2, Y) = E[(\alpha X_1 + \beta X_2)(Y)] - E(\alpha X_1 + \beta X_2)E(Y)$$

$$Cov\,(\alpha X_1 + \beta X_2, Y) = E[\alpha X_1 Y + \beta X_2 Y] - [E(\alpha X_1) + E(\beta X_2)]E(Y)$$

$$Cov\ (\alpha X_1 + \beta X_2, Y) = \alpha E(X_1 Y) + \beta E(X_2 Y) - \alpha E(X_1)E(Y) - \beta E(X_2)E(Y)$$

$$Cov\ (\alpha X_1 + \beta X_2, Y) = \alpha[E(X_1 Y) - E(X_1)E(Y)] + \beta[E(X_2 Y) - E(X_2)E(Y)]$$

$$\Updownarrow \qquad\qquad\qquad \Updownarrow$$

$$= Cov(X_1 Y) \qquad\qquad = Cov(X_2 Y)$$

Donc :

$$\boxed{Cov\ (\alpha X_1 + \beta X_2, Y) = \alpha Cov(X_1 Y) + \beta Cov(X_2 Y)}$$

3) Coefficient de corrélation linéaire entre les variables aléatoires X et Y

a) Définition

Soient 2 variables aléatoires réelles discrètes X et Y, possédant chacune une espérance mathématique ($E(X)$ et $E(Y)$ existent), et une variance non nulle ($V(X) \neq 0$ et $V(Y) \neq 0$).

Par définition, on appelle coefficient de corrélation linéaire entre les variables aléatoires X et Y le rapport de leur covariance au produit des écarts-types marginaux :

$$\boxed{r(X,Y) = \frac{Cov(X,Y)}{\sigma(X).\sigma(Y)}}$$

b) Rôle symétrique de X et de Y

$$\boxed{r\ (X,Y) = r\ (Y,X)}$$

En effet :

$$r(Y,X) = \frac{Cov(Y,X)}{\sigma(Y).\sigma(X)} = \frac{Cov(X,Y)}{\sigma(X).\sigma(Y)} = r(X,Y)$$

c) Cas où Cov (X, Y) = 0

Dans le cas où $Cov\ (X,Y) = 0$, il vient immédiatement :

$$r(X,Y) = \frac{Cov(X,Y)}{\sigma(X).\sigma(Y)} = \frac{0}{\sigma(X).\sigma(Y)} = 0$$

Comme on l'a énoncé précédemment, on dit dans ce cas que les variables aléatoires X et Y sont sans corrélation linéaire.

d) Indépendance des variables aléatoires X et Y

Dans le cas où deux variables aléatoires X et Y sont indépendantes, la covariance du couple (X,Y) est nulle, donc le coefficient de corrélation linéaire $r(X, Y)$ défini entre elles, est nul.

Ici encore, la réciproque n'est pas vraie, c'est-à-dire que $r\ (X, Y)\ =\ 0$ est une condition nécessaire mais non suffisante d'indépendance entre les 2 variables aléatoires X et Y.

e) Changement de variable linéaire portant sur X et Y.

On démontre que le coefficient de corrélation linéaire $r(X, Y)$ entre 2 variables aléatoires X et Y est invariant en valeur absolue, par changement de variable linéaire portant sur X et Y :

$$\boxed{|r\ (aX\ +\ b, cY\ +\ d)| = |r(X, Y)|}$$

f) $0 < r < 1$

Le coefficient de corrélation linéaire r est un nombre compris entre -1 et 1 :

$$\boxed{-1 \leq r \leq 1}$$

Pour le démontrer, considérons $V(\alpha X + Y)$.

$$V(\alpha\, X + Y) = V(\alpha X) + V(Y) + 2\ Cov\ (\alpha\, X, Y)$$

soit encore, en appliquant les propriétés de la variance et de la covariance :

$$\begin{aligned} V(\alpha\, X + Y) &= \alpha^2 V(X) + V(Y) + 2\alpha\ Cov\ (X, Y) \\ &= \alpha^2 V(X) + 2\alpha\ Cov\ (X, Y) + V(Y) \end{aligned}$$

Considérons ce second membre comme un trinôme du second degré en α. Ce trinôme est toujours ≥ 0, puisqu'égal à :

$$V(\alpha X + Y) \geq 0$$

Son discriminant réduit est donc négatif ou nul :

$$\Delta = [Cov(X, Y)]^2 - V(X).V(Y) \leq 0$$

soit encore :

$$[Cov(X, Y)]^2 \leq V(X).V(Y) \Leftrightarrow \frac{[Cov(X, Y)]^2}{V(X).V(Y)} \leq 1$$

d'où :

$$\left|\frac{Cov(X,Y)}{\sigma(X).\sigma(Y)}\right| \leq 1 \Leftrightarrow \qquad |r| \leq 1$$

Donc :

$$\boxed{-1 \leq r \leq 1}$$

Partie B :

VECTEURS ALÉATOIRES DISCRETS A N DIMENSIONS

I. Définition d'une variable aléatoire à n dimensions

1) Dans ce cas, V va être une application de Ω dans R^n.

On associe alors à chaque élément ω_i de Ω un ensemble de n nombres réels que l'on désignera par :

$$X_1(\omega_i), X_2(\omega_i), \dots, X_j(\omega_i), \dots, X_n(\omega_i)$$

Cet ensemble de n nombres constitue un vecteur $V(\omega_i)$ de l'espace R^n :

$$V(\omega_i) = [X_1(\omega_i), X_2(\omega_i), \dots, X_j(\omega_i), \dots, X_n(\omega_i)]$$

Ce vecteur constitue l'univers-image de Ω par V, lequel est un sous-ensemble de R^n.

2) Réciproquement, à tout sous-ensemble S^n de R^n, on peut associer un événement appartenant à $\mathcal{P}(\Omega)$, mais non nécessairement à $\mathcal{A} \subset \mathcal{P}(\Omega)$, par l'application inverse V^{-1}.

Désignons par $V^{-1}(S^n)$ cet événement, partie de Ω, image-inverse d'un sous-ensemble de R^n.

3) L'application V est dite variable aléatoire à n dimensions ou vecteur aléatoire à valeurs dans R^n, si pour tout sous-ensemble S^n de R^n, l'ensemble $V^{-1}(S^n)$ est élément de $\mathcal{A}$:

$$V^{-1}(S^n) \in \mathcal{A}$$

4) Exemple

Soit l'épreuve consistant à jeter simultanément n dés $X_1, X_2, \dots, X_n$.

On considère l'application V, qui à chaque lancer associe le vecteur $V(\omega_i) = [X_1(\omega_i), X_2(\omega_i), \dots, X_j(\omega_i), \dots, X_n(\omega_i)]$, où $X_j(\omega_i)$ est le nombre apparaissant sur la face supérieur du dé X_j.

Les tirages sont équiprobables.

Ω comprend 6^n éléments, qui peuvent être représentés par un tableau à n entrées dans un espace à n dimensions.

II. Loi de probabilité d'une variable aléatoire à n dimensions

1) Définition

Les définitions vues précédemment peuvent être étendues à une variable aléatoire discrète V à n dimensions :

Le tableau des probabilités $p_{ijk\ldots}$ attachées aux éléments de la forme $(X = x_i, Y = y_i, Z = z_i, \ldots)$ est un tableau à n dimensions.

Les conditions relatives aux probabilités doivent toujours être respectées, c'est-à-dire que :

$$\sum_i \sum_j \sum_k \ldots p_{ijk\ldots} = 1$$

2) Loi conjointe

La loi de probabilité de la variable aléatoire à n dimensions (ou du vecteur) V est encore appelée loi conjointe des variables aléatoires $X, Y, Z, \ldots$.

3) Distribution de probabilités

De même la donnée de tous les couples

$$[\omega_i, Pr\{X = x_i, Y = y_j, Z = z_k \ldots\}]$$

constitue la distribution de probabilités de la variable aléatoire à n dimensions $V = (X, Y, Z \ldots.)$. Elle suffit pour déterminer la loi de probabilité de la variable aléatoire à n dimensions V.

III. Lois marginales

1) Définition

En généralisant ce qui a été vu dans le cas d'une variable aléatoire à 2 dimensions (où l'on obtenait les lois de probabilités des variables aléatoires à moins de 2 dimensions, c'est-à-dire à une dimension dans ce cas), on va obtenir maintenant les lois de probabilité relatives aux variables marginales à moins de n dimensions, par totalisation des probabilités $p_{ijk\ldots}$.

Par exemple si l'on a $n = 3$, les lois de probabilités relatives aux variables marginales possibles sont alors :

$Pr\{X = x_i, Y = y_j\} = p_{ij.}$ et $Pr\{X = x_i\} = p_{i..}$

$Pr\{X = x_i, Z = z_k\} = p_{i.k}$ et $Pr\{Y = y_j\} = p_{.j.}$

$$Pr\{Y = y_j, Z = z_k\} = p_{.jk} \quad \text{et} \quad Pr\{Z = z_k\} = p_{..z}$$

Plus généralement, on aura :

$$\boxed{Pr\{X = x_i\} = p_{i.\ .} = \sum_j \sum_k \ldots p_{ijk\ldots}}$$

2) Espérances mathématiques et variances

On généralise également au cas de n dimensions les définitions établies dans le cas des couples de variables aléatoires concernant l'espérance mathématique et la variance des variables marginales.

IV. Lois conditionnelles

1) Définition

On généralise au cas de n dimensions la notion de variable conditionnelle exposée dans le cas de 2 dimensions : on définit alors les variables conditionnelles en fixant les valeurs de certaines des n variables. Il existera alors p variables de liaison : de ce fait les variables conditionnelles pourront être au plus à $(n-p)$ dimensions.

On obtiendra les distributions de probabilités des variables conditionnelles par application de l'axiome des probabilités composées.

Par exemple, pour $n = 3$, on obtiendra :

$$Pr\{X = x_i, Y = y_j / Z = z_k\} = \frac{p_{ijk}}{p_{..k}} \quad Pr\{X = x_i / Y = y_j, Z = z_k\} = \frac{p_{ijk}}{p_{.jk}}$$

$$Pr\{X = x_i, Z = z_k / Y = y_j\} = \frac{p_{ijk}}{p_{.j.}} \quad Pr\{Y = y_j / X = x_i, Z = z_k\} = \frac{p_{ijk}}{p_{i.k}}$$

$$Pr\{Y = y_j, Z = z_k / X = x_i\} = \frac{p_{ijk}}{p_{i..}} \quad Pr\{Z = z_k / X = x_i, Y = y_j\} = \frac{p_{ijk}}{p_{ij.}}$$

Plus généralement, on aura :

$$\boxed{Pr\{X = x_i / Y = y_j, Z = z_k, \ldots\} = \frac{p_{ijk\ldots}}{p_{.jk\ldots}}}$$

2) Espérances mathématiques et variances

On généralise également au cas de n dimensions les définitions établies dans le cas des couples de variables aléatoires concernant l'espérance mathématique et la variance des variables conditionnelles.

V. Fonctions de répartition

1) Fonction de répartition d'un vecteur à n dimensions

On généralise au cas de n dimensions les notions établies dans le cas où $n = 2$.

Ainsi la fonction de répartition d'un vecteur aléatoire à n dimensions est définie par

$$F(x, y, z, \ldots) = Pr\{X \leq x, Y \leq y, Z \leq z, \ldots\} = \sum_x \sum_y \sum_z \ldots Pr\{X = x_i, Y = y_j, Z = z_k, \ldots\}$$

2) Fonctions de répartition des variables marginales

On généralise aussi la notion de fonction de répartition d'une variable marginale. On obtiendra les fonctions de répartition des variables marginales à moins de n dimensions.

Par définition, la fonction de répartition de la variable marginale X, que l'on désignera par $F(x.. \quad .)$ est égale à :

$$F(x_{..} \, _{.}) = Pr\{X \leq x\}$$

3) Fonctions de répartition des variables conditionnelles

On généralise également au cas de n dimensions les notions établies dans le cas où $n = 2$. On obtiendra les fonctions de répartition des variables conditionnelles à $1, 2, \ldots, (n - p)$ dimensions.

Par définition, la fonction de répartition de la variable conditionnelle $X/Y = y_j, Z = z_k, \ldots$ que l'on notera $F\,(X / Y = y_j, Z = z_k, \ldots)$ est :

$$F\left(X/Y = y_j, Z = z_k, \ldots\right) = Pr\{X \leq x/Y = y_j, Z = z_k, \ldots\}$$

VI. Indépendance dans le cas d'une variable aléatoire à n dimensions

Dans le cas d'une variable aléatoire à n dimensions, il existe deux notions d'indépendance : l'indépendance totale et l'indépendance partielle.

1) Indépendance totale

On dit qu'il existe une indépendance totale entre les variables $X, Y, Z, \ldots$ si $\forall (i, j, k, \ldots)$ la relation suivante est vérifiée :

$$\boxed{p_{ijk...} = p_{i..\ .} \times p_{.j.\ .} \times p_{..k.\ .} \times ...}$$

2) Indépendance partielle

L'indépendance partielle se définit entre un groupe de variables et un autre groupe de variables.

Par exemple le couple (X, Y) et le couple (Z, T) sont indépendants si, $\forall(i, j, k, l)$, la relation suivante est vérifiée :

$$\boxed{p_{ijkl...} = p_{ij.\ .} \times p_{..kl.\ .}}$$

VII. Fonction d'un vecteur aléatoire à n dimensions

1) Définition

On généralise au cas de n dimensions la notion de fonction d'une variable aléatoire discrète à 2 dimensions.

Par définition, la variable aléatoire W

$$W = \varphi(V) = \varphi\ (X, Y, Z,...)$$

est la transformée du vecteur aléatoire V à n dimensions par la fonction φ. W est une variable aléatoire unidimensionnelle.

2) Domaine de définition

L'ensemble de définition du vecteur aléatoire V à n dimensions est un domaine de R^n.

L'ensemble de définition de la variable aléatoire unidimensionnelle $W = \varphi(V)$ est l'image par φ de l'ensemble de définition du vecteur aléatoire V ; c'est un domaine de R.

3) Loi de probabilité de V

Par généralisation, on démontre que :

$$Pr\{W = w\} = \sum_{v \in \Omega_w} Pr\{V = v\}$$

V étant un vecteur aléatoire à n dimensions.

4) Loi de la somme de n variables aléatoires discrètes indépendantes

La loi établie dans le cas de 2 dimensions se généralise au cas de n dimensions :

$$\boxed{Pr\{X+Y+Z+\cdots=k\}=\sum Pr\{X=x_i\}\{Y=y_j\}\{Z=z_k\}\ldots}$$

la sommation étant prise sur les $x_i, y_j, z_k, \ldots$telle que :

$$\boxed{x_i+y_j+z_k+\cdots=k}$$

5) Loi du produit de n variables aléatoires discrètes indépendantes

La loi du produit de 2 variables aléatoires discrètes indépendantes se généralise au produit de n variables aléatoires discrètes indépendantes :

$$\boxed{Pr\{XYZ\ldots=k\}=\sum Pr\{X=x_i\}\,Pr\{Y=y_j\}\,Pr\{Z=z_k\}\ldots}$$

la sommation étant prise sur les $x_i, y_j, z_k, \ldots$ telle que :

$$\boxed{x_i y_j z_k \times \ldots = k}$$

6) Liaison fonctionnelle

On généralise la notion de liaison fonctionnelle en définissant la liaison fonctionnelle entre groupes de variables.

Par définition, le groupe de variables (X, Y) est lié fonctionnellement au groupe de variables (Z, T) si la variable

$$(X, Y)\ /\ (Z=z_k, T=t_l)$$

est une variable certaine.

7) Loi conditionnée

On généralise la définition proposée pour un espace à 2 dimensions : on appelle loi de probabilité du groupe de variables $(X, Y, Z, \ldots)$conditionné par A, la loi de probabilité définie par :

$$\boxed{Pr\{X=x_i, Y=y_j, Z=z_k, \ldots / A\}=\frac{Pr\{(X=x_i),(Y=y_j),(Z=z_k),\ldots\cap A\}}{Pr\{A\}}}$$

VIII. Caractéristiques de tendance centrale d'un vecteur aléatoire à n dimensions

1) Espérance mathématique

Les définitions et propriétés énoncées dans le cas de 2 dimensions se généralisent au cas de n dimensions.

2) Moments simples (non centrés)

a) On généralise également la définition exposée dans le cas où $n = 2$: par définition, le moment simple d'ordre respectivement r et s et t et ... (en supposant que l'espérance mathématique existe) est :

$$\boxed{m_{rst...} = E(X^r Y^s Z^t \ldots)}$$

b) On obtient les moments simples marginaux en faisant $r = 0$ ou $s = 0$ ou $t = 0$ ou ... ou en égalant à zéro simultanément ou 2 ou 3 ou ... ou $(n-1)$ indices.

IX. Caractéristiques de dispersion d'un vecteur aléatoire à n dimensions

1) Variance

a) Définition

On généralise la définition établie dans le cas où $n = 2$:

$$\boxed{V(X, Y, Z, \ldots) = E\{[X - E(X)]^2\,[Y - E(Y)]^2\,[Z - E(Z)]^2 \ldots\}}$$

Cette définition suppose que $E(X), E(Y), E(Z)$... existent.

b) $V(X + Y + Z + \ldots)$

α) On généralise la relation établie dans le cas d'un couple de variables aléatoires discrètes :

$$V(X + Y + Z + \ldots) = V(X) + V(Y) + V(Z) + \ldots + 2\,\Sigma\,Cov\,(X, Y)$$

en étendant la sommation à tous les couples de variables aléatoires.

β) Si l'on écrit la somme de variables aléatoires sous forme d'une suite :

$$S_n = X_1 + X_2 + \cdots + X_i + \cdots + X_n$$

on peut aussi écrire (en supposant que $E(S_n)$ existe) :

$$\boxed{V(S_n) = E(S_n^2) - [E(S_n)]^2 = \sum_{i=1}^{n} E(X_i^2) + \sum_{i \neq j} E(X_i Y_j) - [E(S_n)]^2}$$

2) Moments centrés

a) On généralise la définition posée dans le cas où n = 2.

Par définition, le moment centré d'ordre respectivement r et s et t et ... est (en supposant toujours que les espérances mathématiques existent) :

$$\boxed{\mu_{rst...} = E\{[X - E(X)]^r\ [Y - E(Y)]^s\ [Z - E(Z)]^t \dots\}}$$

b) On obtient les moments centrés marginaux, en faisant r = 0 ou s = 0 ou t = 0 ou ... ou en égalant à zéro simultanément ou 2 ou 3 ou ... ou $(n-1)$ indices.

X. Caractéristiques de corrélation d'un vecteur aléatoire à n dimensions

1) On généralise la notion de coefficient de corrélation linéaire, mais en distinguant cette fois ;

- le coefficient de corrélation linéaire multiple qui est le coefficient de corrélation défini entre une variable et toutes les autres ;
- le coefficient de corrélation linéaire partielle qui est le coefficient de corrélation défini entre 2 variables choisies parmi les n variables.

2) Nous n'irons pas au-delà de ces définitions très générales, car toute étude de corrélation dans un espace à n dimensions rend nécessaire l'utilisation du calcul matriciel.

Pour ce faire, on définit deux matrices (pour $n = 2$) :

- la matrice des variances et covariances du couple de variables aléatoires (X, Y), qui est une matrice (2×2) symétrique dont les termes diagonaux sont les variances marginales et les termes non diagonaux la covariance du couple (X, Y) :

$$M = \begin{bmatrix} V(X) & Cov(X,Y) \\ Cov(X,Y) & V(Y) \end{bmatrix}$$

Cette matrice représente l'espérance mathématique de la matrice $[V - E(V)][V - E(V)]'$, propriété qui se démontre aisément :

$$E\{[V - E(V)][V - E(V)]'\} = \left\{\begin{bmatrix} X - E(X) \\ Y - E(Y) \end{bmatrix} [X - E(X) \quad Y - E(Y)]\right\}$$

En effectuant le produit des matrices, il vient :

$$E\{[V - E(V)][V - E(V)]'\}$$

$$= E\left\{\begin{bmatrix} (X - E(X))^2 & (X - E(X))(Y - E(Y)) \\ (Y - E(Y))(X - E(X)) & (Y - E(Y))^2 \end{bmatrix}\right\}$$

soit :

$$\boxed{E\{[V - E(V)][V - E(V)]'\} = \begin{bmatrix} V(X) & Cov(X,Y) \\ Cov(X,Y) & V(Y) \end{bmatrix}}$$

- la matrice de corrélation des variables X et Y qui est aussi une matrice (2×2) symétrique, dont les termes diagonaux sont égaux à 1 et les termes non diagonaux sont égaux au coefficient de corrélation linéaire r :

$$R = \begin{bmatrix} 1 & r \\ r & 1 \end{bmatrix}$$

Partie C :

EXERCICES AUTOCORRECTIFS

I. Une urne contient 20 boules réparties entre 4 boules blanches, 2 boules noires et 14 boules vertes. Soit X la variable aléatoire «nombre de boules blanches» et Y la variable aléatoire «nombre de boules noires».

On extrait 3 boules au hasard.

1) Déterminer la loi de probabilité du couple (X, Y).

2) Préciser l'ensemble de définition du couple (X, Y).

3) Calculer les différentes valeurs de cette loi.

II. En reprenant les données de l'exercice I, on va étudier maintenant les distributions marginales (cela suppose que l'exercice I ait été fait au préalable).

1) Préciser les distributions marginales.

2) Calculer leurs espérances mathématiques et leurs variances.

III. En reprenant les données de l'exercice I, on va étudier les distributions conditionnelles (ce qui suppose que l'exercice I ait été fait au préalable).

1) Préciser les différentes distributions conditionnelles.

2) Calculer leurs espérances mathématiques.

3) Calculer les espérances mathématiques marginales à partir des espérances mathématiques conditionnelles.

IV. Un jeu de roulette comporte 16 numéros de couleur noire, 16 numéros de couleur rouge et 1 numéro de couleur verte.

1) Quelle est la loi de probabilité de l'événement «à la fin de n parties, il est sorti n_1 fois la couleur noire, n_2 fois la couleur rouge, et n_3 fois la couleur verte» ?

2) Quelle est la probabilité pour que "le noir sorte cinq fois de suite en cinq parties" ?

3) Quelle est la probabilité pour qu'à la fin de 15 parties successives on ait vu apparaître le noir 10 fois, le rouge 4 fois et le vert une fois ?

V. On considère n variables aléatoires indépendantes $X_1, X_2, \ldots X_n$, qui suivent chacune une loi de Bernouilli de paramètre p.

Déterminer la loi de $V = (X_1 + X_2 + \cdots + X_n)$.

SOLUTIONS

I. 1) La loi de probabilité du couple (X, Y) est :

$$Pr\{X = k, Y = j\}$$

avec $0 \leq k \leq 4$ et $0 \leq j \leq 2$.

Tirer 3 boules de l'urne revient à tirer successivement de l'urne 3 boules sans remise.

Par application de l'axiome des probabilités composées, il vient :

$$\boxed{Pr\{X = k, Y = j\} = \frac{C_4^k\, C_2^j\, C_{14}^{3-k-j}}{C_{20}^3}}$$

2) L'ensemble de définition de ce couple de variables aléatoires (X, Y) est composé de 9 points du plan :

- si $X = 0$, alors ou $Y = 0$, ou $Y = 1$, ou $Y = 2$ (3 points)
- si $X = 1$, alors ou $Y = 0$, ou $Y = 1$, ou $Y = 2$ (3 points)
- si $X = 2$, alors ou $Y = 0$, ou $Y = 1$ (2 points)
- si $X = 3$, alors $Y = 0$ (1 point)

ce que l'on peut schématiser ainsi :

X \ Y	0	1	2
0	(0, 0)	(0, 1)	(0, 2)
1	(1, 0)	(1, 1)	(1, 2)
2	(2, 0)	(2, 1)	-
3	(3, 0)	-	-

ou encore :

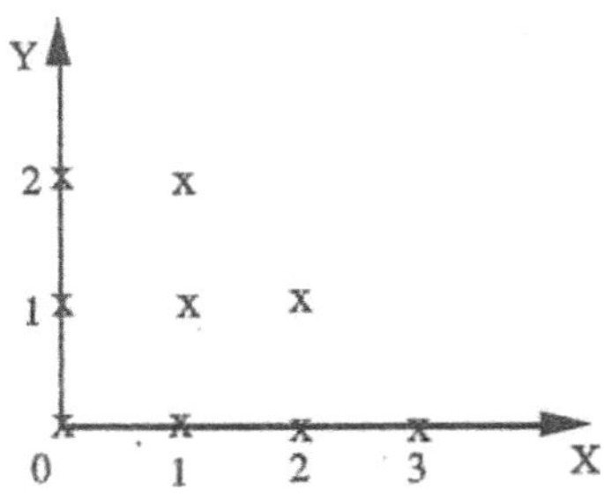

3) Calculons les différentes valeurs prises par cette loi, en fonction de k et de j :

$$Pr\{X=0,Y=0\}=\frac{C_4^0\,C_2^0\,C_{14}^3}{C_{20}^3}=\frac{\frac{4!}{0!\,4!}\times\frac{2!}{0!\,2!}\times\frac{14!}{3!\;11!}}{\frac{20!}{3!\;17!}}=\frac{1\times1\times364}{1140}$$

$$=\frac{364}{1140}=0{,}319\,30$$

$$Pr\{X=0,Y=1\}=\frac{C_4^0\,C_2^1\,C_{14}^2}{C_{20}^3}=\frac{\frac{4!}{0!\,4!}\times\frac{2!}{1!\,1!}\times\frac{14!}{2!\,12!}}{\frac{20!}{3!\,17!}}=\frac{1\times2\times91}{1140}$$

$$=\frac{182}{1140}=0{,}159\,65$$

$$Pr\{X=0,Y=2\}=\frac{C_4^0\,C_2^2\,C_{14}^1}{C_{20}^3}=\frac{\frac{4!}{0!\,4!}\times\frac{2!}{2!\,0!}\times\frac{14!}{1!\,13!}}{\frac{20!}{3!\,17!}}=\frac{1\times1\times14}{1140}$$

$$=\frac{14}{1140}=0{,}012\,28$$

$$Pr\{X=1,Y=0\}=\frac{C_4^1\,C_2^0\,C_{14}^2}{C_{20}^3}=\frac{\frac{4!}{1!\,3!}\times\frac{2!}{0!\,2!}\times\frac{14!}{2!\,12!}}{\frac{20!}{3!\,17!}}=\frac{4\times1\times91}{1140}$$

$$=\frac{364}{1140}=0{,}319\,30$$

$$Pr\{X=1,Y=1\}=\frac{C_4^1\,C_2^1\,C_{14}^1}{C_{20}^3}=\frac{\frac{4!}{1!\,3!}\times\frac{2!}{1!\,1!}\times\frac{14!}{1!\,13!}}{\frac{20!}{3!\,17!}}=\frac{4\times2\times14}{1140}$$

$$=\frac{112}{1140}=0{,}098\,25$$

$$Pr\{X=1,Y=2\}=\frac{C_4^1\,C_2^2\,C_{14}^0}{C_{20}^3}=\frac{\frac{4!}{1!\,3!}\times\frac{2!}{2!\,0!}\times\frac{14!}{0!\,14!}}{\frac{20!}{3!\,17!}}=\frac{4\times1\times1}{1140}=\frac{4}{1140}$$

$$=0{,}003\,51$$

$$Pr\{X=2,Y=0\}=\frac{C_4^2\,C_2^0\,C_{14}^1}{C_{20}^3}=\frac{\frac{4!}{2!\,2!}\times\frac{2!}{0!\,2!}\times\frac{14!}{1!\,13!}}{\frac{20!}{3!\,17!}}=\frac{6\times1\times14}{1140}$$

$$=\frac{84}{1140}=0{,}073\,68$$

$$Pr\{X=2,Y=1\}=\frac{C_4^2\,C_2^1\,C_{14}^0}{C_{20}^3}=\frac{\frac{4!}{2!\,2!}\times\frac{2!}{1!\,1!}\times\frac{14!}{0!\,14!}}{\frac{20!}{3!\,17!}}=\frac{6\times2\times1}{1140}=\frac{12}{1140}$$

$$=0{,}010\,53$$

$$Pr\{X=3,Y=0\}=\frac{C_4^3\,C_2^0\,C_{14}^0}{C_{20}^3}=\frac{\frac{4!}{3!\,1!}\times\frac{2!}{0!\,2!}\times\frac{14!}{0!\,14!}}{\frac{20!}{3!\,17!}}=\frac{4\times1\times1}{1140}=\frac{4}{1140}$$

$$=0{,}003\,51$$

On peut présenter ces probabilités dans le tableau suivant :

X \ Y	0	1	2
0	0, 319	0, 160	0, 012
1	0, 319	0, 098	0, 004
2	0, 074	0, 010	-
3	0, 004	-	-

II. 1) a) Pour obtenir les distributions marginales des variables marginales X et Y on fait la somme des p_{ij} :

Y / X	0	1	2	Loi de X
0	0, 319	0, 160	0, 012	0, 491
1	0, 319	0, 098	0, 004	0, 421
2	0, 074	0, 010	-	0, 084
3	0, 004	-	-	0, 004
Loi de Y	0, 716	0, 268	0, 016	1, 000

b) <u>Les espérance mathématiques des distributions marginales sont données par les relations :</u>

$$E(X) = \sum_{i=1}^{m} p_{i.} x_i \quad \text{et} \quad E(Y) = \sum_{j=1}^{n} p_{.j} y_j$$

Il vient donc (en présentant les calculs dans un tableau) :

X	$p_{i.}$	$p_{i.}\, x_i$	Y	$p_{.j}$	$p_{.j}\, y_j$
0	0, 491	0	0	0, 716	0
1	0, 421	0, 421	1	0, 268	0, 268
2	0, 084	0, 168	2	0, 016	0, 032
3	0, 004	0, 012			
Σ	1	0, 601	1	1	0, 300

d'où :

$$\boxed{E(X) = 0{,}601} \quad \text{et} \quad \boxed{E(Y) = 0{,}300}$$

Les variances des distributions marginales sont données par les relations :

$$V(X) = \sum_{i=1}^{m} p_{i.}\big(x_i - E(X)\big)^2 \quad \text{et} \quad V(Y) = \sum_{j=1}^{n} p_{.j}\left(y_j - E(Y)\right)^2$$

En présentant les calculs dans un tableau, il vient :

X	$p_{i.}$	x_i - E(X)	$[x_i - E(X)]^2$	$p_{i.}(x_i E(X))^2$
0	0, 491	- 0, 6	0, 36	0, 1768
1	0, 421	+ 0, 4	0, 16	0, 0674
2	0, 084	+ 1, 4	1, 96	0, 1646
3	0, 004	+ 2, 4	5, 76	0, 0230
Σ	1			0, 4318

Y	$p_{.j}$	y_j - E(Y)	$[y_j - E(Y)]^2$	$p_{.j}(y_j - E(Y))^2$
0	0, 716	- 0, 3	0, 09	0, 0644
1	0, 268	+ 0, 7	0, 49	0, 1313
2	0, 016	+ 1, 7	2, 89	0, 0463
Σ	1			0, 2420

d'où :

$$\boxed{V(X) = 0{,}4318} \qquad \text{et} \qquad \boxed{V(Y) = 0{,}2420}$$

<u>III</u>. 1) Les différentes distributions conditionnelles possibles sont :

$X/Y = 0$, $X/Y = 1$ et $X/Y = 2$ d'une part ;

$Y/X = 0$, $Y/X = 1$, $Y/X = 2$ et $Y/X = 3$ d'autre part

2) L'espérance mathématique de la variable conditionnelle $X/Y = y_i$ est donnée par la relation :

$$\boxed{E(X/Y = y_j) = \sum_{i=1}^{m} \frac{p_{ij}}{p_{.j}} x_i = \sum_{i=1}^{m} p_i^j x_i}$$

Nous allons présenter les calculs dans un tableau, dans lequel nous ferons apparaître les probabilités p_i^j où $p_i^j = \frac{p_{ij}}{p_{.j}}$.

Par exemple : $p_0^0 = \frac{p_{00}}{p_{.0}} = \frac{0{,}319}{0{,}716} = 0{,}4455$

	E (X/Y = 0)		E(X/Y = 1)		E(X/Y =2)	
x_i	p_i^0	$p_i^0\ x_i$	p_i^1	$p_i^1\ x_i$	p_i^2	$p_i^2\ x_i$
0	0, 4455	0	0, 5970	0	0, 7500	0
1	0, 4455	0, 4455	0, 3657	0, 3657	0, 2500	0, 2500
2	0, 1034	0, 2067	0, 0373	0, 0746	-	-
3	0, 0056	0, 0168	-	-	-	-
Σ	1	0, 6690	1	0, 4403	1	0, 2500

d'où :

$$\boxed{E(X/Y=0)=0{,}67}\ \boxed{E(X/Y=1)=0{,}44}\ \boxed{E(X/Y=2)=0{,}25}$$

Nous calculons maintenant les espérances mathématiques des variables conditionnelles $Y/X\ = x_i$ qui sont données par la relation :

$$\boxed{E(Y/X=x_i)=\sum_{j=1}^{n}\frac{p_{ij}}{p_{i.}}y_j=\sum_{j=1}^{n}p_j^i y_j}$$

Nous allons présenter les calculs dans un tableau, dans lequel nous ferons apparaître les probabilités p_j^i où $p_j^i = \frac{p_{ij}}{p_{i.}}$.

Par exemple, $p_0^0 = \frac{p_{00}}{p_{0.}} = \frac{0{,}319}{0{,}491} = 0{,}6467$

	E (Y/X = 0)		E (Y/X = 1)		E (Y/X = 2)		E (Y/X = 3	
y_j	p_j^0	$p_j^0\ y_j$	p_j^1	$p_j^1\ y_j$	p_j^2	$p_j^2\ y_j$	p_j^3	$p_j^3\ y_j$
0	0, 6497	0	0, 7577	0	0, 8810	0	1, 0000	0
1	0, 3259	0, 3259	0, 2328	0, 2328	0, 1190	0, 1190	-	-
2	0, 0244	0, 0488	0, 0095	0, 0190	-	-	-	-
Σ	1	0, 3747	1	0, 2518	1	0, 1190	1	0

d'où :

$\boxed{E(Y/X=0) = 0{,}37}$ $\boxed{E(Y/X=1) = 0{,}25}$ $\boxed{E(Y/X=2) = 0{,}12}$ $\boxed{E(Y/X=3) = 0}$

3) Les espérances mathématiques marginales se déduisent des espérances mathématiques conditionnelles à partir des relations suivantes :

$E(X) = \sum_{j=1}^{n} p_{.j} E(X/Y = y_j)$ et $E(Y) = \sum_{i=1}^{m} p_{i.} E(Y/X = x_i)$

Pour plus de facilité, nous allons présenter les calculs dans un tableau :

E (X)				E (Y)			
y_i	$p_{.j}$	$E(X/Y = y_j)$	$p_{.j} E(X/Y = y_j)$	x_i	$p_{i.}$	$E(Y/X = x_i)$	$p_{i.} E(Y/X = x_i)$
0	0, 716	0, 669	0, 4790	0	0, 491	0, 375	0, 1841
1	0, 268	0, 440	0, 1179	1	0, 421	0, 252	0, 1061
2	0, 016	0, 250	0, 0040	2	0, 084	0, 119	0, 0100
				3	0, 004	0	0
Σ	1		0, 6009	Σ	1		0, 3002

d'où :

$\boxed{E(X) = 0{,}601}$ et $\boxed{E(Y) = 0{,}300}$

<u>IV</u>. 1) On considère la réalisation de 3 événements au cours de n épreuves identiques et indépendantes. Par ailleurs, les différents événements sont incompatibles.

La loi de probabilité de l'événement «à la fin de n parties, il est sorti n_1 fois la couleur noire, n_2 fois la couleur rouge et n_3 fois la couleur verte» est la loi multinominale :

$$\mathcal{M}(n\,; p_1\,; p_2, p_3)$$

en désignant par p_1 la probabilité de voir apparaître la couleur noire, p_2 la probabilité de voir apparaître la couleur rouge et p_3 la probabilité de voir apparaître la couleur noire.

Ces probabilités sont égales à :

$p_1 = Pr\{N\} = \frac{16}{33} = 0{,}485$ $p_2 = Pr\{R\} = \frac{16}{33} = 0{,}485$ $p_3 = Pr\{V\} = \frac{1}{33} = 0{,}030$

2) Pour que le noir soit cinq fois de suite en cinq parties, il faut réaliser l'événement :

$$(5N) \cap (0R) \cap (0V)$$

La probabilité de cet événement fournie par la loi multinominale est alors égale à :

$$Pr\{(5N) \cap (0R) \cap (0V)\} = \frac{(5+0+0)!}{5!\,0!\,0!}\left(\frac{16}{33}\right)^5 \left(\frac{16}{33}\right)^0 \left(\frac{1}{33}\right)^0$$

$$= \frac{5!}{5!}\left(\frac{16}{33}\right)^5 \times 1 \times 1 = \left(\frac{16}{33}\right)^5 = 0{,}02679 \approx 0{,}027$$

3) La probabilité de voir apparaître 10 fois le noir, 4 fois le rouge et 1 fois le vert, à la fin de 15 parties, est alors égale à :

$$Pr\{(10N) \cap (4R) \cap (1V)\} = \frac{(10+4+1)!}{10!4!1!}\left(\frac{16}{33}\right)^{10} \left(\frac{16}{33}\right)^4 \left(\frac{1}{33}\right)^1 = \frac{15!}{10!4!}\left(\frac{16}{33}\right)^{14} \times$$

$$\left(\frac{1}{33}\right) = 15015 \times (3{,}967.10^5) \times (0{,}030) = 0{,}01805 \approx 0{,}018 \text{ soit environ}$$

2 %

V. Les n variables aléatoires sont indépendantes et chacune de ces variables aléatoires suit une loi de Bernouilli de paramètre p, ce qui signifie que chacune prend ou bien la valeur 1 avec la probabilité p ou la valeur 0 avec la probabilité $q = (1-p)$.

L'ensemble de définition de la variable $V = (X_1 + \ldots + X_n)$ est l'intervalle $[0, n]$. Soit $k \in [0, n]$.

Il vient alors :

$$Pr\{V\} = Pr\{X_1 + \ldots + X_n = k\} = \sum Pr\{X_1 = x_1\} \ldots Pr\{X_n = x_n\}$$

la sommation étant effectuée sur les x_i et telle que $\sum_{i=1}^{n} x_i = k$, puisque les variables sont indépendantes.

Or chaque $x_i \in \{0,1\}$. En conséquence, la condition $\sum_{i=1}^{n} x_i = k$ ne peut être réalisée que si, et seulement si, parmi les n nombres x_i, k ont la valeur 1 et $(n-k)$ ont la valeur 0.

Il vient alors :

$$Pr\{X_1 + \ldots + X_n\} = \sum p^k (1-p)^{n-k}$$

la sommation étant effectuée sur tous les x_i, telle que k ont la valeur 1 et $(n-k)$ ont la valeur 0. Il y a donc C_n^k termes identiques dans cette sommation.

Il vient alors :

$$Pr\{X_1 + \ldots + X_n\} = \sum p^k (1-p)^{n-k} = C_n^k p^k (1-p)^{n-k} = \mathcal{B}(n,p)$$

$V = (X_1 + \ldots + X_n)$ suit donc une loi binomiale $\mathcal{B}(n,p)$ lorsque les n variables X_i indépendantes suivent chacune une loi de Bernouilli de paramètre p.

Chapitre 6 : VARIABLES ALÉATOIRES A DENSITÉ

INTRODUCTION

I - CONSEILS PÉDAGOGIQUES

En abordant les variables aléatoires à densité (ou continues), on pourra utiliser toutes les notions étudiées en ce qui concerne les variables aléatoires discrètes, en retenant que dans le cas qui nous préoccupe ici, la probabilité en un point de l'intervalle de définition est nulle. De ce fait, on définira la loi de probabilité d'une variable aléatoire continue, non plus avec sa distribution de probabilités, mais à partir de sa fonction de répartition.

Par ailleurs les sommations sont remplacées par des intégrales. De ce fait, nous supposerons acquises toutes les notions d'analyse nécessaires pour assimiler l'étude des variables aléatoires continues. Dans ce chapitre, nous insisterons donc d'abord sur l'aspect «probabilité», ce qui nous amènera, en particulier, à ne pas présenter les démonstrations qui figurent dans le cours d'analyse, auquel nous renvoyons.

Par suite, un grand nombre de problèmes posés sur les variables aléatoires continues et tout particulièrement sur les intégrales qui définissent leurs moments ainsi que sur les lois de probabilités qu'elles suivent, se ramènent à des problèmes de calcul d'intégrales et de convergences de suites.

II - PLAN DU CHAPITRE

Partie A:

VARIABLES ALÉATOIRES RÉELLES CONTINUES

I. Définition d'une variable aléatoire à densité

II. Fonction de répartition d'une variable aléatoire continue

1) Définition

2) Propriétés

III. Variables aléatoires absolument continues

1) Définition

2) Graphe de la fonction de répartition

Partie A:

VARIABLES ALÉATOIRES RÉELLES CONTINUES

I. Définition d'une variable aléatoire à densité

1) Soit un espace probabilisable $(\Omega, \mathcal{A})$ et soit X une application de Ω dans R.

Nous nous plaçons maintenant dans le cas où $X(\Omega)$ est infini. ($X(\Omega)$ étant constitué d'un intervalle de R ou d'une réunion d'intervalles de R).

X, application de Ω dans R, est une variable aléatoire réelle si $\forall x \in R$, on a $(X \leq x) \in \mathcal{A}$.

Cette variable aléatoire, sera une variable aléatoire à densité ou variable aléatoire continue, ce qui signifie que ses différentes valeurs possibles sont infinies.

2) Nous avons vu, au cours de l'étude portant sur les variables aléatoires discrètes, que la loi de probabilité d'une variable aléatoire discrète prend en général des valeurs non nulles sur les éléments x de X(Ω), c'est-à-dire qu'en général :

$$\text{pour } x \in X(\Omega) \quad Pr\{X = x\} \neq 0$$

Or, dans le cas d'une variable aléatoire continue :

$$Pr\{X = x\} = 0 \quad \forall x$$

c'est-à-dire que la probabilité d'obtenir un réel donné est nulle.

De ce fait, il ne sera plus possible de déterminer p_x à partir de la distribution de probabilité de la variable aléatoire X puisque pour tout couple $\big(\omega_i, p(X = x_i)\big)$ la probabilité est nulle.

Dans le cas du continu, la détermination de p_x se fera à l'aide de la fonction de répartition $F(x)$ de la variable aléatoire X.

II. Fonction de répartition d'une variable aléatoire continue

1) Définition

Soit un espace probabilisé $(\Omega, \mathcal{A}, \text{p})$ et soit X une variable aléatoire réelle définie sur Ω.

Rappelons que, par définition, la fonction de répartition de la variable aléatoire X est l'application F de la variable réelle x définie sur R par :

$$\boxed{F(x) = p(X^{-1}]-\infty, x]) = p(X \leq x)}$$

avec $(X \leq x) \in \mathcal{A}$.

Pour une variable discrète, on avait :

$$F(x_k) = \sum_{i=1}^{k} p(X = x_i)$$

le graphe de cette fonction étant une courbe en escalier.

Cette fonction était continue sur les intervalles (x_i, x_{i+1}) et discontinue aux points d'abscisse x_i $(i = 1, \ldots, n)$.

La variable aléatoire X prenant maintenant une infinité de valeurs, sa fonction de répartition va se définir de la manière suivante :

$$F(x_k) = \sum_{i=0}^{k} \frac{p(X = x_k)}{x_k - x_{k-1}} (x_k - x_{k-1})$$

c'est-à-dire :

$$\boxed{F(x_k) = \int_{x_0}^{x_k} f(x)dx}$$

2) Propriétés

Pour que l'intégrale définie ci-dessus soit une fonction de répartition, la fonction de répartition F doit posséder les propriétés suivantes :

a) Variation

La fonction F est une fonction monotone croissante de 0 à 1.

b) Limites

$$\lim_{x\to-\infty} F(x) = 0 \qquad \text{et} \qquad \lim_{x\to+\infty} F(x) = 1$$

c) Continuité

La fonction F est continue à droite en chaque point de R.

La continuité à droite signifie que :

$$\lim_{h\to0+} Pr\{X \leq x_0 + h\} = Pr\{X \leq x_0\}$$

propriété qui se démontre aisément.

Pour cela, posons $h = \frac{1}{k}$. Alors :

$$\lim_{h \to 0+} Pr\{X \leq x_0 + h\} = \lim_{k \to +\infty} Pr\left\{X \leq x_0 + \frac{1}{k}\right\}$$

Raisonnons maintenant sur les événements.

$(X \leq x_0)$ est égal à l'intersection d'une famille dénombrable d'événements de la forme $X \leq x_0 + \frac{1}{k}$:

$$(X \leq x_0) = \bigcap_{k \in N^*} \left\{X \leq x_0 + \frac{1}{k}\right\}$$

Du fait que F est croissante, les événements appartenant à la famille dénombrable d'événements de la forme $\left\{X \leq x_0 + \frac{1}{k}\right\}$ sont des événements emboîtés :

$$\left\{X \leq x_0 + \frac{1}{k+1}\right\} \subset \left\{X \leq x_0 + \frac{1}{k}\right\}$$

Il vient alors :

$$\boxed{Pr\{X \leq x_0\} = \lim_{k \to +\infty} Pr\left\{X \leq x_0 + \frac{1}{k}\right\}}$$

d) Remarque

Lors de l'étude des variables aléatoires discrètes, nous avons montré les conséquences de la définition de $F(x)$ par $F(x) = p(X < x)$ au lieu de $F(x) = p(X \leq x)$.

L'adoption de $F(x) = p(X < x)$ pour une variable continue au lieu de $F(x) = p(X \leq x)$ n'a aucune incidence sur les propriétés de croissance et de limites de F, mais définit une continuité à gauche en chaque point de R au lieu d'une continuité à droite.

e) Probabilité attachée à un intervalle

La probabilité attachée à un intervalle est égale à la différence des valeurs prises par la fonction F aux extrémités de l'intervalle :

$$Pr\{x_i < X \leq x_j\} = Pr\{X \leq x_j\} - Pr\{X < x_i\}$$

soit :

$$\boxed{Pr\{x_i < X \leq x_j\} = F(x_j) - F(x_i)}$$

Remarquons qu'il est indifférent que l'intervalle soit ouvert, fermé ou semi-ouvert, puisque la probabilité attachée à un point est nulle.

f) Discontinuité en un point x_0.

Supposons que x_0 soit un point de discontinuité, et que F soit continue à droite en x_0.

On démontre que la $\lim_{x \to x_0^-} F(x)$ existe et vaut :

$$\boxed{\lim_{x \to x_0^-} F(x) = F(x_0) - Pr\{X = x_0\}}$$

Cela signifie qu'au point $x = x_0$, $Pr\,\{X = x_0\}$ existe et que sa valeur est égale au saut de la fonction F en x_0.

III. Variables aléatoires absolument continues

1) Définition

a) Soit un espace probabilisé $(\Omega, \mathcal{A}, \mathrm{p})$, une variable aléatoire X définie sur cet espace et F sa fonction de répartition.

Par définition, on dira que la variable aléatoire X est absolument continue si sa fonction de répartition F est continue à droite et à gauche et si F est pourvue d'une dérivée première à droite et à gauche.

b) L'ensemble de définition de F est un intervalle de R ou une réunion d'intervalles de R (c'est-à-dire un ensemble de points de R qui ont la puissance du continu et de longueur non nulle).

2) Graphe de la fonction de répartition

Le graphe de la fonction de répartition d'une variable aléatoire absolument continue est une courbe cumulative qui a l'allure suivante :

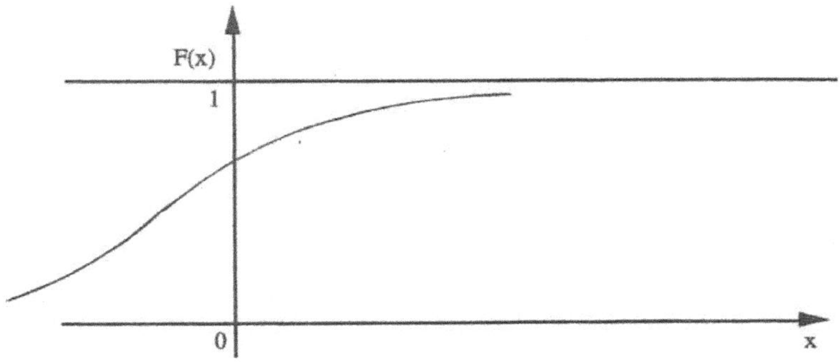

3) Densité linéaire moyenne de probabilité

Soit un intervalle (x_i, x_j) avec $x_i \in R$ et $x_j \in R$.

Par définition, on appelle densité linéaire moyenne de probabilité sur l'intervalle (x_i, x_j), le rapport de la probabilité attachée à l'intervalle $(F(x_j) - F(x_i))$ à la longueur de l'intervalle :

$$\boxed{d(x_i, x_j) = \frac{F(x_j) - F(x_i)}{x_j - x_i}}$$

4) Densité de probabilité en un point

a) Soit x *et* $h \in R$ et l'intervalle $(x, x+h)$.

Par définition, on appelle densité de probabilité au point d'abcisse x la valeur limite de la densité linéaire moyenne de probabilité sur l'intervalle $(x, x+h)$ lorsque $h \to 0$:

$$\boxed{\begin{array}{c}\text{densité de probabilité}\\ \text{au point d'abcisse } x\end{array} = \lim_{h\to 0}\frac{F(x+h)-F(x)}{(x+h)-x} = \lim_{h\to 0}\frac{F(x+h)-F(x)}{h}}$$

b) On remarque que la densité de probabilité au point d'abcisse x est égale à la dérivée au point x de la fonction F ; on la note $f(x)$:

$$\boxed{f(x) = F'(x)}$$

$f(x)$ existe toujours, puisque F est pourvue d'une dérivée première à droite et à gauche.

5) Probabilité élémentaire

Soit un intervalle infinitésimal entourant x, de longueur dx.

Par définition, la probabilité élémentaire attachée à l'intervalle dx est égale au produit de la densité de probabilité au point x par la longueur de l'intervalle dx :

$$\boxed{p_{dx} = f(x)\,dx}$$

6) Densité de probabilité

a) Définition

Par définition, la fonction f est appelée densité de probabilité de la variable aléatoire X.

b) Propriétés

α) la fonction f est à valeurs non négatives sur l'ensemble de définition de la variable aléatoire X (puisque f est la dérivée première d'une fonction non décroissante).

β) la fonction f est à valeur nulle en dehors de l'ensemble de définition de la variable aléatoire X.

γ) l'intégrale de f prise sur l'ensemble de définition de la variable aléatoire X est égale à 1.

En appelant $X(\Omega)$ l'intervalle de définition X, il vient :

$$\int_{X(\Omega)} f(x)dx = 1$$

δ) L'ensemble de ces propriétés permet d'écrire :

$$\int_{-\infty}^{+\infty} f(x)dx = 1$$

ε) Pour tout $x \in R$:

$$F(x) = \int_{-\infty}^{x} f(t)\, dt$$

c) Histogramme

α) Par définition, on appelle histogramme la courbe représentative de la fonction f, densité de probabilité :

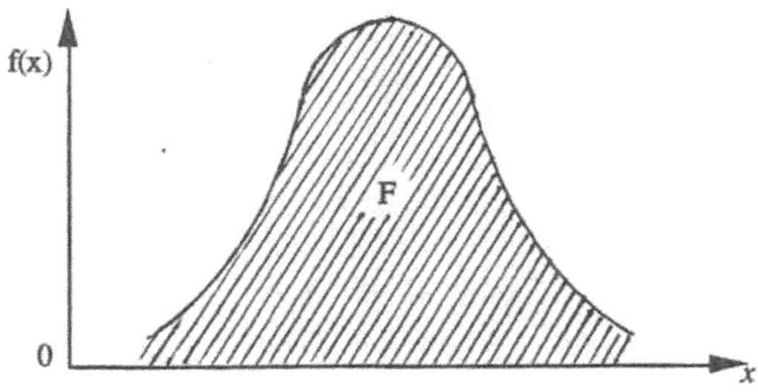

β) F est la mesure de la surface comprise entre la courbe et l'axe des abcisses.

γ) Par suite, $F(x)$ est égale à la surface comprise entre la courbe, l'axe des abcisses et la droite d'abcisse x.

δ) De même $Pr\{x_i < X \leq x_j\} = F(x_j) - F(x_i)$ est égale à l'aire comprise entre la courbe, le segment $\{x_i, x_j\}$ et les deux droites d'abcisses x_i et x_j.

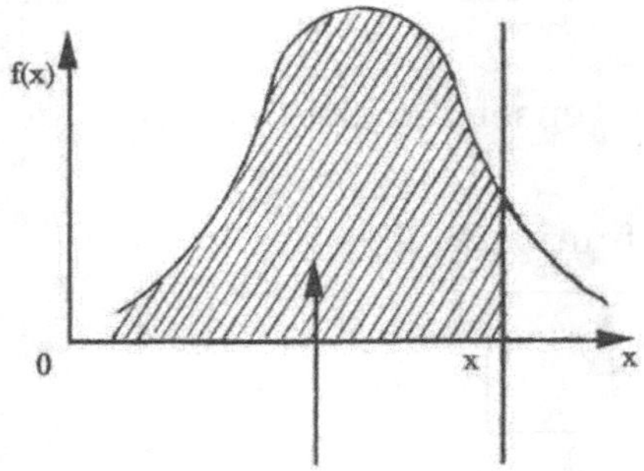

$Pr\ \{X < x\}$

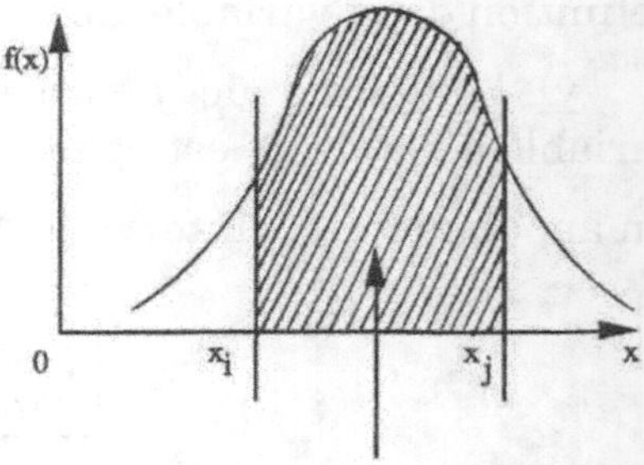

$Pr\{x_i < X \leq x_j\}$

7) Cas où $X(\Omega)$ est la réunion de n intervalles disjoints

Dans le cas où l'ensemble de définition de la variable aléatoire $X, X(\Omega)$, est constitué par la réunion de n intervalles disjoints de R, de la forme $]a_i, b_i]$, on a :

$$\boxed{Pr\{X \in X(\Omega)\} = \int_{a_1}^{b_1} f(t)\, dt + \cdots + \int_{a_i}^{b_i} f(t)\, dt + \cdots + \int_{a_n}^{b_n} f(t)\, dt}$$

La fonction f présente un nombre fini de points de discontinuité.

IV. Variables aléatoires mixtes

Avant de poursuivre l'étude des variables aléatoires absolument continues nous donnons ici la définition d'une variable aléatoire mixte.

Soit F_1 la fonction de répartition d'une variable aléatoire discrète X_1, soit F_2 la fonction de répartition d'une variable aléatoire continue X_2 et soit α un nombre compris entre 0 et 1.

On appelle variable aléatoire mixte, une variable aléatoire X dont la fonction de répartition F est de la forme :

$$F(x) = \alpha\, F_1(x) + (1 - \alpha)\, F_2(x)$$

Ce type de variable se rencontre en recherche opérationnelle lorsque l'on étudie des durées d'attente (processus de Poisson).

V. Caractéristiques de tendance centrale d'une variable aléatoire continue

1) Introduction

Nous allons retrouver ici toutes les caractéristiques de tendance centrale étudiées dans le cas d'une variable aléatoire discrète.

Mais les moments n'existeront que si l'intégrale qui les définit converge.

2) Mode

Le mode M_o d'une variable aléatoire continue est la valeur M_o pour laquelle l'histogramme présente un maximum.

Une variable aléatoire continue peut avoir un ou plusieurs modes.

Dans le cas d'une variable continue X, le mode M_o est la valeur de la variable pour laquelle la dérivée première en M_o est nulle et la dérivée seconde en M_o est négative :

$$f'(M_o) = 0 \qquad f''(M_o) < 0$$

Le mode M_o correspond aussi à un point d'inflexion de la courbe cumulative.

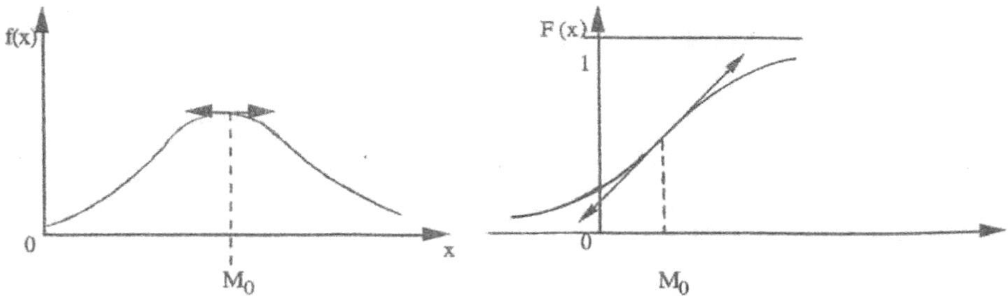

3) Quantiles

a) Définition

Soit $0 \leq \alpha < 1$.

On appelle quantile d'ordre α la valeur x_α telle que :

$$\boxed{F(x_\alpha) = Pr\{X \leq \alpha = \alpha\}}$$

b) Médiane

La médiane M_e d'une variable aléatoire continue X est le quantile d'ordre $\alpha = \frac{1}{2}$:

$$\boxed{F(M_e) = \frac{1}{2}}$$

c) Quartiles

Les quartiles Q_1 et Q_3 sont respectivement les quantiles d'ordre $\frac{1}{4}$ et $\frac{3}{4}$ (en rappelant que $Q_2 = M_e$) :

$$\boxed{F(Q_1) = \frac{1}{4}} \qquad \boxed{F(Q_3) = \frac{1}{4}}$$

4) Espérance mathématique

a) Définition

Soit une variable aléatoire continue X, (son domaine de définition sera appelé $x = X(\Omega)$ et sa fonction de répartition F.

Par définition, l'espérance mathématique $E(X)$ de la variable aléatoire continue X est l'intégrale (si elle existe) de la probabilité élémentaire $f(x)\,dx$ sur le domaine de définition $X(\Omega)$:

$$\boxed{E(X) = \int_{X(\Omega)} tf(t)dt}$$

Dans le cas où X est définie sur $]-\infty, +\infty[$, il vient :

$$\boxed{E(X) = \int_{-\infty}^{+\infty} f(t)dt}$$

b) Variable aléatoire centrée

L'espérance mathématique de la variable aléatoire centrée $(x - E(x))$ est nulle :

$$\boxed{\int_{X(\Omega)} [x - E(X)]\, f(x)\, dx = 0}$$

c) Représentation graphique de l'espérance mathématique

Comme dans le cas d'une variable aléatoire discrète, l'espérance mathématique $E(X)$ d'une variable aléatoire continue X est égale à l'aire algébrique comprise entre la courbe cumulative de cette variable aléatoire et l'axe des ordonnées:

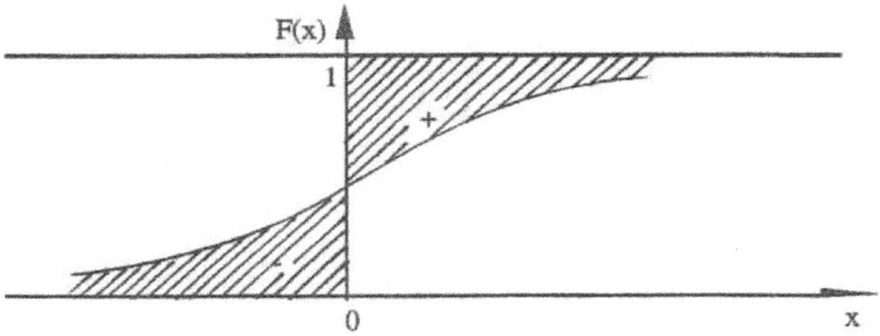

d) Linéarité de l'opérateur espérance mathématique E(X)

On démontre que si X est une variable aléatoire continue, l'opérateur $E(X)$ possède les propriétés de linéarité.

5) Moments simples d'ordre r

a) Soit une variable aléatoire absolument continue X (dont le domaine de définition est $x = X(\Omega)$. Soit f sa densité de probabilité et soit r un entier naturel.

Par définition, on appelle moment simple d'ordre r, l'intégrale (si elle existe) :

$$\boxed{m_r(X) = \int_{X(\Omega)} t^r f(t)dt}$$

b) Dans le cas où r = 1, on retrouve l'espérance mathématique :

$$\boxed{m_1(X) = E(X)}$$

c) Dans le cas où l'intégrale n'existe pas, on dit que la variable aléatoire continue X n'admet pas de moment d'ordre r.

VI. Caractéristiques de dispersion d'une variable aléatoire continue

1) Écart absolu moyen

Par définition, l'écart absolu moyen de la variable aléatoire continue X, par rapport à a, e_a, est l'espérance mathématique des valeurs absolues des écarts $(X - a)$:

$$\boxed{e_a(X) = E[|X - a|]}$$

On fera la même remarque que dans le cas d'une variable aléatoire discrète, à savoir que son calcul est peu aisé.

2) Écart moyen par rapport à l'espérance mathématique

a) Soit $(X - E\,(X))$ la variable aléatoire centrée de X.

b) Comme dans le cas d'une variable aléatoire discrète :

$$\boxed{e_m(X) = E[X - E(X)] = 0}$$

3) Variance d'une variable aléatoire continue

a) Définition

Soit une variable aléatoire continue X, telle que son espérance mathématique $E(X)$ existe.

Par définition, on appelle variance $V(X)$ de la variable aléatoire continue X, l'expression :

$$\boxed{V(X) = E\{[X - E(X)]^2\}}$$

ce qui peut encore s'écrire, en appliquant le théorème de König :

$$\boxed{V(X) = E(X^2) - [E(X)]^2 = \int_{X(\Omega)} t^2 f(t)dt - \left[\int_{X(\Omega)} t\, f(t)dt\right]^2}$$

b) Variable aléatoire réduite

Une variable aléatoire continue X est dite réduite si et seulement si sa variance est égale à l'unité.

En désignant par $\sigma(X) = [V(X)]^{1/2}$, on démontre, comme dans le cas d'une variable aléatoire discrète, que :

$$\boxed{\text{la variable } \frac{X}{\sigma(X)} \text{ est une variable réduite}}$$

c) Variable centrée réduite

Une variable centrée réduite est une variable aléatoire X dont à la fois $E(X) = 0$ et $V(X) = 1$.

On démontre que :

$$\boxed{\text{la variable aléatoire } \frac{X - E(X)}{\sigma(X)} \text{ est centrée réduite}}$$

4) Écart-type d'une variable aléatoire continue

Par définition l'écart-type $\sigma(X)$ d'une variable aléatoire continue X est égal à la racine carrée de la variance $V(X)$:

$$\boxed{\sigma(X) = [V(X)]^{1/2}}$$

5) Moments centrés d'ordre r par rapport à $E(X)$

Par définition, on appelle moment centré d'ordre r de la variable aléatoire continue X par rapport à son espérance mathématique $E(X)$, la quantité :

$$\boxed{\mu_r(X) = E\{[X - E(X)]^r\}}$$

Cette quantité n'existe que si les intégrales qui la définissent existent.

VII. Inégalité de Bienaymé-Tchébicheff

L'inégalité de Bienaymé-Tchébicheff que nous étudierons dans le chapitre 7, permet (comme dans le cas d'une variable aléatoire discrète) de déterminer la probabilité p pour que l'écart $|X - E(X)|$ soit inférieur à $t.\sigma(X)$, t étant un réel strictement positif.

Elle s'avère très utile, dans le cas des variables aléatoires continues.

VIII. Caractéristiques de forme d'une variable aléatoire continue

Comme pour une variable discrète, on définit des coefficients d'asymétrie et des coefficients d'aplatissement.

1) Coefficients d'asymétrie

On utilise également les coefficients β_1 de Pearson et γ_1 de Fisher :

$$\boxed{\beta_1(X) = \frac{[\mu_3(X)]^2}{[\mu_2(X)]^3}} \quad \text{et} \quad \boxed{\gamma_1(X) = \frac{\mu_3(X)}{\sigma^3(X)}}$$

2) Coefficients d'aplatissement

On utilise également les coefficients β_2 de Pearson et γ_2 de Fisher :

$$\boxed{\beta_2(X) = \frac{\mu_4(X)}{\sigma^4(X)}} \quad \text{et} \quad \boxed{\gamma_2(X) = \frac{\mu_4(X)}{\sigma^4(X)} - 3}$$

IX. Fonctions d'une variable aléatoire continue

Comme dans le cas d'une variable discrète, on pourra définir des fonctions d'une variable aléatoire continue, telles que $Y = ax + b$, $Y = X^2$, $Y = e^{(X)}$, etc...

Partie B :

LOIS ABSOLUMENT CONTINUES USUELLES

I. INTRODUCTION

1) Domaine d'étude

Nous allons étudier ici les lois de probabilité des variables aléatoires absolument continues les plus usuelles :

- loi continue uniforme
- loi exponentielle
- loi logistique
- loi de Gumbel
- loi de Pareto
- loi normale
- loi normale centrée réduite
- loi log-normale

La présentation de la loi de Gumbel, de la loi logistique et de la loi de Pareto présente un intérêt certain pour de futurs économistes, compte-tenu de leurs applications en économie.

La présentation d'autres lois de variables aléatoires continues, d'une plus grande difficulté n'a pas été retenue : loi gamma, loi bêta, loi de Weibull, loi du khi-deux, loi de Student, loi de Cauchy, loi de Fisher-Snedecor.

2) Plan d'étude

Pour chacune de ces lois, nous adopterons le même plan d'étude que celui suivi dans le cas des variables aléatoires discrètes :

- définition
- propriétés
- caractéristiques
- conditions d'utilisation
- approximation par une autre loi.

II. Loi continue uniforme sur $[a, b]$

1) Définition

a) Soit une variable aléatoire absolument continue X dont le domaine de définition est $X(\Omega) = [a, b]$ avec $a < b$.

Par définition, on dit que la variable aléatoire X suit une loi continue uniforme, notée $\mathcal{U}(a, b)$, si sa densité de probabilité f est définie par :

$$\begin{cases} f(x) = \frac{1}{b-a} & si\ x \in [a,b] \\ f(x) = 0 & si\ x \notin [a,b] \end{cases} \quad \text{car} \quad \int_a^b k\, dt = k(b-a) \Rightarrow k = \frac{1}{b-a}$$

2) Fonction de répartition

Pour $a < x < b$:

$$F(x) = \int_k^x k\, dt = k(x-a) = \frac{x-a}{b-a}$$

$$\boxed{F(x) = \frac{x-a}{b-a}}$$

3) Moments

a) Espérance mathématique

L'espérance mathématique $E(X)$ est égale à :

$$E(X) = \int_{-\infty}^{+\infty} t\, f(t)\, dt$$

$$= \int_a^b t \frac{1}{b-a} dt = \frac{1}{b-a}\left[\frac{t^2}{2}\right]_a^b = \frac{1}{(b-a)} \frac{(b^2-a^2)}{2} = \frac{a+b}{2}$$

$$\boxed{E(X) = \frac{a+b}{2}}$$

b) Moment simple d'ordre 2, m_2

Le moment simple d'ordre 2, m_2, est égal à :

$$E(X^2) = m_2(X) = \int_a^b \frac{x^2}{(b-a)} dx = \frac{1}{(b-a)}\left[\frac{x^3}{3}\right]_a^b = \frac{1}{3}\frac{(b^3-a^3)}{(b-a)}$$

$$= \frac{1}{3}(a^2 + ab + b^2)$$

$$\boxed{m_2(X) = E(X^2) = \frac{1}{3}(a^2 + ab + b^2)}$$

c) Variance

La variance $V(X)$ est définie par :

$$V(X) = E(X^2) - [E\,(X)]^2$$

d'où :

$$V(X) = \frac{1}{3}(a^2 + ab + b^2) - \left(\frac{a+b}{2}\right)^2 = \frac{(a^2 + ab + b^2)}{3} - \frac{(a^2 + 2ab + b^2)}{4}$$

$$V(X) = \frac{4a^2 + 4ab + 4b^2 - 3a^2 - 6ab - 3b^2}{6} = \frac{a^2 - 2ab + b^2}{12} = \frac{(a-b)^2}{12}$$

$$\boxed{V(X) = \frac{(a-b)^2}{12}}$$

III. Loi continue uniforme sur [0, 1]

1) Définition

En faisant la transformation $X \to \frac{X-a}{b-a}$, on est ramené à une loi uniforme sur le segment [0,1], notée $\mathcal{U}(0,1)$.

Sa densité de probabilité f est définie par :

$$\boxed{\begin{cases} f(x) = 1 & si\ 0 < x < 1 \\ f(x) = 0 & si \begin{cases} x \le 0 \\ ou\ x \ge 1 \end{cases} \end{cases}} \quad \text{car} \quad \frac{1}{b-a} = \frac{1}{1-0} = \frac{1}{1} = 1$$

2) Fonction de répartition

Pour $0 < x < 1$, la fonction de répartition F est égale à :

$$F(x) = \frac{x-0}{1-0} = x \qquad \boxed{F(x) = x}$$

3) Moments

a) Espérance mathématique

Il vient :

$$E(X) = \frac{0+1}{2} = \frac{1}{2} \qquad \boxed{E(X) = \frac{1}{2}}$$

b) Moment simple d'ordre 2, m_2

m_2 est égal à :

$$m_2(X) = \frac{1}{3}(0^2 + (0 \times 1) + 1^2) = \frac{1}{3} \qquad \boxed{m_2(X) = \frac{1}{3}}$$

c) Variance

La variance $V(X)$ est égale à :

$$V(X) = \frac{(0-1)^2}{12} = \frac{1}{12} \qquad \boxed{V(X) = \frac{1}{12}}$$

d) Écart-type

L'écart-type $\sigma(X)$ vaut :

$$\sigma(X) = \left(\frac{1}{2}\right)^{1/2} = 0{,}289 \qquad \boxed{\sigma(X) = 0{,}289}$$

IV. Loi exponentielle

1) Définition

a) Soit une variable aléatoire absolument continue X dont le domaine de définition est $X(\Omega) = [0, +\infty[$ et soit $k \in R^{*+}$.

Par définition, on dit que la variable aléatoire X suit une loi exponentielle, notée γ_1 si sa densité de probabilité est donnée par :

$$\boxed{\begin{cases} f(x) = k\, e^{-kx} & \text{pour } x \geq 0 \\ f(x) = 0 & \text{pour } x < 0 \end{cases}}$$

b) La loi exponentielle est un cas particulier de la loi gamma, notée γ_ν, dont la densité de probabilité est définie par :

$$\boxed{\begin{cases} \mathrm{f(x)} = \frac{1}{\Gamma(\nu)} \mathrm{e^{-x} x^2} & \text{si } \mathrm{x} \geq 0 \\ \mathrm{f(x)} = 0 & \text{si } \mathrm{x} < 0 \end{cases}}$$

avec $\Gamma(\nu) = \int_0^{+\infty} e^{-x}\, x^{\nu-1}\, dx$

(pour $\nu = 1$, $\Gamma(1) = 1$)

2) Fonction de répartition

La fonction de répartition de la loi exponentielle est définie par :

$$\boxed{\begin{cases} F(x) = 1 - e^{-kx} & pour\ x \geq 0 \\ F(x) = 0 & pour\ x < 0 \end{cases}}$$

$$\begin{cases} car\ F(x) = \int_0^x k\, e^{-kt}\, dt = [-e^{-kt}]_0^x = 1 - e^{-kx} \\ car\ F(x) = \int_{-\infty}^x 0\, dt = 0 \end{cases}$$

3) Moments

a) Espérance mathématique

L'espérance mathématique est égale à :

$$E(X) = \int_{-\infty}^{+\infty} x\, f(x)\; dx = \int_{0}^{+\infty} x\, ke^{-kx}\, dx$$

En effectuant une intégration par parties, il vient :

$$E(X) = [-xe^{-kx}]_0^{+\infty} + \int_0^{+\infty} e^{-kx}\, dx = \int_0^{+\infty} e^{-kx}\, dx = \left[-\frac{e^{-kx}}{k}\right]_0^{+\infty} = \frac{1}{k}$$

$$\boxed{E(X) = \frac{1}{k}}$$

b) Moment simple d'ordre 2

Il vient :

$$E(X^2) = \int_0^{+\infty} x^2 ke^{-kx}\, dt$$

En intégrant par parties, il vient :

$$E(X^2) = [-x^2\, e^{-kx}]_0^{+\infty} + 2\int_0^{+\infty} x\, e^{-kx}\, dx = \frac{2}{k}\int_0^{+\infty} x\, ke^{-kx}\, dx = \frac{2}{k}\, E(X) = \frac{2}{k^2}$$

$$\boxed{E(X^2) = \frac{2}{k^2}}$$

c) Variance

En utilisant la définition $V(X) = E(X^2) - [E\;(X)]^2$, il vient :

$$V(X) = \frac{2}{k^2} - \left(\frac{1}{k}\right)^2 = \frac{2}{k^2} - \frac{1}{k^2} = \frac{1}{k^2}$$

$$\boxed{V(X) = \frac{1}{k^2}}$$

d) Écart type

L'écart-type $\sigma(X)$ est donc égal à :

$$\sigma(X) = \left(\frac{1}{k^2}\right)^{\frac{1}{2}} = \frac{1}{k} \qquad \boxed{\sigma(X) = \frac{1}{k}}$$

V. Loi logistique

1) Définition

Soit une variable absolument continue X dont le domaine de définition est $X(\Omega) = R$.

Par définition, on dit que la variable aléatoire X suit une loi logistique, si sa densité de probabilité est donnée par :

$$\boxed{f(X) = \frac{e^{-x}}{(1+e^{-x})^2}}$$

2) Fonction de répartition

La fonction de répartition F est donnée par :

$$\boxed{F(X) = \frac{1}{1+e^{-x}}}$$

3) Moments

a) Espérance mathématique

L'espérance mathématique de la loi logistique est nulle :

$$\boxed{E(X) = 0}$$

b) Moment simple d'ordre 2, m_2

On trouve :

$$\boxed{m_2 = E(X^2) = \frac{\pi^2}{3}}$$

c) Variance

Du fait que $E(X) = 0$, il vient :

$$\boxed{V(X) = \frac{\pi^2}{3}}$$

VI. Loi de Gumbel

1) Définition

Soit une variable aléatoire absolument continue X, dont le domaine de définition est $X(\Omega) = R$.

La variable aléatoire X suit une loi de Gumbel, si sa densité de probabilité est donnée par :

$$\boxed{f(x) = e^{(x-e^x)}}$$

2) Fonction de répartition

Sa fonction de répartition F est donnée par :

$$\boxed{F(x) = 1 - e^{(-e^x)}}$$

3) Moments

a) Espérance mathématique

On trouve :

$$\boxed{E(X) = -\ 0{,}577216}$$

Remarque : $|E(X)| = C$, constante d'Euler.

La constante d'Euler C est égale à :

$$\boxed{C = \lim_{n\to\infty}\left(1 + \frac{1}{2} + \frac{1}{3} + \cdots + \frac{1}{n} - \ln x\right)}$$

(Cette série converge très lentement car il faut $n = 20\,000$ pour obtenir une précision de 10^{-4}).

b) Moment d'ordre 2, m_2

Il vient :

$$\boxed{m_2 = E(X^2) = \frac{\pi^2}{6} + C^2}$$

où C est la constante d'Euler.

c) Variance

La variance est alors égale à :

$$V(X) = E(X^2) - [E\ (X)]^2 = \frac{\pi^2}{6} + C^2 - (-C)^2 = \frac{\pi^2}{6}$$

$$\boxed{V(X) = \frac{\pi^2}{6}}$$

d) Écart-type

De la valeur de la variance, on tire celle de l'écart-type :

$$\sigma(X) = \left(\frac{\pi^2}{6}\right)^{\frac{1}{2}} = \frac{\pi}{\sqrt{6}} \qquad \boxed{\sigma(X) = \frac{\pi}{\sqrt{6}}}$$

4) Propriété

Soient X et Y deux variables aléatoires indépendantes suivant chacune la loi de Gumbel.

Définissons la variable Z par $Z = (X - Y)$.

On démontre que la variable aléatoire Z suit une loi logistique.

VII-Loi de Pareto[6]

1) Définition

Soient deux nombres $\alpha > 1$, $x_0 > 0$ et une variable aléatoire X dont le domaine de définition est $X(\Omega) = [x_0, +\infty[$.

La variable aléatoire X suit une loi de Pareto, si sa densité de probabilité f est donnée par :

$$f(x) = \frac{\alpha - 1}{x_0}\left(\frac{x_0}{x}\right)^{\alpha}$$

2) Moments

a) Espérance mathématique

Son espérance mathématique est égale à :

$$\boxed{E(X) = \frac{\alpha-1}{\alpha-2}x_0} \qquad \text{avec} \quad \alpha > 2$$

b) Variance

Sa variance est donnée par :

$$\boxed{V(X) = \frac{\alpha-1}{(\alpha-3)(\alpha-2)^2}x_0^2} \qquad \text{avec} \quad \alpha > 3$$

---

[6] Pareto (1848 - 1923), économiste italien.

VIII. La loi de Laplace-Gauss ou loi normale[7]

1) Définition

a) La loi de Laplace-Gauss (ou loi normale) est la loi de probabilité d'une variable aléatoire continue X, dont la densité de probabilité est :

$$\boxed{f(x) = \frac{1}{\sqrt{2\pi}\,\sigma} e^{-\frac{(x-\bar{x})^2}{2\sigma^2}}}$$

On dit que l'on est en présence de la loi normale de moyenne $\bar{x}$ et d'écart-type σ. On résume cette loi par la notation $\mathcal{N}(\bar{x}, \sigma)$. Les deux paramètres de la loi sont donc précisément la valeur moyenne et l'écart-type de cette loi.

b) On démontre que $\int_{-\infty}^{+\infty} f(x)\,dx = 1$. On a bien affaire à une loi de probabilité.

c) Il s'agit d'une loi de probabilité continue.

2) Étude de la fonction $f(x)$ densité de probabilité de $\mathcal{N}(\bar{x}, \sigma)$.

a) La fonction est symétrique autour de $x = \bar{x}$.

b) Si $x = \bar{x}$, la fonction prend une valeur maximum :

$$f(x) = \frac{1}{\sqrt{2\pi}\,\sigma}$$

c) Si $x \longrightarrow -\infty \quad \Rightarrow \quad y \longrightarrow 0_+$

d) Si $x \longrightarrow +\infty \quad \Rightarrow \quad y \longrightarrow 0_+$

e) Étudions maintenant les dérivées de f(x) pour préciser les sens de variation :

$$f(x) = \frac{1}{\sqrt{2\pi}\,\sigma} \frac{\bar{x} - x}{\sigma^2} e^{-\frac{(x-\bar{x})^2}{2\sigma^2}} = \frac{\bar{x} - x}{\sqrt{2\pi}\,\sigma^3} e^{-\frac{(x-\bar{x})^2}{2\sigma^2}}$$

L'exponentielle étant toujours > 0, la dérivée est du signe de $\frac{\bar{x}-x}{\sqrt{2\pi}\,\sigma^3}$

Cherchons aussi $f''(x)$ pour déterminer les points d'inflexion de la courbe :

---

[7] *Laplace* (1749-1827), mathématicien, astronome et physicien français. *Gauss* (1777-1855) mathématicien, astronome et physicien allemand.

$$f''(x) = \frac{1}{\sqrt{2\pi}\,\sigma^3}\left[\frac{(\bar{x}-x)^2}{\sigma^2} - 1\right] e^{-\frac{(x-\bar{x})^2}{2\sigma^2}}$$

f) Le tableau de variations de $f(x)$ est le suivant :

x	$-\infty$		$\bar{x}-\sigma$		$\bar{x}$		$\bar{x}+\sigma$		$+\infty$
$f(x)$	0	↗	$\frac{1}{\sqrt{2\pi}\sigma} e^{-\frac{1}{2}}$	↗	$\frac{1}{\sqrt{2\pi}\sigma}$	↘	$\frac{1}{\sqrt{2\pi}\sigma} e^{-\frac{1}{2}}$	↘	0
$f'(x)$			+		0		-		
$f''(x)$		+	0		-		0	+	

g) La courbe représentative est alors la suivante :

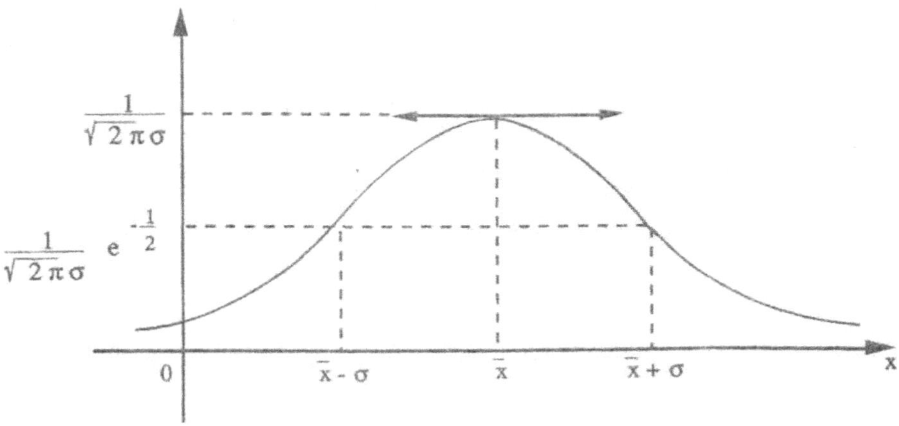

On voit que $M_o = \bar{x}$.

La droite $x = \bar{x}$ est axe de symétrie.

La courbe est d'autant plus aplatie que σ est grand. Mais l'aire de la portion de plan comprise entre la courbe et l'axe $\overrightarrow{Ox}$ reste égale à 1.

Cette courbe est communément appelée «courbe en cloche».

h) La probabilité de voir X prendre une valeur de l'intervalle (x_1, x_2) s'écrit :

$$Pr\{x_1 < X < x_2\} = \frac{1}{\sqrt{2\pi}\,\sigma}\int_{x_1}^{x_2} e^{-\frac{(x-\bar{x})^2}{2\sigma^2}}\,dx$$

3) Étude de la fonction $F(x)$ fonction de répartition de $\mathcal{N}(\bar{x},\sigma)$

a) La fonction de répartition de la loi normale $\mathcal{N}(\bar{x},\sigma)$ est définie par :

$$\boxed{F(X) = \int_{-\infty}^{x} \frac{1}{\sqrt{2\pi}\,\sigma}\, e^{-\frac{(x-\bar{x})^2}{2\sigma^2}}}$$

b) On admet que l'intégrale de la forme :

$$\int_0^{+\infty} e^{-x^2}\,dx$$

existe et vaut $\frac{\sqrt{\pi}}{2}$:

$$\boxed{\int_0^{+\infty} e^{-x^2}\,dx = \frac{\sqrt{\pi}}{2}}$$

c) On doit montrer maintenant que $\int_{-\infty}^{+\infty} F(x) = 1$.

$$\int_{-\infty}^{+\infty} F(x) = \frac{1}{\sqrt{2\pi}\,\sigma}\int_{-\infty}^{+\infty} e^{-\frac{(x-\bar{x})^2}{2\sigma^2}}$$

On choisit la variable $t = \frac{\bar{x}-x}{\sqrt{2\pi}\,\sigma}$ et on effectue le changement de variable (par conséquent $dx = \sqrt{2\pi}\,\sigma\,dt$).

Il vient alors :

$$\int_{-\infty}^{+\infty} F(x) = \frac{1}{\sqrt{2\pi}\,\sigma}\int_{-\infty}^{+\infty} \sqrt{2}\,\sigma\, e^{-t^2}\,dt = \frac{\sqrt{2}\,\sigma}{\sqrt{2\pi}\,\sigma}\int_0^{+\infty} e^{-t^2}\,dt = \frac{1}{\sqrt{\pi}}\frac{\sqrt{\pi}}{2} = \frac{1}{2}$$

Comme la fonction est paire, on vérifie bien que :

$$\boxed{\int_{-\infty}^{+\infty} F(x) = 1}$$

d) Comme f' s'annule en changeant de signe pour la valeur $x = \bar{x}$, F admet un point d'inflexion en ce point.

Le tableau de variation de F est alors :

x	$-\infty$	$\bar{x}-\sigma$	$\bar{x}$	$\bar{x}+\sigma$	$+\infty$
F	0	↗	$\frac{1}{2}$	↗	1
$f = F'$			$\frac{1}{\sqrt{2\pi}\sigma}$		
$f' = F''$		$+$	0	$-$	
$f'' = F'''$	$+$	0	$-$	0	$+$

$F(\bar{x}) = \frac{1}{2}$ car le graphe de f est symétrique par rapport à la droite $x = \bar{x}$ et car $f(t)\, dt = 1$.

e) La courbe représentative de la fonction F est alors :

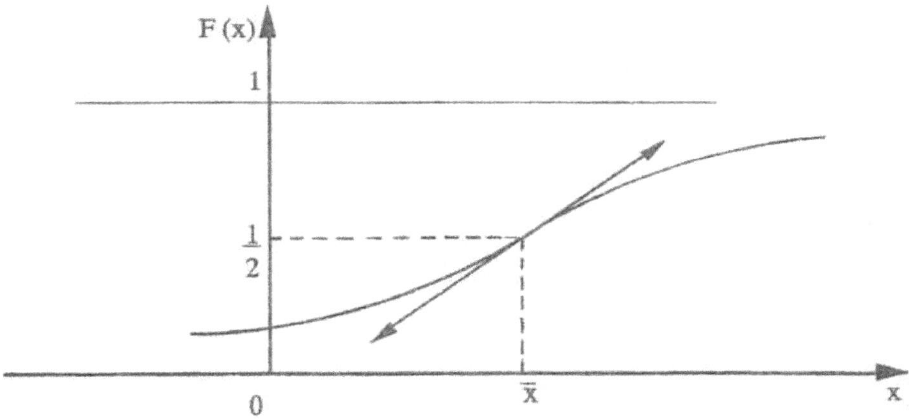

La pente de la tangente au point d'inflexion est égale à :

$$f(m) = \frac{1}{\sqrt{2\pi}\,\sigma}$$

4) Moments

a) Espérance mathématique

On a vu que $E(X) = x$ constitue l'un des paramètres de la loi normale.

b) Variance

La variance $V(X) = \sigma\,(X)$ est obtenue à partir du deuxième paramètre de la loi normale.

c) Écart-type

L'écart-type σ constitue le second paramètre de la loi normale.

On peut donner une interprétation géométrique de σ : $(\bar{x} - \sigma)$ et $(\bar{x} + \sigma)$ sont les abscisses des points d'inflexion de la courbe de la fonction densité de probabilité.

IX. Loi normale centrée, réduite

1) Variable normée

a) Soit une variable certaine x_i de moyenne $\bar{x}$ et d'écart-type σ_x.

À partir de cette variable x_i, définissons une nouvelle variable t_i, telle que :

$$t_i = \frac{x_i - \bar{x}}{\sigma_x}$$

La variable t_i est dite normée, si :

- la moyenne arithmétique $\bar{t}$ est nulle : $\bar{t} = 0$
- l'écart-type σ_t est égal à l'unité : $\sigma_t = 1$

b) On peut généraliser cette notion au cas d'une variable aléatoire. À partir d'une variable aléatoire X, d'espérance mathématique $E(X)$ et d'écart-type $\sigma(X)$, on définit la variable aléatoire normée T par :

$$T = \frac{X - E(X)}{\sigma(X)}$$

En effet, cette variable aléatoire est normée, car :

- la moyenne $\bar{t}$ des réalisations t_i de T est nulle : $\bar{t} = 0$;
- l'écart-type σ_t des réalisations t_i de T est égal à l'unité : $\sigma_t = 1$

On dit alors que la variable aléatoire T est :

- centrée (moyenne nulle)
- réduite (écart-type égal à l'unité).

2) Définition de la loi normale centrée réduite

En normant la variable x, c'est-à-dire en faisant le changement de variable défini par :

$$t = \frac{x - \bar{x}}{\sigma}$$

la loi normale $\mathcal{N}(\bar{x}, \sigma)$ s'écrit :

$$f(x) = \frac{1}{\sqrt{2\pi}\,\sigma} e^{-\frac{[(t\sigma+\bar{x})-\bar{x}]^2}{2\sigma^2}} = \frac{1}{\sqrt{2\pi}\,\sigma} e^{-\frac{t^2\sigma^2}{2\sigma^2}} = \frac{1}{\sqrt{2\pi}\,\sigma} e^{-\frac{t^2}{2}}$$

Cette loi est la loi normale, centrée, réduite, car elle est de moyenne nulle et d'écart-type égal à l'unité.

On la note : $\mathcal{N}(0,1)$.

3) Allure et propriété de la loi normale centrée réduite

a) L'allure de la loi normale, centrée, réduite $\mathcal{N}(0,1)$ est la suivante :

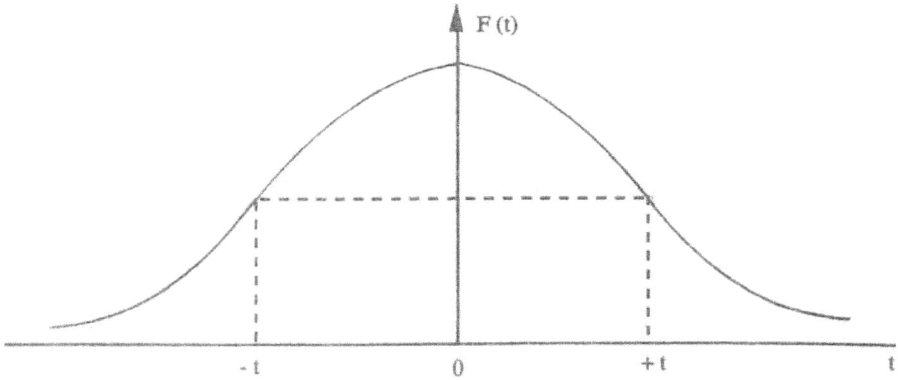

La fonction est paire : $f(t) = f(-t)$.

Aussi les tables de la loi normale centrée réduite, donnent les valeurs de la fonction $f(t)$ uniquement pour des valeurs positives de la variable t.

b) La probabilité de voir T prendre une valeur de l'intervalle (t_1, t_2) s'écrit alors :

$$Pr\{t_1 < T < t_2\} = \frac{1}{\sqrt{2\pi}} \int_{t_1}^{t_2} e^{-\frac{t^2}{2}}\, dt$$

4) Fonction intégrale $\Pi(t)$ de la loi normale centrée réduite $\mathcal{N}(0,1)$.

a) Définition

On définit la fonction intégrale $\Pi(t)$ de la loi normale centrée réduite, en intégrant la fonction $f(t)$ densité de probabilité de t :

$$\Pi(a) = \int_{-\infty}^{a} f(t)\, dt = \int_{-\infty}^{a} \frac{1}{\sqrt{2\pi}}\ e^{-\frac{t^2}{2}}\, dt$$

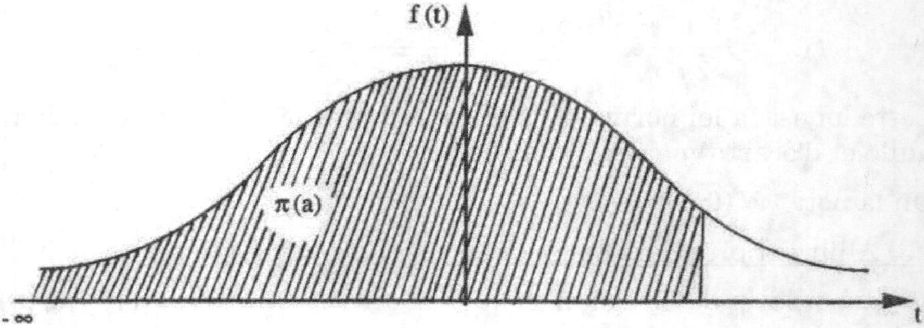

b) Propriétés

On démontre que :

$$\int_{-\infty}^{+\infty} f(t)\, dt = 1$$

L'aire comprise entre la courbe $\mathcal{N}(0,1)$ et l'axe des t est égale à l'unité.

c) Fonction de répartition

α) La fonction intégrale *Π(t)* constitue la fonction de répartition de t :

$$\boxed{\Pi(a) = Pr\ (T < a)}$$

où T est une variable aléatoire centrée réduite.

β) $\Pi\ (-\infty) = 0$; $\Pi(0) = 1$; $\Pi(+\infty) = 1$

γ) Par suite des propriétés de symétrie de la courbe :

$$\boxed{\Pi(-a)\ =\ 1\ -\ \Pi(a)}$$

d'où l'on déduit :

$$Pr\ (T > a) = Pr\left(T < (-a)\right) = \Pi(-a) =\ 1 - \Pi(a)$$

d) Probabilité associée à un intervalle :

α) La probabilité associée à l'intervalle $(-a, b)$ est égale à la surface limitée par les droites $-a$ et b :

$$Pr\ \{-a < T < b) = \Pi(b) - \Pi(-a) = \Pi(b) - (1 - \Pi(a))$$
$$= \Pi(b) + \Pi(a) - 1$$

β) En centrant l'intervalle, on vérifie que :

- pour $-1 < t < +1$ $\Pi(t) = 0{,}6827$, soit $68{,}27\%$ de la surface totale
- pour $-2 < t < +2$ $\Pi(t) = 0{,}9545$, soit $95{,}45\%$ de la surface totale
- pour $-3 < t < +3$ $\Pi(t) = 0{,}9973$, soit $99{,}73\%$ de la surface totale
- pour $-4 < t < +4$ $\Pi(t) = 0{,}99994$, soit 99, 994% de la surface totale.

γ) La signification de ces résultats est qu'un écart absolu $(t - \bar{t})$ (avec ici $t = 0$) :

- supérieur à un écart-type a moins de 32 chances sur 100 de se produire

$$Pr\ \{-\sigma < t \leq +\sigma\} > 0{,}68$$

- supérieur à deux écarts-types a moins de 5 chances sur 100 de se produire :

$$Pr\ \{-2\sigma < t < +2\sigma\} > 0{,}95$$

- supérieur à trois écarts-types a moins d'une chance sur 100 de se produire :

$$Pr\ \{-3\sigma < t \leq +3\sigma) > 0{,}99$$

- supérieur à quatre écarts-types a moins d'une chance sur 10 000 de se produire :

$$Pr\ \{-4\sigma < t \leq +4\sigma\} > 0{,}9999$$

Un tel écart doit être considéré comme pratiquement impossible.

δ) La probabilité qu'une variable aléatoire se situe sur un intervalle déterminé, si cette variable suit une loi normale centrée, réduite, est beaucoup plus forte qu'en appliquant l'inégalité de Bienaymé-Tchébicheff (valable, il est vrai, quelle que soit la loi de probabilité de la variable aléatoire).

Par exemple, pour l'intervalle $(-2\sigma, +2\sigma)$, on a trouvé :

$$Pr\{-2\sigma < t < +2\sigma) > 0{,}95$$

L'application de l'inégalité de Bienaymé-Tchébicheff donne :

$$Pr\{-2\sigma \leq t < +2\sigma) > 1 - \frac{1}{2^2} = 0{,}75$$

5) Exercice

a) La taille d'un groupe de 2 000 personnes obéit à une loi normale $\mathcal{N}(170\ cm\,;\ 5\ cm)$.

On demande de déterminer :

- le nombre de personnes dont la taille est comprise entre 168 cm et 175 cm.
- la probabilité pour qu'une personne ait une taille supérieure à 180 cm.

b) Définissons la variable centrée réduite T à partir de la variable aléatoire X.

$$T = \frac{X - 170}{5}$$

Alors :

$$Pr\{168 \leq x \leq 175\} = Pr\{-0{,}4 < t < 1\} = \Pi(1) + \Pi(0{,}4) - 1$$

soit, en cherchant les valeurs de $\Pi(1)$ et de $\Pi(0{,}4)$ dans une table de la fonction intégrale de la loi normale centrée réduite :

$$Pr\{168 \leq x \leq 175\} = 0{,}8413 + 0{,}6554 - 1 = 0{,}4967$$

Il y a donc :

$2\,000 \times 0{,}4967 = 993$ personnes dont la taille est comprise entre 168 cm et 175 cm

La probabilité pour qu'une personne ait une taille supérieure à 180 cm est :

$$Pr\{X > 180\} = Pr\{T > 2\} = 1 - \Pi(2) = 1 - 0{,}9772 = 0{,}0228$$

soit une probabilité de 2,3 %.

Il y a alors vraisemblablement $2\,000 \times 0{,}0228 \approx 45$ personnes dont la taille dépasse 180 cm.

X. Loi log-normale

1) Définition

a) Soit Y une variable aléatoire suivant une loi normale $\mathcal{N}(\bar{x}, \sigma)$. On définit la variable aléatoire $X = e^Y$, dont l'ensemble de définition est $X(\Omega) = [0, +\infty[$.

La variable aléatoire X suit une loi log-normale si sa densité de probabilité est donnée par :

$$\begin{cases} f(x) = \dfrac{1}{\sqrt{2\pi}\,\sigma\,x} e^{-\frac{(Log\,x - \bar{x})^2}{2\sigma^2}} & pour\ x \geq 0 \\ f(x) = 0 & pour\ x < 0 \end{cases}$$

b) La courbe de la densité de probabilité a la forme suivante :

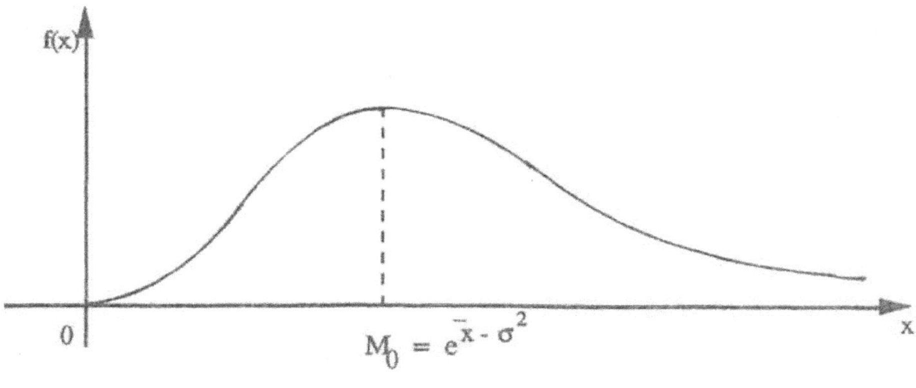

Elle passe par un maximum pour : $x = e^{\bar{x}-\sigma^2} = M_o$

2) Moments

a) Espérance mathématique

L'espérance mathématique de la loi log-normale vaut :

$$E(X) = e^{\bar{x}+\frac{\sigma^2}{2}}$$

b) Variance

La variance de la loi log-normale est égale à :

$$V(X) = e^{2\bar{x}+\sigma^2} \times \left(e^{\sigma^2} - 1\right)$$

XI. Fonctions de variables aléatoires normales indépendantes

1) Addition de variables aléatoires normales indépendantes.

Soit X une variable aléatoire obéissant à une loi normale $\mathcal{N}(\bar{x}, \sigma_x)$ et Y une variable aléatoire obéissant à une loi normale $\mathcal{N}(\bar{y}, \sigma_y)$.

Si X et Y sont deux variables indépendantes, on démontre que :

- la variable aléatoire $Z = X + Y$ suit une loi normale $\mathcal{N}(\bar{z}, \sigma_z)$;
- de moyenne $\bar{z} = \bar{x} + \bar{y}$;
- d'écart-type $\sigma_z = \sqrt{\sigma_x^2 + \sigma_y^2}$;
- la variable aléatoire $\mathrm{N} = X - Y$ suit une loi normale $\mathcal{N}(\bar{v}, \sigma_v)$;
- de moyenne $\bar{v} = \bar{x} - \bar{y}$;
- d'écart-type $\sigma_v = \sqrt{\sigma_x^2 + \sigma_y^2}$.

Ce théorème se généralise au cas de n variables aléatoires indépendantes.

2) Somme des carrés de variables normales centrées réduites indépendantes

a) Loi du carré d'une variable normale centrée réduite

Soit une variable normale centrée réduite X. On définit la variable $Y = X^2$, dont l'ensemble de définition est $\mathrm{Y}(\Omega) = [0, + < +\infty[$.

On démontre que la variable Y suit une loi de khi-deux (χ^2) avec 1 degré de liberté ($\nu = 2$)[8].

b) Soient deux variables normales centrées réduites et indépendantes X et Y. On définit la variable $Z = X^2 + Y^2$, dont l'ensemble de définition est $Z(\Omega) = [0, +\infty[$.

On démontre que la variable Z suit une loi de khi-deux (χ^2) avec 2 degrés de liberté ($\nu = 2$).

[8] La loi de χ^2 a été découverte en 1875 par Helmert, puis redécouverte indépendamment en 1900 par Karl Pearson, qui a inventé un test d'ajustement utilisant cette loi.

c) Cette propriété s'étend à la somme des carrés de n variables centrées réduites $Z = X_1^2 + \ldots + X_i^2 + \ldots + X_n^2$. Z suit une loi de khi-deux (χ^2) avec n degrés de liberté ($\nu = n$).

3) Quotient de deux variables normales centrées réduites indépendantes

Soient deux variables normales centrées réduites X et Y. On définit la variable $Z = \frac{X}{Y}$ dont l'ensemble de définition est $Z(\Omega) =]-\infty, +\infty[$.

On démontre que la variable Z suit une loi de Cauchy[9] dont la densité de probabilité est égale à :

$$\boxed{f(z) = \frac{1}{\pi}\,\frac{1}{1+z^2}}$$

et dont la fonction de répartition est égale à :

$$\boxed{F(z) = \frac{1}{2} + \frac{1}{\pi}\,Arc\;tg\;z}$$

La loi de Cauchy est symétrique par rapport à $x = 0$. Elle a comme particularité de ne posséder aucun moment.

XII. Approximations de lois discrètes par la loi normale

1) Approximation de la loi binomiale par la loi normale

a) Définition

Si les conditions suivantes pour n et p sont réalisées :

- n est grand (> 10),
- p pas trop voisin de 0 ou de 1 (pratiquement $npq > 3$),

la loi binomiale $\mathcal{B}(n,p)$ peut être approximée par une loi normale $\mathcal{N}(\bar{x} = np, \sigma = \sqrt{npq})$:

$$\boxed{Pr\{X = k\} = C_n^k\, p^k\, q^{n-k} \approx \frac{1}{\sqrt{2\pi}}\,\frac{1}{\sqrt{npq}}\; e^{-\frac{1}{2}\left(\frac{k-np}{\sqrt{npq}}\right)^2}}$$

b) Théorème de Moivre-Laplace

On démontre que la quantité :

[9] Cauchy (1789-1857), mathématicien français.

$$t_k = \frac{k - np}{\sqrt{npq}}$$

obéit à une loi normale, centrée, réduite.

c) Démonstration

α) Soit une loi de probabilité binomiale $\mathcal{B}(n, p)$:

$$p_k = Pr\{X = k\} = C_n^k\, p^k\, q^{n-k}$$

où :

$$C_n^k = \frac{n!}{k!\,(n-k)!}$$

n étant grand ($n \geq 10$) on peut remplacer $n!$ par son approximation donnée par la formule de Stirling :

$$n! \approx e^{-n}\, n^n \sqrt{2\,\pi\, n}$$

Il vient alors :

$$C_n^k = \frac{n!}{k!\,(n-k)!} \approx \frac{e^{-n}\, n^n \sqrt{2\,\pi\, n}}{\left(e^{-k}\, k^k \sqrt{2\,\pi\, k}\right)\left(e^{-(n-k)}\,(n-k)^{(n-k)}\sqrt{2\,\pi\,(n-k)}\right)}$$

soit :

$$C_n^k \approx \frac{1}{\sqrt{2\pi}}\,\frac{\sqrt{n}}{\sqrt{k}\,\sqrt{(n-k)}}\,\frac{n^n}{k^k}\,\frac{1}{(n-k)^{(n-k)}}$$

On multiplie numérateur et dénominateur par $\sqrt{npq}$. Il vient alors :

$$C_n^k \approx \frac{1}{\sqrt{2\pi}}\,\frac{1}{\sqrt{npq}}\,\frac{\sqrt{np}\,\sqrt{nq}}{\sqrt{k}\,\sqrt{(n-k)}}\,\frac{n^n}{k^k\,(n-k)^{(n-k)}}$$

On va écrire : $n^n = n^{(n-k+k)} = n^{(n-k)}.\, n^k$

On pose $k = np + x$, d'où :

$$(n-k) = n - (np + x) = nq - x$$

Il vient alors :

$$p_k \approx \frac{1}{\sqrt{2\pi}}\,\frac{1}{\sqrt{npq}}\,\frac{\sqrt{np}\,\sqrt{nq}}{\sqrt{np+x}\,\sqrt{(nq-x)}}\,\frac{(np)^k\,(nq)^{(n-k)}}{(np+x)^k\,(nq-x)^{(n-k)}}$$

On divise maintenant le numérateur et le dénominateur du 3ème terme par $\sqrt{np}\,\sqrt{nq}$ ainsi que le numérateur et le dénominateur du

4ème terme par $\left[(np)^k\ (nq)^{(n-k)}\right]$.

Il vient alors :

$$p_k \approx \frac{1}{\sqrt{2\pi}}\frac{1}{\sqrt{npq}}\frac{1}{\sqrt{\frac{np+x}{np}}\sqrt{\frac{(nq-x)}{np}}}\frac{1}{\left(\frac{np+x}{np}\right)^{(np+x)}\left(\frac{nq-x}{nq}\right)^{(np-x)}}$$

ce qui s'écrit encore :

$$p_k \approx \frac{1}{\sqrt{2\pi}}\frac{1}{\sqrt{npq}}\frac{1}{\left(1+\frac{x}{np}\right)^{\frac{1}{2}}\left(1-\frac{x}{np}\right)^{\frac{1}{2}}}\frac{1}{\left(1+\frac{x}{np}\right)^{(np+x)}\left(1-\frac{x}{nq}\right)^{(np-x)}}$$

On développe maintenant en série chaque terme qui figure en dénominateur[10]. On trouve finalement :

$$p_k \approx \frac{1}{\sqrt{2\pi}}\frac{1}{\sqrt{npq}}\ e^{-\frac{1}{2}\left(\frac{k-np}{\sqrt{npq}}\right)^2}$$

c'est-à-dire que p_k suit une loi normale $\mathcal{N}(np,\sqrt{npq})$:

$$\boxed{p_k \approx \mathcal{N}(np,\sqrt{npq})}$$

β) En posant :

$$t_k = \frac{k-np}{\sqrt{npq}}$$

il vient alors :

$$p_k \approx \frac{1}{\sqrt{2\pi}}\frac{1}{\sqrt{npq}}\ e^{-\frac{t_k^2}{2}}$$

ce qui revient à dire que la quantité $\sqrt{npq}\,p_k$ suit une loi normale centrée réduite $\mathcal{N}(0,1)$.

d) Exercice

Étudions la probabilité d'obtenir 5 fois pile en 20 parties de pile ou face :

- par la loi binomiale

---

[10] On rappelle que : $(1+x)^\alpha = 1+\alpha x+\frac{\alpha(\alpha-1)}{2!}x^2+\frac{\alpha(\alpha)(\alpha-1)(\alpha-2)}{3!}x^3+\cdots$ d'où, avec $\alpha=\frac{1}{2}$ (cas qui nous concerne ici) : $(1+x)^{1/2} = 1+\frac{1}{2}x-\frac{1}{8}x^2+\frac{1}{16}x^3+\cdots$

– par son approximation par la loi normale.

La probabilité d'obtenir 5 piles en 20 coups est :

$$Pr\{X = 5\} = C_{20}^{5}\left(\frac{1}{2}\right)^{5}\left(\frac{1}{2}\right)^{15} = \frac{20!}{5!\,15!}.\frac{1}{2^5}.\frac{1}{2^{15}}$$
$$= 15\,504 \times 0{,}031\,25 \times 0{,}000\,030\,5$$

$$Pr\{X = 5\} = 0{,}014\,8 = 1{,}48\ \%$$

Cette loi binomiale est approximée par la loi normale :

$$Pr\{X = 5\} = \frac{1}{\sqrt{2\pi}}\frac{1}{\sqrt{20 \times \frac{1}{2} \times \frac{1}{2}}}\, e^{-\frac{1}{2}\left(\frac{5-\left(20 \times \frac{1}{2}\right)}{\sqrt{20 \times \frac{1}{2} \times \frac{1}{2}}}\right)^2}$$

$$Pr\{X = 5\} = \frac{1}{\sqrt{2\pi}}\frac{1}{\sqrt{5}}\, e^{-\frac{1}{2}\left(\frac{-5}{\sqrt{5}}\right)^2} = \frac{1}{\sqrt{10\pi}}\, e^{-\left(\frac{1}{2} \times 5\right)} = \frac{1}{\sqrt{10\pi}}\, e^{-(2{,}5)}$$

$$Pr\{X = 5\} = 0{,}178\,41 \times 0{,}082\,08 = 0{,}014\,6 = 1{,}46\ \%$$

On voit sur cet exemple, que pour $n = 20$, l'approximation est très bonne.

2) Approximation de la loi multinomiale par la loi normale

Si les conditions suivantes pour n et les p_i sont réalisées :

- n est grand,
- les p_i sont fixés,

la loi multinomiale $\mathcal{M}(n\,; p_1, p_2, \ldots, p_i, \ldots)$ peut être approximée par une loi normale.

On démontre que :

$$Pr\{X_1 = x_1, \ldots, X_i = x_i, \ldots, X_k = x_k\}$$
$$\approx \frac{1}{(2\pi n)^{\frac{k-1}{2}}\sqrt{p_1 \ldots p_i \ldots p_k}}\, e^{-\frac{1}{2}\sum_{i=1}^{k}\frac{(x_i - np_i)^2}{np_i}}$$

ce qui généralise l'approximation déterminée dans le cas de la loi binomiale.

3) Approximation de la loi de Poisson par la loi normale

Soit une variable continue X dont la densité de probabilité est donnée par la loi de Poisson de paramètre λ.

$$p_k = \frac{e^{-\lambda}.\lambda^k}{k!}$$

Si $\lambda \longrightarrow +\infty$, on démontre que la loi de Poisson $\mathcal{P}(\lambda)$ de paramètre λ peut être approximée par une loi normale $\mathcal{N}(\lambda, \sqrt{\lambda})$:

$$\boxed{\mathcal{P}(\lambda) = \frac{e^{-\lambda}.\lambda^k}{k!} \approx \frac{1}{\sqrt{2\pi\lambda}}\, e^{-\frac{1}{2}\left(\frac{k-\lambda}{\sqrt{\lambda}}\right)^2}}$$

Pratiquement, on effectue cette approximation quand $\lambda \geq 15$.

4) Approximation de la loi hypergéométrique par la loi normale

Soit une variable aléatoire X dont la densité de probabilité est donnée par la loi hypergéométrique :

$$\mathcal{H}(N, n, p) = \frac{C_{Np}^{k}\, C_{Nq}^{n-k}}{C_N^n}$$

Si les conditions suivantes pour N, n et p sont réalisées :

- N est grand par rapport à n,
- n lui-même est grand,
- p n'est ni trop petit, ni trop grand,

la loi hypergéométrique $\mathcal{H}(N, n, p)$ peut être approximée par une loi normale $\mathcal{N}(np, \sqrt{npq})$.

XIII. Droite de Henry

1) Papier gausso-arithmétique

Il existe un papier fonctionnel, appelé gausso-arithmétique, où l'abcisse est en échelle arithmétique, et où l'ordonnée est en échelle gaussienne. On y porte t_x défini par :

$$t_x = \frac{x - \bar{x}}{\sigma}$$

La courbe de la fonction de répartition F de la loi normale $\mathcal{N}(\bar{x}, \sigma)$ est alors une droite : la droite de Henry dont les paramètres sont $\frac{1}{\sigma}$ et $-\frac{\bar{x}}{\sigma}$ puisque son équation est : $t_x = \frac{x-\bar{x}}{\sigma}$.

La droite de Henri coupe l'axe des abscisses au point $\bar{x}$. En effet, pour $x = \bar{x}$, $t_x = 0$ et $F(x) = 0{,}5000$.

On peut également déterminer σ graphiquement :

- $x = \bar{x} + \sigma$ si $t = 1$ $soit$ $F(x) = 0,841\,3$
- $x = \bar{x} + 2\sigma$ si $t = 2$ $soit$ $F(x) = 0,977\,2$
- $x = \bar{x} + 3\sigma$ si $t = 3$ $soit$ $F(x) = 0,998\,7$

Ainsi le point de la droite de Henry dont l'ordonnée est égale à 0,841 3 a pour abscisse $(\bar{x} + \sigma)$; de même le point de la droite dont l'ordonnée est égale à 0,977 2 a pour abscisse $(\bar{x} + 2\sigma)$ et le point de la droite dont l'ordonnée est égale à 0,998 7 a pour abcisse $(\bar{x} + 3\,\sigma$).

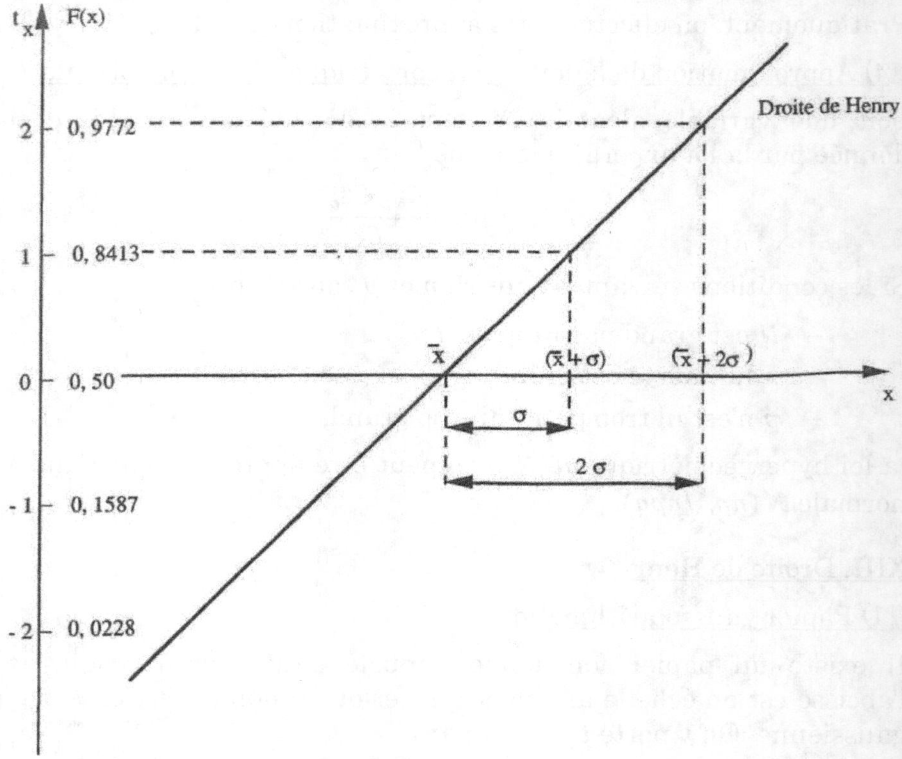

2) Papier gausso-logarithmique

Le papier gausso-logarithmique comprend une abcisse en échelle logarithmique et une ordonnée en échelle gaussienne.

La droite de Henry représente dans ce cas la courbe de la fonction de répartition F de la loi log-normale.

Toutes les propriétés exposées ci-dessus s'appliquent également dans ce cas.

XIV. Tables statistiques

En ce qui concerne les lois continues étudiées, on trouve couramment des tables de la loi de Laplace-Gauss qui se répartissent en :

- table de la densité de probabilité de la loi normale réduite.

Cette table permet de tracer la courbe de la fonction densité de probabilité $f(x)$ d'une variable normale X de moyenne $\bar{x}$ et d'écart-type σ.

- table de la fonction de répartition de la loi normale réduite.

Cette table permet de trouver la probabilité d'une valeur inférieure à u ; elle permet donc aussi de trouver la probabilité entre deux valeurs u_1 et u_2. Cette table donne les valeurs de $F(u)$ pour u positif ; lorsque u est négatif, on prend alors le complément à l'unité de la valeur lue dans la table.

- table de la loi normale réduite.

Cette table donne les valeurs de la variable réduite u en fonction de $P = 1 - F(u)$ et de $Q = F(u)$. Elle permet donc de trouver la valeur d'une variable normale en fonction de la probabilité P d'être dépassée.

Partie C:

EXERCICES AUTOCORRECTIFS

I. Une variable aléatoire X suit une loi normale de moyenne 4 et de variance 7.

Calculer les probabilités des événements suivants.

1) X = 6

2) X > 4

3) X < 8

4) 0 < X < 10

II. Une variable aléatoire X suit une loi normale telle que :

$$Pr\,\{X > 3\} = 0{,}1587 \text{ et } Pr\{X < 4\} = 0{,}9772$$

Déterminer les paramètres de cette loi normale.

III. Dans une entreprise de fabrication de sucre, on admet qu'un paquet de sucre en poudre d'un kilogramme peut être vendu s'il contient 994 g et 1010 g.

On prélève un échantillon de 100 paquets et on trouve que le poids moyen est de 1002 g et que l'écart-type est de 4 g.

La machine de remplissage est-elle bien réglée, si l'on considère que l'on ne veut pas reconditionner plus de 5% de la production ?

IV. En reprenant les données de l'exercice III, on désire que le poids du sucre contenu dans le paquet dépasse 980 g avec une probabilité égale à 99%.

1) Quelle valeur minimum faut-il donner à $\bar{x}$, sachant que $\sigma = 4$?

2) Lorsque $\bar{x} = 1002$, quelle valeur maximum peut avoir σ ?

SOLUTIONS

I. La variable aléatoire X suit une loi normale $\mathcal{N}(4\,;7)$.

Pour faciliter la lecture dans les tables de la loi normale, nous allons chercher la variable centrée réduite T telle que sa loi soit la loi normale centrée réduite.

On choisit :

$$T = \frac{X-\bar{x}}{\sigma} = \frac{X-4}{7} \qquad \text{donc} \quad T = \frac{X-4}{7} \qquad \Leftrightarrow \qquad \boxed{X = 7T + 4}$$

1) La probabilité de l'événement $X = 6$, c'est-à-dire $Pr\,\{X = 6\}$ se calcule en recherchant dans la table de la loi normale centrée réduite :

$$Pr\,\{7T + 4 = 6\} = Pr\,\left\{T = \frac{2}{7} = 0{,}285\,7\right\}$$

c'est-à-dire :

$$Pr\,\{X = 6\} = \Pi(t = 0,285\,7\}$$

On trouve :

$$\Pi(t = 0,285\,7) = 0,612\,5$$

(On effectue une approximation linéaire entre $0,6103$ lu pour $t = 0{,}28$ et $0,6141$ lu pour $t = 0,29$).

Donc :

$$\boxed{Pr\,(X = 6\} = 0{,}612\,5}$$

2) On calcule maintenant la probabilité de l'événement $X > 4$.

Il vient :

$$Pr\{X > 4\} = 1 - Pr\{X < 4\} = 1 - Pr\{7T + 4 < 4\} = 1 - Pr\{7T < 0\}$$

$$Pr\{X > 4\} = 1 - \; Pr\,\{T < 0\} \; = \; 1 - \Pi(t = 0)$$

Par la lecture dans la table, on trouve :

$$Pr\,\{X > 4\} = 1 - 0{,}5000 = 0{,}5000$$

Donc :

$$\boxed{Pr\,\{X > 4\} = 0{,}5000}$$

résultat auquel on pouvait s'attendre, puisque $E(X) = 4$.

3) On calcule à présent la probabilité de l'événement $X < 8$.

Il vient alors :

$$Pr\{X < 8\} = Pr\{7T + 4 < 8\} = Pr\{T = \frac{4}{7} = 0,5714\} = \Pi\ (t = 0,5714)$$

Par lecture dans la table, on trouve :

$$\Pi(t = 0,5714) = 0,1800$$

Donc :

$$\boxed{Pr\ \{X < 8\} = 0,1800}$$

4) On calcule enfin la probabilité de l'événement $0 < X < 10$.

$$Pr\{0 < X < 10\} = Pr\{0 < 7T + 4 < 10\} = Pr\left\{-\frac{4}{7} < T < \frac{14}{7}\right\}$$

c'est-à-dire :

$$Pr\ \{-0,5714 < T < 2\} = \Pi(2) - [1 - \Pi(0,5714)]$$

Par lecture dans la table, on trouve :

$$\Pi(2) = 0,9772$$

$$\Pi(0,5714) = 0,7180$$

(On effectue une approximation linéaire entre 0,7157 lu pour $t = 0,57$ et 0,7190 lu pour $t = 0,58$).

Il vient alors :

$$Pr\ \{0 < X < 10\} = 0,9772 - (1 - 0,7180) = 0,9772 - 0,2820 = 0,6952$$

$$Pr\ \{0 < X < 10\} = 0,6952$$

II. 1) On part du premier élément qui nous est fourni $Pr\ \{X > 3\}$.

$$Pr\ \{X > 3\} = 1 - Pr\{X < 3\}$$

On norme la variable X à l'aide de la variable :

$$T = \frac{x - \bar{x}}{\sigma} \qquad \Leftrightarrow \qquad X = T\sigma + \bar{x}$$

Il vient alors :

$$Pr\{X > 3\} = 1 - Pr\{X < 3\} = 1 - Pr\{T\sigma + \bar{x} < 3\} = 1 - Pr\left\{T < \frac{3 - \bar{x}}{\sigma}\right\}$$

Or :

$$Pr\left\{T < \frac{3 - \bar{x}}{\sigma}\right\} = \Pi(t)$$

Donc :

$$Pr\{X > 3\} = 1 - Pr\left\{T < \frac{3 - \bar{x}}{\sigma}\right\} = 1 - \Pi(t) = 0{,}1587$$

et :

$$\Pi(1) = 1 - 0{,}1587 = 0{,}8413$$

Par lecture dans la table de la fonction de répartition de la loi normale réduite, on trouve : $t = 1$

et il vient :

$$\frac{3-\bar{x}}{\sigma} = 1 \quad \Leftrightarrow \quad 3 - \bar{x} = \sigma \quad \Leftrightarrow \quad \boxed{\bar{x} = 3 - \sigma}$$

2) Le deuxième élément qui nous est fourni est $Pr\{X < 4\}$.

En utilisant la variable normée T, il vient :

$$Pr\{X < 4\} = Pr\{T\sigma + \bar{x} < 4\} = Pr\left\{T < \frac{4 - \bar{x}}{\sigma}\right\} = \Pi(t)$$

Par lecture dans la table, on trouve :

$$t = 2$$

et il vient :

$$\frac{4-\bar{x}}{\sigma} = 2 \quad \Leftrightarrow \quad 4 - \bar{x} = 2\sigma \quad \Leftrightarrow \quad \boxed{\bar{x} = 4 + 2\sigma}$$

3) Il ne reste plus maintenant qu'à résoudre un système de 2 équations à 2 inconnues :

$$\begin{cases} \bar{x} = 3 - \sigma \\ \bar{x} = 4 + 2\sigma \end{cases}$$

On trouve :

$$\begin{cases} \bar{x} = 2 \\ \sigma = 1 \end{cases}$$

ce qui signifie que la variable aléatoire X suit la loi normale $\mathcal{N}(2\,;1)$.

III. Soit X la variable aléatoire «poids de sucre par paquet».

La variable X suivant une loi normale, on sait qu'approximativement 95 % des valeurs sont comprises dans un intervalle $[(\bar{x} - 2\sigma), (\bar{x} + 2\sigma)]$ c'est-à-dire :

$$[(1002 - 8), (1002 + 8)] = [994, 1010]$$

On va calculer la probabilité de cet événement en normant la variable X.

Il vient :

$$T = \frac{X-1002}{4} \quad \Leftrightarrow \quad X = 4T + 1002$$

La probabilité de l'événement cherché est alors :

$$Pr\,\{994 < X < 1010\} = Pr\,\{994 < (4T + 1002) < 1010\}$$

soit :

$$Pr\left\{-\frac{8}{4} < T < \frac{8}{4}\right\} = Pr\{-2 < T < 2\}$$

c'est-à-dire :

$$Pr\,\{994 < X < 1010\} = \Pi(2) - [1 - \Pi(2)] = \Pi(2) + \Pi(2) - 1$$

Par lecture dans la table de la fonction de répartition de la loi normale réduite, il vient :

$$Pr\,\{994 < X < 1010\} = 0{,}9772 + 0{,}9772 - 1 = 1{,}9544 - 1 = 0{,}9544$$

$$\boxed{Pr\,\{994 < X < 1010\} = 0{,}9544}$$

<u>IV</u>. On veut que $\bar{x}$ et σ soient tels que :

$$Pr\,\{X > 980\} > 0{,}99$$

On va normer la variable X afin de pouvoir utiliser la fonction de répartition de la loi normale centrée réduite.

À cet effet, on utilise la variable :

$$T = \frac{x-\bar{x}}{\sigma} \qquad \Leftrightarrow \qquad X = T\sigma + \bar{x}$$

Il vient alors :

$$Pr\{X > 980\} = Pr\{\sigma T + \bar{x} > 980\} = Pr\left\{T > \frac{980 - \bar{x}}{\sigma}\right\} > 0{,}99$$

On lit dans la table de la fonction de répartition de la loi normale réduite la valeur de t telle que $Pr\,\{T < t) > 0,99$, soit :

$$t = 2,326$$

(valeur obtenue par approximation linéaire entre 0,9898 pour $t = 2{,}32$ et 0,9901 pour $t = 2{,}33$).

On obtient ainsi :

$$Pr\ (T > -\ 2,326\} > 0,99$$

soit :

$$Pr\ \{X > \bar{x} - 2,326\ \sigma\} > 0,99$$

La condition demandée sera donc réalisée si et seulement si on a :

$$\boxed{980 < \bar{x} - 2,326\ \sigma} \Leftrightarrow \quad \begin{cases} & \bar{x} > 980 + 2,326\sigma \\ ou & \\ & \sigma < \frac{\bar{x} - 980}{2,326} \end{cases}$$

1) Pour $\sigma = 4$, il vient :

$$\bar{x} > 980 + (2,326 \times 4) = 980 + 9,3 = 989,3$$

$$\boxed{\bar{x} > 989,3}$$

2) Pour $x = 1002$, il vient dans ce cas :

$$\sigma < \frac{1002 - 980}{2,326} = \frac{22}{2,326} = 9,46 \approx 9,5$$

$$\boxed{\sigma = 9,5}$$

Chapitre 7 : CONVERGENCE DES SUITES DE VARIABLES ALÉATOIRES RÉELLES

INTRODUCTION

I. CONSEILS PÉDAGOGIQUES

Au cours des deux chapitres précédents, nous avons étudié le comportement asymptotique de certaines variables aléatoires discrètes ou continues. Nous avons pu ainsi constater, que lorsque certains paramètres tendent vers certaines limites, une loi de probabilité peut être approximée par une autre loi de probabilité.

Nous nous proposons dans ce chapitre d'étudier de manière un peu plus systématique ces comportements asymptotiques, et en particulier le comportement (sous l'aspect convergence) des suites de variables aléatoires réelles.

Nous supposons connues les conditions de convergence des suites de nombres ainsi que les résultats obtenus pour les suites les plus classiques. En conséquence, nous renverrons au cours d'analyse pour toutes les démonstrations qu'il serait nécessaire d'exposer et qui ont déjà été étudiées par ailleurs.

II. PLAN DU CHAPITRE

Partie A :

LES CONVERGENCES STOCHASTIQUES

I. Les convergences

II. Inégalité de Bienaymé-Tchébicheff

1) Définition

2) Démonstration

3) Exercice

4) Conclusion

III. Loi faible des grands nombres

1) Définition

2) Théorème de Bernouilli

IV. Convergence en probabilité

1) Définition

2) Condition suffisante de convergence en probabilité

V. Convergence presque sûre

1) Définition

2) Propriétés

3) Condition suffisante de convergence presque sûre

4) Loi forte des grands nombres

VI. Convergence en loi

1) Définition

2) Propriétés

3) Théorème central limite

4) Convergence en loi concernant les lois de probabilité discrètes étudiées.

Partie B :

EXERCICES AUTOCORRECTIFS

Partie A :

LES CONVERGENCES STOCHASTIQUES

I. Les convergences

Les comportements asymptotiques amènent à distinguer plusieurs types de convergence. On distingue ainsi :

- la convergence en probabilité ou convergence faible ;
- la convergence presque sûre ou convergence forte ;
- la convergence en loi.

Avant d'étudier chacun de ces types de convergence, nous allons rappeler une inégalité utile dans cette étude, valable quelle que soit la loi de probabilité : l'inégalité de Bienaymé-Tchébicheff.

II. Inégalité de Bienaymé-Tchébicheff

1) Définition

L'inégalité que l'on va rappeler concerne uniquement une variable aléatoire qui a une moyenne et qui a une variance.

Soit une variable aléatoire X et un intervalle (a, b) centré sur l'espérance mathématique $E(X)$, tel que $a = -t\,\sigma$ et $b = +t\,\sigma$; (σ est l'écart-type de la variable aléatoire X) :

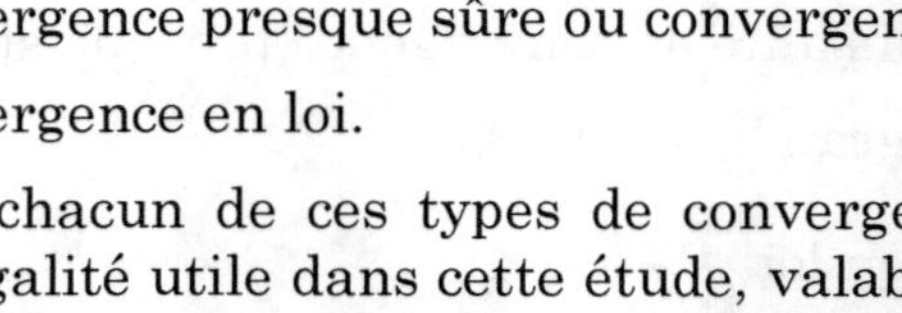

L'inégalité de Bienaymé-Tchébicheff s'énonce comme suit :

«La probabilité pour qu'une variable aléatoire X appartienne à l'intervalle (a, b) admet pour borne inférieure la quantité :

$$1 - \frac{1}{t^2}$$

quelle que soit la loi de probabilité de la variable aléatoire X» :

$$Pr\,\{X \in (a,b)\} = Pr\left\{\left|\frac{X - E(X)}{\sigma}\right| < t\right\} \geq 1 - \frac{1}{t^2}$$

Cette inégalité peut également s'écrire :

$$\boxed{Pr\,\{X \in (a,b)\} = Pr\,\{E(X) - t\sigma < X < E(X) + t\sigma\} \geq 1 - \frac{1}{t^2}}$$

2) Démonstration

a) Soit une variable aléatoire X dont le domaine de définition est $X(\Omega)$. Soit φ une fonction de X à valeurs positives ou nulles. On suppose que $E\{[\varphi(X)]^k\}$ existe.

Le principe de la démonstration consiste à faire une partition de l'ensemble $X(\Omega)$ en deux sous-ensembles complémentaires $X_1(\Omega)$ et $X_2(\Omega)$ tels que :

$$\varphi(x) \leq t \quad si \quad x \in X_1(\Omega)$$

$$\varphi(x) > t \quad si \quad x \in X_2(\Omega)$$

Nous allons effectuer la démonstration d'abord dans le cas d'une variable discrète, puis dans le cas d'une variable continue.

b) Variable discrète

Par définition d'un moment simple d'ordre k, il vient :

$$E\{[\varphi(X)]^k\} = \sum_{X(\Omega)} p_i[\varphi(X)]^k = \sum_{X_1(\Omega)} p_i[\varphi(X)]^k + \sum_{X_2(\Omega)} p_i[\varphi(X)]^k$$

Donc :

$$E\{[\varphi(X)]^k\} \geq \sum_{X_2(\Omega)} p_i[\varphi(X)]^k = t^k \, Pr\{\varphi(X) > t\}$$

ce qui peut s'écrire de manière équivalente :

$$\boxed{Pr\{\varphi(X) > t\} \leq \frac{E\{[\varphi(X)]^k\}}{t^k}}$$

et :

$$\boxed{Pr\{\varphi(X) \leq t\} \geq 1 - \frac{E\{[\varphi(X)]^k\}}{t^k}}$$

car les deux événements sont contraires.

Ce résultat est valable quelle que soit la loi de probabilité suivie par la variable aléatoire X. C'est l'inégalité de Bienaymé-Tchébicheff, sous sa forme la plus générale.

c) Variable continue

Montrons que l'on aboutit au même résultat dans le cas d'une variable continue :

$$E\{[\varphi(X)]^k\} = \int_{X(\Omega)} [\varphi(X)]^k f(x)\, dx$$

$$= \int_{X_1(\Omega)} [\varphi(X)]^k f(x)\, dx + \int_{X_2(\Omega)} [\varphi(X)]^k f(x)\, dx$$

Donc :

$$E\{[\varphi(X)]^k\} \geq \int_{X_2(\Omega)} [\varphi(X)]^k f(x)\, dx = \int_{X_2(\Omega)} t^k f(x)\, dx = t^k Pr\{\varphi(X) > t\}$$

ce qui peut s'écrire de manière équivalente :

$$Pr\{\varphi(X) > t\} \leq \frac{E\{[\varphi(X)]^k\}}{t^k}$$

et :

$$\boxed{Pr\{\varphi(X) \leq t\} \geq 1 - \frac{E\{[\varphi(X)]^k\}}{t^k}}$$

car les événements sont contraires.

d) L'intérêt de ce résultat, dans le cas discret comme dans le cas continu, est que l'on peut remplacer φ par une fonction de son choix.

Deux cas s'avèrent particulièrement intéressants :

- d'une part $\varphi(X) = |X - E(X)|$
- d'autre part $\varphi(X) = \left|\frac{X-E(X)}{\sigma(X)}\right|$

Étudions les successivement, avec $k = 2$

e) $\varphi(X) = |X - E(X)|$

Il vient alors :

$$Pr\{|X - E(X)| > t\} \leq \frac{E\{[X - E(X)]^2\}}{t^2} = \frac{V(X)}{t^2}$$

$$\boxed{Pr\{|X - E(X)| > t\} \leq \frac{V(X)}{t^2}}$$

ce qui s'écrit de manière équivalente :

$$\boxed{Pr\{(E(X) - t) < X < (E(X) + t)\} \leq \frac{V(X)}{t^2}}$$

f) $\varphi(X) = \left|\frac{X-E(X)}{\sigma(X)}\right|$

Il vient dans ce cas :

$$Pr\left\{\left|\frac{X-E(X)}{\sigma(X)}\right| \leq t\right\} \geq 1 - \frac{E\left\{\left|\frac{X-E(X)}{\sigma(X)}\right|^2\right\}}{t^2} = 1 - \frac{V(X)}{t^2\,\sigma^2(X)} = 1 - \frac{1}{t^2}$$

puisque $V(X) = \sigma^2(X)$.

$$\boxed{Pr\left\{\left|\frac{X-E(X)}{\sigma(X)}\right| \leq t\right\} \geq 1 - \frac{1}{t^2}}$$

ou de manière équivalente :

$$\boxed{Pr\,\{[E(X) - t\sigma < X < [E(X) + t\sigma]\} \geq 1 - \frac{1}{t^2}}$$

On retrouve le résultat qui avait été énoncé dans la définition.

3) Exercice

a) Appliquons cette inégalité au jeu de pile ou face.

On s'intéresse à F_n, fréquence d'apparition des «piles» obtenus en n parties. À chaque partie, la probabilité d'obtenir pile est $p = \frac{1}{2}$.

L'espérance mathématique de F_n est, rappelons-le, $E(F_n) = p$ et son écart-type est $\sigma = \left(\frac{pq}{n}\right)^{1/2}$.

b) Si l'on joue 10 parties :

$$E\{F_{10}\} = 0{,}5 \quad V\{F_{10}\} = \frac{\frac{1}{2}\times\frac{1}{2}}{10} = \frac{1}{40} = 0{,}025 \quad \sigma\{F_{10}\} = (0{,}025)^{1/2} = 0{,}158$$

L'inégalité de Bienaymé-Tchébicheff donne, pour $t = 2$:

$$Pr\,\{X \in (p - (2 \times 0{,}158)\,;\, p + (2 \times 0{,}158)\}$$
$$= Pr\left\{X \in \left(\frac{1}{2} - 0{,}316\,;\, \frac{1}{2} + 0{,}316\right)\right\} = Pr\,\{(0{,}5 - 0{,}316)$$
$$< X < (0{,}5 + 0{,}316)\} \geq 1 - \frac{1}{2^2}$$

$$\boxed{\begin{array}{c} Pr\{0{,}184 < X < 0{,}816\} \geq 0{,}75 \\ \text{avec } t = 2 \quad \text{et} \quad n = 10 \end{array}}$$

c) Si l'on joue 100 parties :

$$E\{F_{100}\} = 0{,}5 V\{F_{100}\} = \frac{\frac{1}{2}\times\frac{1}{2}}{100} = \frac{1}{400} = 0{,}0025 \qquad \sigma\{F_{100}\} = (0{,}0025)^{1/2} = 0{,}05$$

$$Pr\,\{(0,500 - 0,100) < X < (0,500 + 0,100)\} \geq 0,75$$

$$\boxed{\begin{array}{c} Pr\,\{0{,}400 < X < 0{,}600\} \geq 0{,}75 \\ avec\; t = 2 \quad \text{et} \quad n = 100 \end{array}}$$

d) Si l'on joue 1000 parties :

$$E\{F_{1000}\} = 0{,}5 \qquad V\{F_{1000}\} = \frac{\frac{1}{2}\times\frac{1}{2}}{1000} = \frac{1}{4000} = 0{,}00025 \;\; et \;\; \sigma\{F_{1000}\} = (0{,}00025)^{1/2} = 0{,}0158$$

d'où :

$$Pr\,\{(0,500 - 0,032) < X < (0,500 + 0,032)\} \geq 0,75$$

$$\boxed{\begin{array}{c} Pr\,\{0{,}468 < X < 0{,}532\} \geq 0{,}75 \\ \text{avec}\; t = 2 \quad \text{et} \quad n = 1000 \end{array}}$$

4) Conclusion

L'inégalité de Bienaymé-Tchébicheff est très utile d'un point de vue théorique (convergence de variables aléatoires).

Néanmoins elle est beaucoup moins intéressante sur le plan numérique, car les limites qu'elle fournit sont très larges, (l'exemple que nous venons d'étudier le révèle).

Mais elle est valable quelle que soit la loi de probabilité de X.

III. Loi faible des grands nombres

1) Définition

a) Soit une urne contenant des boules blanches et des boules noires. On effectue n tirages indépendants (avec remise).

Soit X la variable aléatoire qui représente le nombre des boules blanches obtenues en n tirages.

Cette variable aléatoire obéit à une loi binomiale.

Soit F_n la fréquence des boules blanches en n tirages :

$$F_n = \frac{X}{n}$$

b) L'espérance mathématique de F_n est :

$$E\{F_n\} = E\left\{\frac{X}{n}\right\} = \frac{1}{n}E\{X\} = \frac{1}{n}.np = p$$

$$\boxed{E\{F_n\} = p}$$

et la variance de F_n est :

$$V\{F_n\} = V\left\{\frac{X}{n}\right\} = \frac{1}{n^2}V\{X\} = \frac{1}{n^2}.npq = \frac{pq}{n} \qquad \text{(avec } q = 1 - p\text{)}$$

$$\boxed{V\{F_n\} = \frac{pq}{n}}$$

c) Cherchons maintenant la limite, quand $n \longrightarrow \infty$ de l'espérance mathématique de F_n, $E\{F_n\}$ et de la variance de F_n, $V\{F_n\}$:

$$\lim_{n\to\infty} E\{F_n\} = \lim_{n\to\infty} p.$$

Cette limite est indépendante de n ; donc :

$$\boxed{\lim_{n\to\infty} E\{F_n\} = p}$$

$$\lim_{n\to\infty} V\{F_n\} = \lim_{n\to\infty} \frac{pq}{n} = 0.$$

$$\boxed{\lim_{n\to\infty} V\{F_n\} = 0}$$

2) Théorème de Bernouilli

D'où l'énoncé de la loi faible des grands nombres (ou théorème de Bernouilli) :

«La fréquence des succès dans les épreuves répétées et indépendantes a pour espérance mathématique la probabilité individuelle de succès dans chaque épreuve ; si le nombre d'épreuves n devient très grand, il existe de très faibles chances de voir cette fréquence s'écarter beaucoup de cette probabilité».

La loi des grands nombres doit être interprétée d'une manière essentiellement probabiliste.

IV. Convergence en probabilité

1) Définition

a) Écart absolu

On appelle *écart absolu* (ou moment centré d'ordre 1) la quantité :

$$|X - E\,|X\}|$$

b) Écart probable

On appelle écart probable de X la valeur moyenne de l'écart absolu :

$$E\{|X - E|X\}|\}$$

c) Définition de la convergence en probabilité

Soit une variable aléatoire $F_n = \frac{X}{n}$. On dit que la suite de variables aléatoires $F_n = \frac{X}{n}$ converge en probabilité vers le nombre certain p, lorsque n augmente indéfiniment, si, quels que soient ε et η, choisis arbitrairement petits, on peut trouver un nombre N, tel que :

$$\boxed{n \geq N \Rightarrow Pr\{|F_n - p| > \varepsilon\} < \eta}$$

d) Variable binomiale

La variable aléatoire X, qui suit une loi binomiale, converge en probabilité vers son espérance.

On retrouve la loi des grands nombres.

On montre que les écart absolus $|x - np|$ augmentent proportionnellement à $\sqrt{n}$. Ainsi, au jeu de pile ou face, on a autant de chances d'avoir un nombre de piles compris entre 490 et 510 en 1000 parties, qu'entre 49 900 et 50 100 en 100 000 parties.

Ainsi, si n devient très grand, les valeurs de F_n très écartées de p deviennent très improbables.

e) En ce qui concerne la convergence en probabilité, les variables X_i d'une suite $X_1, X_2, \ldots, X_i, \ldots, X_n$ ne sont pas nécessairement indépendantes, car la notion de convergence en probabilité ne concerne pas les dépendances mutuelles entre les variables de la suite $\{X_i\}$.

2) Condition suffisante de convergence en probabilité

a) On démontre qu'une condition suffisante de convergence en probabilité vers une valeur certaine a est que l'espérance mathématique de X_i tende vers X_i et que la variance de X_i tende vers zéro :

$$\boxed{\text{Condition suffisante de convergence en probabilité} : \begin{cases} E(X_i) \longrightarrow a \\ V(X_i) \longrightarrow 0 \end{cases}}$$

b) On l'exprime aussi en disant que $E\{|X - a|^r\}$ doit tendre vers zéro.

V. Convergence presque sûre

1) Définition

a) Soit une suite de variables aléatoires $X_1, X_2, \ldots, X_i, \ldots, X_n$ définies sur le même ensemble fondamental Ω.

On dit que la suite de variables aléatoires $X_1, X_2, \ldots, X_i, \ldots, X_n$ converge presque sûrement vers le nombre certain a, si quels que soient ε et η choisis arbitrairement petits, on peut trouver un nombre N tel que :

$$\boxed{n \geq N \Rightarrow Pr\,\{(|X_1 - a| > \varepsilon)\} \cup \ldots \cup (|X_i - a| > \varepsilon) \cup \ldots \cup (|X_n - a| > \varepsilon) < \eta}$$

b) La notion de convergence presque sûre concerne les dépendances mutuelles entre les variables de la suite $\{X_i\}$.

2) Propriétés

a) La convergence presque sûre entraîne la convergence en probabilité, car l'événement $(|X_1 - a| > \varepsilon)$ est inclus dans l'événement :

$$[(|X_1 - a| > \varepsilon) \cup \ldots \cup (|X_i - a| > \varepsilon) \cup \ldots \cup (|X_n - a| > \varepsilon)]$$

b) De ce fait la convergence presque sûre est une notion plus stricte que la convergence en probabilité.

3) Condition suffisante de convergence presque sûre

a) On démontre qu'une condition suffisante de convergence presque sûre de la suite de terme général X_i vers une valeur certaine a est que le moment absolu d'ordre r : $E\,\{|X_i - a|^r\}$ soit le terme général d'une série convergente.

b) On retrouve ainsi une condition plus stricte que dans le cas de la convergence en probabilité où il suffisait que le moment absolu d'ordre r : $E\,\{|X_i - a|^r\}$ tende vers zéro.

4) Loi forte des grands nombres

a) A la loi faible des grands nombres énoncée dans le cadre de la convergence en probabilité correspond la loi forte des grands nombres énoncée dans le cadre de la convergence presque sûre.

b) La loi forte des grands nombres s'énonce ainsi :

«Si l'on effectue un grand nombre d'épreuves indépendantes ($n > N$), il est à peu près certain que la fréquence des succès sera à peu près égale à la probabilité de réalisation de l'événement».

c) Cette loi s'énonce sous une autre forme en disant que :

«C'est avec une probabilité égale à 1 que la suite de variables aléatoires $\{X_i\}$ tend vers une valeur certaine *a*».

VI. Convergence en loi

1) Définition

a) Soit une suite de variables aléatoires $\{X_i\}$ de fonction de répartition F_i et soit X une variable aléatoire de fonction de répartition F.

On dit que la suite $\{X_i\}$ converge en loi vers X, si la suite des fonctions de répartition $\{F_i\}$ converge vers la fonction de répartition F de X, en tout point où F est continue.

b) La notion de convergence en loi ne concerne pas les dépendances mutuelles entre les fonctions de répartition de chacune des variables X_i ; elle ne concerne que les fonctions de répartition de chacune des variables X_i prise isolément.

2) Propriétés

a) Nature des variables aléatoires

La convergence en loi ne suppose pas que les variables aléatoires de la suite $\{X_i\}$ et que la variable aléatoire X soient de même nature. En particulier, les variables aléatoires X_i peuvent être discrètes et la variable X peut être continue.

b) Variable certaine (rappel)

Soit une variable aléatoire X qui associe à tout élément ω de Ω le nombre a. Par définition, la variable aléatoire X est appelée variable certaine. On l'écrit $C(a)$.

Les valeurs de sa fonction de répartition F sont :

$$\begin{cases} F(x) = 0 & si \;\; x \leq a \\ F(x) = 1 & si \;\; x > a \end{cases}$$

Son espérance mathématique a pour valeur a :

$$E\{C(a)\} = 1 \times a = a \qquad \boxed{E\{C(a)\} = a}$$

c) Convergence en probabilité vers une quantité certaine et convergence en loi vers la variable certaine.

Soit une suite de variables aléatoire $\{X_i\}$ et soit une variable certaine $C(a)$.

On démontre qu'il y a équivalence entre la convergence en loi de la suite $\{X_i\}$ vers la variable certaine $C(a)$ et la convergence en probabilité de la suite $\{X_i\}$ vers la quantité certaine a.

d) Convergence en probabilité vers une variable aléatoire et convergence en loi vers une variable aléatoire

α) Soit une suite de variables aléatoires $\{X_i\}$ et soit une variable aléatoire X.

On démontre que si une suite de variables aléatoires $\{X_i\}$ converge en probabilité vers la variable X, alors la suite de variables aléatoires $\{X_i\}$ converge en loi vers la variable X.

β) Cela signifie que la convergence en probabilité entraîne la convergence en loi. Mais la réciproque est, en général, fausse.

3) Théorème central limite

a) Nature et objet

Le théorème central limite concerne le comportement asymptotique de la somme de n variables aléatoires indépendantes.

Ce théorème indique des conditions suffisantes de convergence en loi vers la loi normale.

Plusieurs énoncés existent, en ce qui concerne ce théorème.

b) Énoncé

Soit une suite de variables aléatoires $\{X_i\}$ indépendantes et de même loi, dont les moments du premier et du deuxième ordre existent.

On définit :

$$S_n = X_1 + \ldots + X_i + \ldots + X_n$$

d'espérance mathématique $E(S_n)$ et de variance $V(S_n)$.

α) On pose :

$$Y_n = \frac{S_n - E(S_n)}{\sqrt{V(S_n)}}$$

Le théorème central limite énonce que la variable aléatoire centrée réduite Y_n associée à S_n tend vers une variable aléatoire normale réduite, lorsque n devient de plus en plus grand.

ß) On pose maintenant :

$$Z_n = \frac{S_n}{n}$$

Le théorème central limite énonce que la variable aléatoire :

$$\frac{Z_n - E(S_n)}{\sqrt{\frac{V(S_n)}{n}}}$$

converge en loi vers la loi normale centrée réduite $\mathcal{N}(0,1)$.

4) Convergence en loi concernant les lois de probabilité discrètes étudiées.

Dans le chapitre 5, nous avons indiqué que dans certaines conditions, certaines lois discrètes peuvent être approximées par une autre loi discrète ou par une loi normale.

Ces approximations sont en fait des convergences en loi. Nous les rappelons ci- dessous :

loi	converge en loi vers		Conditions
	loi de	paramètres	
binomiale $\mathcal{B}$ (n, p)	de Poisson	$\mathcal{P}$ (n p)	n ≥ 25 p 0 et q 1
	normale	$\mathcal{N}$ (np, $\sqrt{npq}$)	n grand (en pratique n ≥ 10) p ni trop petit ni trop grand (en pratique npq ≥ 3)
multinomiale $\mathcal{M}$ (n ; ... p_i ··)	de Poisson	$\mathcal{P}$ (np)	n → + ∞ p_i → 0
	normale	$\mathcal{N}$ (np,) $\sqrt{npq}$	n → + ∞ p_i fixés
Poisson $\mathcal{P}$ (λ)	normale	N (λ, $\sqrt{\lambda}$)	λ → + ∞ (en pratique λ ≥ 15)
hypergéométrique $\mathcal{H}$ (N, n, p)	binomiale	$\mathcal{B}$ (n, p)	N → + ∞ n, p fixes
	de Poisson	$\mathcal{P}$ (np)	p petit n grand N » n
	normale	$\mathcal{N}$ (np,) $\sqrt{npq}$	p ni trop petit ni trop grand n grand N » n

Partie B :

EXERCICES AUTOCORRECTIFS

I. On étudie le jeu de pile ou face.

1) a) Déterminer la loi de probabilité de la variable aléatoire X = «obtenir autant de pile que de face en n coups».

b) Calculer cette probabilité successivement pour $n = 10$, $n = 100$, $n = 250$.

2) a) Par quelle autre loi peut-on approximer la loi trouvée en 1).

b) Si cette approximation est possible en préciser les conditions.

c) Calculer alors la probabilité pour $n = 250$, $n = 500$, $n = 1000$

d) Quelle conclusion en tire-t-on ?

II. Vérifier la loi faible des grands nombres pour le jeu de pile ou face.

III. Soit un jeu de pile ou face. On définit la variable aléatoire $X = k$, fréquence d'apparition des piles. On cherche les intervalles centrés sur l'espérance mathématique de X tels que X s'y trouve avec une probabilité p.

Dans le cours on a déterminé ces intervalles à l'aide de l'inégalité de Bienaymé-Tchébicheff (cf. section II § 3).

Que deviennent ces résultats lorsqu'on admet que la variable aléatoire X suit une loi normale ?

SOLUTIONS

I. 1) a) Au cours de l'épreuve «lancer d'une pièce de monnaie» deux éventualités équiprobables sont possibles : obtenir pile avec la probabilité $p = \frac{1}{2}$ ou obtenir face avec la probabilité $q = 1 - p = 1 - \frac{1}{2} = \frac{1}{2}$.

La loi de probabilité du phénomène étudié est donc une loi binomiale $\mathcal{B}(n, \frac{1}{2})$:

$$Pr\left\{\begin{matrix}\text{autant de pile que}\\ \text{de face en n coups}\end{matrix}\right\} = \mathcal{B}\left(n, \frac{1}{2}\right) = C_n^{n/2}\left(\frac{1}{2}\right)^{n/2}\left(\frac{1}{2}\right)^{n/2}$$

b) Pour $n = 10$, il vient :

$$\mathcal{B}\left(10, \frac{1}{2}\right) = C_{10}^{5}\left(\frac{1}{2}\right)^{5}\left(\frac{1}{2}\right)^{5} = \frac{10!}{5!\,5!}\left(\frac{1}{2}\right)^{10} = 252 \times 9{,}766.10^{-4} = 0{,}246\,09$$

Pour $n = 100$, il vient :

$$\mathcal{B}\left(100, \frac{1}{2}\right) = C_{100}^{50}\left(\frac{1}{2}\right)^{50}\left(\frac{1}{2}\right)^{50} = \frac{100!}{50!\,50!}\left(\frac{1}{2}\right)^{100}$$
$$= 1{,}009.10^{29} \times 7{,}889.10^{-31} = 0{,}079\,59$$

Pour $n = 250$, il vient :

$$\mathcal{B}\left(250, \frac{1}{2}\right) = C_{250}^{125}\left(\frac{1}{2}\right)^{125}\left(\frac{1}{2}\right)^{125} = \frac{250!}{125!\,125!}\left(\frac{1}{2}\right)^{250}$$
$$= 9{,}121.10^{73} \times 5{,}527.10^{-76} = 0{,}050\,41$$

Pour $n = 250$, on est à la limite des possibilités des calculatrices scientifiques usuelles, voire même déjà en dépassement de capacité.

2) a) b) On réalise les conditions où n est grand et p ni trop petit ni trop grand.

Dans ces conditions la loi binomiale converge en loi vers la loi normale $\mathcal{N}(m, \sigma)$ où :

$$m = np = \frac{n}{2} \quad \text{et} \qquad \sigma = \sqrt{npq} = \sqrt{n \times \frac{1}{2} \times \frac{1}{2}} = \frac{\sqrt{n}}{2}$$

Donc :

$$\mathcal{B}(n\,;\frac{1}{2}) \qquad \longrightarrow \qquad \mathcal{N}\left(\frac{n}{2}, \frac{\sqrt{n}}{2}\right)$$

c) Nous allons effectuer les calculs à l'aide de la loi normale centrée réduite, en prenant comme variable centrée réduite :

$$t_k = \frac{\frac{n}{2} - \frac{n}{2}}{\frac{\sqrt{n}}{2}} = 0 \quad \forall k$$

Il vient alors :

$$p_k = \frac{1}{\sqrt{2\pi}} \frac{1}{\sqrt{npq}} e^0 = \frac{1}{\sqrt{2\pi}} \frac{2}{\sqrt{n}} = \frac{\sqrt{2}}{\sqrt{\pi n}} \qquad \boxed{p_k = \frac{\sqrt{2}}{\sqrt{\pi n}}}$$

Pour $n = 250$, on trouve :

$$p_{250} = \frac{\sqrt{2}}{\sqrt{\pi \times 250}} = 0{,}050\,46 \quad \boxed{p_{125} = 0{,}050\,46}$$

valeur très proche de la valeur trouvée avec la loi binomiale.

Pour $n = 500$, on trouve :

$$p_{500} = \frac{\sqrt{2}}{\sqrt{\pi \times 500}} = 0{,}035\,68 \quad \boxed{p_{500} = 0{,}035\,68}$$

Et pour $n = 1000$, on trouve :

$$p_{1000} = \frac{\sqrt{2}}{\sqrt{\pi \times 1000}} = 0{,}025\,23 \qquad \boxed{p_{1000} = 0{,}025\,23}$$

d) Formons les rapports :

$$\frac{p_{250}}{p_{500}} \quad \text{et} \quad \frac{p_{500}}{p_{1000}}$$

$$\frac{p_{250}}{p_{500}} = \frac{\frac{\sqrt{2}}{\sqrt{\pi \times 250}}}{\frac{\sqrt{2}}{\sqrt{\pi \times 500}}} = \frac{\sqrt{500\pi}}{\sqrt{250\pi}} = \sqrt{2} \Leftrightarrow \qquad \boxed{p_{250} = \sqrt{2}\, p_{500}}$$

De même :

$$\frac{p_{500}}{p_{1000}} = \frac{\frac{\sqrt{2}}{\sqrt{\pi \times 500}}}{\frac{\sqrt{2}}{\sqrt{\pi \times 1000}}} = \frac{\sqrt{1000\pi}}{\sqrt{500\pi}} = \sqrt{2} \qquad \Leftrightarrow \qquad \boxed{p_{500} = \sqrt{2}\, p_{1000}}$$

On en conclut donc qu'on a plus de chances d'obtenir autant de pile que de face en 250 coups qu'en 500, et plus de chances d'obtenir autant de pile que de face en 500 coups qu'en 1000 coups.

Ainsi, plus n augmente, plus la probabilité de réalisation de l'événement «autant de pile que de face en n coups» diminue. (Quand n est doublé la probabilité est $\sqrt{2}$ fois plus faible).

<u>II</u>. À chaque partie, la probabilité d'obtenir pile est $p = \frac{1}{2}$ et la probabilité d'obtenir face est $q = 1 - p = \frac{1}{2}$.

Chaque épreuve étant indépendante, la loi de probabilité du phénomène étudié est donc la loi binomiale $\mathcal{B}(n\,;\,\frac{1}{2})$:

$$Pr\{Pile = k\} = C_n^k \left(\frac{1}{2}\right)^k \left(\frac{1}{2}\right)^{n-k} = C_n^k \left(\frac{1}{2}\right)^n$$

Soit la variable aléatoire F_n, fréquence des piles obtenus en n parties :

$$F_n = \frac{X}{n}$$

Les moments de F_n sont :

- espérance mathématique $E(F_n) = p$
- variance $V(F_n) = \frac{pq}{n}$

Donc la fréquence d'apparition des piles est égale à $\frac{1}{2}$ donc indépendante du nombre de parties n.

Calculons maintenant $V(F_n)$ pour $n = 10$, $n = 100$, $n = 1000$:

$n = 10$ $$V(F_{10}) = \frac{pq}{10} = \frac{\frac{1}{2} \times \frac{1}{2}}{10} = 0{,}025\,00$$

$n = 100$ $$V(F_{100}) = \frac{pq}{100} = \frac{\frac{1}{2} \times \frac{1}{2}}{100} = 0{,}002\,50$$

$n = 1000$ $$V(F_{1000}) = \frac{pq}{1000} = \frac{\frac{1}{2} \times \frac{1}{2}}{1000} = 0{,}000\,25$$

On constate ainsi que la variance $V(F_n)$, qui traduit la dispersion autour de la valeur moyenne $p = \frac{1}{2}$ diminue quand $n \longrightarrow +\infty$.

On vérifie bien la loi faible des grands nombres pour le jeu de pile ou face.

<u>III</u>. 1) Le jeu de pile ou face est un jeu où chaque épreuve est indépendante. Par ailleurs, à chaque épreuve, on a autant de chances d'obtenir pile que face, donc p = q = $\frac{1}{2}$.

La loi de probabilité de la variable aléatoire $F_n = \frac{X}{n}$, fréquence d'apparition des piles est une loi binomiale $\mathcal{B}(n\,;\frac{1}{2})$ qui converge en loi vers $\mathcal{N}\left(p\,;\frac{\sqrt{pq}}{\sqrt{n}}\right)$ quand $n \longrightarrow +\infty$.

Les valeurs caractéristiques de la loi binomiale sont $E(X) = p$ et $V(X) = \frac{pq}{n}$.

L'espérance mathématique $E\{F_n\}$ pour la loi normale a également pour valeur p, et la variance $V\{F_n\}$ pour la loi normale a également pour valeur $\frac{pq}{n}$ puisque les valeurs caractéristiques de la loi normale vers laquelle la loi binomiale converge en loi sont identiques à celles de cette loi binomiale.

2) a) Choisissons $n = 10$. L'inégalité de Bienaymé-Tchébicheff donnait avec $t = 2$:

$$Pr\,\{0{,}184 < X < 0{,}816\} \geq 0{,}75$$

résultat qui correspond à :

$$Pr\left\{\left|\frac{X - E(X)}{\sigma(X)}\right| \leq t\right\} \geq 1 - \frac{1}{t^2}$$

Or la variable $\frac{X-E(X)}{\sigma(X)}$ est une variable centrée réduite. Désignons la par T.

Il vient alors :

$$Pr\left\{\left|\frac{X - E(X)}{\sigma(X)}\right| \leq t\right\} = Pr\{T \leq t\} \geq 1 - \frac{1}{t^2}$$

c'est-à-dire, avec $t = 2$:

$$Pr\,\{T \leq 2\} \geq 0{,}75$$

Or $Pr\,\{T \leq 2\} = \Pi(t = 2)$ en appelant $\Pi(t)$ la table intégrale de la loi normale.

En lisant dans cette table à $t = 2$, on trouve $0{,}9772$, c'est-à-dire que :

$$Pr\,\{T < 2\} = 0{,}9772$$

ou encore :

$$\boxed{\begin{array}{c} Pr\,\{0{,}184 < X < 0{,}816\} = 0{,}9772 \\ \text{en sachant que } X \text{ suit une loi normale} \end{array}}$$

On voit ainsi la précision supplémentaire considérable qu'apporte la connaissance de la loi suivie par la variable aléatoire X.

b) On peut maintenant se poser la question de ce que deviendrait l'intervalle $|E(X) - t\sigma|$ en conservant la valeur de 0,75 pour $1 - \frac{1}{t^2}$.

Il vient alors :

$$\Pi(t) = 0{,}75$$

Par lecture dans la table intégrale de la loi normale, on trouve :

$$t = 0{,}675$$

L'intervalle $|E(X) - t\sigma|$ devient alors :

$$|E(X) - 0{,}675\ \sigma|$$

et on trouve le résultat suivant :

$$Pr\,\{(0{,}5 - (0{,}675\ \times\ 0{,}316) < X < (0{,}5 + (0{,}675\ \times\ 0{,}316))\} \geq 0{,}75$$

soit :

$$Pr\,\{0{,}5 - 0{,}107 < X < 0{,}5 + 0{,}107\} \geq\ 0{,}75$$

c'est-à-dire :

$$\boxed{Pr\,\{0{,}393 < X < 0{,}607\} \geq 0{,}75}$$

ce qui est bien meilleur que le résultat obtenu avec l'inégalité de Bienaymé-Tchébicheff :

$$Pr\,\{0{,}184 < X < 0{,}816\} \geq\ 0{,}75$$

3) a) Choisissons maintenant $n\ =\ 100$.

L'inégalité de Bienaymé-Tchébicheff donnait, avec $t = 2$:

$$Pr\,\{0{,}400 < X < 0{,}600\} \geq 0{,}75$$

L'information supplémentaire obtenue avec la connaissance de la loi suivie par X se situera au niveau de la valeur de la probabilité, puisque l'on obtiendra :

$$Pr\ (0{,}400 < X < 0{,}600\} > 0{,}9772$$

b) H est intéressant de chercher ce que devient l'intervalle $|E(X) - t\sigma|$ en conservant la valeur de 0,75 pour $1 - \frac{1}{t^2}$.

Pour $\sigma = 0{,}05$ il vient :

$$Pr\,\{(0{,}5 - (0{,}675\ \times\ 0{,}05)) < X < (0{,}5 + (0{,}675\ x\ 0{,}05))\} \geq 0{,}75$$

soit :

$$Pr\,\{0{,}5 - 0{,}034 < X < 0{,}5 + 0{,}034\} \geq 0{,}75$$

ou encore :

$$\boxed{Pr\,\{0{,}466 < X < 0{,}534\} > 0{,}75}$$

résultat meilleur que le résultat obtenu avec l'inégalité de Bienaymé-Tchébicheff.

4) a) Envisageons maintenant le cas où $n = 1000$.

Avec $t = 2$, l'inégalité de Bienaymé-Tchébicheff donnait :

$$Pr\,\{0{,}468 < X < 0{,}532\} > 0{,}75$$

Avec la connaissance de la loi suivie par X, ce résultat devient :

$$Pr\,\{0{,}468 < X < 0{,}532\} > 0{,}9772$$

b) Voyons maintenant ce que devient l'intervalle $|E(X) - t\sigma|$ en conservant la valeur 0,75 pour $1 - \frac{1}{t^2}$.

Avec $\sigma = 0{,}016$, il vient :

$$Pr\,\{(0{,}5 - (0{,}675 \times 0{,}016)) < X < (0{,}5 + (0{,}675 \times 0{,}016))\} \geq 0{,}75$$

soit :

$$Pr\{0{,}5 - 0{,}011 < X < 0{,}5 + 0{,}011\} \geq 0{,}75$$

$$\boxed{Pr\,\{0{,}489 < X < 0{,}511\} \geq 0{,}75}$$

On constate l'amélioration obtenue par rapport au résultat fourni par l'inégalité de Bienaymé- Tchébicheff, qui donne des limites beaucoup plus larges.

L'HARMATTAN ITALIA
Via Degli Artisti 15; 10124 Torino

L'HARMATTAN HONGRIE
Könyvesbolt ; Kossuth L. u. 14-16
1053 Budapest

L'HARMATTAN KINSHASA
185, avenue Nyangwe
Commune de Lingwala
Kinshasa, R.D. Congo
(00243) 998697603 ou (00243) 999229662

L'HARMATTAN CONGO
67, av. E. P. Lumumba
Bât. – Congo Pharmacie (Bib. Nat.)
BP2874 Brazzaville
harmattan.congo@yahoo.fr

L'HARMATTAN GUINÉE
Almamya Rue KA 028, en face du restaurant Le Cèdre
OKB agency BP 3470 Conakry
(00224) 60 20 85 08
harmattanguinee@yahoo.fr

L'HARMATTAN CAMEROUN
BP 11486
Face à la SNI, immeuble Don Bosco
Yaoundé
(00237) 99 76 61 66
harmattancam@yahoo.fr

L'HARMATTAN CÔTE D'IVOIRE
Résidence Karl / cité des arts
Abidjan-Cocody 03 BP 1588 Abidjan 03
(00225) 05 77 87 31
etien_nda@yahoo.fr

L'HARMATTAN MAURITANIE
Espace El Kettab du livre francophone
N° 472 avenue du Palais des Congrès
BP 316 Nouakchott
(00222) 63 25 980

L'HARMATTAN SÉNÉGAL
10 VDN en face Mermoz, après le pont de Fann
BP 45034 Dakar Fann
33 825 98 58 / 33 860 9858
senharmattan@gmail.com / senlibraire@gmail.com
www.harmattansenegal.com

L'HARMATTAN BÉNIN
ISOR-BENIN
01 BP 359 COTONOU-RP
Quartier Gbèdjromèdé,
Rue Agbélenco, Lot 1247 I
Tél : 00 229 21 32 53 79
christian_dablaka123@yahoo.fr

Achevé d'imprimer par Corlet Numérique - 14110 Condé-sur-Noireau
N° d'Imprimeur : 112420 - Dépôt légal : octobre 2014 - *Imprimé en France*

638973 - Janvier 2016
Achevé d'imprimer par
1livre.com
du rêve à la réalité !

www.ingramcontent.com/pod-product-compliance
Lightning Source LLC
LaVergne TN
LVHW021134061026
849535LV00002B/244
* 9 7 8 2 3 4 3 0 4 6 2 7 3 *